集成电路科学与技术丛书

[应用篇

U0168306

高温超导前沿技术

[日] 日本应用物理学会超导分会　编

朱光耀　译

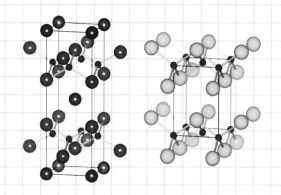

机械工业出版社
CHINA MACHINE PRESS

本书着眼于高温超导材料开发，尝试着阐述了包括铁基超导体在内的高温超导体的晶体生长研究和技术。全书共分 17 章，分别是结晶生长（一般理论）、铁基超导体的薄膜制备、MgB_2 薄膜的制备、Nb、NbN 薄膜与器件制作、Bi-2223 线材、REBCO 线材、低温超导线材、Bi-2212 线材、MgB_2 线材、铁基线材、氧化物约瑟夫森结、本征约瑟夫森结、输电电缆、高温超导磁体、微波无源器件、磁传感器（SQUID 超导量子干涉器）、太赫兹信号接收机、光子探测器、数字集成电路、量子计算机。

本书适合从事物理相关工作的同行，特别是初学者，以及广大相关院校师生阅读参考。

Original Japanese title：CHODENDOGIJUTSU NO SAIZENSEN［OUYOUHEN］

edited by Superconductors Division, The Japan Society of Applied Physics（JSAP）

Copyright © 2021 Superconductors Division, The Japan Society of Applied Physics（JSAP）.

Original Japanese edition published by Kindai Kagaku sha Co., Ltd.

Simplified Chinese translation rights arranged with Kindai Kagakusha Co., Ltd.

through The English Agency（Japan）Ltd. and Shanghai To-Asia Culture Co., Ltd.

北京市版权局著作权合同登记　图字：01-2023-1426 号

图书在版编目（CIP）数据

高温超导前沿技术. 应用篇／日本应用物理学会超导分会编；朱光耀译 .—北京：机械工业出版社，2024.4

（集成电路科学与技术丛书）

ISBN 978-7-111-75332-2

Ⅰ.①高…　Ⅱ.①日…②朱…　Ⅲ.①高温超导材料　Ⅳ.①TB35

中国国家版本馆 CIP 数据核字（2024）第 056274 号

机械工业出版社（北京市百万庄大街 22 号　邮政编码 100037）
策划编辑：杨　源　　　　责任编辑：杨　源
责任校对：甘慧彤　张　薇　　责任印制：邓　博
北京盛通数码印刷有限公司印刷
2024 年 6 月第 1 版第 1 次印刷
184mm×240mm · 22.5 印张 · 500 千字
标准书号：ISBN 978-7-111-75332-2
定价：139.00 元

电话服务　　　　　　　　　网络服务
客服电话：010-88361066　　机　工　官　网：www.cmpbook.com
　　　　　010-88379833　　机　工　官　博：weibo.com/cmp1952
　　　　　010-68326294　　金　书　网：www.golden-book.com
封底无防伪标均为盗版　　　机工教育服务网：www.cmpedu.com

前 言

PREFACE

本书是《高温超导体（下）——材料与应用》的修订版。《高温超导体（上）——材料与物理》第一版出版于 2004 年，9 年后的 2013 年推出了第二版，修订增加了 2004 年以后关于超导材料的新内容。但是《高温超导体（下）——材料与应用》从 2005 年推出第一版后却一直没有更新。

2005 年《高温超导体（下）——材料与应用》的出版，距离首次发现高温超导体已经过去了 18 年，许多年轻的研究者进入这个领域，但对于之前许多的研究成果不甚了解。为了向他们正确地传授过去重要的知识，我们推出了这本书。如今，又过去了 15 个年头，超导技术发生了很大的变化。除了铁基超导体等新型超导材料的发现以外，从应用的角度来看，有许多研究已经进入了应用阶段，其中不仅是高温超导体，连传统的金属超导体也有许多应用的案例。

因此，在修订《高温超导体（下）——材料与应用》的时候，有许多意见指出：并不一定要拘泥于"高温超导"这个话题。因此我们决定以应用研究为重点，全面修订本书的内容，并邀请了超导研究第一线的多位教授执笔。

本书几乎涵盖了从电力应用到电子应用的整个超导技术领域，因此要深入理解本书的内容，就必须具备薄膜、线材、约瑟夫森结等基础知识。本书由"制备"和"应用"两部分组成，尽量做到让对超导基础知识不太了解的读者也能理解的程度。30 年前高温超导体的问世引发了超导的热潮，如今我们希望将超导技术的稳步进展、前沿动态如实地传达给读者。也借此机会，向各位在百忙之中仍抽出时间为本书撰稿的老师们致以诚挚的感谢。

2021 年 12 月

全体编者

目录 CONTENTS

第2章 CHAPTER.2 铁基超导体的薄膜制备 / 19

第5章 CHAPTER.5

第6章 CHAPTER.6

第 9 章

CHAPTER.9

本征约瑟夫森结　/　156

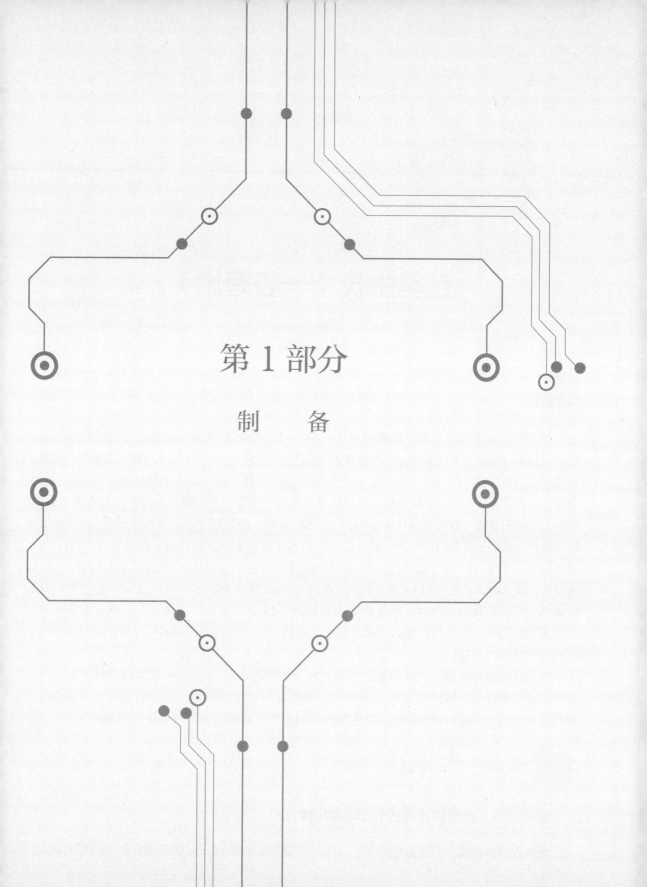

第1部分

制　备

第1章

结晶生长（一般理论）

1.1 前言

要测评高温超导体（铜氧化物超导体）的各种基本物理性质，或是通过这些性质解释超导的原理，就必须使用高质量大尺寸单晶进行高精度实验。为实现这个目的，高温超导现象被发现后的第二年，即 1987 年以来，各种各样的高温超导单晶生长实验活跃地开展起来。一方面，由高温超导体的层状晶体结构造成的超导载流子的准二维扩散，其临界电流密度（J_c）具有大的各向异性（性质因晶体取向而异）。另一方面，高温超导体超导相干长度（ξ）非常短，并且晶界弱连接的问题很快凸显。这些特性意味着用于高温超导的多晶高 J_c 材料的开发并不容易。事实上，对于已经实用化的 Bi 基线材（Bi(Pb)2223：$(Bi, Pb)_2 Sr_2 Ca_2 Cu_3 O_y$，Bi2212：$Bi_2 Sr_2 CaCu_2 O_y$）和 RE123（$REBa_2 Cu_3 O_y$：RE 是 Y 和除 Ce、Pr、Pm、Tb 之外的所有镧系元素）熔融凝固块材，以及快速发展的 RE123 导体来说，晶体生长、结晶方向控制是最重要的技术，而在数百种高温超导体中，可以说，只有达到这个研究水平的物质才是有材料开发价值的对象。

有关高温超导体晶体生长的基础知识，在《高温超导体（上）——材料与物理》一书中田中功先生已经详细描述了[1]，因此在本书中我们将尽量避免重复，而着眼于高温超导材料开发，试着阐述包括铁基超导体在内的高温超导体的晶体生长研究和技术概要。

1.2 高温超导体的特征与结晶生长

▶▶ 1.2.1 高温超导体的化学和构造特征

高温超导体的化学和构造特征有：①基于钙钛矿结构的四方晶体或斜方晶体的层状氧化

物；②可能有平坦的正方形或略微扭曲的 CuO_2 面；③含有多种金属元素；④含有非化学计量的氧元素；⑤非化学计量的金属元素也很多，等等。相关内容详情，请参考《高温超导体（上）——物质和物理》中的"高温超导体化学"[2]。

图 1.1 展示的是一种具有代表性的高温超导体 Bi2212 的晶体构造，这种物质就具有上述五种特征。首先 Bi2212 是一种接近四方晶体的斜方晶体，图中灰色所示的就是表现出超导性的 CuO_2 平面，其中 Cu 所画的位置大致是正方形的顶点。但实际上，CuO_2 面并非连续平坦的正方形，因为在 b 轴方向上晶体的超胞周期长度是原胞周期长度的 4.8 倍，而且原子在 c 轴方向有位移，CuO_2 平面在 c 轴方向以 1Å（1Å = 0.1nm）的幅度振动。氧元素含量并不确定，两个 BiO 层之间过剩的氧元素的平衡量，受温度和环境中氧分压的影响。换句话说，非化学计量氧的量可以通过这些因素来控制。构成的金属包括 Bi、Sr、Ca、Cu 四种，组分按照 2:2:1:2 的整数比，但即使略有偏差，还是会构成 Bi2212 晶相。Bi 略过剩、Sr 略缺乏的情况也是允许的，而且 Sr 的格点 30% 以上可能被 Ca 所占据。

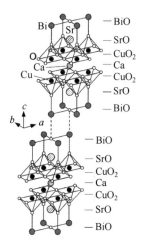

图 1.1　$Bi_2Sr_2CaCu_2O_y$ ［Bi2212］的晶体结构（$y=8$）

Bi2212 比较容易得到优质单晶，所以一直以来是各种基础物性研究的理想对象，但由于上文所说氧和金属元素组分的不确定性，会改变空穴载流子的浓度，进而极大地影响超导特性。尤其是单晶生长中总是出现 Bi 过剩、Sr 缺乏的现象，所有用 Bi2212 单晶得到的基础数据几乎都是在这样的情况下得到的，这一点必须考虑在内。

▶▶ 1.2.2　高温超导体不可缺少的晶体生长技术

高温超导体的优点显然在于高临界温度 T_c，但另一方面，如前所述，由于极短的相干长度 ξ，其电流密度 J_c 有很强的各向异性。在温度比 T_c 低得多的情况下，ξ 与 CuO_2 面平行，也就是在 ab 面的方向上 1.5~2nm 的长度（温度为零 K 时），c 轴方向上长度极短，只是这个长度的 1/5 到几百分之一。具有这一代表性特征的 Bi2212 的 CuO_2 面间距为 1.2nm，与之相比是很长的距离，c 轴方向超导载流子的连接就非常稀薄了。因此 c 轴方向的 J_c 相比于 ab 面方向的比例就非常低，在各向异性最小的 RE123 系超导体中这个比例是 1/5，各向异性很大的 Bi 系超导体中则是不到 1/100。这些对于传统的金属超导材料来说并不是问题，具有代表性的 Nb-Ti 和 Nb$_3$Sn 的 ξ 为 5nm，而且 ξ 和 J_c 都没有各向异性。

超导材料包括线材、薄膜、厚膜、块材等，其中除了块材以外，都是超导材料与金属、绝缘体等非超导物质的复合材料，其中的超导体部分一定要求具有极高的电流密度 J_c。例如考虑线材的例子。一般用于电磁铁和输电线路的铜导线电阻很微弱，室温下电阻率不超过 $1.7\,\mu\Omega\text{cm}$，但是使用中也会产生焦耳热，如果不采用水冷等强制冷却手段，经过长时间后，电流密度将降到 100A/cm^2 的量级。

用于超导的线材，理论上要求无论通过多大的电流都不会产生热量，不在 T_c 以下充分冷却的话会产生损失，线材的电流密度如果达不到 1 万 A/cm^2 以上，也就没有使用价值。实际使用的超导线材，为了使电气、热学、机械方面性能稳定，会把铜、银等金属包覆在线状或带状超导体的表面，线材横断面上超导体所占面积比例通常在 40% 以下，超导部分电流密度要求在数万 A/cm^2 的量级。已经实用化的 Bi（Pb）2223 高温超导体，在液氮温度（77K），没有外磁场只有自磁场的情况下，J_c 达到 4~5 万 A/cm^2。而最近开发出的高速 RE123 超导体，由于超导层是薄膜，只占断面面积的 1%~2%，J_c 势必达到 100 万 A/cm^2 的极高量级。

另外超导薄膜在作为电子器件应用的时候，薄膜的临界电流要求在微安量级上达到均一性，只有满足这个条件，才能让薄膜整体实现很高的 J_c。厚膜的应用主要是磁屏蔽，块材常作为准永磁体有各种各样的应用，这些都要求 J_c 超过 1 万 A/cm^2 的。

如此看来，各种应用都要求有很高的 J_c。考虑到 J_c 的各向异性，首先结晶的 ab 面要在通电方向上具有令人满意的连续性。但高温超导材料的 ξ 非常短，在 ab 面方向也只有 5~10 个晶格单元的长度。高温超导体多晶的晶界附近，由于晶格和局部化学成分的扰动，跨晶界的载流子结合非常弱，使得 J_c 变得非常低。回避这种晶界弱连接的问题的方法之一，就是开发出在电流方向上只有单独一个晶粒的材料。后文将会说到，RE123 高温超导体的块材是用熔融凝固法在晶种上生成的单畴晶体，理想状态下是没有晶界的。这种方法得到的直径几到十几厘米的大型圆盘状块材可实现高密度超导电流循环，能够捕捉和维持高强度磁场。

而且，高温超导体的超导不再只限于二维，必须注意到 CuO$_2$ 面中沿 Cu-O-Cu 方向，Cu$_3$d 的 $d_{x^2-y^2}$ 轨道和 O$_{2p}$ 轨道发生杂化。即使局部化学成分没有变化或结晶没有弱化，c 轴方向理想对齐的情况下，如果 ab 轴有偏差，J_c 还是会非常低下。换言之，要想在高温超导体中实现最高的 J_c，那么不光是 c 轴，ab 轴也要对齐，双轴织构技术就变得非常重要。上述的 Bi 基线材仅仅在 c 轴取向生长的情况下 J_c 就得到 10^5A/cm^2 的量级，实现双轴织构的 RE123 薄膜导体可以实现 10^6A/cm^2 以上的 J_c（77K，自磁场）。在本书 1.5 节中将提到，双轴织构的 RE123，可以通过特殊手段，在双轴织构多晶的基础上通过气相法或有机酸盐热分解而获得。此时的 RE123 晶体在平行方向，也就是 ab 面方向大小达到 $1\,\mu\text{m}$，并在此基本晶面上向上生长。虽然尺寸还是比较小，但依然可以称得上非常出色。

综上，从高 J_c 材料的开发角度看，最好是没有晶界，但如果需要大尺寸材料而不得不采用有晶界的多晶，那么做到 c 轴、进而 ab 面的对齐，这是值得关注的重要技术。

高温超导材料的 J_c 也并非只受到有无晶界，或者材料构造、性质等方面的影响，晶体的 J_c 还受到材料应用场合的限制。例如当磁场达到某个量级以上，量子磁通会进入超导体内，通电时洛伦兹力将导致电势差的产生。也就是说，在开发电磁体等产生磁场的超导材料时，必须设法让量子磁通无法发生作用，即实现钉扎效应。结晶中能实现多大的钉扎强度，决定了高温超导体的应用范围，这样的说法也不为过。高温超导体中临界电流是由哪些因素决定，又如何改善？针对这些问题，利用大型单晶晶体开展的各种研究开始盛行。下一节会介绍大型单晶的生长方法，再下一节会介绍针对高临界电流单晶材料开发的各种信息。

1.3　高温超导体单晶的生长方法

▶▶ 1.3.1　分解熔融法难以获得优质单晶

高温超导体加热升温后，很快分解为固相、液相混合的状态。以稀土和铜为主要元素的 $(La_{1-x}Sr_x)_2CuO_4$ 或 $(Nd_{1-x}Ce_x)_2CuO_4$ 等物质熔解温度都特别高，在空气中的熔点达到 1300℃ 左右，其他富含碱金属的物质通常在 1100℃ 以下，比较有代表性的比如 RE123 在 1000~1100℃，Bi 系物质在 900℃ 以下。这些物质即使相比于用其他 3d 过渡金属取代了 Cu 元素的钙钛矿型晶体或类似氧化物而言，熔解温度也更低，对高温超导晶体的生长来说是比较有利的。这类物质熔点低的原因可能在于，从高温超导晶体的构造来看，Cu 基本上必须是 2 价离子，CuO 在空气中的熔点大约为 1150℃，而碱金属与铜的复合氧化物熔点应该比这个温度更低。

但是将超导结晶分解熔融之后，无论是液相部分还是固相部分，其组成都与原来的物质有差异，要想通过缓慢冷却得到性质与原来相同的大块结晶是非常困难的。图 1.2 中展示的是 $YBa_2Cu_3O_y$(Y123) 在空气中的相图，研究者们已经可以通过各种方法得到它的大型块状晶体。从图中看到，Y123 在加热到 1000℃ 后，固相 Y_2BaCuO_5(Y211) 与液相共存。从此状态缓慢降温，固相 Y211 将与液相发生反应生成 Y123 的结晶。此时固相 Y211 是在液相的包裹下发生包晶反应生成 Y123 晶体的。

实际情况中，液相要和 Y211 保持均匀混合是很难做到的，液相会在坩埚等加热容器的内壁上挂满，也可能会与容器本身发生反应。即使是原料不与容器直接接触的定向凝固等方法，一部分液相也会从分解熔融部分流出。因此生成 Y123 的反应总是在液相不足的状态下进行，多余的 Y211 残留在 Y123 中，到处分布的 Y211 也会作为核（均匀成核）而长出结晶，长不大的结晶的方向也是任意的。为避免此种情况，研究者们以种晶为核（不均匀成核）生长出大块单晶体，后文所说的具有高临界电流的 RE123 熔融凝固块材就是用这种方法得到的。综上所述，高温超导体单纯依靠分解熔融物质得到优质大块单晶是非常困难的，一定要借助相图进行辅助分析。

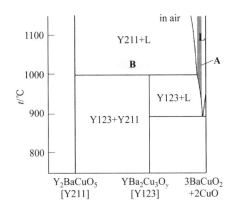

图 1.2　Y211-Y123-BaCuO₂-CuO 的相图。其中 A 所示的液相中可以生成 Y123 单晶。B 所示是生成 Y123 熔融凝固块材的初始组分

▶▶ 1.3.2　助熔剂（Flux）法生长单晶

助熔剂（Flux）法是单晶生长方法中最简单的一种，只需要加热炉和适当的加热容器就可以实现。将晶体原料放入加热容器，加热到熔融状态再缓慢冷却就可以得到单晶。原理虽然简单，但由于上文所说晶体的分解熔融性质，原料的组分选择就变得非常关键。图 1.2 中，A 范围内的组分中可以产生 Y123 的单晶，这是一个不含有固相的高温液相区。此时的组分与原本的 Y123 晶体大不相同，Y 的浓度极低，Ba 和 Cu 浓度极高，所以在助熔剂法中通常会使用金属组分比 Y：Ba：Cu=1：40：60 的助熔剂。从熔融状态冷却时，一部分液相生成了 Y123 单晶，其余大部分液相没有变化。如果等到温度下降到液相也完全凝固了的话，生成的单晶就很难取出来了，所以必须在 Y123 单晶与液相共存、温度适当的时候将加热容器倾倒，使熔融液体流出，稍冷却后就可将单晶取出了。

助熔剂法中，很重要的问题是选择合适的加热容器，防止它与液相发生反应产生杂质混入晶体中。对于 Y123 来说，如果用普通的 Al₂O₃ 坩埚，不仅会与液相反应，而且 Al 原子会大量占据 Cu 原子的晶格位置，所以是不合适的。为此必须使用 YSZ、Y₂O₃、BaZrO₃ 材料的坩埚。使用前面两种坩埚的时候，虽然会有一定量的 Y 进入溶液从而改变溶液的组分，但是后文会说到，研究者们采用 SRL-CP 法，利用温度梯度使 Y211 进入并升到溶液的顶层析出晶体，所以这并不构成问题。

Erb 等人指出[3]，BaZrO₃ 可能是最适合制备高纯度 Y123 单晶的坩埚材料，因为这种物质非常稳定，不会与液相发生反应。但要注意 Ba 和 Zr 的摩尔比必须大致达到1：1，否则耐腐蚀性和强度都将大大减弱，由于其难烧结性，即使在 1700℃ 以上的高温烧结可能也无法

达到 99% 以上的相对密度，所以对粉末的调制、成型技术都有很高的要求，成品率也有一定的问题。在日本，笔者等与制造厂商共同协作开发的产品正在普及，成品率问题也逐渐得到解决。图 1.3 是使用 $BaZrO_3$ 坩埚制备 Nd123 单晶后，将坩埚打破拍摄的照片，可以清晰地看到，除了板状的 Nd123 单晶以外，看不到坩埚被溶液侵蚀的痕迹。

图 1.3　助熔剂法制备的 Nd123 单晶（17mm 边长），采用 $BaZrO_3$ 坩埚

Y123 在液相中溶解度比较小，因此不得不降低 Y 的浓度，由此得到的单晶尺寸也比较小，ab 面方向最多长度 2mm，厚度几百 μm。但是 Nd123 等中轻型 RE 稀土元素材料，由于 RE 在液相中的溶解度很大，结晶速度很快，很容易得到 5mm 以上的大型结晶。然而正是这种原因，晶体的 c 轴方向厚度显著增加，如果不对 RE 的浓度进行适当控制，就会得到块状结晶。后文将会说到，这种厚结晶的物理特性是不理想的。

Bi 系超导体 Bi2212 临界温度 T_c 比较高，制备单晶比较容易，因此作为一种代表性的各向异性高温超导体而用于许多基础研究。这种单晶材料多数是用下一节将提到的悬浮区熔法（FZ 法）来生成，但也有用助熔剂法来生成大型单晶的。与 RE123 的情况不同，在使用助熔剂法生成 Bi2212 单晶时，是将 Bi2212 的组分加热熔融，然后缓慢冷却得到单晶，这里使用 Al_2O_3 坩埚也是可以的。

Bi2212 单晶的 ab 面方向，尤其是沿 a 轴方向生长速度很快，所以很容易得到厚度很薄（数十 μm）但是 ab 面方向边长达到 2~5mm 的大型单晶。在这种极薄的晶体生长过程中，以部分熔融状态存在的固相被排除，可以得到很好的 Bi2212 单晶。但是由于 1.2.1 小节中所说的含有非化学计量金属元素，所以在同一次助熔剂法生长中可能得到多种不同金属组分的单晶，这样的晶体产出效率太低，对系统研究不利，所以 FZ 法才是更适合的方法。

另外，临界温度最高的 Hg 系和 Tl 系高温超导体的生长制备过程中，Hg 和 Tl 都具有高温挥发性，但是助熔剂法可以有效抑制挥发得到相应的单晶。笔者的实验室里，在石英封管内的 $BaZrO_3$ 塔姆管（TammanTube）中采用助熔剂法，通过添加 Re 来抑制 Hg 的平衡蒸气压，成功制备了一系列的 Hg（Re）系超导体（$(Hg, Re)Ba_2Ca_{1-n}Cu_nO_y$：$n=2$，3，4）。

所以，助熔剂法广泛应用于许多高温超导体单晶制备实验中，为许多基础研究提供了良好的成果。但是由于加热容器导致的杂质、液相组分的变化、物质本身金属组分控制的困难等问题，如果不采取相应对策，即使能得到很漂亮的晶体，但其品质可能并不理想，这是不能忽视的。所以现实中，除非真的无法采用下文将提到的 FZ 法，或者要熔解一些熔点极高的物质，否则不会使用助熔剂法。另外，助熔剂法中，一旦开始生长，直到最后取出成品之前，加热容器内的情况都是无法知道的，不利于实验条件的优化。虽然我们的确得到了一些大尺寸的单晶，但是从原理上来说，这与 FZ 法得到的晶体相比尺寸还是偏小，这可能是冷却过于缓慢而造成的。

▶▶ 1.3.3 悬浮区熔法 (FZ 法) 生长高温超导单晶

悬浮区熔法是在垂直摆放的高温超导体烧结棒周围进行局部光照聚焦加热，同时使加热装置沿着棒的方向缓慢移动（或固定加热装置而移动棒），棒的熔融部分向下流动到种晶上，并冷却成为单晶棒。工作示意图如图 1.4 所示。图 1.5 （a ）是 Bi2212 结晶过程中的照片，图 1.5 （b ）是最后得到的单晶棒的剖面照片。这种方法原料是悬空的，不像助熔剂法中会与加热容器接触产生污染。聚焦加热的方法多种多样，适用于熔点较低的晶体，用卤素灯来控制温度是最合适的了。

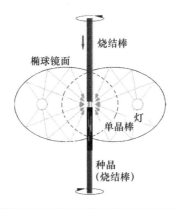

图 1.4　FZ 法制造单晶棒的示意图

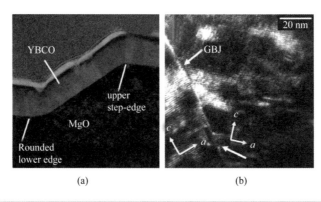

(a)　　　　　　　　　(b)

图 1.5　FZ 法制备 Bi2212 单晶过程中的照片 （a ），和单晶棒剖面照片 （b ）

FZ 法的特点是，熔体的上下形成很大的温度梯度，并且可以提高加热装置的移动速度，更快地得到单晶。对于熔融时固相和液相组分相同的晶体，可以达到 10mm/h 的高生长速度。对于熔融时固相和液相组分不同的晶体，La(Sr)214 的生长速度为 1～2mm/h，Bi2212 为 0.3mm/h，Bi2223 的生长速度更慢[4,5]。当然，生长速度慢，得到单晶的性质一般会更好。总之，经过一定的时间，就可以得到大尺寸的单晶棒，比助熔剂法得到的晶体大得多，而且生长条件（加热功率、熔融带的大小、移动速度）保持稳定的情况下，可以让晶体中的金属组分也保持均一。

FZ 法的缺点，首先不适用于 Hg 系、Tl 系这些含有挥发性金属成分的晶体，另外有时候必须对熔融带的物质组分进行优化。对于熔融时固相与液相组分不同的晶体，由于液相部分的组分与目标晶体不同，所以要预先在熔融的位置添加与晶体组分相近的固态材料，如此进行生长。这种方法由于需要移动添加的材料（Traveling Solvent），所以又被称为 TSFZ 法。TSFZ 法最初制备出了高温超导体单晶 La(Sr)214，详细资料可以查阅田中先生的《高温超导体（上）——材料与物理》[1]。

Bi2212 是又一种用 FZ 法得到的高温超导体单晶，不需要 TSFZ 法，只需要普通的 FZ 法就可得到。但是得到的晶棒是沿着生长方向伸长的晶体的结合体，需要经过切片以及解理才能取出品质好的单晶。生长方向是 a 轴，情况顺利的时候，晶棒可以达到直径 4～6mm、长度 50mm 以上、单晶片的厚度 100μm。这样大的材料完全能满足研究的需要，但是一定要注意表面清洁，BiO 面的解理对于材料的各种分光测试研究也相当重要。

对于与 Bi2212 相近的 Bi2223 单晶，熔体的组成域比较狭窄，晶体生成一定的困难，如前所述使用助熔剂法生长速度极低（0.03mm/h），所以采用 FZ 法是比较合适的[5,6]。最近也有关于助熔剂法成功生长 Bi2223 晶体的报道，但显然在晶体尺寸方面还是无法与 FZ 法相比。通过 FZ 法在 Bi2223 中掺杂 Pb 也取得了成功，主要是控制好 Pb 的蒸气压[7]。

FZ 法的好处在于利用熔体上下极大的温度梯度获得高质量的单晶，笔者的实验室最近也成功开发和引入了激光聚焦加热装置。该装置使用了 200℃/mm 以上的加热灯，可以实现几倍于普通 FZ 装置的温度梯度，晶体生长速度快，质量也很好，已经生长出了 Bi2223 优质单晶，生长速度可达 0.15mm/h。

▶▶ 1.3.4 助熔剂旋转提拉法生长 RE123 单晶

高温超导体单晶生长基本上采用上述的助熔剂法以及悬浮区熔法，但是也有研究者用助熔剂旋转提拉法（SRL-CP）得到了大尺寸 RE123 单晶。这种方法使用大型 RE_2O_3 坩埚，熔体的上部进行过冷处理，并用种晶在上面缓慢地旋转提拉，形成 RE123 单晶。坩埚的下部温度较高，事先铺上 RE211 颗粒，从而在加热时通过熔体向上方提供 RE 成分，经过较长的时间，整个结晶环境达到稳定。通常这种晶体生长是沿 c 轴方向，所以种晶也要按这个晶向放置，最后得到的单晶在 ab 面上的尺寸以及 c 轴的厚度都能达到 1cm 以上。

1.4 高温超导单晶特性对材料开发的启发

▶▶ 1.4.1 RE123 单晶品质控制与临界电流特性

高温超导体基础研究中广泛使用了助熔剂法制备的 Y123、(TS)FZ 法制备的 Bi2212 以及 La(Sr)214 等单晶材料。关于各种材料的物理特性，《高温超导体（上）——材料与物理》一书中已经总结了许多相关文献，本书将从材料应用，尤其是磁通钉扎效应、临界电流特性等方面来介绍有价值的信息。

首先是 Y123 晶体，刚刚制备出来的 Y123 晶体并不会显示其本身的临界温度 T_c（约 92K）。这主要是因为 Y123($YBa_2Cu_3O_y$) 中氧含量的非化学计量而导致的，详细内容可参考文献[2]。要使 T_c 达到约 92K 的数值，需要载流子达到最佳掺杂状态，也就是 y 的值要达到 6.93，而实际情况中，根据生长温度的不同 y 值只能达到大约 6.2~6.3，这样载流子数太少无法实现超导特性，而且在炉温冷却到室温的过程中，由于扩散距离过长，氧原子也无法充分扩散到晶体中，最后得到的 T_c 至多达到约 60K。对此，为了让晶体中氧含量提高，T_c 能上升到 90K 以上，需要在 400~450℃、氧气环境中进行长时间的退火。

以 Y123 为代表的 RE123 晶体在生长时都是正方晶系，但在充分提高 T_c，也就是增大 y 值的过程中，b 轴会变得比 a 轴更长，从而变成斜方晶系。因此，也就会形成孪晶。孪晶的晶面与 c 轴平行，在这个面上出现磁通钉扎效应，磁量子也在这个面上通过。为了研究没有孪晶现象的 RE123 晶体的钉扎特性、ab 面内的各向异性等物理特性，我们在晶体的两个相对面上施以压力，以抑制孪晶的产生（压力的方向是沿着晶格常数较小的 a 轴），对于没有孪晶的晶体来说，要提高 T_c 就必须在氧气环境下进行更长时间的退火。这一现象也暗示孪晶的晶面可能是氧原子快速扩散的通道。

实际在生产 Y123 线材和块材的过程中，除去孪晶是比较困难的，而且也没有特别的优点。对单晶的研究已经充分体现出了控制氧含量的重要性。例如，Nd123 单晶的临界电流大小与氧的含量的关系已经得到了系统性的研究，如图 1.6 所示，当氧的缺乏程度较高时（y 约为 6.90），在磁滞回线上出现第二磁化峰，出现 20kOe 的低磁场和高 J_c。而当 y 逐渐接近 7 时，峰值不断减小，但是不可逆磁场可以达到 130kOe 以上[9]。同样的倾向在 Y123 晶体中也得到了确认[10]。换句话说，对于 Y123 晶体，一定程度的氧欠缺可以有效地产生磁场诱导型钉扎效应，并且比起最高的 T_c，载流子在弱过掺杂状态下，可以在强磁场中产生优秀的 J_c。

另外，RE123 单晶也是可以用 TSFZ 法制备的[11]。但是对熔体的组分、气氛中氧分压的控制等有极高的技术要求，只有很少的研究机构在进行研究。与助熔剂法不同，FZ 法可以得到 c 轴方向也很厚的单晶体，但是为了提高 T_c 而增加氧含量之后，c 轴方向会缩短 1% 以上，ab 面的平行方向也会产生裂痕。所以比较之下，助熔剂法还是更加简单有效的，是目前生长 RE123 晶体的主流技术。助熔剂法也可以得到 c 轴方向较厚的 Nd123 晶体，但是也有裂痕，所以性质并不理想，对于消除孪晶的研究来说，内部孪晶的消除也很困难。此时，如果有意降低熔体中 RE 的浓度，是可以得到无孪晶的平板状 RE123 单晶的。

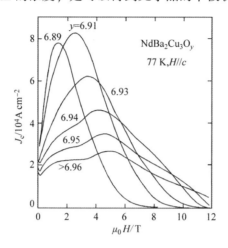

▶▶ 1.4.2　Bi2212 单晶品质控制与临界电流特性

对于 Bi2212 单晶来说，不仅是在 FZ 法生成的晶棒中，连切出的小单晶片中也体现出金属组分不确定而引起的组分波动。为了让单晶的质量更均匀，研究者们在 800℃空气环境中对其进行退火，晶体中的畸变也随之消除。而且，由于氧的组分也具有不确定性，为了使氧的分布更加均匀，必须在适当的温度和氧分压下进行长时间的退火，达到氧元素的平衡，然后进行急速的冷却。这样得到的 Bi2212 晶体，为构建出各向异性大的高温超导体磁相图提供了大量可靠的实验数据。其中还发现，超导体中的磁量子从构成低温、低磁场晶格的状态下，发生了一级相变，变成一定温度、磁性的磁性气体（或液体）[12]，此时磁场强度的变化极小，约为 1Gs（10^{-4}T）。实验还需要用均匀单晶材料继续进行系统性的研究。

然而，Bi2212 单晶的临界电流特性，明显不如 15K 温度以上的 Bi2212/Ag 复合带材。另外，载流子最佳掺杂状态时的 T_c 不同，带材可以达到 95K 的 T_c，而单晶最高只有 92K。其原因可能是以往没有考虑到的金属组分的不确定性。关于 Bi2212 金属组分很大的不确定性，可以参考 Majewski 等人提供的相图[13]。

另外，Bi2212 单晶容易形成 Bi 过剩而 Sr 不足的情况，想要得到组分比 Bi：Sr：Ca：Cu = 2：2：1：2 的单晶是比较困难的，磁相图、临界电流特性以及其他物理特性的研究都是使用其他组分比的材料来进行的。这里所谓的"容易结晶"，指的是容易生长出结晶质量好、能够取出大的片状结晶的单晶棒，这可以满足很多物理性质的研究实验。实际上，笔者的实验室能够大量提供的材料的标准组分是 $Bi_{2.1}Sr_{1.8}CaCu_2O_y$，可以与国内外的研究机构一同进行研究。

　　Bi2212 中，与金属组成的不确定性相比，氧元素的非化学计量更容易随着载流子的掺杂状态而变化，对材料的物理性质有很大的影响[14]。所以，金属组分对物理性质的影响，被氧元素的变化带来的影响所掩盖，没有得到重视。因此，关于金属和氧含量对 Bi2212 特性影响的精密而系统的研究几乎是没有的。笔者团队从 20 年前开始对这一问题展开研究，目前为止，确认了金属组分的变化对临界电流具有很大的影响。图 1.7 中，系统展示了金属组分在 2212 的定比附近变化时对 J_c 的影响，而同样的影响也在掺杂 Pb 的 Bi(Pb)2212 晶体中得到了确认[15]。这些结果表明，在保证容易形成结晶的前提下，包含 Bi(Pb)2212 在内的不同组分比的 Bi 系线材中，金属组分比越接近定比，就越有利于提高临界电流值。

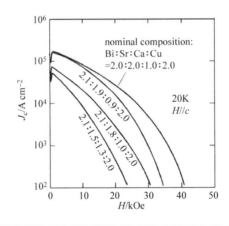

图 1.7　20K 时金属组分变化对 Bi2212 临界电流特性的影响

▶▶ 1.4.3　La(Sr)214 单晶的情况

　　前面提起过，以 RE123、Bi2212 为代表的 Bi 系超导材料，在进行高温超导基础物理性质研究时，一般是生长成 c 轴方向很薄的平面型单晶材料。但是 La214 高温超导体单晶却是用 TSFZ 法生长出 c 轴方向较厚的大型单晶，它的晶体结构是单一的 K_2NiF_4 结构，并且晶体不会产生裂痕，可以用来对 c 轴方向的物理性质进行精密测量。这种 La214 的晶格中，3%~13% 的 La 被 Sr 置换时，载流子掺杂达到最佳状态，具有超导性。当置换比例达到 7.5% 时，La(Sr)214 的临界温度 T_c 最大，在此基础上只需要调整材料组分就可以实现轻掺杂或重掺杂的单晶材料，对于高温超导材料物理性质研究来说是不可多得的材料。但是这种晶体的 T_c 最高只有 38K，所以几乎不可能有实际应用的价值。

　　高温超导体由于层状的晶体结构而带来的各向异性，对其本身的磁相图、磁通钉扎效应等都有很大的影响。各向异性较低的代表物质如 RE123，较高的物质如 Bi2212，而 La(Sr)214 是介于两者之间的，因此对于研究高温超导体的电、磁各向异性的一般规律具有重要的意义。例如，涡旋态磁通晶格一级相变的温度、磁场普适性关系[16]、磁场不可逆线的标度律（Scaling Law）等性质，都是借助 La(Sr)214 晶体而实验测得的[17]。

当然在使用 La(Sr)214 晶体进行的各种研究中，提高晶体的品质还是很有必要的。La(Sr)214 中 Sr 原子固溶于 La 的格点，所以首先要考虑 Sr 浓度的均匀性。另外，La(Sr)214 中氧元素的组分不确定性虽然小于其他的高温超导晶体，但也需要进行调控。笔者的实验室中，用 TSFZ 法生成的 La(Sr)214 单晶首先要在 1000℃ 的空气氛围中退火数日，以改善 Sr 浓度均匀性，然后才进行切片，以此来控制晶体中氧元素的含量。尤其是像上文所说的研究一级相变时，材料表面残留的 Sr 和氧原子需要用刻蚀法除去。

在 La(Sr)214 的磁滞回线中（$H // c$ 轴），出现了第二磁化峰。当 Sr 浓度达到 7.5% 以上时，可以观察到很高的第二磁化峰，其形状并不像 Bi2212 那样陡峭，而是像适度缺氧的 RE123 单晶那样较为展宽，峰对应的磁场强度随着温度下降而升高，可以达到 10kOe 以上，这也与 RE123 类似。

这种第二磁化峰的成因可能是由于存在磁场诱导型钉扎中心。也就是说，微小的弱超导区域分布在晶体中，随着磁场强度上升，这些区域的超导序数相比周围显著下降，因而成为有效的钉扎中心。La(Sr)214 中 Sr 浓度的局部波动，以及氧元素的略微缺乏导致的弱超导区域的形成因素也被考虑在内。后来发现，Bi(Pb)2212［低温区］[18]、Hg(Re)1223[4]、Hg(V)1201[19] 等具有许多固溶组成的高温超导体单晶中也出现同样的第二磁化峰的效应，固溶物浓度的局部波动被认为是在磁场下改善 J_c 的有效手段之一。

1.5 晶体生长技术与高温超导体的开发

▶▶ 1.5.1 RE123 熔融凝固块材

临界温度 T_c 超过液氮沸点 77K 的高温超导体产生了新的应用，就是超导磁体。超导体线材中，引入有效的钉扎中心可以约束量子磁通的移动，但在超导磁体中钉扎中心所约束的磁量子可以形成强磁场。

为了获得超导磁体，首先在磁场中将材料降温到 T_c 以下的目标温度，然后除去外部磁场，接着对冷却后的超导状态施加脉冲磁场，这样就可以使磁场侵入磁体内部。在圆盘状的材料表面施加垂直方向的磁场进行磁化时，如果磁场可以有效地进入圆盘的中心，那么中心处的表面就可以获得密度最高的磁通量，越向圆盘边缘密度越低，最边缘处磁通密度几乎为零。根据麦克斯韦公式（$J = dB/dx$），从中心到边缘磁通密度的分布是由围绕圆盘的 J_c 来决定的。也就是说，磁体的 J_c 越高，圆盘直径越大，那么盘中心部分的磁场就越强。

如前所述，RE123 晶体在 c 轴方向大幅收缩会导致裂痕，所以圆盘表面必须是与晶体的 ab 面平行的。图 1.8 是由一块均匀的单畴晶体熔融凝固而成的单晶块的照片，圆盘状的表面就是与 ab 面平行的。这样的块材可以用 Nd123 或 MgO 的单晶作为种晶，然后设置合适的上下温度梯度（种晶的位置设置为 10℃ 的低温）制备而成。

　　RE123 熔融凝固晶体的发现和开发始于 1987 年。如本书最开始所说，高温超导体的晶界弱连接问题显露了出来，研究者们开始担心这样的多晶体的临界电流密度 J_c 远远无法满足实用的需求，此时研究者们还没有发现 Bi 系材料，目光都关注在 RE123 材料上。

　　首先，美国的 AT&T Bell 研究所的 Jin 等人通过单向凝固法，成功获得了高 J_c 的 Y123 棒状块材[20]。文章报道称，在 77K 温度中，材料在自磁场中 J_c 为 $1.7 \times 10^4 \, \mathrm{A/cm^2}$，在 1T 磁场下 J_c 为 $4 \times 10^3 \, \mathrm{A/cm^2}$，比当时烧结法制得的 Y123 材料 J_c 高两个数量级，给高温超导材料带来了希望。第二年日本新日铁公司用 QMG（Quench & Melt-Growth）法开发出了 Y123 熔融凝固块材[21]，从此圆盘状的熔融凝固块材在强力磁铁应用方面成为主流。

　　另外，笔者当时所供职的旭硝子公司，也在 1988 年改良了 Jin 等人的单向凝固法，成功获得了高 J_c 的棒状 Y123 块材[22]。这里的工艺比较简单，就是在原来 Y123 原料棒的基础上按比例加入 Y211，从图 1.2 中 B 区域所示的部分熔融状态开始，经过包晶反应，生长出含有 Y211 的 Y123 晶体。在这种包晶反应中，预先添加的 Y211 分散在 Y123 的结晶中，形成如图 1.9 所示的组织。从 Y123 原料出发，部分熔融的液相流出，形成 B 区域的情况，此时由于有意添加了 Y211，部分熔融状态中的固相的比例提高，液相的流出受到抑制，并且在最终的晶体中 Y211 的组分是人为可控的。这种事先添加 RE211（在 Nd123 中是添加 Nd422）

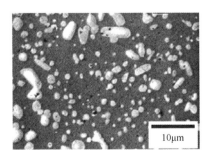

的方法在制备圆盘状块材时非常有效，目前已经是一种必备的技术。RE211 的添加不仅可以保持部分熔融时块材的液相和形状，其与 RE123 形成的界面也会成为有效的钉扎中心，提供高临界电流密度 J_c，一举两得。但 RE123 中 RE211 含量过多的话超导电流会减小，所以合适的添加比例在（10～30）mol%，并且如果晶粒较小，熔融凝固后也会留下较小的 RE211 析出物，有利于提高作为钉扎中心的界面的密度，提高 J_c 以及捕捉磁场的性能。

RE123 熔融凝固块材的开发过程中都是使用 Y123 作为主要原料，但 Nd123、Sm123 等材料的开发也在进行，它们的临界温度 T_c 比 Y123 高 3～4K，不可逆磁场也更高。Nd 和 Sm 离子半径都与 Ba 接近，所以在 Ba 的晶格点上容易发生固溶，在空气这种氧分压高的气氛中制备块材的话，原本的 T_c 高的优点无法体现。所以在还原性气氛下生长晶体的方法——OCMG（Oxygen Controlled Melt-Growth）法被开发出来[23]，如图 1.6 所示，在 Nd123 的熔融凝固块材中也体现出了极高的不可逆磁场。而且，前面所说的 RE 元素在 Ba 的晶格上的固溶特性，在微量和局部的情况下可以形成有效的钉扎中心而引起磁场，配合氧缺乏的环境，可以形成很大的第二磁化峰，也就是说在磁场中可以显著提高 J_c 的大小。

使用 Nd、Sm 中稀土元素形成的 RE123 熔融凝固块材，据说容易碎裂，成品率稍微偏低。但是 RE123 块材本身就是一种强度类似于茶碗的陶瓷材料，在自身涡旋电流和捕捉磁场的作用下，圆盘在径向上受到洛伦兹力，所以很容易破裂。虽然材料的高 J_c 特性反而带来了烦恼，但是在添加了银元素，并在氧气氛中退火后形成低熔点合金，再在树脂中浸泡，以及使用不锈钢外框等各种技术的支持下，研究者们在 29K 温度中捕捉到了 17T 的强磁场[24]。

RE123 磁体块在液氮温度冷却下也可以捕捉到比永久磁体更高的磁场，这一特性已经被尝试用于飞轮等应用中，而且在包括赤潮、绿潮在内的污水处理等环保项目中也得到了重视，就是在污染物上附着磁性微粒，然后利用超导磁体的强磁场对其进行分离和收集。由于污水处理的需求量很大，如果这些项目能够合理运营，可能会成为当前高温超导体最大规模的实际应用。另外，在各种关于超导的展览会上，RE123 材料经常都被用于磁悬浮技术的演示，完美地向普罗大众展示了超导的魅力，具有非常重要的影响力。

单向凝固法获得的棒状 RE123 块材在 10cm 以上的长度方向上实现了 ab 晶面对齐，RE 元素的选择以及 RE211 以外的故意掺杂物引入的钉扎中心，使得在 50K 左右的高温环境下获得了 7550A 以上的临界电流记录（J_c 超过 $6\times10^4 A/cm^2$），但还是没能作为电流导线而得到应用。但是，从大型圆盘块材中切割出的长方体材料是可以作为短距离电流导线而使用的。

▶▶ 1.5.2　其他高温超导材料相关的晶体生长技术

LPE（Liquid Phase Epitaxy）法是当熔融液相处于适当的过冷状态时，在衬底上析出晶体的方法，作为 RE123 超导体的一种制备方法而被研究。这种方法是在衬底上堆积一层种晶（RE123 薄膜），当 Flux 法的坩埚中的材料达到部分熔融状态时，将衬底插入使晶体在其上生长，优点是可以高速生长获得微米级厚度的结晶。使用 MgO 等具有合适的晶格常数和热膨胀率的氧化物单晶材料作为衬底，77K 温度环境中测得 J_c 约 10^6A/cm^2，是非常优质的结晶[26]，但是在银等带状金属基体上还没有开发出可以得到连续长结晶的技术。

因此，RE123 导体的制备还是以 PLD（Pulsed Laser Deposition）法、MOD（Metal Organic Deposition）法等薄膜生长法为主流。这些薄膜生长法还只是单纯在金属基带上生长薄膜，还没有实现高 J_c，所以无法达到实用性。RE123 薄膜的厚度相比于基体来说还是太薄，RE123 层要求 J_c 达到 10^6A/cm^2 数量级，结晶的 c 轴方向和 ab 面方向都要求取向生长，也就是必须做到双轴织构。为此，研究者们开发出了在金属基带上制备双轴织构的中间层的方法（包括 IBAD（Ion Beam Assisted Deposition）法[27]和 ISD（Inclined Substrate Deposition）法[28]），还有对金属基带进行加工和热处理获得中间层的方法（即 RABiTS（Rolling Assisted Bi-axially Textured Substrate）法[29]），这些中间层不仅可以加强织构，也可以防止薄膜与基体的反应。

这种通过特殊的处理在金属基体上获得的 RE123 线材被称为 Coated Conductor（涂层导体）。经过日、美、欧研究机构、企业的激烈竞争，终于在 2005 年前后实现了长度在 100m 以上、J_c 达到 10^6A/cm^2 的线材，之后就在各种应用领域进行试用。涂层导体中的 RE123 层并非单晶，而是由在 ab 面方向上 1~几 μm 大小的晶体构成。厚度通常在 1~2μm，为了提高临界电流值，还在继续开发更厚的薄膜，以及引入作为钉扎中心的非常细小的非超导析出物。

Bi 系线材是高温超导体中最早达到实用化的线材，也是由结晶生长技术得到的。尤其是 Bi2212 的套银（Ag-sheath）线材，从部分熔融状态缓慢冷却，利用 Bi2212 结晶与银的界面平行生长的性质，得到平板状厚度约 50~100μm 的晶体[30]。最近开发出的多芯导线中，每一根导线丝的直径都很细，生长速度快的 a 轴在长度方向上容易对齐。另外，目前最普及的带状 Bi(Pb)2223 套银多芯线材中，直径为 20μm 的 Bi(Pb)2223 平板结晶，是由 Bi(Pb)2212 与其他成分在局部的液相中生成，经过加工烧结得到 Bi(Pb)2223 相，通过中间延压强化 c 轴取向生长，再次烧结，强化晶界连接。这种线材也在银界面上生长出（明显择优取向生长的）Bi(Pb)2223 结晶，可以成为电流的有效通路。许多结晶的晶粒都随着长大而出现间隙，采用中间延压，然后在高温气体下加压烧结[31]的方法，可以有效解决这类问题。

1.6 铁基超导体的新一代超导体单晶生长技术

最近发现的以铁基超导体为首的超导体，许多都具有和铜氧化物超导体相同且复杂的层状晶体构造，都需要分解熔融形成。所以在多数情况下，可以用助熔剂法来制备，材料选择面非常广泛。但与铜氧化物超导体所不同的问题是，许多物质并非单纯的氧化物。例如，LaFeAsO、BeFe$_2$As$_2$ 等铁基超导体中一定含有砷等非氧阴离子。这种化合物在空气中加热的话，砷会挥发出来变成氧化物，或者砷本身被氧化，所以一定要在密闭环境中进行。而且，助熔剂通常非常活泼，会和用作密闭容器的石英发生反应，所以助熔剂和反应物都必须放在氧化铝坩埚中，然后密封在石英管里进行反应。这样实验的手续非常复杂，所得的晶体的尺寸也很小。

助熔剂需要满足将目标化合物完全熔融、只析出目标化合物等要求，即使是单纯的氧化物，助熔剂的选择标准也没有完全确定，所以对于研究案例少、几乎没有相关报道的非氧化物来说，材料的选择就更加困难了。将构成化合物的一部分低熔点物质用作助熔剂，这种方法称为"自助熔剂法"（前面的 RE123 的生成也是自助熔剂法）。在可以使用自助助熔剂法的情况下，目标化合物在助熔剂中的熔融度比较高，比在其他助熔剂中更容易获得大型结晶，但是这种使用方便的助熔剂的案例并不多。

经常用到的助熔剂有 CsCl、KCl 等碱金属卤化物。用它们作为助熔剂时，目标物质的溶解度一般较低，所以助熔剂的用量就很高，而且结晶尺寸通常很小。但是这些碱金属卤化物不太容易与目标物质发生反应，适用于多种材料系列。为了提高溶解度，以及保护反应容器，也经常混合使用多种碱金属卤化物以降低熔点。

举一个具体的例子，向大家介绍最早发现的铁基超导体 LaFeAsO。将 LaFeAsO 与助熔剂 NaAs 以 1∶20 的比例放在钽管中密闭，再将钽管密闭在石英管中并抽真空。将石英管加热并保持在 1150℃后，以 3℃/小时的速度降温，就可以获得 3mm×4mm×0.3mm 的较大的单晶材料了。LaFeAsO 本身并不具有超导特性，但是用氟置换氧、钴置换铁之后可以表现出超导特性，但是这个研究组并没有实现置换的最优化，相对于文献报道的 LaFeAsO$_{1-x}$F$_x$ 的 T_c = 26K，T_c 最高只能到达 12K 左右[32]。

与铜氧化物高温超导体和铁基超导体一样，具有一系列关联化合物的 BiS$_2$ 系超导体也有二维超导层，主要使用碱金属卤化物助熔剂制备而成。在真空中与 CsCl/KCl 助熔剂混合封入石英管中，在 800℃保持 10h 后以 0.5℃/h 的速度冷却，可以得到几 mm 尺寸的平板状 NdOBiS$_2$ 单晶。这种方法如果使用氟化物原料、改变组分的话，可以达到与多晶体同样程度的 T_c。碱金属卤化物在高温下会与石英管发生反应，但是本报告中是以混合助熔剂来降低熔点，将原料与助熔剂直接装在石英管中来进行反应[33]。

1.7 总结

本章以 RE123、Bi 系、La214 系为中心，从材料开发的角度介绍了高温超导体结晶生长技术。高温超导体由于相干长度短、晶粒弱连接等原因，在导电应用上存在很多问题，但是通过对晶体生长工艺的合理利用，培育出了许许多多的实用材料或备选材料。许多高温超导体的晶体生长技术克服了多元素体系、分解熔融等困难，提供了优质的单晶材料，材料开发中的物质选择、组成、组分控制等工作，使高温超导材料的临界电流等基础特性研究成为可能。当然，材料的电磁各向异性与不可逆磁场的关系这些重要性质在本文中并未提及，但是在《高温超导体（上）——材料与物理》一书中都有详细的论述，感兴趣的读者可以参考。

高温超导材料要进一步进行优化，就必须改善晶粒内和晶界中的临界电流特性，以及各自的结构、成分控制，晶体生长技术与化学组成控制会在今后的研究中共同承担重要的作用，这一点是确定无疑的。

参 考 文 献

［1］ 田中功，超伝導分科会スクールテキスト『高温超伝導体（上）—物質と物理—』，応用物理学会，87-99（2004）.

［2］ 下山淳一，超伝導分科会スクールテキスト『高温超伝導体（上）—物質と物理—』，応用物理学会，51-70（2004）.

［3］ A. Erb *et al.*, *Physica C* **245**, 245-251（1995）.

［4］ S. Ueda *et al.*, *Proc. of Materials Research Society*, vol. 689, 101-106（2002）.

［5］ T. Fujii *et al.*, *J. Cryst. Growth.* **223**, 175-180（2001）.

［6］ K. Shimizu *et al.*, *Proc. of Materials Research Society*, vol. 689, 71-80（2002）.

［7］ E. Giannini *et al.*, *Supercond. Sci. Technol.* **16**, 220-226（2004）.

［8］ Y. Yamada and Y. Shiohara, *Physica C* **217**, 182-188（1993）.

［9］ Th. Wolf *et al.*, *Phys Rev. B* **56**, 6308-6319（1997）.

［10］ M. Daeumling *et al.*, *Nature* **346**, 332-334（1990）.

［11］ K. Oka and T. Ito, *Physica C* **227**, 77-84（1994）.

［12］ E. Zeldov *et al.*, Nature **375**, 373-376（1995）.

［13］ P. J. Majewski, "Bi-based Superconductors" Eds. by K. Togano and H. Maeda, 129-151（1996）.

［14］ J. Shimoyama *et al.*, *Physica C* **185-189**, 931-932（1991）.

［15］ S. Uchida *et al.*, submitted to *Proc. of EUCAS* 2005.

［16］ T. Sasagawa *et al.*, *Phys. Rev. Lett.* **80**, 4297-4300（1998）.

［17］ J. Shimoyama *et al.*, *J. Low Temp. Phys.* **131**, 1043-1052（2003）.

［18］ J. Shimoyama *et al.*, *Physica C* **281**, 69-75（1997）.

［19］ G. Villard *et al.*, *Physica C* **307**, 128-136（1998）.

［20］ S. Jin *et al.*, *Appl. Phys. Lett.* **52**, 2074-2076（1988）.

［21］ M. Murakami *et al.*, *Jpn. J. Appl. Phys.* **28**, 1189-1194（1989）.

［22］ J. Kase *et al.*, *Jpn. J. Appl. Phys.* **29**, L1096-L1099（1990）.

［23］ S. I. Yoo *et al.*, *Appl. Phys. Lett.* **65**, 633-635（1994）.

［24］ M. Tomita and M. Murakami, *Nature* **421**, 517-520（2003）.

［25］ T. Masegi *et al.*, *Adv. in Supercond.* 7（Proc. of ISS'94）, 1227-1230（1995）.

［26］ S. Miura *et al.*, *Physica C* **278**, 201-206（1997）.

［27］ Y. Iijima *et al.*, *Appl. Phys. Lett.* **60**, 769-771（1992）.

［28］ K. Fujino *et al.*, *Adv. in Supercond.* **8**（Proc. of ISS'95）, 675-678（1996）.

［29］ A. Goyal *et al.*, *Appl. Phys. Lett.* **69**, 1795-1797（1996）.

［30］ J. Kase *et al.*, *Appl. Phys. Lett.* **56**, 970（1990）.

［31］ K. Sato *et al.*, *IEEE Trans. Mag.* **27**, 1231（1991）.

［32］ J. -Q. Yan *et al.*, *Appl. Phys. Lett.* **95**, 222504（2009）.

［33］ M. Nagao *et al.*, *J. Phys. Soc. Jpn.* **82**, 113701（2013）.

第2章

▶▶▶▶▶▶

铁基超导体的薄膜制备

2.1 前言

铁基超导体自从 2008 年首次发现以来已经经过了 10 年[1]。铁基超导体的临界维度 T_c 最高可以达到 58K，仅次于铜氧化物超导体。铁基超导体的发现颠覆了以往"磁性元素无法实现超导体"的观念，发现的机制也引起了研究者们的关注。但是在超导应用方面，铁基超导体的 T_c 无法达到液氮温度，与铜氧化物超导体相比是不足之处。在电力传输等大规模应用场合下，T_c 能达到与不能达到液氮温度，是截然不同的两种情况。但是在薄膜电子应用方面，铜氧化物器件虽然实现了一些无源器件，但是在其发现之初就备受期待的液氮温度下的本征约瑟夫森结的应用还是没有建立。为此，研究者们迫切希望在 Nb 基的基础上建立更高 T_c 器件的制备工艺体系。特别是在最近 He 供给不足的影响下，长远来看，能在 20K 以上温度工作的约瑟夫森结的开发是必不可少的。

无论是用于超导连接，还是铜氧化物薄膜带材的开发，优质的超导薄膜都是不可或缺的。虽然预先认为元素多达 5 种的化合物的薄膜生长不是容易的事情，但从铜氧化物的经验看来，出乎意料的是在短时间里（2 年左右）就有许多与薄膜生长相关的论文发表。2008 年以来已经发现的集中铁基超导体中，有代表性的是 $LnFeAs(O,F)$（Ln：镧系元素）[1]，$(Ae,A)Fe_2As_2(Ae=Ba、Sr，A=K、Cs)$[2]，$FeCh(Ch=Te、Se、S)$[3]这 3 种。3 种结晶的构造如图 2.1 所示。$LnFeAs(O,F)$（1111 系）目前具有最高的 T_c，含有 As、O、F 3 种阴离子。$(Ae,A)Fe_2As_2$（122 系）中阴离子只有 As，T_c 比较高（约 40K）。而 $FeCh$（11 系）是 Fe 系超导体中结构最简单的一种，而且关于它的超薄膜和嵌入型（intercalation）化合物也获得了较高的 T_c（40K）。薄膜制备方面，围绕这三种材料体系的重要成果中，很多都是日本的科研团队报道的。所以日本的铁基超导体薄膜在世界上来看也是领先水平。

本章的内容由以下部分构成。2.2 节介绍薄膜制备的概况。2.3、2.4、2.5 节分别讨论

1111系、122系、11系薄膜的生长情况。主要是以笔者团队的研究成果为主，其他团队的重要结果也会有所涉及。2.6节是本章的总结。

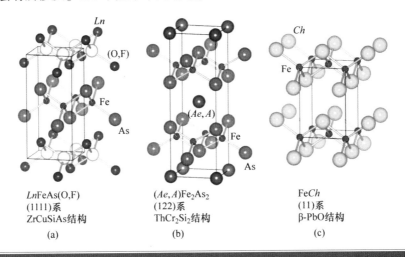

图 2.1 代表性的铁基超导体的晶体构造：(a) $LnFeAs(O,F)$ (1111系)，(b) $(Ae,A)Fe_2As_2$ (122系)，(c) $FeCh$ (11系)

2.2 铁基超导体的薄膜制备

2.2.1 分子束外延 MBE 法

1. MBE 法的优点和缺点

笔者本人（内藤）自从铜氧化物超导体被发现的 30 余年以来，一直在尝试用分子束外延（MBE）来生长新型超导薄膜。以铜氧化物、铁的氮族化合物为首的具有化学计量比的多元化合物薄膜的生长一般来说并不容易。MBE 法从 20 世纪 60 年代后期开始，一直用于 III-V 族半导体（GaAs、InP）等光电器件的薄膜生长。但是 III-V 族半导体的 MBE 生长在多元化合物薄膜生长中属于特例，蒸气压高的 V 族元素的附着速度受到自身限制，即使是在 V 族元素过剩的情况下，依然能够获得化学计量比的薄膜。也就是说，III-V 族半导体的 MBE 中不需要严格地（在±1%的精度）控制气体流量，因此相关的控制技术并没有研发出来。

在这种情况下，笔者的团队利用原子光谱（发射、吸收）严格控制各种元素的流量，实现铜氧化物、MgB_2、铁基超导体的高品质 MBE 外延生长。铜氧化物的薄膜生长方面，许多团队为了规避组分控制的难题，采用简单的成膜方法，用脉冲激光沉积（PLD）或溅射法（Sputtering）将近似的组分转移到薄膜上。但是对于 MgB_2 和铁基超导体的薄膜制备来说，PLD 法和溅射法并不是万能的。

2. 蒸发源

我们的铁基超导体 MBE 装置示意图和蒸发源法兰盘的照片如图 2.2 所示。Sm、Ba、Sr 等金属元素装在 Al_2O_3 和 Ta 坩埚中，又放在钨篮里，加热蒸发。在高温下活跃的 Fe 会与裸露的钨发生反应，因此钨篮上必须用氧化铝先覆盖。即使使用价格便宜的篮盛放蒸发源，只要主动控制好分子束流量，也可以进行高精度的成分控制。As 是用自制的蒸发源（Effusion Cell）来供应的。1111 系薄膜的生长需要用到氧元素，但是只要约 0.1sccm 的流量通入 MBE 腔室就足够了，不需要像铜氧化物薄膜那样的强氧化条件。

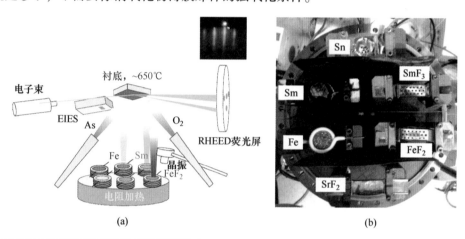

(a)　　　　　　　　　　　　　　(b)

图 2.2　（a）分子束外延装置示意图，（b）蒸发源法兰盘的照片

对于 $(Ba,K)Fe_2As_2$、$(Sr,K)Fe_2As_2$ 薄膜生长，都需要提供一个钾元素的衬底。最初把单质钾作为触发源来使用，但钾的化学性质极为活泼，所以处理起来非常危险，在有钾的团块残余的时候，即使是对腔室进行通气，也是需要极其小心地操作的。实际上，发生过钾在蒸发源中燃烧（小爆炸）的事故后，从安全性考虑，还是决定不再把钾的单质作为蒸发源来使用。取而代之的是 In-K 化合物作为新的钾源。In 和 K 能够形成熔点较高的（480℃）定比化合物 In_8K_5，这种化合物只有达到熔点以上才会释放出 K 元素。而且在那样的温度下，In 的蒸气压比 K 的蒸气压低 10 个数量级，因此完全不用担心 In 的污染问题。虽然用单质 K 还是 In_8K_5 化合物作为钾源，对于 $(Sr,K)Fe_2As_2$ 的薄膜特性都没有影响，但 In_8K_5 作为 K 的来源，不仅是安全性，在 K 的流量控制稳定性方面也有很大的改善。

3. 蒸发流量监控

分子束流量的测量，对于碱金属以外的阳离子来说，可以用电子碰撞发射光谱（EIES：Electron Impact Emission Spectrumetry）来进行。EIES 测量碱金属比较困难，所以碱金属一般采用原子吸收光谱（AAS：Atomic Absorption Spectrometry）来测量。EIES 和 AAS 两者的原理如图 2.3 所示。在 EIES 中，用小型电子枪向蒸发分子束发射电子，然后对发射光谱进行分析。AAS 则是通过真空腔室两侧相对设置的观察孔（View Port）进行原子吸收光谱的测量，比较"古典"。两种方法都可以测量出蒸发的分子束中各种元素特有的光谱，通过各种波长光的强度、吸收的测量，可以对每种元素进行定量，也可以确定元素的类别。这与晶振膜厚仪的原理是完全不同的。

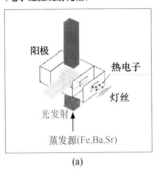
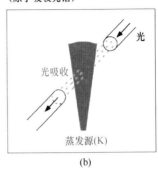

图 2.3　蒸发流量监控的原理 （a）EIES，（b）AAS

As 和 Se 的最强发光峰都在 $\lambda = 200nm$ 的位置上，但是实际测量时是测量不出来的。所以 Se 元素会采用晶振膜厚仪来测量，而 As 会采用四探针质谱仪（QMS：Quadrupole Mass Spectrometer）以及电离真空计（IG：Ion Gauge）来测量并同时控制腔室的温度。另外，深化出的化合物的分子束用原子光谱来定量测量并不容易。SmF_3 和 FeF_2 这些含有氟元素的化合物在 1111 系薄膜中用于生长出表面层，或者用在两步法薄膜生长的第一步中，需要用晶振膜厚仪（QCM：Quartz Crystal Microbalance）来测量。表 2.1 总结了各种蒸发源的详细数据。

表 2.1　铁基超导体 MBE 生长中使用的蒸发源和蒸发速率监测值

	蒸发源	加热	坩埚	流量监控
Fe	Fe	氧化铝包覆钨篮	无	EIES
Sm	Sm	钨篮	钽	EIES
Ba	Ba	钨篮	钽	EIES
Sr	Sr			EIES
K	In-K	蒸发源	石英或氧化铝	AAS
As	As	蒸发源	石英或耐热玻璃	QMS&IG
Se	Se	钨篮	石英或耐热玻璃	QCM
SmF_3	SmF_3			QCM
CaF_2	CaF_2	钽舟	无	QCM
FeF_2	FeF_2			

▶▶ 2.2.2　脉冲激光沉积（PLD）法

脉冲激光沉积（PLD）法是一种用途广泛的薄膜生长方法，在新材料被发现后的初期研究阶段非常适用。实际上，在 2008 年神原等人报道了 $T_c = 26K$ 的 LaFeAs(O,F) 超导体之后[1]，用 PLD 法制备 LaFeAs(O,F) 薄膜的研究就开始了[6-7]。之后很快，FeCh[3]、AeFe$_2$As$_2$[2] 超导体被发现，立刻有团队开始用 PLD 法制备它们的薄膜[8-9]。

PLD 法是在真空腔室内设置与薄膜材料组成相同的高密度烧结体或者单晶作为靶材（Target），然后用脉冲激光轰击，激发出的等离子体会沉积在靶材对面的衬底上形成需要的薄膜材料。轰击靶材所用的激光，可以用常用的准分子气体激光器（Excimer Gas Laser）或者 Nd：YAG 固体激光器等纳秒级的脉冲激光。PLD 法的优点之一是，靶材的物质成分可以被原样地转移到薄膜上。所以，靶材的纯度就可以看作是最终薄膜的纯度。但是如果其中含有挥发性高的物质，则需要事先准备过量的挥发性原料，这点务必注意。

本节将对 PLD 法制备铁基超导体中的关键问题进行概述，然后对 LnFeAs(O,F)(Ln = La,Sm)，Ba(Fe$_{1-x}$Co$_x$)$_2$As$_2$，BaFe$_2$(As$_{1-x}$P$_x$)$_2$，Fe(Se,Te) 薄膜材料分别进行讨论。

1. PLD 靶材

铁基超导体的靶材制作中，要极力避免氧化或水汽的影响，所以必须在充满氩气的手套箱中进行。靶材中如果含有杂质，那么杂质也会被激光轰击出来，并进入薄膜中。尤其是在制作 LnFeAs(O,F) 薄膜时，LnOF、Ln$_2$O$_3$ 等杂质会对薄膜的晶相形成产生非常坏的影响，所以务必注意靶材的纯度。

PLD 法的缺点之一是，薄膜表面容易产生微米级的颗粒（Droplet）。这些颗粒在约瑟夫森结等电子器件应用中会产生不利影响。为了减少这些颗粒，有研究者提出交叉电子束（Corss-Beam）或离轴（Off-Axis）PLD 方案，最后证实最有效的还是制作高密度靶材。但是铁基超导体的 PLD 靶材是由固相反应得到的，烧结密度大约在 60%。最近，添加 Co 或 K 的 BaFe$_2$As$_2$ 靶材，通过原料的球磨机混合和热压烧结，密度大幅上升（相对密度达到 90% 以上）[10]，这种靶材在薄膜生长中得到了应用[11]。另外，Fe(Se,Te) 可以形成比较大的单晶，也可以作为靶材来制备薄膜[12]。用熔融凝固法制备的 FeSe$_{0.5}$Te$_{0.5}$ 块材作为靶材来制备薄膜的情况也是有的[13-14]。

2. 激光光源

PLD 法制备铁基超导体的过程中，常用 Nd：YAG 固体激光器或 KrF 准分子气体激光器。前者的二次谐波短波波长为 532nm，后者为 248nm 的紫外光。在需要进行后退火处理的时候，常用 KrF 激光器。Nd：YAG 固体激光器对于铁基超导薄膜的制备来说可以算是万能的，LnFeAs(O,F)、AeFe$_2$As$_2$、FeCh 等薄膜的制备中都可以用这种激光进行外延生长得到。KrF 激光器还没有关于 LnFeAs(O,F) 的原位（in situ）PLD 工艺的成功报道。另外，本章 2.4.3 小节将会说到，如果不能控制合适的成膜速率（约 0.3nm/s），Ba(Fe$_{1-x}$Co$_x$)$_2$As$_2$ 的薄膜就无法外延成功。反过来，如果能够控制好成膜速率，那么无论哪一种激光光源，其实都可以成功生长出 Ba(Fe$_{1-x}$Co$_x$)$_2$As$_2$ 薄膜。

▶▶ 2.2.3 衬底与生长模式

表 2.2 中总结了衬底材料的晶体构造、晶格常数等参数。铁基超导体是需要在氧化物、氟化物等衬底或中间层的基础上成膜的。衬底选择的原则：①晶格失配小；②基板材料与薄膜不互相扩散；③热失配小。但是在铁基超导体薄膜的制备中，其实许多衬底并不完全符合这些标准。例如 MgO（001）、SrTiO$_3$（001）、CaF$_2$（001）衬底材料，对于铁基超导体外延薄膜来说属于万能的衬底，但就是不满足上面的标准。而且在 CaF$_2$（001）衬底上生长的铁基超导体薄膜与其他衬底相比，T_c 一直是最高的。

表 2.2 铁基超导体薄膜生长中使用的典型衬底的晶体构造和晶格常数等参数

衬底	晶体结构	晶系	晶格常数（Å）	表面原子间距（Å）
r-cut Al$_2$O$_3$（AlO）	蓝宝石	三方	$a_0 = 5.128$ $\alpha = 55°20'$	3.48
MgO（001）	NaCl	立方	4.212	4.212
MgAl$_2$O$_4$（001）	尖晶石	立方	8.083	4.042
YAlO$_3$（110）	GdFeO$_3$（类钙钛矿）	正交	$a_0 = 5.179$ $b_0 = 5.329$ $c_0 = 7.370$	3.715
LaAlO$_3$（001）	类钙钛矿	三方	$a_0 = 5.356$ $\alpha = 60°06'$	3.790
（LaAlO$_3$）$_{0.3}$（Sr$_2$TaAlO$_6$）$_{0.7}$（LSAT）（001）	钙钛矿	立方	3.868	3.868
CaF$_2$（001）	CaF$_2$	立方	5.463	3.863
SrF$_2$（001）	CaF$_2$	立方	5.800	4.101
BaF$_2$（001）	CaF$_2$	立方	6.200	4.384

这里也简单说一下这些衬底的缺点。MgO 衬底容易潮解，薄膜最好还是保持在干燥箱或充满氩气的手套箱中，而且晶格的适配比较大，很可能在薄膜中引入缺陷。SrTiO$_3$ 衬底在生长铁基超导体的高温高真空环境下，会出现氧元素的损失，这会使 SrTiO$_3$ 的电导率上升，对薄膜的传输特性造成影响。CaF$_2$ 材料的机械强度弱，在器件的制作和测试时都很容易碎裂，而且衬底中的 F 元素容易扩散到薄膜中（但这反而带来好处）。

接着简单讨论一下生长模式。通常在衬底与薄膜晶体结构相同的情况下，容易发生层状生长（Layer-by-Layer），这一点得到了反射高能电子衍射仪（RHEED）的确认。但是据笔者的团队所知，在铁基超导薄膜的 PLD 生长过程中使用 RHEED 进行原位观察的实验报道还没有出现。RHEED 的图像是一些衍射条纹，反映出薄膜表面原子层的平坦程度。但是铁基超导体无法保证层状生长模式。图 2.4（a）显示的是在 Fe 中间层上生长的 Ba(Fe$_{1-x}$Co$_x$)$_2$As$_2$ 薄膜的原子力显微镜（AFM）图像[15]，呈现出的是岛状生长模式。其实这里同时具有岛状生长模式（VW 模式）和层岛复合生长模式（SK 模式）。图 2.4（b）中是在 SrTiO$_3$ 衬底上生长的 Fe(Se,Te)的 AFM 图像，也呈现出立体的生长模式[16]。最近，通过对在 MgO（001）衬底上生长的 SmFeAsO 薄膜的生长过程进行详细观察，发现 SmFeAsO 似乎也是 SK 生长模式［图 2.4（c）］[17]。从上面这些结果看来，PLD 法获得的铁基超导体薄膜生长模式很有可能就是立体生长模式。

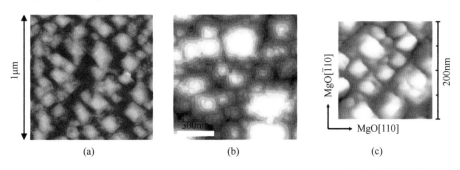

(a)　　　　　　　　　　(b)　　　　　　　　　　(c)

图 2.4　PLD 法制备的铁基超导体的 AFM 图像：（a）Ba（Fe$_{1-x}$Co$_x$）$_2$As$_2$[15]，（b）Fe(Se,Te)[16]，（c）SmFeAsO[17]

2.3　*Ln*-1111 系超导薄膜

▶▶ 2.3.1　PLD 法的初期尝试

铁基超导体 *Ln*FeAs(O,F)的发现是随着透明导电化合物 *Ln*M^{2+}OPn^{3-}（M^{2+}：2 价阳离子，Pn^{3-}：3 价阴离子）的研究开始的，在当时 T_c 最高的铁基超导体 LaFeAs(O,F)发现以前的 2007 年，已经有关于 LaZnOP 薄膜生长的报道出现了[18]。在这篇报道中，用 PLD 法得到的非晶态前驱体在石英管中烧结，通过固相外延得到接近单晶的薄膜（两步法）。因此，虽然 *Ln*FeAs(O,F)是多元素化合物，但是在出现高 T_c 的报道后，就有许多研究者开始尝试制备它的薄膜。

Ln-1111 系薄膜制作最早的报道来自东工大的平松等人（论文投稿 2008 年 7 月）[6,19]。平松等人尝试用 PLD 法生长薄膜，用 ArF 准分子气体激光器（$\lambda = 193$nm）得到了 1111 相⊖。

⊖ 由于 LaMnAsO 外延薄膜可以用 PLD 法和 ArF 激光器来制备[20]，那么用同样方法并且以 Fe 取代 Mn 而获得 LaFeAsO 薄膜也很可能会成功。但是实际上并没有成功。紧接着出现的关于尝试制备 *Ln*-1111 系薄膜的论文来自德国累斯顿 IFW 研究所的 Dresden 的 Holzapfel 团队（论文投稿于 2008 年 8 月，比平松等人的论文晚一个月）[7]。他们的成膜方法和上面 LaZnOP 薄膜一样采用的是两步法。IFW 团队用 KrF 激光器在室温条件下，在 LaAlO$_3$ 衬底上获得 LaFeAs(O,F)前驱体薄膜，再把前驱体和 LaFeAs(O,F)烧结体一起封在石英管中，在接近 1000℃的高温中烧结而成，得到了近乎单相的超导外延薄膜[21]。PLD 的靶材为了补充薄膜成长中损失的 F 元素，所以采用了含有过量 F 元素的 LaFeAsO$_{0.75}$F$_{0.25}$。最早的论文中的薄膜，观察到了超导的起始转变（T_c^{on} 约为 11K），但没有观察到零电阻现象。最后通过工艺的优化，获得薄膜的超导转变温度宽度 T_c^{on}-T_c^{end}（初始转变温度-零电阻温度）为 28-20K。

利用 Nd∶YAG 激光器的二次谐波初步获得的 1111 相几乎是单相，并且获得了面内和面外织构的外延生长薄膜［衬底是 MgO 和（LaAlO$_3$）$_{0.3}$（Sr$_2$TaAlO$_6$）$_{0.7}$（即 LSAT）］。但是 1111 相的生长窗口狭窄。另外靶材是 LaFeAsO$_{0.9}$F$_{0.1}$，虽然其中有 10% 含量的 F 元素，但得到的薄膜没有表现出超导性，并且在 150K 附近表现出磁相变引起的电阻率曲线的弯曲，这暗示 F 元素可能并没有掺杂进薄膜。

▶▶ 2.3.2　MBE 法的初期尝试

最初的两个团队的尝试似乎暗示采用 PLD 制备 In-1111 超导薄膜并不容易。打破这一僵局的是名大的生田团队。川口等人早在 2009 年 8 月就成功获得了 NdFeAsO 单相外延薄膜[22]。他们在 GaAs（001）衬底上，用克努森池（Knudsen Cell）提供 Fe、NdFe$_3$、As，用加热到 500~800℃ 的 Fe$_2$O$_3$ 作为氧（Fe$_2$O$_3$ 经过高温加热会还原成 Fe$_3$O$_4$ 并释放出氧气）。用 NdF$_3$ 代替 Nd，原因之一是可以提供 F 元素，另外 NdF$_3$ 相比于 Nd 升华点更低（约 900℃），容易处理。薄膜是在 650~670℃ 环境下，以 15nm/h 的极低速率生长。要获得 1111 相的单相薄膜，所允许的氧分压（p_{O_2}）、砷分压（p_{As}）的窗口都非常狭窄。而且即使已经用 NdF$_3$ 供应了大量的 F 元素，当时的薄膜还是没有超导特性，而是呈现半导体的性质。原因还需要名大的团队继续研究查明。

川口等人的第一篇论文中，薄膜生长时间（t_g）固定为 1h，第二篇论文中就在 1~6h 之间系统性地变化生长时间[23]。结果表明，经过 5h 的生长，薄膜显示出了超导特性。图 2.5（a）和（b）中展示了不同的生长时间 t_g 条件下，薄膜的 X 射线衍射（XRD）结果，以及电阻率与温度的关系（$\rho\text{-}T$）。t_g 在 1~4h 的薄膜基本都是 1111 单相，但 5~6h 的薄膜都含有大量 NdOF 的杂质。t_g 为 6h 的薄膜体现出超导特性，超导转变温度宽度（$T_c^{on}\text{-}T_c^{end}$）为 48~42K。根据电子探针显微分析（EPMA）的结果，t_g 在 4h 以下的薄膜没有检测出 F 元素，5h 以上的薄膜检测出了 F 元素。另外，图 2.5（c）是 t_g 为 6h 的薄膜的俄歇电子谱，显示出薄膜不同深度的元素组分分析（薄膜一边溅射一边观测俄歇电子信号，横轴是溅射时间 t_{sp}）。图中看到，材料接近表面的深度（$t_{sp}\sim200s$）显示出 Nd、O、F 元素信号的激增。t_g 为 5~6h 薄膜的 XRD 谱线中显示的 NdOF 的相，是在薄膜生长最后阶段产生的。

从以上结果可以获得下面这些推论。$t_g=1\sim4h$ 的阶段，NdF$_3$ 来到 GaAs 衬底，发生 NdF$_3$+Ga→Nd+GaF$_3$ 的扩散反应。这个反应生成的 GaF$_3$ 这种物质在 280℃ 的低温就升华了，所以遇到 650℃ 的衬底就直接变成气态逸出，F 元素无法留存在薄膜中，薄膜生成 NdFeAsO 的母物质。生长时间达到 5h 以上，已经生成的 NdFeAsO 起到隔离物的作用，抑制了 NdF$_3$ 与 Ga 的反应，XRD 谱线确认生成了 NdOF 的相。这些 NdOF 作为薄膜的表面层，向薄膜提供 F 元素，形成含 F 的超导薄膜。NdOF 这个表面层对于薄膜的超导化具有重要的作用。

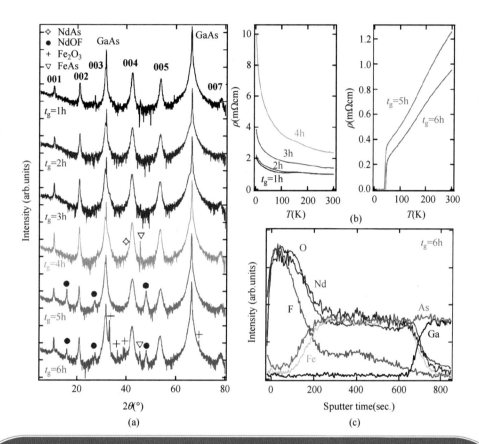

图 2.5　名大的生田团队，根据生长时间 t_g 的不同（1~6h），MBE 外延 Nd-1111 薄膜的特性变化：
（a）XRD 谱线；（b）电阻率与温度的关系[23]，t_g 在 1~4h 内薄膜基本是 1111 单相，c 轴取向生长，没有显示超导特性。但是 t_g 在 5~6h 的薄膜含有大量 NdOF 的杂质相，显示出超导特性；（c）t_g 为 6h 的薄膜的俄歇电子谱显示的薄膜不同深度的元素组分分析，薄膜表面附近 Nd、O、F 的含量较高，NdOF 杂质在薄膜生长的最后阶段产生

▶▶ 2.3.3　LnFeAs(O,F) 薄膜制备概论

从上面 PLD 和 MBE 早期制备铁基超导薄膜的例子可以知道，母物质 LnFeAsO 的生长虽然不容易，但还是有可能的。掺 F 的 LnFeAs(O,F) 用一般的办法也行不通。LnFeAs(O,F) 薄膜的成长，不在于提供了多少 F 元素，而在于薄膜中掺杂的量的多少。与制备氧化物薄膜使用氧气不同，直接向 MBE 反应腔中通入 F_2 或 HF 气体是不现实的，只能用固体作为氟源。目前可行的 LnFeAs(O,F) 的制备方案中，我们整理出以下 3 点。

生长方法①：在生成母物质 LnFeAsO 之后，在薄膜表面沉积氟化物层，使 F 元素扩散

到薄膜中。这称为两步法。2.3.2 小节中所说的名大团队的方法，虽然不是有意沉积 NdOF 层，但实际上也属于这一类方法。两步法可以获得超导特性优秀（高 T_c、高临界电流密度 J_c）的单层薄膜，但缺点是无法层叠。

生长方法②：在氟化物衬底（或者氟化物缓冲层）上沉积母物质 $LnFeAsO$ 层，基板（或缓冲层）中的氟元素扩散到薄膜中。与生长方法（1）一样都是利用了固体扩散的性质，但这里的扩散是与薄膜生长同步进行的，所以不算作两步法（可能算作一步法）。从衬底扩散出来，距离越远 F 的浓度越低，如果想要获得均一薄膜，薄膜的厚度一定不能很厚。另外为了促进扩散，必须提高薄膜生长的温度。

生长方法③：在薄膜生长时同时供应氟化物（或含氟气体），从而获得 $LnFeAs(O,F)$ 薄膜。这被称为一步法，或者直接生长（Direct Growth）法。具体来说，可以使 FeF_2 或 SmF_3 升华，或者加热固体 FeF_3 使之热分解（$2FeF_3 \rightarrow 2FeF_2 + F_2$，或者 $4FeF_3 + 2H_2O \rightarrow 4FeF_2 + 4HF + O_2$）提供 F_2 或 HF 气体等。

我们的团队采用以上 3 种方法获得了 MBE 外延薄膜，下面进行详细介绍。

▶▶ 2.3.4 Ln-1111 薄膜制备（1）：两步法

1. 母物质 SmFeAsO 的生长

（1）生长温度

我们选择的 1111 系母物质是 SmFeAsO，通过在分子氧气氛下共蒸单质 Sm、Fe、As 这样的简单方法来获得。选择 Sm 而不是 Nd 的原因之一是，Sm-1111 的 T_c 比 Nd-1111 高 2～3K，另一个原因是 Sm 的蒸气压比 Nd 高许多，容易蒸发（获得 10^{-4}Torr 蒸气压所需的加热温度，Nd 需要 1062℃，Sm 只需要 573℃）。Sm 和 Fe 的蒸发速率分别是 0.07nm/s 和 0.025nm/s（两者的摩尔比为 Sm：Fe＝1：1），经过 10min 沉积出 85nm 厚度的薄膜，比名大的研究团队快很多。

Sm-1111 的生长温度与 GaAs（约 650℃）相近。在 540～680℃ 的温度范围内，可以获得 c 轴择优取向生长的薄膜。在这个温度范围内，生长温度越高，XRD 的峰越尖锐，磁相变引起的 ρ-T 曲线的弯曲更明显。所以下面所说的生长都是在 650～680℃ 范围内进行的。

（2）P_{O_2} 与 P_{As}

母物质的 MBE 生长虽然现在有很好的可重复性，但在研究初期是很不容易的。铜氧化物 $YBa_2Cu_3O_7$ 和我们的 SmFeAsO 都是四元化合物，区别是前者有 3 个阳离子和 1 个阴离子，后者是 2 个阳离子和 2 个阴离子。我们在阳离子的组合方面有比较成熟的技术。而关于阴离子，其吸收系数（物理的、化学的）不光与生长温度有关，还与同时供给的其他元素（无论是阳离子、阴离子）的组合、许多生长参数等都有关系。一开始我们没有 SmFeAsO 的相图，对于 As 和 O 两种阴离子的供给量，只能采取地毯式的方式逐渐摸索，寻找最佳条件。

由此得到了 P_{O_2} 与 P_{As} 两个参数的平面内 Sm-1111 相的大致生长范围（生长温度 650℃），如图 2.6 所示[5]。要获得 Sm-1111 的单一相的薄膜，P_{O_2} 只能限于 $1×10^{-6}$Torr 的狭窄范围。而与之相比，P_{As} 的可选范围就宽广得多，在 $1×10^{-8} \sim 1×10^{-6}$Torr 的范围内都可以获得 Sm-1111 单一相。

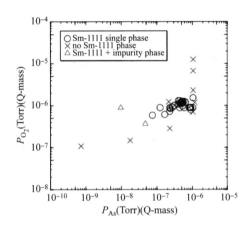

图 2.6　SmFeAsO 的 MBE 生长中（生长温度 $T_s = 650℃$），P_{As}-P_{O_2} 平面上 1111 相的生长范围

P_{O_2} 的最佳范围不仅非常狭窄，而且对于氧化物衬底和氟化物衬底还是不一样的。Fe 在高温下性质活泼，与衬底发生反应，会取代其中氧甚至氟元素的位置。在 LaAlO₃ 和 CaF₂ 衬底上生长时，最合适的氧流量，对于前者是 0.04sccm，对于后者是 $0.08 \sim 0.10$sccm，有 2 倍的差异。另外 CaF₂ 衬底，生长时氧分压越低，薄膜的 c 轴长度 c_0 会缓慢缩短。$LnFeAsO_{1-x}F_x$ 中，c_0 也会随着 x 增大而缩短，所以 c_0 可以看作 F 含量高低的指标。c_0 的缩短意味着氟元素更多地掺杂进了薄膜中。从这些观察结果可以得到以下结论。

（1）在氧化物衬底上，氧元素是由衬底供应的。

（2）在氟化物衬底上，氧的流量不足，衬底就会提供更多的氟。

（3）对衬底的依赖。

下面介绍薄膜对衬底的依赖性。图 2.7 和图 2.8 表示的是各种衬底上 SmFeAsO 薄膜的 XRD 结果[24]。其他的生长参数（P_{O_2}、P_{As}、Sm/Fe 供应比）已经是最优化的。图 2.7 中的 θ-2θ 扫描结果显示，薄膜是 c 轴择优取向生长的。另外图 2.8 的 φ 扫描结果显示，除了 MgO 或 Al₂O₃ 衬底以外，其他衬底上的薄膜是面内织构。MgO 衬底上的薄膜，除了 SmFeAsO [100]//MgO[100] 的区域以外，还有 45° 旋转的晶畴存在。Al₂O₃ 衬底上的薄膜不是面内织构。各衬底上薄膜的结晶质量（$\Delta\omega$，$\Delta\phi$）总结在表 2.3 中。从表 2.3 的数据来看，在 CaF₂ 衬底上获得的薄膜具有最佳的结晶质量。

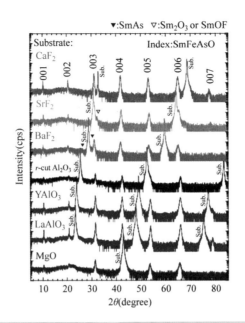

图 2.7　各衬底上 MBE 生长得到的 SmFeAsO 的 XRDθ-2θ 扫描曲线比较[24]

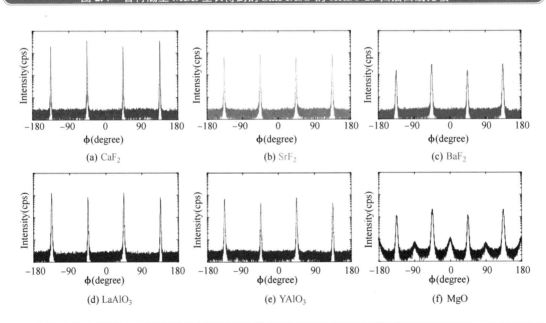

(a) CaF$_2$　　　(b) SrF$_2$　　　(c) BaF$_2$

(d) LaAlO$_3$　　　(e) YAlO$_3$　　　(f) MgO

图 2.8　各衬底上 MBE 生长得到的 SmFeAsO 的 X 射线（102）反射 ϕ 扫描曲线比较[24]

从 XRD 的结果算出的各种衬底上薄膜的晶格常数（a_{film}，c_{film}）的变化规律如图 2.9 所示。所有的衬底上的薄膜相比于块材，都呈现 a_{film} 较短、c_{film} 较长的特点（$a_{bulk}=0.3935\sim$ 0.3940nm，$c_{bulk}=0.850$nm）。这种特点在 CaF$_2$ 衬底上尤其明显，晶体质量好的薄膜，$a_{film}=$

表 2.3　各衬底上 MBE 生长得到的 SmFeAsO 薄膜的 XRD（003）反射 ω 扫描半峰宽 $\Delta\omega$，以及（102）反射 ϕ 扫描半峰宽 $\Delta\phi$

substrate	$\Delta\omega$ of（003）	$\Delta\phi$ of（102）
CaF_2	0.35°	约 0.50°
SrF_2	1.0°	约 1.2°
BaF_2	2.0°	约 2.2°
$LaAlO_3$	0.82°	约 1.1°
$YAlO_3$	1.0°	约 1.4°
MgO	2 4°	约 3.0°
r-cut Al_2O_3	4.1°	—

0.387~0.388nm，c_{film} = 0.862~0.865nm。a_{film} 接近于 CaF_2 晶格中的 Ca 与 Ca 的距离（$=a_s/\sqrt{2}$），这表明薄膜的晶格受到衬底的扭曲（外延畸变）。c_0 的伸长是由于泊松效应。其他氟化物衬底相比于氧化物衬底也体现出明显的 a_0 缩短、c_0 伸长的现象，虽然没有在 CaF_2 中这么明显。这表明薄膜和衬底之间的晶格失配非常大，很难认为是外延畸变造成的。氟化物的热膨胀系数很大（约 $20\times10^{-6}K^{-1}$），当腔室里的温度从生长温度下降到室温时，氟化物衬底会大大收缩，因此可能会对薄膜造成压力导致扭曲。

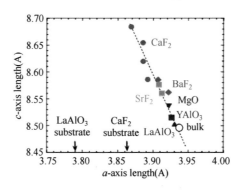

图 2.9　各种衬底上生长得到的母物质 SmFeAsO 薄膜的晶格常数（c_0，a_0）。○表示的是块材的参数值

母物质 SmFeAsO 薄膜的电阻率与温度的关系如图 2.10（a）所示。氧化物衬底上的薄膜随着温度降低电阻率缓慢上升，在奈尔温度 $T_N\approx150K$ 附近由于磁相变而发生弯曲。结晶质量高的薄膜中弯曲更明显。室温下电阻率 ρ（300K）虽然低于 $1m\Omega\cdot cm$，但是与块材不同的是，在 T_N 温度以下电阻率体现出半导体的性质（$d\rho/dT<0$）。氟化物衬底上的薄膜体现出不同的行为。CaF_2、SrF_2 衬底上的薄膜观察到了超导的起始转变（Onset），表明衬底的 F 元素扩散进了薄膜。

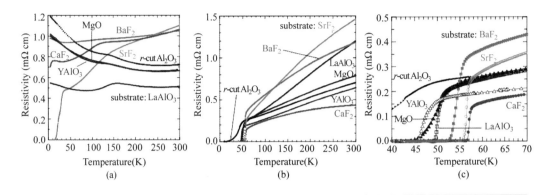

2. 母物质 SmFeAsO 的氟元素扩散

母物质 SmFeAsO 薄膜中的氟元素，是从 SmF_3 表面层中扩散而来[25]。SmF_3 表面层厚度足够大，为 20~30nm，衬底温度 650℃ 时进行沉积，结束后 30 分钟内依然保持这个温度。这并不需要复杂的原位操作工艺，在大气中暴露过的 SmFeAsO 薄膜上再沉积 SmF_3 层也照样可以得到同样的结果。进一步，我们在 SmF_3 以外，还尝试了 NdF_3、CaF_2、FeF_2 等氟化物作为氟源。NdF_3 的结果与 SmF_3 没有什么差异，CaF_2 和 FeF_2 在经过 650℃ 热处理之后没有得到超导特性。

图 2.10 (b) 和 (c) 分别是氟元素扩散后薄膜中的 ρ-T 曲线和超导转变曲线。除了 Al_2O_3 衬底，其他所有衬底上的薄膜都体现出了陡峭的超导转变。氟化物衬底上薄膜的 T_c 比其他高出约 5K。尤其是 CaF_2 衬底上薄膜的转变温度范围 = (T_c^{on}-T_c^{end})(57.8-56.4)K，超过了块材的值。氧化物衬底和氟化物衬底上薄膜的 T_c 相差很大的原因，可能是以下几点。

- 氧化物衬底上氧元素的扩散，与表面层上氟元素的扩散会互相抵消，实际有效的 F 的含量会降低。
- 氟化物衬底上，衬底和表面层都在向薄膜扩散出氟元素，薄膜中氟元素的浓度可能会超出块材热平衡时的浓度值。

氟元素的扩散使 $SmFeAs(O,F)$ 薄膜体现出良好的超导特性，但 XRD 表明其中含有大量的 SmOF，是由表面层的 SmF_3 与薄膜母物质 SmFeAsO 反应生成的，对于今后的电气连接和物理特性测试都有妨碍。而且这种方法还有一个缺点，就是难以控制薄膜中氟元素的含量。

▶▶ 2.3.5　*Ln*-1111 薄膜制备(2)：氟元素从衬底扩散

下面介绍从氟化物衬底提供氟元素获得 $SmFeAs(O,F)$ 的方法。如上文所述，氟化物衬底上的母物质 SmFeAsO 薄膜常常可以观察到超导转变现象，说明衬底中的确有氟元素扩散到薄膜中。为了促进衬底中氟元素的扩散，如母物质 SmFeAsO 的生长中"P_{O_2} 与 P_{As}"一段所说，可以降低 P_{O_2} 的值。如此制备出来的 SmFeAsO 薄膜往往体现出较高的 T_c 值。在测试过的 CaF_2、SrF_2、BaF_2 等氟化物衬底中，BaF_2 衬底上的薄膜体现出最高的 T_c，转变温度范围（T_c^{on}-T_c^{end}）为（52-44）K。

Haindl 等人采用 PLD 法做了类似的尝试，得到了 $SmFeAsO_{0.9}F_{0.1}$ 的外延薄膜[26]。激光光源为 Nd：YAG 的二次谐波，衬底是 CaF_2（001），衬底的适宜温度在 860℃。这样得到的薄膜中含有 Fe 的杂质，当薄膜厚度达到 50nm 以上时，会在表面出现裂痕。超导临界温度 $T_{c,90}$＝35K，转变温度范围（$T_{c,90\%}$-$T_{c,10\%}$）高达 11K，这说明其中氟元素的掺杂量很少，而且分布不均匀。只能用机械强度较弱的氟化物基板才能制备超导薄膜。

▶▶ 2.3.6 *Ln*-1111 薄膜制备（3）：一步法

下面介绍 SmFeAs（O，F）薄膜的一步法生长。最早用来作为氟源的，是上面所说的 SmF_3。通过加热升华使之提供分子束，与衬底上的其他分子产生反应来得到 1111 相。然后我们用 FeF_2 作为氟源做了同样的尝试，发现生长窗口变宽了。接着又试着用了 FeF_3。FeF_2 和 FeF_3 虽然化学式很接近，但性质是完全不一样的。FeF_2 与 SmF_3 一样，加热后并不会分解，而是在 800℃ 左右直接升华。而 FeF_3 则在 150~200℃ 时分解为固态的 FeF_2 和含氟气体。但正是由于这种含氟气体的帮助，才得到了 1111 相的薄膜。下面比较一下各种氟源使用后的结果。

1. 使用 SmF_3 一步法制备 SmFeAs（O，F）薄膜

（1）与衬底温度的关系

母物质薄膜的生长中，蒸发速率比 Sm：Fe＝0.07nm/s：0.025nm/s。使用氟源 SmF_3 的一步法中，如果 SmF_3 中所有的氟元素都能掺杂到薄膜中，薄膜的组成预计会变成 $SmFeAsO_{0.76}F_{0.24}$。也就是说，Sm：SmF_3：Fe＝0.065nm/s：0.009nm/s：0.025nm/s。根据这个速率来优化衬底温度以及氧气流量等条件。衬底温度 T_s 在 604~720℃ 范围内变化，其中 T_s＝695℃ 以上的高温生长时，出现的 SmAs 和 SmOF 两种杂质最多，但是在 T_s<670℃ 温度范围内，T_c 明显降低。所以，最适宜的生长温度为 T_s＝670℃。

（2）与 P_{O_2} 的关系

然后尝试对氧气流量条件进行优化。图 2.11 表示的是对 MBE 腔体通入氧气流量在 0.04~0.17sccm 范围内变化时，薄膜的 XRD 谱线和 ρ-T 变化曲线。氧气流量在 0.06sccm 以上时，XRD 中才出现 Sm-1111 的峰，这是由于杂质含量较多，不容易获得单相的薄膜。氧气流量 0.08sccm 时薄膜的 XRD 峰强度最大，杂质峰的强度也最弱。这个薄膜样品在这个系列中 ρ-T 曲线的性质也最理想，T_c^{on}-T_c^{end}＝（55.3-52.0）K。在一步法生长过程中，一般来说氧气流量如果超过最佳条件，会使 c_0 急剧增大，而 T_c 会下降。氧气流量在最佳条件的两倍，即 0.17sccm 时，薄膜不会出现超导特性，但随着磁相变的出现也表现出电阻率曲线的弯曲，说明氟元素几乎没有掺杂到薄膜中。

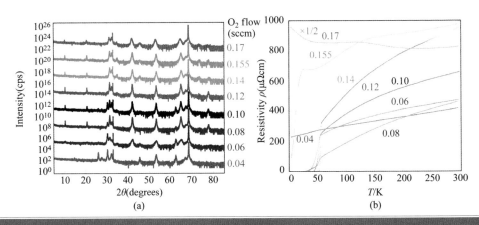

图 2.11　以 SmF_3 作为氟源，氧气流量在 0.04~0.17sccm 范围内变化时 SmFeAs(O,F) 薄膜的（a）XRD 谱线，（b）ρ-T 曲线。衬底为 CaF_2

（3）与 SmF_3 供应量的关系

一步法生长的目的之一，在于控制薄膜中 F 的含量。下面我们看一下，根据 SmF_3 的供应量不同，薄膜的特性会发生哪些变化。图 2.12 中展示的是 SmF_3 蒸发速率（R_{SmF_3}）在 0.002~0.033nm/s 变化时，薄膜的 c 轴长度（c_0）以及 $T_c{}^{on}$-$T_c{}^{end}$ 的变化[一]。从图 2.12（a）

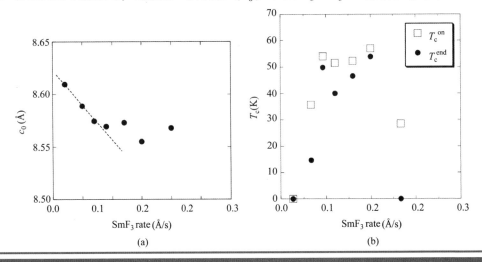

图 2.12　SmF_3 的蒸发速率在 0.002~0.033nm/s 范围内变化时，SmFeAs(O,F) 薄膜的（a）c_0 轴长，（b）$T_c{}^{on}$-$T_c{}^{end}$ 范围。衬底采用 CaF_2。R_{SmF_3}≤0.007nm/s 范围内，用虚线表示了 c_0 随着 R_{SmF_3} 的线性缩短变化趋势

[一]　如此低的 R_{SmF_3} 的情况下，让膜厚计的监测信号对加热源进行反馈是非常困难的。所以在这种情况下是将加热电源设定在恒定的功率来进行生长，通过监控 SmF_3 的累计膜厚来换算出 R_{SmF_3} 的速率。

来看，$R_{SmF_3} \leq 0.007nm/s$ 范围内，c_0 随着 R_{SmF_3} 的增大呈现线性缩短的趋势。$R_{SmF_3} >$ 0.007nm/s 时 c_0 继续缩短，但基本饱和。也就是说，薄膜中 F 的含量的确是可以通过 SmF_3 的蒸发速率来控制的。图 2.12（b）中显示的是 T_c^{on}-T_c^{end} 与 SmF_3 蒸发速率之间的关系。当 R_{SmF_3} 增大时，T_c 也会上升，$R_{SmF_3} = 0.007 \sim 0.015nm/s$ 范围内，获得了 $T_c^{on} > 50K$ 的薄膜。$R_{SmF_3} = 0.015nm/s$ 时，T_c^{on}-T_c^{end} 的数值最理想，是（57.0-53.9）K。$R_{SmF_3} > 0.02nm/s$ 时，T_c 减少。

薄膜中实际掺杂的 F 元素的量（估算作 $x = 2.7R_{SmF_3}$）的计算也不容易。但是通过与块材的 ρ-T 曲线[27] 做比较发现，c_0 相对于 R_{SmF_3} 呈现线性变化关系的区域里（$R_{SmF_3} \leq 0.007nm/s$），实际的 F 的量与估算值大致相近。而在 c_0 出现饱和的区域 $R_{SmF_3} > 0.007nm/s$ 范围内，薄膜中 F 的量比供应的量少。

2. 使用 FeF_2 作为氟源一步法制备 SmFeAs(O,F) 薄膜

以 FeF_2 作为氟源得到 Sm-1111 薄膜的实验结果，在参考文献[28] 中都做了总结。这里简单比较一下 FeF_2 与 SmF_3 之间的相同和不同点。

FeF_2 获得最好的超导特性的生长温度 $T_s \geq 645℃$，低于 SmF_3 的 670℃。因此比 SmF_3 更容易得到单相薄膜。

氧气的最佳流量两者大致一样，最佳超导特性时氧元素的窗口相比于 SmF_3 来说略宽。

与 SmF_3 相同，在氧气过量的情况下，薄膜中 F 的含量急剧减少。

与 SmF_3 相同，根据 FeF_2 供应量的变化，薄膜中 F 的含量呈现系统性的变化。但是与 SmF_3 不同的是，薄膜中实际的 F 的含量明显少于供给量，大约只有一半甚至更少的程度。

3. 使用 FeF_3 作为氟源一步法制备 SmFeAs(O,F) 薄膜

下面介绍以 FeF_3 作为氟源，通过一步法制备 Sm-1111 薄膜的实验[29]。如上所述，FeF_3 在加热到大约 200℃ 时，就会分解得到 FeF_2 并放出含氟气体（简单推测为 $2FeF_3 \rightarrow 2FeF_2 + F_2$，但下面将看到，$H_2O$ 的出现将使问题变得复杂）。把容易升华的 SmF_3 和 FeF_2 作为氟源的时候，不光得到氟元素，还得到阳离子 Sm 和 Fe，但是以 FeF_3 作为氟源时就只能得到氟元素而已。从这一点上看，FeF_3 似乎是非常理想的氟源。但随着我们的实验中以 FeF_3 作为氟源得到的 Sm-1111 的生长情况来看，FeF_3 也有缺点。

FeF_3 具有吸湿性，市场上有无水 FeF_3，也有 $FeF_3 \cdot 3H_2O$。考虑到生长薄膜的用途，通常应该使用无水 FeF_3。但是由于其具有吸湿性，难以保存，等药品寄到手中时，已经含有大量水分了。在实验的初期阶段，使用没有完全脱水的 FeF_3 来制备 Sm-1111 薄膜，虽然检测出很高的 H_2O 成分，但是却得到了 $T_c^{on} = 58.3K$ 的高转变温度的 SmFeAs(O,F) 薄膜。这样的薄膜表面有一些白雾状的覆盖物，而且 XRD 检测发现其中有大量的杂质，因此对于薄膜生长实验来说，缺乏可重复性和系统性。

（1）FeF₃的升温脱离分光测试

我们认为与其反复试错，不如对 FeF₃ 的分解进行定量的抑制。因此设计了图 2.13（a）所示的实验装置，在管状真空反应腔上连接四探针质谱仪，在真空中对近似无水的 FeF₃ 进行加热，观察其分解出的气体，这个实验我们称为"升温脱离分光测试"。升温速率为 1℃/min。预计可能会放出的气体分子/原子包括 F、F₂、HF、O₂、H₂O，对应的分子质量（M）为 19、38、20、32、18，以时间为横轴、分压为纵轴作图，结果如图 2.13（b）所示。

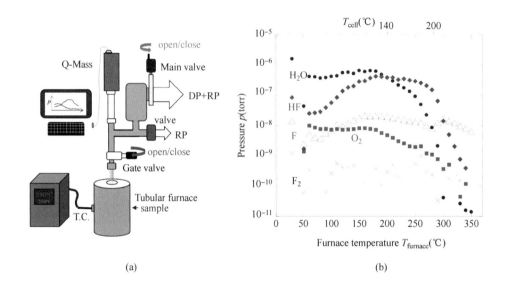

(a)   (b)

图 2.13　（a）升温脱离分光测试的示意图，在管状真空反应腔上连接四探针质谱仪，在真空中对 FeF₃ 以 1℃/min 的升温速率加热，观察其分解出的气体。（b）四探针质谱仪的分析结果，F、F₂、HF、O、O₂、H₂O 各自的分压与温度的关系图[29]

从 $2FeF_3 \rightarrow 2FeF_2 + F_2$ 反应分解出的 $M=38$ 的 F_2 的分压在仪器的检出范围以下，$M=19$ 的 F 原子的信号也不大。$M=20$ 的 HF 的信号比 F_2 和 F 都大得多，令人惊讶的是最大的信号却是来自 $M=18$ 的 H_2O。H_2O 的信号在 180℃ 以上随着升温而剧烈减少，在 300℃ 时几乎检测不到，也就是说样品进一步发生了脱水。同样在 180~300℃ 范围内，HF 的信号增加，推测可能是发生了 $4FeF_3 + 2H_2O \rightarrow 4FeF_2 + 4HF + O_2$ 的反应。也就是说，FeF₃ 作为氟源，其实并不只是提供 F_2，还会与 H_2O 反应成为 HF 的主要来源。由此看来，为了提高薄膜生长实验的可重复性，在 MBE 腔室内，要在脱水的初始温度以上、氟源开始消耗的温度以下，充分地（5 天时间）对 FeF₃ 源进行加热。

成长温度、P_{O_2}、P_{As}：以 FeF₃ 作为氟源的实验中，获得最好的超导特性的薄膜的生长

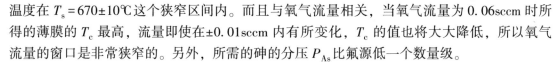

温度在 $T_s=670\pm10℃$ 这个狭窄区间内。而且与氧气流量相关，当氧气流量为 0.06sccm 时所得的薄膜的 T_c 最高，流量即使在 ±0.01sccm 内有所变化，T_c 的值也将大大降低，所以氧气流量的窗口是非常狭窄的。另外，所需的砷的分压 P_{As} 比氟源低一个数量级。

（2）FeF_3 与蒸发器（K-cell）温度的相关性

最后想让大家看到，在以 FeF_3 作为氟源的时候，薄膜中的 F 的含量也是可控的。使用 FeF_2 或 SmF_3 固体氟源的时候，膜厚计的数据可以反映 FeF_2 和 SmF_3 的流量。但是使用 FeF_3 时，由于热分解放出气体，就不再能用膜厚计了。所以加热 FeF_3 所用的蒸发器的温度 T_{FeF_3}（称为 K-cell 温度），与薄膜中 F 元素的控制也有关系。

图 2.14 是 T_{FeF_3} 在 150~220℃ 范围内变化时，薄膜的一些性能参数。图 2.14（a）是 XRD 谱线强度与 c_0 相对于 T_{FeF_3} 的变化关系。$T_{FeF_3}=160℃$ 时，$c_0>0.86nm$，F 元素基本没有掺杂到薄膜中。而 T_{FeF_3} 升高到接近 185℃ 时，c_0 长度单调递减，说明 F 元素开始部分掺杂到薄膜中。$T_{FeF_3}\geq190℃$（图中阴影区域）时，c_0 的波动非常大，没有系统性的变化规律。T_{FeF_3} 从 160℃ 到 185℃ 升高时，T_c 也升高。T_{FeF_3} 继续提高的话，T_c^{on} 还是很高，但是 T_c^{end} 急剧下降，这可能是杂质的增加引起的。

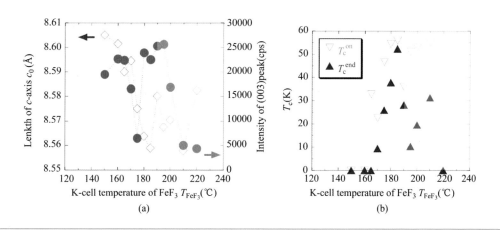

图 2.14 FeF_3 的 K-cell 温度在 150~220℃ 范围内变化时，SmFeAs(O,F) 的特性：

（a）XRD 的峰强和 c_0 轴长，（b）T_c^{on}-T_c^{end}

4. 总结：各种氟扩散法制备薄膜的比较

表 2.4 中总结了使用各种氟源时的生长条件，与 SmF_3 和 FeF_2 升华固体氟源的情况做比较，表中也包含了母物质的生长条件。无论使用哪一种氟源，都可以得到 $T_c\sim55K$ 的薄膜。与 T_c 高且单相的薄膜做对比，生长温度窗口从大到小是 $FeF_2>SmF_3>FeF_3$。使用 FeF_2 或 SmF_3 制备薄膜时，700℃ 以上的高衬底温度往往能得到高的 T_c^{on}，但杂质的量也随着衬底温度的上升而增加。所以，薄膜生长最好是在 670℃ 的温度下进行。

表 2.4　使用不同的氟源时 SmFeAs(O,F) 薄膜生长条件的比较，也包含母物质 SmFeAsO 的生长条件

	SmFeAsO	SmFeAs（O，F）		
		FeF$_2$	SmF$_3$	FeF$_3$
T_s（℃）	540–680	645–720	670–720	670±10
p_{As}（Torr）	约 10^{-8}	约 10^{-7}	约 10^{-7}	约 10^{-8}
O$_2$ flow（c.c./min）	0.07–0.14	0.08–0.13	0.09–0.13	0.06
T_c^{on}（K）$-T_c^{end}$（K）		56.1–54.0	57.0–53.9	55.9–52.3

▶▶ 2.3.7　MOCVD 法制备 Ln-1111 薄膜

根据 Corrales-Mendoza 等人的报道[30]，采用两步法方案的 MOCVD 可以得到 NdFeAs(O,F) 薄膜。首先，通过六氟戊二酸钕与戊二酸铁原料制备 $(Nd,Fe)O_{1-y}F_{1+2y}$ 前驱体膜，然后在 As 的气氛下烧结。但是 Nd-1111 相并没有形成。然后，他们使用不含氟的原料 Nd-Tris，使之与 NdFeAsO$_{0.75}$F$_{0.25}$ 烧结体同时进入反应炉进行热处理，成功得到了 NdFeAsO 薄膜[31]。但是 F 元素还是没有掺杂到薄膜中。2015 年，他们改用 Co 代替 F 来掺杂，成功获得了 NdFe$_{0.88}$Co$_{0.12}$AsO 薄膜（$T_c^{on}=15K$，$T_c^0=12.5K$）[32]。但所有的薄膜都是无取向生长的多晶薄膜。

2.4　Ae-122 系超导薄膜

下面将介绍与 122 系薄膜生长相关的情况。首先介绍 122 系中 T_c 最高的 $(Sr,K)Fe_2As_2$（T_c^{max} 约 37K）、$(Ba,K)Fe_2As_2$（T_c^{max} 约 38K）薄膜的生长情况，然后是 BaFe$_2$(As,P)$_2$、Ba(Fe,Co)$_2$As$_2$，最后是一些最近的热点问题。

▶▶ 2.4.1　(Sr,K)Fe$_2$As$_2$、(Ba,K)Fe$_2$As$_2$薄膜

$(Sr,K)Fe_2As_2$、$(Ba,K)Fe_2As_2$ 与 LnFeAs(O,F) 相比元素种类较少，曾经被认为比 LnFeAs(O,F) 更容易得到薄膜。但是根据我们做过的尝试，Fe 系超导体中最难得到好结果的是 $(Sr,K)Fe_2As_2$、$(Ba,K)Fe_2As_2$。实际上这些化合物薄膜的生长受到很多限制，除了我们的研究团队以外，也只有韩国的 Kang 等人报道过 $(Ba,K)Fe_2As_2$ 的后退火薄膜[33]。在块材合成方面，$(Sr,K)Fe_2As_2$、$(Ba,K)Fe_2As_2$ 相比于 1111 系薄膜来说原料准备更加容易，也获得了大型的优质单晶块材。相对地，1111 系在薄膜制备方面更有优势。$(Sr,K)Fe_2As_2$、$(Ba,K)Fe_2As_2$薄膜的最大困难在于如何将蒸气压高的 K 源掺杂到薄膜中。

母物质 SrFe$_2$As$_2$、BaFe$_2$As$_2$ 的薄膜比较容易获得。与 GaAs 薄膜的生长条件相近，生长

温度 T_s 约 500~600℃，As 的分压 P_{As} 约 10^{-6}~10^{-5}Torr，就可得到外延薄膜。与同样作为母物质的 LnFeAsO 薄膜相比，只有一种阴离子 As，生长窗口非常宽。另外关于衬底的选择，并不像 LnFeAsO 有 CaF$_2$ 这样特别匹配的衬底，我们生产 122 系薄膜的标准工艺中使用 R 面 Al$_2$O$_3$ 作为衬底。但是在最适合的生长温度 T_s = 500 ~ 600℃ 的范围内，蒸气压高的 K 源（200℃时 P_K 约为 10^{-2}Torr）难以掺杂到 122 相的薄膜中，只能降低生长温度 T_s。但是生长温度降低到 300℃ 时，XRD 中就检测不到 122 相的峰位了，只是在 ρ-T 曲线中还可以看到伴随着母物质特有的磁相变而产生的弯曲。从以上结果看出，生长温度在 300℃ 时还没有完全结晶化，但可以判断已经有 122 的相出现了。随着母物质的低温生长条件的优化，逐渐发现"过剩的 As 的流量对薄膜生长的迁移过程有害"。这对下面要讨论的 122 系含 K 薄膜的低温生长来说非常重要。

含 K 的 122 相薄膜的生长中，T_s 上限约为 350℃。但是在保持 As 的流量满足生长要求的情况下，单纯降低 T_s 并不能得到 K 掺杂的 122 相薄膜。从前面的分析中可以发现，除了生长温度的降低，还必须同时减少 P_{As} 分压[34-35]。图 2.15 是固定生长温度在 310℃，改变 P_{As} 时 (Sr,K)Fe$_2$As$_2$ 薄膜的 XRD 曲线和 ρ-T 曲线。P_{As} 减少的同时，c 轴取向生长的 122 相的峰开始出现，薄膜出现超导特性。含 K 的 122 系薄膜暴露在大气中，在短时间内（根据 K 的置换量 x 而变化，从数十秒到几分钟）会退化。所以从真空腔中取出的薄膜必须马上涂覆聚苯乙烯树脂的甲苯溶液（导线的覆盖剂）。但这也不能完全阻止退化（尤其是高 x 的薄膜），薄膜的电阻率的绝对数值不完全可靠。

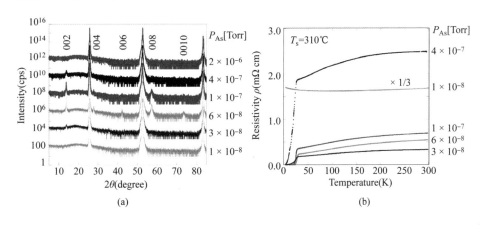

(a) (b)

图 2.15 砷的分压 (P_{As}) 从 1×10^{-8}Torr 到 2×10^{-6}Torr 变化得到的 (Sr,K)Fe$_2$As$_2$ 薄膜的 (a) XRD，(b) ρ-T 曲线。衬底是 R 面 Al$_2$O$_3$，衬底温度 T_s=310℃[35]

与 K 掺杂量的关系

把 In$_8$K$_5$ 作为 K 的蒸发源，有利于提高 K 流量的可控性。因此，薄膜中 K 的置换量 x 可以进行系统性的研究（考虑 K 的再蒸发性，实际上供给量是加倍的）。图 2.16 (a) 显示的是 K 的置换量 x 变化时，$Ba_{1-x}K_xFe_2As_2$ 薄膜的 XRD 曲线[36]。XRD 曲线的峰位随着 K 的掺杂量也发生系统性的移动。图 2.16（b）表示的是这样的薄膜的 T_c 与 x 的变化关系。置换量 x 约为 0.3 时 T_c^{on} 最高值为 39K（与块材的 38K 接近）。而对于 $Sr_{1-x}K_xFe_2As_2$ 来说，置换量 x 约为 0.4 时，T_c^{on} 达到最大值 33.5K（比块材的 37K 低 3~4K）。

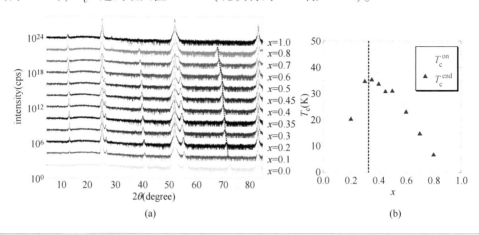

(a)

(b)

图 2.16　K 的组分 x 从 0 到 1 变化时，在 R 面 Al_2O_3 衬底上制备的 $Ba_{1-x}K_xFe_2As_2$ 薄膜的（a）XRD，（b）T_c 与 x 的关系，T_c^{on} 在 x 约为 0.3 时达到最大值 39K[35]

▶▶ 2.4.2　$BaFe_2(As,P)_2$ 薄膜

如 2.4.1 小节所说，K 掺杂的 $(Sr,K)Fe_2As_2$ 和 $(Ba,K)Fe_2As_2$ 薄膜的生长都不容易。在这样的情况下，122 系化合物中，继 $Ba_{0.6}K_{0.4}Fe_2As_2$ 的 T_c 达到 38K 之后，T_c 达到 31K 的 $BaFe_2(As_{1-x}P_x)_2$（T_c 取到最大值时，x 为 0.26~0.33）薄膜受到大家的关注。$BaFe_2(As_{1-x}P_x)_2$ 的制备可以通过 MBE 法，也可以通过 PLD 法。

1. MBE 法

川口等人使用蒸发器用 MBE 法获得了 $BaFe_2(As_{1-x}P_x)_2$ 薄膜[37]。Ba、Fe、As 都是单质直接蒸发得到，磷二聚体（P_2）是由 GaP 分解而得到。根据川口等人的结果，在 MgO 衬底上 850℃ 的生长条件得到质量最好的 $BaFe_2(As_{1-x}P_x)_2$ 结晶薄膜，并且 T_c 也最高，$T_c^{on}-T_c^{end}=(31-30)$K。不仅如此，薄膜的 T_c 与 x 的关系曲线，相比于块材，体现出向低 x 偏移的趋势。$LaAlO_3$ 衬底上获得的薄膜并不体现上述趋势。另外，MgO 衬底上的 $BaFe_2(As_{1-x}P_x)_2$ 薄膜的晶格常数在 ab 面内伸长，在 c 轴方向缩短，因此认为 T_c-x 曲线向低 x 偏移的原因，可能是薄膜与衬底的晶格不匹配导致的张应力，使外延出现畸变。MBE 法获得的薄膜获得了高 J_c，在 4.2K 环境自磁场条件下，J_c 超过 $10MA/cm^2$。

2. PLD 法

PLD 法制备 $BaFe_2(As_{1-x}P_x)_2$ 薄膜主要是两个研究团队在进行，一个使用 KrF 激光器[38]，另一个使用 Nd:YAG 固体激光器二次谐波，结果是类似的[39-41]。在 MgO 衬底上获得的薄膜 T_c^{on} 约为 26~30K，T_c^{end} 约为 24~27K。薄膜中磷的组分（x）为 22%，但靶材中是 30%。因此虽然预测薄膜的临界温度比较低，但实测的 T_c^{on} 却高达 26.5K，这可能是和 MBE 法获得的薄膜一样，由于与 MgO 衬底晶格不匹配导致的畸变造成的。有文献报道，$BaFe_2As_2$ 系的超导圆顶由于晶格伸长而畸变，向低掺杂侧转移[37,42]。

$BaFe_2(As_{1-x}P_x)_2$ 薄膜的特征是高 J_c 和低各向异性。安达等人最初报道，在 4.2K、自磁场条件下，J_c 可达 $3.5MA/cm^2$[39]。之后，佐藤等人详细研究了成膜条件，根据成膜速率的不同，细微组织会发生变化，由此引起 J_c 的巨大变化[41]。图 2.17 是成膜速率分别为 0.22nm/s 和 0.39nm/s 的两种 $BaFe_2(As_{1-x}P_x)_2$ 薄膜的剖面扫描透射电镜（STEM）照片。成膜速率为 0.22nm/s 的薄膜中，缺陷都是垂直于衬底方向。成膜速率为 3.9Å/s 的薄膜中，出现了比较长的弯曲形状的缺陷。它们分别是位错和晶畴（Domain）边界。成膜速率为 0.22nm/s 的薄膜的 J_c 比成膜速率为 0.39nm/s 的薄膜高出许多，在 4.2K、自磁场条件下 $J_c = 7MA/cm^2$，有外磁场时，J_c 达到 $1.1MA/cm^2@9T$（$H//ab$）和 $0.8MA/cm^2@9T$（$H//c$）[41]。

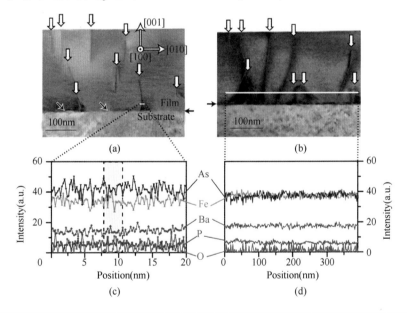

图 2.17 （a）成膜速率为 0.22nm/s 的，与（b）成膜速率为 0.39nm/s 的 $BaFe_2(As_{1-x}P_x)_2$ 薄膜的剖面 STEM 照片[41]。（c）、（d）图分别是（a）、（b）图中线扫描的组分分析结果

像铜氧化物超导体 $REBa_2Cu_3O_7$（RE 为稀土元素），也就是 REBCO 中一样，在 PLD 靶材中加入几 mol% 的 $BaZrO_3$（BZO）作为磁通钉扎中心，$BaFe_2(As_{1-x}P_x)_2$ 薄膜中也有类似的报道[40]。但是即使添加了 BZO，T_c 还是很低，这一点与 REBCO 不同。$Ba(Fe_{1-x}Co_x)_2As_2$ 材料也做了同样的尝试，据报道提高了临界电流特性[43]。

▶▶ 2.4.3 Ba(Fe$_{1-x}$Co$_x$)$_2$As$_2$薄膜

下面简单介绍一下 Ba(Fe$_{1-x}$Co$_x$)$_2$As$_2$薄膜的生长情况。Ba(Fe$_{1-x}$Co$_x$)$_2$As$_2$薄膜的 T_c 最高为 24K（$x = 0.062$），不是非常高，薄膜中除了 As 以外其他元素的蒸气压都不高。母物质 BaFe$_2$As$_2$ 相比于 SrFe$_2$As$_2$ 来说，即使暴露在空气中也很稳定，因此只需要一心研究薄膜制备的问题，薄膜的基础和应用研究都有很大的进展。

Ba(Fe$_{1-x}$Co$_x$)$_2$As$_2$薄膜的外延生长中最重要的一些参数，包括成膜速率和成膜温度 T_s[44-45]。成膜速率如果能被控制在 0.3nm/s，那么与激光光源无关，在 LSAT（001）和 MgO（001）衬底上，生长温度 700~900℃ 范围内就可以获得外延薄膜。考虑结晶质量的话，最佳的生长温度 T_s 为 850℃[44-45]。Lei 等人分别在 SiTiO$_3$（001）、LSAT（001）、LaAlO$_3$（001）、MgO（001）、CaF$_2$（001）、BaF$_2$（001）衬底上，以 725℃ 的生长温度，获得了 Ba（Fe$_{0.92}$Co$_{0.08}$）$_2$As$_2$外延薄膜[46]。从结果来看，表现出 a 轴长度越短 T_c 越长的规律。

成膜速率极低或极高的时候，薄膜中会混合出现不同生长取向的晶畴，无法得到理想的外延薄膜。例如，LSAT（001）衬底上 Ba(Fe$_{0.9}$Co$_{0.1}$)$_2$As$_2$薄膜的成膜速率在 0.01nm/s，$T_s =$ 675℃时获得的薄膜中，有百分之几的体积分数是混杂的面内旋转 45°的晶畴。而速率极大，约为 2.4nm/s 时[48]，LSAT（001）衬底上也无法实现外延[49]。解决这些问题的方法：有研究者认为是寻找最合适的衬底或缓冲层。

威斯康星大学的研究组，在 SrTiO$_3$（001）衬底[50]，或具有 SrTiO$_3$（BaTiO$_3$）缓冲层的 LSAT（001）衬底上[49]，在 $T_s = 730℃$ 的生长温度，获得了 Ba(Fe$_{0.92}$Co$_{0.08}$)$_2$As$_2$外延薄膜。SrTiO$_3$缓冲层上生长 Ba（Fe$_{0.92}$Co$_{0.08}$）$_2$As$_2$外延薄膜时会出现副产物，就是超导基体（Matrix）中出现的柱状 BaFeO$_{3-x}$。BaFeO$_{3-x}$的边长约 4~5nm，与面内的相干长度相当。因此，当外部磁场与 Ba(Fe$_{0.92}$Co$_{0.08}$)$_2$As$_2$外延薄膜的 c 轴平行时，BaFeO$_{3-x}$ 会成为磁束量子的钉扎中心，得到很大的 J_c 值。另外，SrTiO$_3$缓冲层也在 Ba(Fe$_{1-x}$Ni$_x$)$_2$As$_2$外延薄膜制备中得到了应用[51]。

还是这个研究组，报道了在 SrTiO$_3$ 衬底的不同的表面外延出的 Ba（Fe$_{0.92}$Co$_{0.08}$）$_2$As$_2$ 的构造对超导特性的影响。图 2.18 中是分别在衬底的 SrO 面和 TiO$_2$ 面上长出的 Ba(Fe$_{0.92}$Co$_{0.08}$)$_2$As$_2$薄膜的高分解能透射电镜（TEM）照片，以及电子能量损失谱（EELS）[48]。

在 TiO$_2$ 表面上长出的薄膜，Ba 层可以连贯地从衬底开始生长，EELS 谱显示氧元素的浓度从衬底表面向薄膜内部急剧减小。而 SrO 表面上是先形成了一层 BaFeO$_{3-x}$，在其上长出的 Ba(Fe$_{0.92}$Co$_{0.08}$)$_2$As$_2$薄膜出现晶格畸变。EELS 结果显示氧元素也延伸到了薄膜内一定深度，与 TEM 的结果没有矛盾。由于这种畸变，SrO 表面上长出的薄膜，比 TiO$_2$ 表面上长出的薄膜 T_c 值偏低。T_c 的差值（ΔT_c）也与薄膜厚度有关，24nm 的膜厚 $\Delta T_c = 4$K，20nm 的薄膜 $\Delta T_c = 7$K。

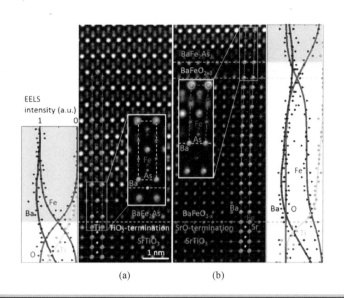

EELS
intensity (a.u.)

1 nm

(a)   (b)

图 2.18   (a) SrO 表面, (b) TiO$_2$ 表面上外延出的 Ba(Fe$_{0.92}$Co$_{0.08}$)$_2$As$_2$ 薄膜的
高分解能透射电镜照片和 EELS 谱[48]

以 Fe 作为缓冲层也生长出了高质量 BaFe$_2$As$_2$ 外延薄膜。通过 TEM 观察发现, Fe 缓冲层上可以连续生长出 FeAs 层[52]。生长温度 700℃。另外, Fe 缓冲层在 Fe(Se, Te) 外延薄膜中也得到了应用[53]。

SrTiO$_3$(BaTiO$_3$) 或 Fe 在 BaFe$_2$As$_2$ 的连续生长中充当模板的作用, 因此也作为超晶格或多层膜的插入层来使用。实际上 SrTiO$_3$/Ba(Fe$_{0.92}$Co$_{0.08}$)$_2$As$_2$ 超晶格[54] 和 Fe/Ba(Fe$_{0.9}$Co$_{0.1}$)$_2$As$_2$ 多层膜[55] 都已经报道过了。另外, SrTiO$_3$(BaTiO$_3$) 或 Fe 作为缓冲层时, 在衬底的选择上自由度更大, 这是不可忽视的。

氟化物衬底 [CaF$_2$ (001)、SrF$_2$ (001)] 被认为是即使不符合最佳成膜速率, 也能够顺利得到 Ba(Fe$_{1-x}$Co$_x$)$_2$As$_2$ 外延薄膜的衬底[56]。同样, 在成膜温度范围的问题上, 可选范围也是非常广的 (700~850℃)[42,56]。CaF$_2$ (001) 衬底上长出的 BaFe$_2$As$_2$ 外延薄膜, 在面内受到压应力而产生畸变, 导致 c 轴长度比块材更长。面内受到压应力的原因是 BaFe$_2$As$_2$ 与 CaF$_2$ 衬底的线膨胀系数不一致[42]。

▶▶ 2.4.4   122 系薄膜的研究热点

1. 通过压电衬底控制 T_c

CaF$_2$ 衬底上的 Ba(Fe, Co)$_2$As$_2$ 薄膜, 由于面内压缩导致的外延畸变, 显示出 T_c 的升高。畸变的正负和大小可以通过选择不同晶格常数的衬底、改变晶格适配程度来调整, 但是德国德累斯顿 IFW 研究所的 Trommler 等人通过实验发现, 使用具有压电性质的衬底也可以控制晶格畸变[57]。在铜氧化物外延畸变导致 T_c 上升的规律发现的时候，他们就有了这个想法，但是压电性导致的畸变在低温下（T_c 的附近）非常小，所以难以通过实验验证。

Trommler 等人使用的压电衬底是 $Pb(Mg_{1/3}Nb_{2/3})_{0.72}Ti_{0.28}O_3$（PMN-PT）。测量压电畸变与温度的关系时发现，畸变的比例 $[\varepsilon_{ab}=(a_0-a_{strained})/a_0]$ 在不同温度时与在室温时相比，90K 时低了 50%，20K 时低了 20%。最早的实验中，为了抑制在压电衬底 PMN-PT 上沉积 $BaFe_{1.8}Co_{0.2}As_2$ 时发生的反应，堆积了 20nm 厚的缓冲层。这样得到的薄膜在施加了 $\pm6.6kV/cm$ 的电场时，实现了 T_c 在 $\pm0.2K$ 范围内可控（$\varepsilon_{ab}=0.017\%$）。之后薄膜的结构变成了 $Ba(Fe,Co)_2As_2/Fe/MgO/PMN\text{-}PT$，得到了更大的可控范围（$\pm0.6K$，$\varepsilon_{ab}=0.035\%$）。

2. 母物质 $BaFe_2As_2$ 的外延畸变引起的超导

母物质 $AeFe_2As_2$（$Ae=Ca,Sr,Ba$）在常压下并非超导体，在一定的压力下出现超导特性，对应的 T_c 为 12K（$Ae=Ca$）、40K（Sr）、35K（Ba）[58-61]。压力可以抑制磁相变，使之无法与超导机制发生竞争（奈尔温度 T_N 降低），从而出现超导特性。但是在测试压力的效果时逐渐发现，不同的静水压力（各向同性压力）得到的结果是不同的，使 c 轴缩短的单轴压力在抑制磁相变、引发超导特性方面效果更好。MgO 衬底上生长的 c 轴收缩/面内伸长的 $BaFe_2(As_{1-x}P_x)_2$ 和 $Ba(Fe_{1-x}Co_x)_2As_2$ 薄膜的 T_c 与 x 的关系中，c 轴缩短时 T_c 向低 x 一侧移动，也可证明上面的规律。

Engelmann 等人为了引入比 $BaFe_2As_2$ 更大的畸变（c 轴缩短/面内伸长），在尖晶石 $MgAl_2O_4$（$a_0=0.8806nm$，$a_0/2=0.4043nm$）衬底上先生长 30nm 的 Fe 缓冲层（$a_0=0.287nm$，$\sqrt{2}a_0=0.406nm$），长出了 $BaFe_2As_2$（$a_0=0.3963nm$）层[62]。虽然 $BaFe_2As_2$ 和 $MgAl_2O_4$ 有较大的晶格失配，但是只要薄膜的厚度在临界厚度（约300Å）以下，薄膜就可以在衬底上连续生长，薄膜内的晶格常数为 0.404nm。此时 $BaFe_2As_2$ 薄膜在 T_c^{on} 约为 35K 处出现超导特性。但是超导转变温度带很宽，T_c^{end} 超过 10K。

使用 Fe 缓冲层的原因是这样的[52]。$BaFe_2As_2$ 的 Fe-As 层中 Fe 的正方副晶格与 Fe 缓冲层中的 Fe 正方晶格之间有较大的（约2%）的晶格失配。但是 TEM 观察确定，$BaFe_2As_2$ 的 Fe-As 层与 Fe 缓冲层之间界面是连续的，薄膜在没有出现晶格弛豫（没有出现裂痕）的情况下，也可以生长出外延层。

2.5 Fe*Ch* 系薄膜生长

在 2008 年东工大细野研究组发现 $LaFeAs(O,F)$ 之后，中国台湾省的科研团队很快发现了 FeSe（T_c 约为 8.5K）、$FeSe_{0.5}Te_{0.5}$（T_c 约为 14K）的超导特性[3]。替代了 As 的硫族元素（chalcogen）与 Fe 构成正四面体配位，形成 $Fe(Se,Te)$ 中性层，在范德华力的作用下产生层叠。虽然 Fe 是我们很早就认识的一种元素，但是含 Fe 的超导体以前并没有被研究过。最初 $Fe(Se,Te)$ 的 T_c 最高只有 15K，低于 FeAs 系。之后变成薄膜材料 T_c 超过了 20K[63]，

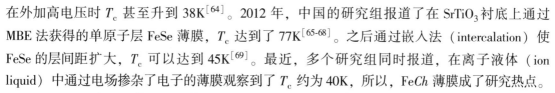

在外加高电压时 T_c 甚至升到 38K[64]。2012 年，中国的研究组报道了在 SrTiO$_3$ 衬底上通过 MBE 法获得的单原子层 FeSe 薄膜，T_c 达到了 77K[65-68]。之后通过嵌入法（intercalation）使 FeSe 的层间距扩大，T_c 可以达到 45K[69]。最近，多个研究组同时报道，在离子液体（ion liquid）中通过电场掺杂了电子的薄膜观察到了 T_c 约为 40K，所以，FeCh 薄膜成了研究热点。

FeCh 系只有四面体一种晶体结构，是铁基中最简单的一种晶体，而且由于不含 As，所以在应用上更为有利，其实在上面这些热点兴起以前，就有这方面的薄膜生长研究在开展。本节将结合最近的研究热点，来概览 FeCh 系薄膜的生长情况。

▶▶ 2.5.1 PLD 法生长 FeSe、Fe(Se,Te)、FeTe 薄膜的最初尝试

首先看一下 PLD 法生长 FeCh 系薄膜最早的一些尝试。Wu 等人早在 2009 年就用 PLD 法（KrF 激光器）在 MgO 衬底上得到了 FeSe$_{1-x}$Te$_x$（$x=0.0\sim0.9$）薄膜[8]。衬底温度在 250~500℃可调。从 XRD 结果来看薄膜是 c 轴取向生长，另外从（101）和（203）峰的 φ 扫描结果看没有发现面内取向生长，观察到了两种晶畴（主要和次要）。FeSe [100]//MgO [110] 是主要的，FeSe [100]//MgO [100] 是次要的。随着 Te 的量 x 的增长，（001）峰慢慢向小角度移动。c 轴长度由于 Te 的组分 x，所以比预期的要短，FeSe$_{1-x}$Te$_x$ 薄膜中的 x 值比靶材中的更低。而且低 x 值的样品（$x=0.1$, 0.3）的 XRD 峰展宽。低 x 值的块材样品，出现富 Se 和富 Te 两相分离的倾向，所以想要得到单相 FeSe$_{1-x}$Te$_x$ 样品，还是比较困难的。薄膜样品的 XRD 峰没有明显的分裂，但是峰宽很大，说明 Te 没有均匀地替代 Se。

薄膜的 ρ-T 特性曲线以及与 x 值的关系如图 2.19 所示。低 x 值的薄膜的超导特性相比于块材似乎受到限制，x 值增加时逐渐接近块材的数值。研究薄膜厚度的影响时，$x=0.0$ 和 0.5 两种情况下，T_c 都随着膜厚的增加而上升。$x=0.0$ 的 FeSe 薄膜比如达到 300nm 以上的厚度才能体现出零电阻特性，厚度达到 1μm 时 T_c^{on} 最多也只能到约 6K。而 FeSe$_{0.5}$Te$_{0.5}$ 厚度在 130nm 以上时具有零电阻特性，厚度达到 400nm 时，达到与块材接近的 T_c^{on}，约 14K。

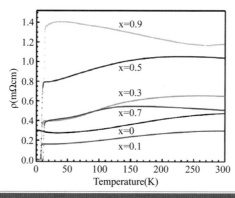

图 2.19 PLD 法制备的 FeSe$_{1-x}$Te$_x$ 薄膜的 ρ-T 特性。随着 Te 浓度（x）的增加，材料的特性从金属性转变为半导体性。除了 $x=0$ 的 FeSe，其余薄膜都能在低温下开始转变为超导相[8]

▶▶ 2.5.2 对衬底的依赖性

Bellingeri 等人在各种衬底上获得了不同厚度的 $FeSe_{0.5}Te_{0.5}$ 薄膜，在 $LaAlO_3$ 衬底上的厚度 200nm 的薄膜得到了 T_c 约为 21K[63]，这个值比块材高出 5K 以上。文章还指出，薄膜的面内晶格常数（a_{film}）越短，T_c 有升高的趋势。但是 a_{film} 和薄膜与衬底的晶格适配没有关系，随着膜厚增长到 200nm 而出现缩短趋势。所以，最高 T_c 约为 21K 是在膜厚 200nm 时获得的。随着膜厚的增加 T_c 上升的这种趋势与 Wu 的研究结果一致。

另外，今井等人在各种衬底上生长 $FeSe_{0.5}Te_{0.5}$ 薄膜（膜厚固定为 50nm，所以 T_c 并不高）进行比较[71]。$LaAlO_3$ 和 MgO 衬底上的薄膜 T_c 最高（$T_c^{zero} = 9.4K$），$SrTiO_3$ 衬底上 $T_c^{zero} = 6.6K$，而 Al_2O_3（C 面）、LSAT、Y 稳定 ZrO_2（YSZ）衬底上的薄膜没有观察到超导转变。低 T_c 或非超导特性的薄膜，在薄膜和衬底之间产生了非晶层（可能是衬底中氧元素的扩散导致），所以薄膜的面内晶向紊乱（甚至失去取向生长性）。另外，薄膜的晶格参数 c/a 之比越大 T_c 也越高，这与前面 Bellingeri 的发现相符。之后，塚田等人在 CaF_2 衬底上生长了 $FeSe_{0.5}Te_{0.5}$ 薄膜，获得了 $T_c^{zero} = 15K$[72]。这时薄膜和衬底之间没有出现非晶层。

FeCh 薄膜生长的要点在于抑制容易嵌入层间的过剩的 Fe。存在于层间的过剩的 Fe 会阻碍超导特性，使 FeCh 本身的性质无法发挥。从电阻率和温度的关系来看，T_c 升高时电阻率也激增，这是过剩的 Fe 导致的。现在，在 CaF_2（001）衬底上生长的 FeCh 薄膜已经不再受过剩的 Fe 的影响，而且重复性好，所以世界上很多研究组都在用 CaF_2（001）衬底制备 $Fe(Se_{1-x}Te_x)$ 薄膜。

另外，CeO_2 或 Fe 的缓冲层上生长出的 $Fe(Se_{1-x}Te_x)$ 薄膜的结晶质量较高，可以制备高 T_c 的薄膜。根据花轮等人对于 FeCh 薄膜的最佳衬底选择原则[73]，$SrTiO_3$ 这样容易出现氧缺乏的衬底，或者含有两种以上价态的原子构成的氧化物衬底，都不适合 FeCh 薄膜的生长。根据这样的选择标准，CaF_2、$LaAlO_3$、MgO 衬底，或者 CeO_2、Fe 缓冲层上，适合生长 FeCh 薄膜。考虑晶格失配的话，CaF_2、$LaAlO_3$ 衬底、CeO_2 缓冲层是最适合的。其中 CeO_2 缓冲层上得到的 $Fe(Se_{1-x}Te_x)$ 薄膜实现了连续生长，T_c 约为 19K[74]。

▶▶ 2.5.3 通过亚稳超导相提高 Fe(Se,Te) 薄膜的 T_c

生成薄膜的好处之一是可以产生亚稳态。根据前文所说的，在合成块材时，$x = 0.1 \sim 0.4$ 范围内 $FeSe_{1-x}Te_x$ 薄膜的 XRD 峰出现分裂，分离出富 Se 和富 Te 两种相。最近，今井等人指出，用 PLD 法（KrF 激光器）在 280℃ 的低温下，在 CaF_2 衬底上生长 $FeSe_xTe_{1-x}$ 薄膜时，成功抑制了相分离[75]。块材中，x 约为 0.5 时获得了最高的 $T_c \sim 14K$。但是在抑制了相分离的薄膜中，T_c 会随着 x 的减少而上升，$x = 0.2$ 时 T_c 达到约 23K。但是继续减少 x 的话（$x < 0.2$），T_c 会急剧下降。

▶▶ 2.5.4　单原子层 FeSe 薄膜

近年来与 FeSe 有关的热门课题，主要是中国的课题组开展的单原子层薄膜研究。2012 年，Wang 等人在 $SrTiO_3$ 衬底上用 MBE 法得到了 $T_c^{on} > 50K$ 的单原子层 FeSe 薄膜[65]。图 2.20 中是薄膜的扫描隧道谱（STS）和 $\rho\text{-}T$ 特性曲线。虽然 T_c^{on} 的选取标准有些宽松，但是从 $\rho\text{-}T$ 曲线来看，也能确定 $T_c > 40K$。之后，FeSe 的高 T_c 化受到了关注，高 T_c 的形成机理的研究实验（角分辨光电子能谱等）也开展了起来。2014 年，有文章报道了 $T_c = 109K$ 的单原子层薄膜[68]。FeSe 单原子层薄膜化引起的高温超导的机理被考察，提出了超薄化所引起的电子构造的变化、衬底电荷移动和相互作用等原因。下一节将说明，除了 $SrTiO_3$ 以外，MgO 衬底中，也可以通过双电层二极管（EDLT，Electric Double Layer Transistor）结构实现 FeSe 薄膜的高 T_c 化。因此，FeSe 超薄化引起的构造的平面化，增强了引起量子效应的相互作用，这种说法目前来看是非常有力的。

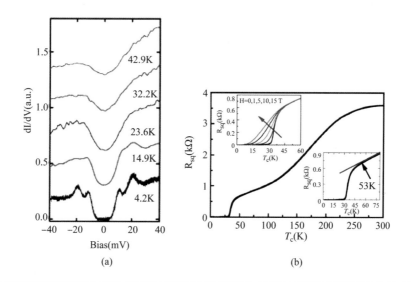

图 2.20　MBE 法制备的 FeSe 单层薄膜的特性：（a）STS 谱得到的 dI/dV 特性，（b）$\rho\text{-}T$ 特性。其中，左上方的插入图是在磁场中的曲线变化情况，右下图是 T_c^{on} 的定义方法。所有的数据说明薄膜具有超导特性且 T_c^{on} 约为 40-50K[65]

▶▶ 2.5.5　FeSe 超薄膜的场效应

日本的东北大、东工大、东大等各研究组，也都以 FeSe 或 Fe(Se,Te) 超薄膜的高温化为目标，开展着 EDLT 的场效应实验[76-78]。这些实验中，以离子液体作为介质层施加栅压，同时移动的离子可以对薄膜表面施加强电场。随着 DEME-TFSI 等高性能离子液体的使用，高迁移率载流子在薄膜表面可以累积到 $10^{15}/cm^2$ 的密度。而且通过栅压的进一步加强，可以对薄膜表面进行化学刻蚀，改变薄膜的厚度。

东北大的野岛·塚崎课题组利用这一性质，在 $SrTiO_3$ 和 MgO 衬底上用 PLD 法沉积了 FeSe 薄膜，并控制刻蚀的厚度，得到了超导特性并实现了高 T_c 化[76]。图 2.21 中展示的是器件的构造，以及 $SrTiO_3$ 和 MgO 衬底上离子液体的刻蚀特性。膜厚在 10nm 以下的薄膜在电场的作用下，T_c 可以上升到 30~40K。而且研究发现，$SrTiO_3$ 衬底上单原子层 FeSe 薄膜即使不施加电场，也能维持高 T_c（约 40K）[76,77,79]。

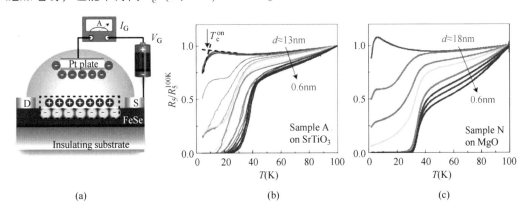

(a)　　　　　　　　　(b)　　　　　　　　　(c)

图 2.21 （a）FeSe 薄膜上使用离子液体而形成的双电层二极管（EDLT）结构示意图。（b）$SrTiO_3$ 衬底上，和（c）MgO 衬底上的电化学刻蚀后的薄膜的 ρ-T 特性曲线图。无论哪一种衬底上，只要将膜厚减薄，T_c 都可以上升到 40K 的水平[76]

2.6 总结

10 年来，关于铁基超导体薄膜生长的研究获得了显著的进展。高 T_c 材料基本实现了薄膜化，多种薄膜材料都被投入了基础研究和材料研究中。面向应用的高品质薄膜也开始了新的研究阶段。最初，铁基超导体薄膜生长的研究是为了满足超导电子器件应用和带材材料的应用。到现在为止，后者已经取得了有希望的成果，但是关于前者，包括 SIS 结和 SIN 结均没有获得成果。

根据以前铜氧化物超导体的经验，薄膜生长技术在 20 世纪 90 年代前期迎来了高峰，之后开始转向约瑟夫森结的研究。但是，即使日美欧在这方面都投入了大量的研究，到目前为止也没有实现可重复性高、性能好的约瑟夫森结的制作技术。约瑟夫森结的关键在于结面。目前广泛使用的 Nb 基约瑟夫森结在 20 世纪 70 年代经历了反复摸索和试错。直到 20 世纪 80 年代，绝缘栅、Nb 自然氧化膜（Nb_2O_5）被换成了 Al 的人工氧化膜（Al_2O_3），以此为

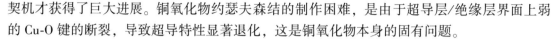

契机才获得了巨大进展。铜氧化物约瑟夫森结的制作困难,是由于超导层/绝缘层界面上弱的 Cu-O 键的断裂,导致超导特性显著退化,这是铜氧化物本身的固有问题。

　　对照这一情况,铁基超导体中,由于超导层的 Fe-As 键很强,所以可以推测界面处的超导特性不容易退化。但是还没有制作出相应的约瑟夫森结来验证这个推测。虽然器件制作还不是当务之急,但在界面上是否还隐藏着致命性的问题,这是值得尽早研究清楚的。

参 考 文 献

[1] Y. Kamihara, T. Watanabe, M. Hiranao and H. Hosono, *J. Am. Chem. Soc.* **130**, 3296 (2008).

[2] M. Rotter, M. Tegel, and D. Johrend*T*, *Phys. Rev. Lett.* **101**, 107006 (2008).

[3] F. C. Hsu, J. Y. Luo, K. W. Yeh, T. K. Chen, T. W. Huang, P. M. Wu, Y. C. Lee, Y. L. Huang, Y. Y. Chu, D. C. Yan, and M. K. Wu, *Proc. Natl. Acad. Sci. USA* **105**, 14262 (2008).

[4] S. Ueda, T. Yamagishi, S. Takeda, S. Agatsuma, S. Takano, A. Mitsuda, and M. Naito, *Physica C* **471**, 1167 (2011).

[5] S. Ueda, S. Takeda, S. Takano, A. Mitsuda, and M. Naito, *Jpn. J. Appl. Phys.* **51**, 010103 (2012).

[6] H. Hiramatsu, T. Katase, T. Kamiya, M. Hirano and H. Hiramatsu, *Appl. Phys. Lett.* **93**, 162504 (2008).

[7] E. Backen, S. Haindl, T. Niemeier, R. Hühne, T. Freudenberg, J. Werner, G. Behr, L. Schultz, and B. Holzapfel, *Supercond. Sci. Technol.* **21**, 122001 (2008).

[8] M. K. Wu, F. C. Hsu, K. W. Yeh, T. W. Huang, J. Y. Luo, M. J. Wang, H. H. Chang, T. K. Chen, S. M. Rao, B. H. Mok, C. L. Chen, Y. L. Huang, C. T. Ke, P. M. Wu, A. M. Chang, C. T. Wu, and T. P. Perng, *Physica C* **469**, 340 (2009).

[9] H. Hiramatsu, T. Katase, T. Kamiya, M. Hirano, and H. Hosono, *Appl. Phys. Express* **1**, 101702 (2008).

[10] J. D. Weiss, J. Jiang, A. A. Polyanskii, and E. E. Hellstrom, *Supercond. Sci. Technol.* **26**, 074003 (2013).

[11] Q. Y. Lei, M. Golalikhani, D. Y. Yang, W. K. Withanage, A. Rafti, J. Qiu, M. Hambe, E. D. Bauer, F. Ronning, Q. X. Jia, J. D. Weiss, E. E. Hellstrom, X. F. Wang, X. H. Chen, F. Williams, Q. Yang, D. Temple, and X. X. Xi, *Supercond. Sci. Technol.* **27**, 115010 (2014).

[12] K. Iida, J. Hänisch, M. Schulze, S. Aswartham, S. Wurmehl, B. Büchner, L. Schultz, and B. Holzapfel, *Appl. Phys. Lett.* **99**, 202503 (2011).

[13] A. Palenzona, A. Sala, C. Bernini, V. Braccini, M. R. Cimberle, C. Ferdeghini, G. Lamura, A. Martinelli, I. Pallecchi, G. Romano, M. Tropeano, R. Fittipaldi, A. Vecchinoe, A. Polyanskii, F. Kametani, and M. Putti, *Supercond. Sci. Technol.* **25**, 115018 (2012).

[14] F. Yuan K. Iida, V. Grinenko, P. Chekhonin, A. Pukenas, W. Skotzki, M. Sakoda, M. Naito, A. Sala, M. Putti, A. Yamashita, Y. akano, Z. Shi, K. Nielsch, and R. Hühne, *AIP Advances* 7, 065015 (2017).

[15] K. Iida, J. Hänisch, S. Trommler, S. Haindl, F. Kurth, R. Hühne, L. Schultz, and B. Holzapfel, *Supercond. Sci. Technol.* **24**, 125009 (2011).

[16] A. Gerbi, R. Buzio, E. Bellingeri, S. Kawale, D. Marre, A. S. Siri, A. Palenzona, and C. Ferdeghini, *Supercond. Sci. Technol.* **25**, 012001 (2012).

[17] S. Haindl, H. Kinjo, K. Hanzawa, H. Hiramatsu, and H. Hosono, *Appl. Surf. Sci.* **437**, 418 (2018).

[18] K. Kayanuma, R. Kawamura, H. Hiramatsu, H. Yanagi, M. Hirano, T. Kamiya, and H. Hosono, *Thin Solid*

Films 516, 5800（2008）.

［19］ H. Hiramatsu, T. Kamiya, M. Hirano, and H. Hosono, *Physica C* **469**, 657（2009）.

［20］ K. Kayanuma, H. Hiramatsu, T. Kamiya, M. Hirano, and H. Hideo, *J. Appl. Phys.* **105**, 073903（2009）.

［21］ M. Kidszun, S. Haindl, E. Reich, J. Hänisch, K. Iida, L. Schultz, and B. Holzapfel, *Supercond. SciTechnol.* **23**, 022002（2010）.

［22］ T. Kawaguchi, H. Uemura, T. Ohno, M. Tabuchi, T. Ujihara, Y. Takeda, and H. Ikuta, *Appl. Phys. Express* **4**, 083102（2009）.

［23］ T. Kawaguchi, H. Uemura, T. Ohno, M. Tabuchi, T. Ujihara, K. Takenaka, Y. Takeda, and H. Ikuta, *Appl. Phys. Lett.* **97**, 042509（2010）.

［24］ S. Takano, S. Ueda, S. Takeda, H. Sunagawa, and M. Naito, *Physica C* **475**, 10（2012）.

［25］ S. Takeda, S. Ueda, S. Takano, A. Yamamoto, and M. Naito, *Supercond. Sci. Technol.* **25**, 035007（2012）.

［26］ S. Haindl, K. Hanazawa, H. Sato, H. Hiramatsu, and H. Hosono, *Sci. Rep.* **6**, 35797（2016）.

［27］ R. H. Liu, G. Wu, T. Wu, D. F. Fang, H. Chen, S. Y. Li, K. Liu, Y. L. Xie, X. F. Wang, R. L. Yang, L. Ding, C. He, D. L. Feng, and X. H. Chen, *Phys. Rev. Lett.* **101**, 087001（2008）.

［28］ H. Sugawara, T. Tsuneki, D. Watanabe, A. Yamamoto, M. Sakoda, and M. Naito, *Supercond. Sci. Technol.* **28**, 015005（2015）.

［29］ M. Sakoda, A. Ishii, K. Takinaka, and M. Naito, *J. Appl. Phys.* **122**, 015306（2017）.

［30］ I. Corrales-Mendoza, A. Conde-Gallardo, and V. M. Sánchez-Resèndiz, *IEEE. Trans. Appl. Supercond.* **21** 2849（2011）.

［31］ I. Corrales-Mendoza and A. Conde-Gallardo, *IEEE. Trans. Appl. Supercond.* **24**, 7300106（2014）.

［32］ I. Corrales-Mendoza, P. Bartolo-Pèrez, V. M. Sánchez-Resèndiz, S. Gallardo-Hernández, and A. Conde-Gallardo, *EPL* **109**, 17007（2015）.

［33］ N. H. Lee, S-G. Jung, D. H. Kim, and W. N. Kang, *Appl. Phys. Lett.* **96**, 202505（2010）.

［34］ S. Agatsuma, T. Yamagishi, S. Takeda, and M. Naito, *Physica C* **470**, 1468（2010）.

［35］ S. Takeda, S. Ueda, T. Yamagishi, S. Agatsuma, S. Takano, A. Mitsuda, and M. Naito, *Appl. Phys. Express* **3**, 093101（2010）.

［36］ T. Yamagishi, S. Ueda, S. Takeda, S. Takano, A. Mitsuda, and M. Naito, *Physica C* **471**, 1177（2011）.

［37］ T. Kawaguchi, A. Sakagami, Y. Mori, M. Tabuchi, T. Ujihara, Y. Takeda, and H. Ikuta, *Supercond. Sci. Technol.* **27**, 065005（2014）.

［38］ V. Grinenko, K. Iida, F. Kurth, D. V. Efremov, S. -L. Drechsler, I. Cherniavskii, I. Morozov, J. Hänisch, T. Förster, C. Tarantini, J. Jaroszynski, B. Maiorov, M. Jaime, A. Yamamoto, I. Nakamura, R. Fujimoto, T. Hatano, H. Ikuta, and R. Hühne, *Sci. Rep.* **7**, 4589（2017）.

［39］ S. Adachi, T. Shimode, M. Miura, N. Chikumoto, A. Takemori, K. Nakao, Y. Oshikubo and K. Tanabe, *Supercond. Sci. Technol.* **25**, 105015（2012）.

［40］ M. Miura, B. Maiorov, T. Kato, T. Shimode, K. Wada, S. Adachi, and K. Tanabe, *Nat. Commun.* **4**, 2499（2013）.

［41］ H. Sato, H. Hiramatsu, T. Kamiya, and H. Hosono, *Appl. Phys. Lett.* **104**, 182603（2014）.

［42］ K. Iida, V. Grinenko, F. Kurth, A. Ichinose, I. Tsukada, E. Ahrens, A. Pukenas, P. Cekhonin, W. Skrotzki,

A. Teresiak, R. Hühne, S. Aswarthm, S. Wurmehl, I. Mönch, M. Erbe, J. Hänisch, B. Holzapfel, S-L. Drechsler, and D. V. Efremov, *Sci. Rep.* **6**, 28390 (2016).

[43] J. Lee, J. Jiang, F. Kametani, M. J. Oh, J. D. Weiss, Y. Collantes, S. Seo, S. Yoon, C. Tarantini, Y. J. Jo, E-. E. Hellstrom, and S. Lee, *Supercond. Sci. Technol.* **30**, 085006 (2017).

[44] T. Katase, H. Hiramatsu, T. Kamiya, and H. Hosono, *Supercond. Sci. Technol.* **25**, 084015 (2012).

[45] H. Hiramatsu, H. Sato, T. Katase, T. Kamiya, and H. Hosono, *Appl. Phys. Lett.* **104**, 172602 (2014).

[46] Q. Y. Lei, M. Golalikhani, D. Y. Yang, W. K. Withanage, A. Rafti, J. Qiu, M. Hambe, E. D. Bauer, F. Ronning, Q. X. Jia, J. D. Weiss, E. E. Hellstrom, X. F. Wang, X. H. Chen, F. Williams, Q. Yang, D. Temple, and X. X. Xi, *Supercond. Sci. Technol.* **27**, 115010 (2014).

[47] J. Hänisch, K. Iida, F. Kurth, T. Thersleff, S. Trommler, E. Reich, R. Hühne, L. Schultz, and B. Holzapfel, *AIP Conf. Proc.* **1574**, 260 (2014).

[48] J-H. Kang, L. Xie, Y. Wang, H. Lee, N. Campbell, J. Jiang, P. J. Ryand, D. J. Keavney, J-W. Lee, T. H. Kim, X. Pan, L-Q. Chen, E. E. Hellstrom, M. S. Rzchowski, Z-K. Liu, and C-B. Eom, *Nano Lett.* **18**, 6347 (2018).

[49] S. Lee, J. Jiang, Y. Zhang, C. W. Bark, J. D. Weiss, F. Kametani, C. Tarantini, C. T. Nelson, H. W. Jang, C. M. Folkman, S. H. Baek, A. Polyanskii, D. Abraimov, A. Yamamoto, J. W. Park, X. Q. Pan, E. E. Hellstrom, D. C. Larbalestier, and C. B. Eom, *Nat. Mater.* **9**, 397 (2010).

[50] Lee, J. Jiang, J. D. Weiss, C. M. Folkman, C. W. Bark, C. Tarantini, A. Xu, D. Abraimov, A. Polyanskii, C. T. Nelson, Y. Zhang, S. H. Baek, H. W. Jang, A. Yamamoto, F. Kametani, X. Q. Pan, E. E. Hellstrom, A. Gurevich, C. B. Eom, and D. C. Larbalestier, *Appl. Phys. Lett.* **95**, 212505 (2009).

[51] S. Yoon, Yu-S. Seo, S. Lee, J. D. Weiss, J. Jiang, M. Oh, J. Lee, S. Seo, Y. Jo, E. E. Hellstrom, J. Hwang, and S. Lee, *Supercond. Sci. Technol.* **30**, 035001 (2017).

[52] T. Thersleff, K. Iida, S. Haindl, M. Kidszun, D. Pohl, A. Hartmann, F. Kurth, J. Hänisch, R. Hühne, B. Rellinghaus, L. Schultz, and B. Holzapfel, *Appl. Phys. Lett.* **97**, 022506 (2010).

[53] K. Iida, J. Hänisch, M. Schulze, S. Aswartham, S. Wurmehl, B. Büchner, L. Schultz, and B. Holzapfel, *Appl. Phys. Lett.* **99**, 202503 (2011).

[54] S. Lee, C. Tarantini, P. Gao, J. Jiang, J. D. Weiss, F. Kametani, C. M. Folkman, Y. Zhang, X. Q. Pan, E-. E. Hellstrom, D. C. Larbalestier, and C. B. Eom, *Nat. Mater.* **12**, 392 (2013).

[55] J. Engelmann, K. Iida, F. Kurth, C. Behler, S. Oswald, R. Hühne, B. Holzapfel, L. Schultz, and S. Haindl, *Physica C* **494**, 185 (2013).

[56] F. Kurth, E. Reich, J. Hänisch, A. Ichinose, I. Tsukada, R. Hühne, S. Trommler, J. Engelmann, L. Schultz, B. Holzapfel, and K. Iida, *Appl. Phys. Lett.* **102**, 142601 (2013).

[57] S. Trommler, R. Hühne, K. Iida, P. Pahlke, S. Haindl, L. Schultz, and B. Holzapfel, *New J. Phys.* **12**, 103030 (2010).

[58] M. S. Torikachvili, S. Bud'ko, N. Ni, and P. C. Canfield, *Phys. Rev. Lett.* **101**, 057006 (2008).

[59] S. A. Kimber, A. Kreyssig, Y-Z. Zhang, H. O. Jeschke, R. Valentí, F. Yokaichiya, E. Colombier, J. Yan, T. C. Hansen, T. Chatterji, R. J. McQueeney, P. C. Canfield, A. I. Goldman, and D. N. Argyriou, *Nat. Mater.* **11**, 471 (2009).

［60］E. Colombier, S. L. Bud'ko, N. Ni, and P. C. Canfield, *Phys. Rev. B* **79**, 224518（2009）.

［61］T. Yamazaki, N. Takeshita, R. Kobayashi, H. Fukazawa, Y. Kohori, K. Kihou, C-H. Lee, H. Kito, A. Iyo, and H. Eisaki, *Phys. Rev. B* **81**, 224511（2010）.

［62］J. Engelmann, V. Grinenko, P. Chekhonin, W. Skrotzki, D. V. Efremov, S. Oswald, K. Iida, R. Hühne, J. Hänisch, M. Hoffmann, F. Kurth, L. Schultz, and B. Holzapfel, *Nat. Commun.* **4**, 2877（2013）.

［63］E. Bellingeri, I. Pallecchi, R. Buzio, A. Gerbi, D. Marre, M. R. Cimberle, M. Tropeano, M. Putti, A. Palenzona and C. Ferdeghini, *Appl. Phys. Lett.* **96**, 102512（2010）.

［64］S. Medvedev, T. M. McQueen, I. A. Troyan, T. Palasynk, M. I. Ermets, R. J. Cava, S. Naghavi, F. Casper, V. Ksenofontov, G. Wortmann, and C. Felser, *Nat. Mater.* **8**, 630（2009）.

［65］Q-Y. Wang, Z. Li, W-H. Zhang, Z-C. Zhang, J-S. Zhang, W. Li, H. Ding, Y-B. Ou, P. Deng, K. Chang, J. Wen, C-L. Song, K. He, J-F. Jia, S-H. Ji, Y-Y. Wang, L-L. Wang, X. Chen, X-C. Ma, and Q-K. Xue, *Chin. Phys. Lett.* **29**, 037402（2012）.

［66］A-M. Zhang, T-L. Xia, K. Liu, W. Tong, Z-R. Yang, and Q-M. Zhang, *Sci. Rep.* **3**, 1216（2013）.

［67］J. J. Lee, F. T. Schmitt, R. G. Moore, S. Johnston, Y-T. Cui, W. Li, M. Yi, Z. K. Liu, M. Hashimoto, Y. Zhang, D. H. Lu, T. P. Devereaux, D-H. Lee, and Z-X. Shen, *Nature* **515**, 245（2014）.

［68］J-F. Ge, Z-L. Liu, C. Liu, C-L. Gao, D. Qian, Q-K. Xue, Y. Liu, and J-F. Jia, *Nat. Mater.* **14**, 285（2015）.

［69］M. Burrard-Lucas, D. G. Free, S. J. Sedlmaier, J. D. Wright, S. J. Cassidy, Y. Hara, A. J. Corkett, T. Lancaster, P. J, Baker, S. J. Blundell, and S. J. Clarke, *Nat. Mater.* **12**, 15（2013）.

［70］T. M. Mcqueen, Q. Huang, V. Ksenofontov, C. Felser, Q. Xu, H. Zandbergen, Y. S. Hor, J. Allred, A. J. Williams, D. Qu, J. Checkelsky, N. P. Ong, and R. J. Cava, *Phys. Rev. B* **79**, 014522（2009）.

［71］Y. Imai, T. Akiike, M. Hanawa, I. Tsukada, A. Ichinose, A. Maeda, T. Hikage, T. Kawaguchi, and H. Ikuta, *Appl. Phys. Express* **3**, 043102（2010）.

［72］I. Tsukada, M. Hanawa, T. Akiike, F. Nabeshima, Y. Imai, A. Ichinose, S. Komiya, T. Hikage, T. Kawaguchi, and H. Ikuta, *Appl. Phys. Express* **4**, 053101（2011）.

［73］M. Hanawa, A. Ichinose, S. Komiya, I. Tsukada, Y. Imai, and A. Maeda, *Jpn. J. Appl. Phys.* **51**, 010104（2012）.

［74］T. Ozaki, L. Wu, C. Zhang, J. Jaroszynski, W. Si, J. Zhou, Y. Zhu, and Q. Li, *Nat. Commun.* **7**, 13036（2016）.

［75］Y. Imai, Y. Sawada, F. Nabeshima, and A. Maeda, *Proc. Natl. Acad. Sci. USA* **112**, 1937（2015）.

［76］J. Shiogai, Y. Ito, T. Mitsuhashi, T. Nojima, and A. Tsukazaki, *Nat. Physics* **12**, 42（2016）.

［77］K. Hanzawa, H. Sato, H. Hiramatsu, T. Kamiya, and H. Hosono, *Proc. Natl. Acad. Sci. USA* **113**, 3986（2016）.

［78］S. Kouno, Y. Sato, Y. Katayama, A. Ichinose, D. Asami, F. Nabeshima, Y. Imai, A. Maeda, and K. Ueno, *Sci. Rep.* **8**, 14731（2018）.

［79］G. Zhou, D. Zhang, C. Liu, C. Tang, X. Wang, Z. Li, C. Song, S. Ji, K. He, L. Wang, X. Ma, and Q-K. Xue, *Appl. Phys. Lett.* **108**, 202603（2016）.

MgB$_2$薄膜的制备

3.1 前言

2001年发现的MgB$_2$（T_c约为40K）[1]，虽然T_c比铜氧化物和铁基超导体略低，但是由于具有二元化合物，晶体构造简单，正常情况偏金属性，各向异性较弱，相干长度长等优点，所以被视为在超导应用方面很有前途的材料[2]。有研究发现它具有足够大的临界电流，尤其是制成薄膜后J_c接近100MA/cm^2，而且容易进行精细加工，因此在超导线材和超导电子器件两个方面都在开展着研究。

MgB$_2$约瑟夫森结的开发和体系的确立，对于新一代超导电子器件开发具有关键性意义。关于MgB$_2$薄膜制备技术，由于稳定的高压Mg蒸气是必不可少的，所以一开始研究者们认为它难以实现原位成膜，因而难以用来制作层叠器件。但是运用成膜温度低的MBE法，或者高Mg蒸气压下也可成膜的CVD法，现在研究者们已经掌握高品质、可重复的薄膜制备工艺了。对于约瑟夫森结的制作，很早研究者们就获得了它的SIN结，以及与金属超导体结合而得到的SIS西文结，而现在，纯MgB$_2$的SIS结也已经实现了。这样得到的MgB$_2$是具有明显超导能隙的隧道结，可以制作与Nb等金属超导体结同样高品质的结，令人期待。

另一方面，MgB$_2$具有双超导能隙的新特性，如何在器件制作中对这一特征加以控制是一个重要的课题。这个课题在学术上来说是很有意思的，在实用化方面可能是一个难点。本章将针对MgB$_2$薄膜和结的制作，总结技术要点，并整理出今后可能的问题。

3.2 MgB$_2$的材料科学

▶▶ 3.2.1 晶体结构与相图

MgB$_2$是AlB$_2$的六方晶系的晶体结构（图3.1）。Mg原子构成六方最密堆积（hcp）层，

B 原子像石墨一样呈蜂窝形状排列,互相间隔堆积而成(晶格常数 $a_0 = 0.3086$nm,$c_0 = 0.3524$nm)。MgB$_2$是结构简单的二元化合物,但是由于 Mg 具有高挥发性(10^{-3}Torr@ 400℃),而 B 元素具有高熔点(熔点 2080℃,升华点 2550℃),这样的条件让材料的合成也非常困难。实际上在单晶生长中,为了提供高 Mg 蒸气压所需的高温(1000℃以上),不仅要使用高压炉,还要用 Nb/Ta 等高熔点金属来封管[3-5]。获得的单晶的最大尺寸只有 1mm 边长。

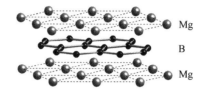

图 3.1   MgB$_2$的晶体结构

如此难以合成的物质要制作成薄膜的话,就必须讨论一下最基本的热力学相图。图 3.2 中,纵轴是 Mg 的分压,横轴是温度的倒数,画出了 Mg-B 的二元相图(根据 Liu 等人的热力学计算结果)[6]。在这个二元体系中存在着 MgB$_2$、MgB$_4$、MgB$_7$的相,以及单质的 Mg(固、液、气三相)和单质的 B(固相)。图中那条作为 MgB$_2$和 MgB$_4$分界线的粗线,就是超导相 MgB$_2$的分解曲线。这条分解曲线的高温/低 p_{Mg}侧,超导相的 MgB$_2$分解为 MgB$_4$和 Mg(气相)。超导相的 MgB$_2$的相稳定区是低温/高 p_{Mg}区域。

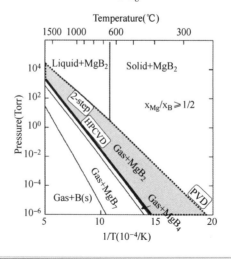

图 3.2   Mg-B 二元相图(当 Mg:B≥1:2 时)[6]。纵轴是 Mg 的分压,横轴是温度的倒数

▶▶ 3.2.2   薄膜制备相关的热力学反应速率理论考察

图 3.2 中存在着很大的 MgB$_2$ 与气态 Mg 共存的灰色区域,一眼看去和 GaAs 的相图非常像,Mg 的吸附是自限性的。根据热力学相图,Mg 的蒸气压保持在 $P_{Mg} = 10^{-6} \sim 10^{-4}$Torr、温

度设定在 250~400℃ 的话，MgB$_2$ 可以在衬底上生长出来，而过剩的 Mg 可以以气体形式蒸发逸出。如果真的是这样，那么即使是真空蒸镀，也可以很容易得到 MgB$_2$ 薄膜。但事实并非如此。原因是图 3.2 的相图只考虑了热力学，没有考虑化学反应速率理论。

热力学知识告诉我们，MgB$_2$ 薄膜一旦生成，那么只要在相稳定区中就不会分解，但这并不能保证在相稳定区就一定能生成 MgB$_2$。在铜氧化物高温超导体的制备中，要在室温下合成的话，P_{O_2} 只要在 10^{-10}Torr 以下就可以了，但实际上并不是这样。为了促进铜的氧化反应，以及形成复杂的晶体构造，必须通过热能来激活。MgB$_2$ 面临的也是同样的问题。

衬底温度在 400℃ 以下的低温条件下，Mg+B→MgB$_2$ 的反应并不是很迅速。Mg 原子到达衬底上，但会在与 B 结合之前就再次蒸发。要在低温条件下使反应得以进行，Mg 必须在衬底上以固体形态凝聚。反应速率理论方面笔者没有能力进行定量的讨论，但是从经验上来看，Mg 与 B 的反应速率是远远低于 Mg 与 O 的氧化反应的。例如衬底温度在 300℃ 的时候，相比于 10^{-6}Torr 的 B，Mg 依然会优先与 10^{-9}Torr 的 O 发生反应，生成 MgO。虽说提高衬底温度可以加快化学反应的速率，但是例如当衬底温度升高到 600℃ 时，为了维持相稳定所需提供的 P_{Mg} 就不得不提高到 10^{-3}Torr 了。换算出来 Mg 的生长速率就达到了约 100nm/sec，这对于通常的真空蒸镀来说，实在是鲁莽的行为。因为这些原因，在 MgB$_2$ 超导体被发现后，许多研究者还是对 MgB$_2$ 的薄膜制备感到苦恼。

3.3 MgB₂薄膜制备

根据以上的 MgB$_2$ 的化学性质，下面介绍现行的 MgB$_2$ 薄膜的生长方法（按照开发顺序）。

▶▶ 3.3.1 两步法

两步法，是把 B 或者 B+Mg 的前驱物薄膜与块状 Mg 一起封装在石英管或 Nb、Ta 管中，在 700~900℃ 高温烧结得到 MgB$_2$ 薄膜，如图 3.3（a）所示。也被称为后退火成膜。这种方法虽然看起来简单，但可重复地获得高品质薄膜并不容易。其中，韩国浦项大学研究组（Kang，Lee 等人）获得了 T_c 约为 39K 的薄膜，甚至可以匹敌单晶块材[7]，而且在临界电流密度上，零磁场情况下 J_c=40MA/cm^2@5K，比块材还高一个量级。另外，美国威斯康星大学研究组（Eom，Larbalestier 等人）也在早期报道了两步法制备的 T_c 约 35K，J_c 约 3MA/cm^2（T=4.2K，H=1T）的薄膜[8]。他们认为这个结果并不是意料之中的，而是烧结时析出的 MgO 的杂质作为钉扎中心，造成了高临界磁场和高临界电流。

两步法成膜是获得高品质单一薄膜的好办法，但并不适合层积型薄膜。要制作层积型器件就必须具备原位成膜的条件。

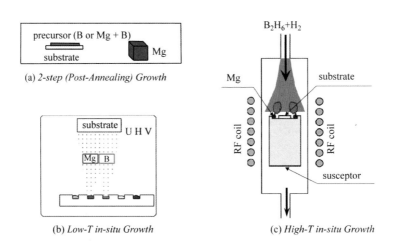

(a) *2-step (Post-Annealing) Growth*

(b) *Low-T in-situ Growth*

(c) *High-T in-situ Growth*

图3.3　各种成膜方法的示意图：（a）两步法，（b）低温原位成膜法，（c）高温原位成膜法（HPCVD）

▶▶3.3.2　低温原位成膜法

低温原位成膜法，就是在"MgB_2+Mg 固体"低温区域（图3.2 中的 PVD 区域）进行薄膜生长。在这个区域，衬底上的 Mg 和 B 都以固相形式存在，所以两者可以有足够长的时间进行反应。真空蒸镀法、溅射法都是在相图的这个区域里进行的。NTT 研究组（Ueda，Naito）用 MBE 法生长 MgB_2 薄膜（图3.3（b））。衬底温度设为约 250℃，蒸发速率按照 Mg：B 约为 1.5：2 的比例在富 Mg 的环境中进行，获得了超导薄膜[9]。单从 XRD 的结果看，薄膜的结晶质量较低，而且剩余电阻率较高，但是 T_c～35K 对于实用性来说是没有问题的。这种低温原位成膜法能够获得优质薄膜的原因之一在于超高真空。考虑到 Mg 非常容易与 O_2 发生反应，就可以想象这里需要的真空度。

除了蒸镀法以外，NICT（日本情报通信研究机构）的研究组（斋藤，岛阴，Wang 等人）报道了使用溅射法（sputtering）获得的结果[10]。溅射薄膜的 T_c 最高达到了约 30K。另一方面，作为氧化物薄膜标准制备方法的 PLD 法却陷入了苦战。初期有几篇报道，没有办法很好地克服 Mg 的氧化问题，成膜条件的窗口非常狭窄，最高的 T_c 也只停留在约 20K 的程度[11]。

关于结晶质量，有一些建议。低于铜氧化物高温超导体，要实现电子器件应用就需要有高品质的外延单晶薄膜。结晶质量的好坏直接反应在超导特性上。但是对于 MgB_2 薄膜，结晶质量不怎么好，但依然获得了良好的超导特性。而且，玻璃衬底和塑料衬底也能获得不错的 T_c。这一点对于只懂得铜氧化物薄膜的年轻研究者来说，可能是盲点，但也不是多么不可思议的事情。Nb 超导器件的制作也不需要单晶薄膜，室温蒸镀得到的多晶薄膜基本上也是可以的。300℃ 以下的低温就可以生长出 MgB_2 薄膜，这对于超导电子器件来说是件好事。

▶▶3.3.3　高温原位成膜

随着生长温度的上升，化学反应速率会快速提高，所以当衬底温度提高到 600℃ 时，相图中"MgB₂+Mg 气体"的区域也可以生成薄膜。但是在这个区域生长薄膜的话，如前面所说，P_{Mg}必须提高到 $10^{-3} \sim 10^{-2}$Torr，使用真空装置成膜将变得困难。

高温原位成膜最早的成功案例来自宾夕法尼亚州立大学的研究组（Xi, Redwing 等人）[12]。如图 3.3（c）所示，他们用 Mg 蒸气来提供 Mg，用乙硼烷（B_2H_6）来提供 B，结合物理和化学两种蒸镀方式来制备薄膜（HPCVD 法，Hybrid-Physical-Chamical-Vapor-Deposition）。在冷壁纵向 CVD 反应炉中，通入用氢气稀释的乙硼烷（典型的流量是氢气 400sccm/乙硼烷 50sccm，全压 100Torr），高频感应加热到 720 ~ 760℃，在基座上放着衬底和 Mg 块，进行薄膜生长（生长速率 0.3 ~ 1.6nm/sec）。衬底温度在 750℃，相稳定需要的 Mg 的分压为 45mTorr。基座上的 Mg 块，根据蒸气压的曲线，提供 20Torr 的 Mg 蒸气。随着乙硼烷的气流吹动，衬底上不会有残留的 Mg。也就是说，过剩的 Mg 再次蒸发，实现了自限性吸附（self-limited adsorption）。III ~ V 族半导体的薄膜生长也是这样，不需要对化合物薄膜的组分进行控制，这对高温原位成膜来说是很大的优点。

获得的薄膜是晶向整齐的单晶外延薄膜。200nm 以上的薄膜，如果是在 C 面蓝宝石衬底上生长的，T_c 达到 40.5K，如果是在有张应力的 SiC 衬底上生长的，T_c 可达 42K[13]。而且，如图 3.4 所示，剩余电阻率非常低，最好的数据是 $\rho_0 = 0.1\mu\Omega$cm，剩余电阻率(ρ（300K）/ρ_0)达到 80[13]。这些数据都表明，HPCVD 薄膜除了具备实用性以外，在基础物性测量方面也很有价值。

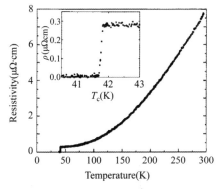

图 3.4 用 HPCVD 法在 4H-SiC 衬底上生长的 MgB₂薄膜（225nm 厚）的电阻率与温度的关系[13]。插图是临界温度附近的扩大图

通过物理蒸镀进行高温原位成膜的实验也在开展中。Mg 与 B，Cu 与 O，都是化学亲和性不太高的元素组合，所以 MgB₂ 的成膜与铜氧化物的成膜具有相似性。MgB₂ 成膜需要高的 Mg 分压，而铜氧化物成膜也需要高的氧分压。

铜氧化物成膜方面，20 世纪 90 年代中期，德国慕尼黑工业大学的 Kinder 等人开发出兼顾真空蒸镀与高氧分压的方法，称为 Kinder 法[14]。Kinder 法可以适用于 MgB₂的成膜，STI（Superconductor Technology Inc.）的研究组（Moeckly 等人）设计出了如图 3.5 所示的实验装置（插图中是衬底加热部分的示意图）[15]。由于是在真空装置内成膜，P_{Mg}不可能升到 HPCVD 中那么高。所以成膜温度比 HPCVD 的 750℃低，只有 550℃左右。薄膜的性质方面，剩余电阻率比 HPCVD 得到的薄膜高一个数量级。优点是相比于 HPCVD 得到的薄膜对水汽等的抵抗能力更强。浸泡在去离子水中 24 小时，T_c 依然有 38.9K，只是室温下电阻率从 $12\mu\Omega cm$ 增加到了 $14\mu\Omega cm$。

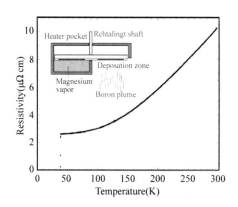

图 3.5　STI 的研究组用 Kinder 法在 C 面蓝宝石上获得的 MgB$_2$薄膜的电阻率与温度的关系[15]。插图中是衬底加热部分的示意图

笔者（农工大研究组）也结合宾夕法尼亚州立大学研究组的 HPCVD，以及 STI 研究组的 Kinder 法，实现了 MgB$_2$薄膜的高温原位生长。成膜装置的示意图如图 3.6 所示。虽然和 STI 一样采用了 Kinder 法，但是硼源采用的是癸硼烷（B$_{10}$H$_{14}$）[16]。三种硼源相比较，单质硼、乙硼烷、癸硼烷都有各自的特点。从安全性来看，单质硼是最好的，但是熔点太高必须用电子束蒸发，实验装置就会变得很大。乙硼烷和癸硼烷相比，前者在常温状态下是气体，

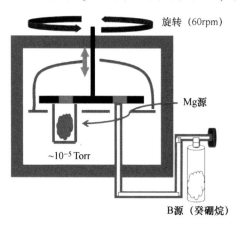

图 3.6　农工大研究组使用癸硼烷获得 MgB$_2$薄膜的装置示意图

容易自燃和爆炸（爆炸极限 0.8%~88%），所以实验中必须配备相应的除害装置。与之相对，癸硼烷在常温下是固体，在约 100℃ 的温度融化。也就是说，癸硼烷在正常环境下不会燃烧或爆炸，这就比乙硼烷安全得多。另外癸硼烷有慢性毒性，与乙硼烷相比的急性毒性较轻。农工大研究组将癸硼烷加热到 80~100℃，在 400~450℃ 的衬底温度下获得 $T_c^{end} = 40K$，剩余电阻率（RRR）约为 5 的高品质薄膜。

▶▶ 3.3.4 衬底与缓冲层

铜氧化物薄膜的外延生长方面，衬底起着至关重要的作用。MgB₂ 的生长中，衬底的重要性根据成膜的方法而不同。两步法成膜和高温原位成膜中，衬底的选择很重要。但在低温原位生长中，可以说衬底的选择并不会影响到结果。选择昂贵的单晶衬底获得 T_c~35K，但在普通的塑料衬底上获得的 T_c 也就只比前者低 1~2K，所以选择后者看起来才更明智。而且如果在聚亚酰胺（Polyimide）等柔性衬底上制备的话，MgB₂ 薄膜还可以用在核磁共振线圈（NMR Coil）等方面，用途更广。

首先从晶格匹配的角度来考虑衬底的问题。要实现 c 轴取向外延生长，衬底表面就必须是六角格子或三角格子。满足这个条件的，只有六方晶系的（0001）面，或立方/菱面晶系的（111）面。这样的衬底材料中，与 MgB₂ 的晶格匹配度好的材料已经列在表 3.1 中。其中，晶格匹配最好的是六方晶系（纤锌矿型）的 α-SiC、AlN、GaN，而这里作为单晶的块材，能获得的只有 α-SiC。AlN 和 GaN 都难以获得单晶块材，只能制作缓冲层。另外，ZnO、MgO（111）、Ti 与 MgB₂ 的晶格匹配也不错。C 面蓝宝石虽然晶格匹配不佳，但是价格便宜而且质地坚硬，所以也作为一种标准的衬底材料而被广泛应用。

表 3.1　MgB₂ 成膜中使用的代表性的衬底材料

材料	晶体结构	晶系	a 轴长度 a/nm	c 轴长度 c/nm	晶面	匹配间距/nm
Si	金刚石	立方	0.5431		(111)	0.3833 ($a/\sqrt{2}$)
ZnO	纤锌矿	六角	0.325	0.5207	(0001)	0.325
GaN	纤锌矿	六角	0.316	0.5125	(0001)	0.316
AlN	纤锌矿	六角	0.308	0.493	(0001)	0.308
4H-SiC	类纤锌矿	六角	0.3073	1.0053	(0001)	0.3073
TiB₂	AlB₂	六角	0.3025	0.3233	(0001)	0.3025
AlB₂	AlB₂	六角	0.3009	0.3262	(0001)	0.3009
MgO	NaCl	立方	0.4211		(111)	0.2982 ($a/\sqrt{2}$)
Ti	六角密堆	六角	0.2950	0.4686	(0001)	0.2950
Al₂O₃	蓝宝石	六角	0.4762	1.2995	(0001)	0.2749 ($a/\sqrt{3}$)
MgB₂	AlB₂	六角	0.3086	0.3524	(0001)	0.3086

与衬底匹配相关联的，简单介绍一下 MgB_2 的薄膜生长模式。从 AFM 图片观察，在薄膜生长初期（10nm），薄膜按照岛状模式（VM 模式）生长，随着膜厚的增加，晶粒间隙逐渐愈合。在晶粒愈合的过程中，就好像手术缝合伤口一样，晶粒间也会互相拉扯，因而产生晶格畸变。由于这种畸变的存在，随着膜厚增加，ab 面晶格参数也增加，由此带来 T_c 的上升[17]。

MgB_2 薄膜生长中，只考虑衬底的晶格匹配是不够的。还需要从薄膜与衬底之间是否会发生互相扩散的角度来考虑问题。在 MgB_2 薄膜生长过程中，Mg 和 B 都是从气态沉积到衬底上的。众所周知，Mg 是一种反应活性很高的元素，例如 Mg 原子如果到达 Al_2O_3 表面，就会发生 $Al_2O_3+3Mg\rightarrow2Al+3MgO$ 的化学反应。衬底是氧化物的话，就必须考虑这种氧化还原反应。在低温原位成膜中，由于反应温度较低，Mg 与衬底发生的这种反应的速率是有限的（如果对衬底表面进行显微观察的话，还是会在一定程度上发生上述的反应）。与之相比，高温原位成膜中，Mg 与衬底的扩散就非常显著了。

举个例子，用 HPCVD 法，在 720℃ 的衬底温度下制备的 MgB_2 薄膜，观察薄膜与衬底的界面。图 3.7 中，比较了 SiC 和 Al_2O_3 两种衬底上的观察结果。SiC 衬底上，MgB_2 薄膜可以平滑地生长，看不出明显的分界[17]。而在 Al_2O_3 衬底上，产生了 35nm 的界面层[12]。经确认，界面层是（111）面生长的 MgO，是 Mg 原子飞到 Al_2O_3 表面后夺走氧原子而生成了 MgO。这会严重阻碍薄膜的初期生长。Al_2O_3 是一种很稳定的氧化物，原子的相互扩散仅限于这个界面层，但是除了 MgO、Al_2O_3、ZrO_2 以外，大多数的氧化物衬底（SiO_2、ZnO）等在高温原位成膜中都无法承受这样的反应。在 He 等人早期的研究 MgB_2 与衬底材料相互扩散的实验（将 MgB_2 与衬底材料的粉末混合烧结，研究其产物）中，也确认了这个现象，当烧结温度达到 800℃ 时，大多数的氧化物衬底都与 MgB_2 发生了宏观可见的反应[19]。另外，氮化物（AlN、TiN、TaN）衬底和 SiC 衬底，在 800℃ 时还是不会发生扩散反应的。

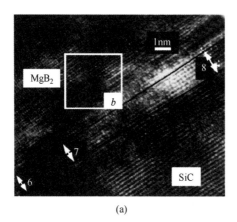
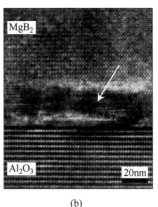

(a)　　　　　　　　　　　(b)

图 3.7　（a）MgB_2/SiC，（b）MgB_2/Al_2O_3 的界面的 TEM 图像比较[12,18]

3.4 MgB₂超导体

这里我们总结一下 MgB₂ 的超导特性。只有完全掌握 MgB₂ 的超导性能参数，才能确定 MgB₂ 是否真的具有超过 Nb 或 NbN 材料的性质。物理性质的研究需要高品质的实验样品，但是大型单晶块材的生长非常困难，只能用 HPCVD 法获得外延生长薄膜。目前 HPCVD 法获得的薄膜，无论是尺寸还是品质都已经超越了单晶块材，所以被广泛应用于基础物理性质的研究中。物理性质研究能够顺利进行，另外一个因素是，许多实验结果都与能带计算的结果具有可比性，甚至更进一步，表现出了良好的一致性。这说明 MgB₂ 相比于铜氧化物具有结构简单的优点，以及如今的能带计算的确是一种精度高、可靠性好的研究方法。

表 3.2 中比较了 MgB₂ 与 Nb 的一些物理特性。MgB₂ 在 0℃时电阻率为 $8\mu\Omega$cm，与 Cu 的 $2\mu\Omega$cm、Nb 的 $15\mu\Omega$cm、Pb 的 $19\mu\Omega$cm、Nb₃Sn 的 $80\mu\Omega$cm、YBCO 的 $150\mu\Omega$cm 相比，可以看出 MgB₂ 是一种载流子质量更轻的 sp 杂化金属间化合物。电阻率与温度之间的关系（参考图 3.4），与 Bloch-Grüneisen 公式（假设德拜温度为 1000K 时）非常接近[5]。霍尔系数 R_H 为 2×10^{-4} cm³/C，是典型的金属的值。根据外加磁场方向不同而符号不同，因此不能简单地使用 $R_H=1/ne$ 的公式，粗略地换算成载流子密度的话是 3×10^{22} cm^{-3}。如果假设原胞中每个 Mg 原子提供 2 个电子的话，估算 n 为 6.7×10^{22} cm^{-3}。

表 3.2   MgB₂与 Nb 的物理特性参数比较

	MgB₂	Nb	
T_c [K]	40	9.3	T_c [K]
Δ_σ [meV]	7.5	1.5	Δ [meV]
Δ_π [meV]	2.5		
Θ_D [K]	1000	240	Θ_D [K]
$\rho(273K)$ [uΩcm]	8	15	$\rho(273K)$ [$\mu\Omega$cm]
$H_c(0)$ [T]	0.23	0.2	$H_c(0)$ [T]
$H_{c2}{}^c(0)$ [T]	3.5		
$H_{c2}{}^{ab}(0)$ [T]	17		
γ (各向异性)	~5		
$H_{c1}{}^c(0)$ [T]	0.11		
$H_{c1}{}^{ab}(0)$ [T]	0.11		
ξ_{ab} [nm]	10	38	ξ [nm]
ξ_c [nm]	2		
λ_{ab} [nm]	70	39	λ [nm]
λ_{ab} [nm]	70		

MgB$_2$晶体是层状结构，所以超导特性也具有各向异性。这里谈几点。首先来看上临界磁场 H_{c2}。对于优质的单晶，当外加磁场是沿着 c 轴方向时，$H_{c2}{}^c$（0）为 3.5T；外加磁场与 ab 面平行时，$H_{c2}{}^{ab}$（0）为 17T，各向异性为 $H_{c2}{}^{ab}/H_{c2}{}^c \sim 5$。作为 $T_c \sim 40K$ 的超导体来说，H_{c2} 比较低。代表性的高温超导体 YBCO 的参数，$H_{c2}{}^c$(0)120T，$H_{c2}{}^{ab}$（0）700T，是 MgB$_2$ 的大约 50 倍，所以 MgB$_2$ 在强磁场应用方面是不利的。从 H_{c2} 估算出的相干长度，ξ_{ab} 10nm，ξ_c2nm，比较长（纯 Nb38nm）。相干长度长有利于超导电子器件方面的应用。MgB$_2$ 单晶材料的电子平均自由程（l_{ab}）估计为 50~100nm，是一种干净极限（Clean Limit）晶体。

然后来看下临界磁场 H_{c1}。根据精密的测量发现 H_{c1} 没有各向异性，$H_{c1}{}^c$(0) $\approx H_{c1}{}^{ab}$(0)约为 0.1T[20]。从 H_{c1} 估算磁场的穿透深度 λ，$\lambda_{ab} \approx \lambda_c \sim 60 \sim 70nm$。这个结果与使用 HPCVD 法生长出的器件特性一致。磁场穿透深度小，有利于超导电子器件方面的应用。相干长度和磁场穿透深度的各向异性，用金茨堡-朗道理论（GL 理论）来表示就是 $\xi_{ab}/\xi_c = \lambda_c/\lambda_{ab}$，但是对于 MgB$_2$ 材料这个关系式似乎并不成立。原因可能是由于，H_{c2} 是由下文所说的双能带模型中的二维 σ 能带决定的，而 H_{c1} 是由三维 π 能带决定的。

MgB$_2$ 是基于电子-晶格相互作用的 BCS 超导体，这是根据同位素效应确定的。T_c 值较高，是因为其晶格完全是由轻质量的原子构成，在高频晶格振动的作用下而表现出高 T_c。在许多方面，MgB$_2$ 与传统的超导体没有区别，但有一点特别值得一提，就是它是一种双能隙（或者说双能带）超导体[21]。MgB$_2$ 大致的电子结构可以想象成，首先 Mg 离子化（Mg^{2+}（B$_2$）$^{2-}$），然后 B 层放出两个电子[22,23]。由于 Mg^{2+} 已经是闭壳层，所以导电只能由 B 层来负责。B 层构成了类石墨结构，所以 MgB$_2$ 的费米面附近的能带就和石墨一样，是 sp^2 杂化的。$sp^2\sigma$ 耦合轨道形成 σ 能带，$sp^2\pi$ 耦合轨道形成 π 能带，能带间的耦合（转移矩阵元素）很小，所以这两个能带几乎是独立的。B 的 $sp^2\sigma$ 耦合的伸缩模式（图 3.7）与 σ 能带强力耦合（电子-晶格相互作用常数 $\lambda \sim 1$），具有大的超导能隙（$\Delta\sigma$7.0-8.0meV）。另外，π 能带与晶格振动的耦合较弱，具有小的超导能隙（$\Delta\pi$2.5-3.0meV）。

3.5　MgB$_2$ 超导结的研究

▶▶ 3.5.1　超导结的初期研究

2001 年 MgB$_2$ 的超导现象被发现后，研究者主要从物性科学的角度用 STM、点接触结（Point Contact）、断裂结（Break Junction）等手段，对 MgB$_2$ 超导能隙的大小、配对（Pairing）对称性、约瑟夫森结的特性等进行了研究。关于结的研究，研究者们在早期就发现了超导能隙的分布，证明双能隙的存在[24]。但是也有研究者怀疑这种能隙分布是由于材料表面老化层造成的。这种情况早在 30 年前铜氧化物超导体的研究初期，许多论文就报道了用隧道光谱观察发现的从 10meV 到 100meV 不等的超导能隙，在超导研究的历史上引起了许多混乱。幸运的是，MgB₂的早期研究中，通过块材的比热测量就确定了双超导能隙的存在[25]，证明了早期约瑟夫森结研究中很多光谱测定结果的真实性。

加州大学伯克利分校的研究小组（Clarke 等人），在将两块 MgB₂微型晶体压制成点接触结的研究中，调整接触压力，发现了从 SIS 型结（隧道型）向 SNS 型结特性的转变[26]。SIS 型结中观察到了教科书般标准的准粒子特性，而 SNS 型结的测量结果非常符合 RSJ 模型。SNS 型点接触结表现出大的 $I_C R_N$ 值（3meV），10GHz 微波照射时有清楚的响应（Shapiro Step）。而且，由两个 SNS 型结构成的 SQUID，表现出了接近 Nb-SQUID 的良好特性。

另外，用单一薄膜精细加工获得的纳米桥结制作 SQUID 的尝试，以及利用邻近效应制作 SNS 型结的尝试，也都在早期有过报道。

▶▶ 3.5.2　SIS 结

隧道型 SIS 结是超导电子件应用中的关键。以 Al₂O₃为介质的高品质 Nb 结在如今的超导电子器件应用中取得了重要的成果，而高温超导 SIS 结在过去 20 年里一直是大家的凤愿。对于 MgB₂材料，展示出明显的准粒子特性的 SIN 结和 SIS' 结（S' 指 Nb、Pb 等其他超导体）很早就有了报道。而纯 MgB₂的 SIS 结，在 2004 和 2005 年间，也已经被 NICT 和 NTT 的研究组报道过。NICT 的研究组用溅射法形成了 MgB₂/AlN/MgB₂三层结构[27]。NTT 的研究组延续了 Nb 结的标准工艺，用共蒸法制备了 MgB₂/Al₂O₃/MgB₂三层结构[28]。所有的成膜过程都是原位生长，器件的光刻都是普通的光刻工艺。NTT 的研究组的结果如图 3.8 所示。SIS 结显示出了明显的超导能隙以及准粒子特性，子能隙电导（Sub-Gap Conductance）（2Δ 以下的电导）也很低。$I_C R_N$ 的最大值为 1.3meV@4.2K。约瑟夫森结电流的磁场调制（夫琅禾费衍射图像）也大致比较理想，显示出超导电流在空间上的均匀性。但是也有需要改进的地方。

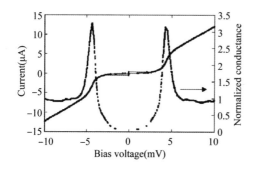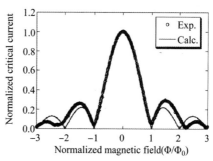

图 3.8　NTT 的研究组制作的 MgB₂/Al₂O₃/MgB₂隧道结的特性［ref］。（左）*I-V* 曲线以及 d*I*/d*V*，（右）外加磁场调制的约瑟夫森结电流

1）观察到的超导能隙 Δ 只有小能隙 2.5meV，完全观察不到大的超导能隙。$I_C R_N \sim$ 1meV 也是对应于小能隙的值。使用超导结的高频器件的频率上限与超导能隙成比例，所以希望能够找出器件的大能隙。

2）I_c 太小，而且 I_c 与温度的相关性在 $T=0K$ 时呈指数增长。这样的 I_c 与温度的相关性，在 SNIS 和 SNINS 结中也都常见。实际上，用 TEM 观察结的横截面会发现，MgB_2 与 Al_2O_3 绝缘层之间有 5nm 厚的混乱层（类似图 3.7（b），非晶态）[29]。这样的退化层应该是起到了 N 层的作用。

关于上述问题 1），如果认为大能隙是由具有圆柱状费米面的 σ 能带而形成的，就要制作出能在面内传导超导电流的结。作为一种可能性，与高温超导体的情况一样，可以考虑用非 c 轴取向生长的膜形成的三层结构，或者 c 轴取向生长的膜构成的斜边边缘型结（Ramp Edge）。

关于上述问题 2），必须讨论绝缘层材料。SNS 结中，由于 A_1B_2 结构的导电硼化物种类很多，所以 N 层的材料选择并不困难。但是 SIS 结中，作为 I 层，具有 A_1B_2 结构的能隙明确的物质难以找到，所以只能寻找其他种类的材料。绝缘层材料的选择上，是可以按照 3.3.4 小节中所说的衬底材料的选择条件来判断的。但是，材料的覆盖性也是一个重要的因素，所以选择范围还是比较小。

3.6 总结

本章论述了在超导电子器件的应用方面，（1）高品质薄膜的制备，（2）优质的约瑟夫森结的制备，是两大关键。这两大关键中，MgB_2 薄膜制备相关的课题可以说基本已经攻克了。关于约瑟夫森结的问题，纯 MgB_2 约瑟夫森结也已经具有了可能性。但是，目前关于 MgB_2 薄膜/超导结的研究组还是不够多。希望氦枯竭的危机，可以成为刺激 MgB_2 薄膜/超导结研究再度兴起的契机。

需要攻克的课题，举例来说包括超导结中双能隙的控制，以及希望能像 Al_2O_3 之于 Nb 那样，出现一张王牌顺利地解决绝缘层问题[30]，等等。关于双能隙的问题，1980 年之前有许多研究和讨论，但是从技术上对其进行控制的尝试却从来没有出现过。如果这种尝试能够出现乐观的结果，那一定会引起更大的兴趣。

参 考 文 献

[1] J. Nagamatsu *et al.*, *Nature* **410**, 63-64 (2001).

[2] M. Naito and K. Ueda, *Supercond. Sci. Technol.* **17**, R1-R18 (2004).

[3] Sergey Lee, *Physica C* **385**, 31-41 (2003).

[4] J. Karpinski *et al.*, *Physica C* **385**, 42-48 (2003).

[5] Kijoon H. P. Kim *et al.*, *Phys. Rev. B* **65**, 100510 (R) /1-4 (2002).

［6］ Z. -K. Liu *et al.*, *Appl. Phys. Lett.* **78**, 3678-3680（2001）.

［7］ W. N. Kang *et al.*, *Science* **292**, 1521-1523（2001）.

［8］ D. C. Larbalestier *et al.*, *Nature* **410**, 186-189（2001）.

［9］ K. Ueda, M. Naito, *J. Appl. Phys.* **93**, 2113-2120（2003）.

［10］ A. Saito *et al.*, *Jpn. J. Appl. Phys.* **41**, L127-L129（2002）.

［11］ D. H. A. Blank *et al.*, *Appl. Phys. Lett.* **79**, 394-396（2001）.

［12］ X. H. Zeng *et al.*, *Nature Materials* 1, 35-38（2002）.

［13］ A. V. Pogrebnyakov *et al.*, *Appl. Phys. Lett.* **82**, 4319-4321（2003）.

［14］ H. Kinder *et al.*, *Physica C* **282**-**287**, 107-110（1997）.

［15］ B. H. Moeckly *et al.*, *IEEE Appl. Supercond.* **15**, 3308-3312（2005）.

［16］ M. Naito *et al.*, *Appl. Phys. Express.* **4**, 073101/1-3（2011）.

［17］ A. V. Pogrebnyakov *et al.*, *Phys. Rev. Lett.* **93**, 147006/1-4（2004）.

［18］ J. S. Wu *et al.*, *Appl. Phys. Lett.* **85**, 1155-1157（2004）.

［19］ T. He, R. J. Cava, J. M. Rowell, *Appl. Phys. Lett.* **80**, 291-293（2002）.

［20］ L. Lyard *et al.*, *Phys. Rev. B* **66**, 180502（R）/1-4（2002）.

［21］ H. J. Choi *et al.*, *Nature* **418**, 758-760（2002）.

［22］ J. M. An, W. E. Pickett, *Phys. Rev. Lett.* **86**, 4366-4369（2001）.

［23］ J. Kortus *et al.*, *Phys. Rev. Lett.* **86**, 4656-4659（2001）.

［24］ C. Buzea, T. Yamashita, *Supercond. Sci. Technol.* **14**, R115-R146（2001）.

［25］ F. Bouquet *et al.*, *Phys. Rev. Lett.* **87**, 47001/1-4（2001）.

［26］ Y. Zhang *et al.*, *Appl. Phys. Lett.* **79**, 3995-3997（2001）.

［27］ H. Shimakage *et al.*, *Appl. Phys. Lett.* **86**, 72512/1-3（2005）.

［28］ K. Ueda *et al.*, *Appl. Phys. Lett.* **86**, 172502/1-3（2005）.

［29］ K. Ueda *et al.*, *Jpn. J. Appl. Phys.* **40**, L271-L273（2007）.

［30］ J. Kwo *et al.*, *Appl. Phys. Lett.* **40**, 675-677（1982）.

第4章

Nb、NbN薄膜与器件制作

4.1 前言

从电子器件应用的角度来看，容易制备薄膜，以及能够制作稳定而优质的超导结，这是超导材料具有实用意义的必备条件。铅以及铅合金超导材料满足上述条件，最初通过电阻蒸镀很容易就制备出薄膜，因而被广泛应用，但是超导结存在着热循环老化、稳定性欠佳的问题，1980 年后，熔点更高、机械强度更高的铌（Nb）取代铅成为研究的主流。特别是，Nb 作为电极材料，铝氧化物膜（AlO_x）作为绝缘层而制成的 Nb/Al-AlO_x/Nb 超导结，在可控性、均匀性、稳定性上都非常优秀，到现在依然在超导电子器件应用中受到重用。1980 年以来，随着研究的活跃，Nb（$T_c = 9.2K$）以及 NbN（$T_c = 16K$）已经有一些实用化的成果，例如由 NbN 超导薄膜加工出纳米线而制成的超导单一光子检测器（SSPD）等。本章将介绍基于 Nb 和 NbN 薄膜的超导集成电路技术，以及 NbN 超导电子器件的制备技术。

4.2 Nb 基超导体集成电路技术

4.2.1 前言

以单一磁通量子（SFQ）数字电路[1]为代表的超导集成电路，使用的几乎都是 Nb 材料。原因包括，Nb 金属单质非常稳定，而且利用氟类气体很容易进行反应离子刻蚀，制成的 Nb/Al-AlO_x/Nb 超导结[2]的可控性、均匀性、稳定性都非常好。本节将从超导集成电路的角度，来考察对于 Nb 薄膜有什么样的要求。

4.2.2 超导体集成电路的器件构造与制造工艺

图 4.1 是超导集成电路器件的一个例子，由日本产业技术综合研究所（产综研）通过

ADP2 工艺[3]制成的器件的剖面 SEM 照片。这个器件有 9 层 Nb 膜，一层作为电阻层的 Mo 膜，以及 Nb/Al-AlO$_x$/Nb 超导结共同构成。Mo 层和 Nb/Al-AlO$_x$/Nb 超导结都在第 7 和第 8 个 Nb 层之间。Nb 层的厚度，第 1 和第 2 层厚 200nm，第 3~6 层厚 150nm，作为电路接地层的第 7 层厚 400nm，作为 Nb/Al-AlO$_x$/Nb 超导结下部电极的第 8 层厚 300nm，作为超导结上部布线层的第 9 层厚 400nm。器件是在表面热氧化的 Si 衬底上形成的，层间用 SiO$_2$ 绝缘。从第 1 层到第 7 层 Nb 层，都用 Caldera 法[4]进行平滑处理。

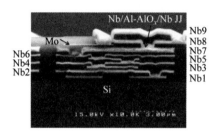

图 4.1 产综研 ADP2 工艺制备的 9 层 Nb 器件剖面 SEM 照片

Nb/Al-AlO$_x$/Nb 超导结的剖面图如图 4.2 所示。这个约瑟夫森结的结构是，在下部 Nb 电极上形成约 10nm 厚的 Al 层，然后表面热氧化形成隧道势垒层 AlO$_x$，然后在其上方形成 Nb 上电极。结的大小由上方电极的刻蚀来决定。

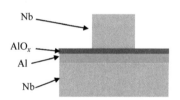

图 4.2 Nb/Al-AlO$_x$/Nb 超导结剖面示意图

超导集成电路的制造工艺，主要是在衬底上交替形成金属膜层和介质层。图 4.3 表示了这种工艺过程。基本上包括成膜、图形化、刻蚀、有机清洗、室温测试等步骤，并多次反复进行，得到最后的器件。

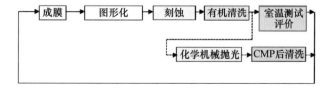

图 4.3 超导集成电路器件的工艺过程

Nb 膜和 Mo 膜是用溅射法制备的，介质层 SiO$_2$ 可以用溅射法，也可以用 CVD 法。制备 Nb/Al-AlO$_x$/Nb 超导结时，当衬底温度超过 150℃，I_c 开始减小，超过 250℃，结的性能会减弱，所以结的制作过程中必须注意控制衬底的温度。

刻蚀采用干法刻蚀中的反应离子刻蚀（RIE）。刻蚀中的气体和衬底条件决定了选择比以及刻蚀形貌。Nb 可以用含氟气体、卤族气体等进行刻蚀，考虑到毒性、Al 的选择比等因素，一般会使用 SF_6 之类的含氟气体。另外，Al 和 AlO_x 无法用含氟气体刻蚀，一般用 Ar 离子刻蚀来除去。

▶▶ 4.2.3　成膜装置对 Nb 薄膜质量的影响

成膜装置的真空度、真空泵的种类（低温泵，涡轮分子泵）、成膜速率等因素不同，得到的 Nb 薄膜的特性也不同。除了临界温度 T_c 以及电阻率以外，RIE 刻蚀时的速率也根据装置的不同而变化，为了控制结的大小、电感、改善利用率等目的，应该根据装置的目的（适用于结的制备，还是用于布线等）来区分和选择。

一般集成电路的布线层，达到一定水平的话，Nb 膜的成膜质量不会存在问题。但是，如后所述，在约瑟夫森结的周围以及接触孔中，需要注意 Nb 膜的质量。因为在超导谐振器[6]、微波多路复用读取电路[7]等模拟电路应用中，需要追求高品质因数 Q，所以需要电阻率小、剩余电阻率（RRR）大的高品质 Nb 薄膜。

举一个例子说明装置对薄膜质量的影响，六台不同的成膜装置分别制备 300nm 厚的 Nb 薄膜，它们在 10K 温度时的电阻率和临界温度 T_c 的关系，如图 4.4 所示。T_c 基本相同，但是根据靶材的大小、衬底距离、成膜速度的不同，薄膜的电阻率是不一样的。可以看到，使用低温泵的装置制备出的 Nb 薄膜，比使用涡轮分子泵的设备制备的薄膜电阻率更低。

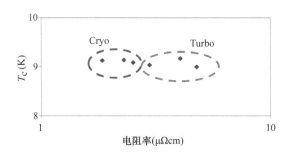

图 4.4　六台不同的成膜装置制备的 Nb 薄膜的 T_c 与电阻率的关系

▶▶ 4.2.4　Nb/Al-AlO$_x$/Nb 结对薄膜质量的影响

在 3 英寸 Si 衬底上直流磁控溅射获得 Nb 薄膜，薄膜中应力分布与氩气分压的关系，如图 4.5 所示。这一层 Nb 作为 Nb/Al-AlO$_x$/Nb 超导结的下部电极，厚度为 300nm。氩气分压在 1mTorr 时，观察到薄膜中有约 800MPa 的压应力存在。压应力随着氩气分压的增加而减小，8mTorr 时压应力减小到 200MPa 左右，11mTorr 时反而出现 300MPa 的张应力。

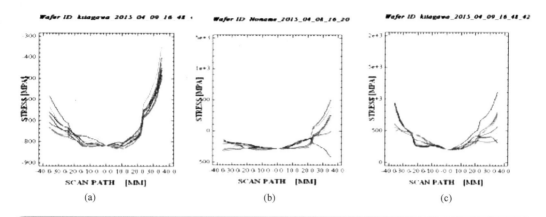

**图 4.5 在 3 英寸 Si 衬底上，成膜时 Ar 的分压与 Nb 膜中应力分布的关系：
(a) 1mTorr，(b) 8mTorr，(c) 11mTorr**

集成电路的制造工艺中，薄膜的应力会逐渐累积，总是希望这样的应力不要太大。但是如图 4.6 所示，Nb 薄膜表面的起伏程度随着 Ar 分压的增大而增大。Nb/Al-AlO$_x$/Nb 超导结的结构如图 4.2 所示，在下部 Nb 电极上形成的 Al 膜的厚度只有 10nm，非常薄。所以如果下部 Nb 电极的表面起伏度很大的话，Al 膜就无法完全覆盖 Nb，导致 Nb 会部分露出。

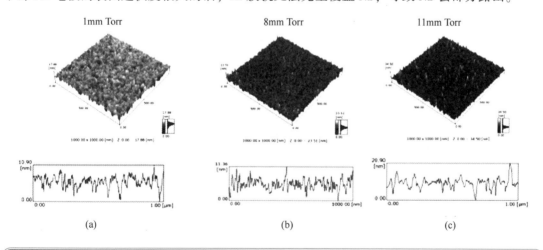

图 4.6 用 Nano-Search 观察到的 Nb 表面形貌：(a) 1mTorr，(b) 8mTorr，(c) 11mTorr

Nb 的氧化物 NbO$_x$ 作为结的势垒层，由于 Nb 的低价氧化物 NbO 和 NbO$_2$ 具有金属性，所以子能隙中的漏电流比较大[8]。图 4.7 显示了分别在 (a) 1mTorr，(b) 8mTorr，(c) 11mTorr 的氩气分压下形成下部电极 Nb 得到的 Nb/Al-AlO$_x$/Nb 超导结，在 1000 个同样的结串联的情况下，获得的伏安特性。(a) 图显示出了良好的特性，但是随着氩气分压的增大，子能隙的漏电流，以及临界电流 I_c 也在增加。对 SFQ 电路等应用来说，I_c 的增加是一种致命的缺陷。为了避免这种情况，考虑增加 Al 膜层的厚度，但是随着 Al 膜的增厚，$I_{C}R_{N}$ 的乘积会减少，引起器件速度的下降，所以这种办法并不理想。

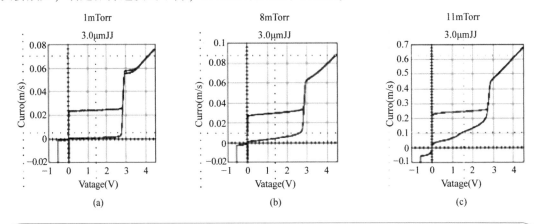

(a) (b) (c)

图 4.7 1000 个同样的 Nb/Al-AlO$_x$/Nb 超导结串联后的伏安特性：

（a）1mTorr，（b）8mTorr，（c）11mTorr

使用应力较强的 Nb 薄膜而制备的 Nb/Al-AlO$_x$/Nb 超导结，在加工过程中随着应力的弛豫，会导致特性的下降。尤其是在尺寸微小的结上，性能下降更加明显[9]。所以，研究者们在结的下方设计了台阶，来降低应力弛豫带来的影响。

图 4.8（a）展示了在三种下层台阶上制备的 1μm 边长的 Nb/Al-AlO$_x$/Nb 超导结，$J_c =$ 10kA/cm^2。（b）图是 10 片这样的晶圆上三种结构的器件的良率。结的伏安特性中，如果看到显著的漏电流，那么该晶圆就视为不良品。具有电阻膜的 R 型台阶，凸起台阶厚度与 Mo 厚度都是 50nm。在电阻膜上的接触孔中制备超导结的 RC 型台阶，接触孔的深度（SiO$_2$ 的

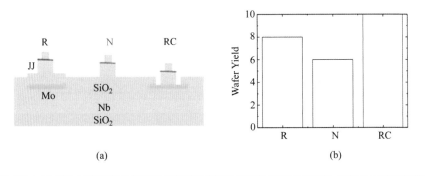

(a) (b)

图 4.8 为了缓解由刻蚀引起的薄膜应力弛豫而设置在 Nb/Al-AlO$_x$/Nb 超导结下方的台阶

所造成的影响：（a）三种台阶的示意图包括 R 型：Mo 电阻膜台阶上形成超导结；N 型：

平台上形成超导结；RC 型：Mo 电阻层上方接触孔中形成超导结。（b）10 片

晶圆上，R 型、N 型、RC 型三种构造的器件的良率（yield）

厚度）为 150nm。比较的结果，直接在 SiO_2 平台上形成超导结的 N 型结构良率只有 6 成，设置了一定台阶高度的 R 型良率改善到 8 成，而台阶最高的 RC 型，良率为 100%[10]。

另外，随着 Nb 薄膜特性的不同，$Nb/Al\text{-}AlO_x/Nb$ 超导结的 J_c 以及能隙电压等特性也受到影响，所以要对约瑟夫森结周围的 Nb 薄膜的成膜特别注意。

▶▶ 4.2.5　接触孔中的薄膜质量与临界电流密度 J_c

将不同的 Nb 层连接起来的接触孔中 J_c 的大小，受到 Nb 薄膜质量的影响。图 4.9 中画出了靶材与衬底间距不同时，接触孔的孔径与 J_c（液氦温度时）的关系。当靶材与衬底间距在 150nm 时，相比于 50nm，J_c 明显下降。图 4.10 是接触孔的剖面 TEM（透射电子显微

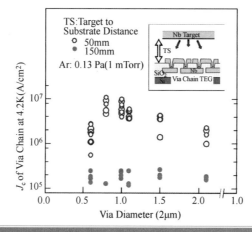

图 4.9　覆盖接触孔的 Nb 膜在成膜过程中，靶材-衬底间距分别在 50nm 和 150nm 时 J_c 与接触孔孔径的关系

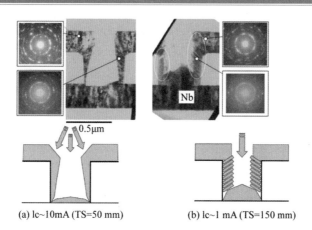

图 4.10　靶材-衬底间距分别在 50nm 和 150nm 时，被 Nb 膜覆盖的接触孔的剖面 TEM 照片和示意图。(a) 间距 50nm 时，(b) 间距 150nm 时

镜）照片以及示意图。用溅射法在接触孔中生成 Nb 膜，膜厚与孔的深度在同一个数量级，能够到达孔中心的 Nb 原子相比于孔外的平面上少很多，所以孔中心形成的 Nb 膜厚是比较小的，连接主要是通过孔的内壁上的 Nb 薄膜实现的。靶材与衬底间距越大，从靶材溅射出的 Nb 原子被 Ar 气体影响分布更散乱，连接孔内壁上 Nb 膜的厚度就会越厚。但是当靶材与衬底间距较长的时候，连接孔内壁上的 Nb 膜呈现出类似"竹帘"的结构，从 TEM 图像中可以清楚地看到。这可能就是 J_c 大幅减少的原因[11]。

4.3 NbN 超导薄膜·器件技术

▶▶ 4.3.1 前言

毫无疑问，20 世纪 80 年代以后，支撑着超导电子技术进步的，是 Nb 基超导集成电路。但是 Nb 的临界温度 T_c 在 9.2K，所以要让 Nb 基超导器件工作，就必须用到液氦，或者能够降温到 4K 以下温度的制冷设备。而且，受到能隙限制的上限频率（超过这个频率，库伯电子对就会被破坏，损失大增，所以称为能隙频率）约 700GHz，如果要提高到更高频率，就需要 T_c 更高的超导材料。在这些 T_c 比 Nb 更高的超导材料中，在薄膜、超导结制备方面技术最成熟的，可以称为"后 Nb 基超导材料"的，是氮化铌（NbN）超导材料。

NbN 是具有 NaCl 晶体结构的化合物超导体[12]，T_c 约 16K，能隙频率约 1.4THz，应用于数字电路的话，只需要 10K 温度就可以（10K 冷却设备相比于 4K 设备工作效率更高，设备成本也更低），应用于毫米波/亚毫米波检测器上作为电极材料，即使在 1.4THz 的高频状态下也可以做到低功耗。

NbN 器件研究正式进入应用开发阶段，是在 1980 年代 Nb/Al-AlO$_x$/Nb 超导结出现之后开始的，日本产综研（当时的电子技术综合研究所）将 NbN 作为约瑟夫森结的电极材料，开发出了 NbN/MgO/NbN 超导结等[13]。进入 1990 年代，超导体/绝缘体/超导体（SIS）结作为混频器（Mixer）中的超导材料，开始受到研究，笔者所属的情报通信研究机构也开始研究用于 SIS 混频器的高电流密度 NbN/AlN/NbN 超导结[14]。2000 年代，NbN 作为一种极薄的超导薄膜在光子检测器研究中受到关注，在超导纳米线单光子检测器（Superconducting Nanowires Single-Photon Detector：SNSPD 或 SSPD）等器件中广泛应用[15]。而最近十年，在微波动态电感探测器（Microwave Kinetic Inductance Detector，MKID）以及超导量子比特等研究中，NbN 作为超导谐振器中重要的薄膜材料，研究也在不断推进[16,17]。

图 4.11 中列举了 NbN 的优点以及在电子器件领域的主要应用。本节将从 NbN 薄膜的制备方法出发，介绍约瑟夫森结的制备，以及超导纳米线单光子检测器的应用实例。

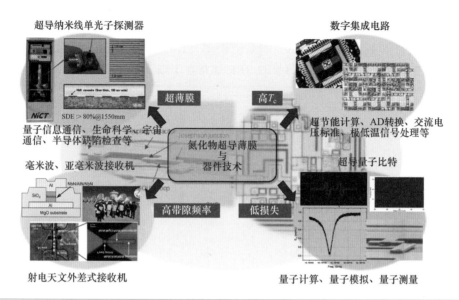

图 4.11　NbN 的优点以及在电子器件领域中的应用

▶▶ 4.3.2　NbN 薄膜的制备

Nb 是一种高熔点材料，成膜主要依靠溅射法，但是 NbN 薄膜的制备需要将 Nb 进行氮化，所以溅射时要在 Ar 气氛中添加氮气（N_2）形成反应溅射。NbN 成膜使用的电源可以有射频（RF）和直流（DC）两种，下面分别介绍具体的方法。

1. 射频溅射法

溅射法制备 NbN 薄膜的过程中，主要参数包括气压、Ar 和 N_2 的流量比、RF 功率、衬底温度等。成膜时的气压通常在 1~10mTorr 范围，RF 功率与靶材大小有关，换算为功率密度的话大约 3.2~6.4W/cm^2（8 英寸大小的靶材需要 1~2kW 功率）。虽然不加热衬底也可以获得高 T_c 的薄膜，但加热衬底可以让溅射到衬底上的粒子迁移更加活跃，从而提高薄膜结晶质量，降低电阻率，降低磁场穿透深度 λ。

NbN 薄膜的晶体结构与衬底材料有很大的关系。MgO 衬底与 NbN 同样具有 NaCl 晶体结构，晶格参数也相近（MgO 为 0.421nm，NbN 为 0.446nm），在不加热衬底的情况下也可以获得（100）方向的取向生长，而其他衬底（硅、蓝宝石、石英等）上同等条件只能获得多晶薄膜。XRD 谱中可以看见很强的（100）峰，看不到其他晶向的峰。通过 4.12 图中（200）峰的参数可以算出 NbN 的晶格参数。

NbN 的晶格常数与薄膜中 N 的含量有关系，可以通过调整 Ar 和 N_2 的流量比（N_2 分压比）来控制。图 4.13 是 200nm 厚的 NbN 薄膜的晶格常数（横轴）与 T_c 以及电阻率 ρ_{20} 的变化关系。T_c 与 ρ_{20} 都与晶格常数有很强的关联，晶格常数在 0.447~0.450nm 附近时，T_c 达到最大值 16.2K，ρ_{20} 达到最小值 60$\mu\Omega$cm[18]。图 4.13 的结果表明，NbN 薄膜的电学特性在一定程度上可以根据 XRD 的结果来判别。图 4.14 显示了 N 含量优化后，NbN 薄膜的电阻与温度的关系。超导转变温度在 16.2K，剩余电阻率（RRR，300K 时的电阻率 ρ_{300} 与 20K 时的 ρ_{20} 之比）在 1 以上（多晶 NBN 薄膜的 RRR 通常在 1 以下）。

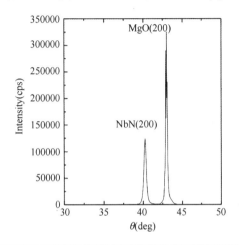

图 4.12　MgO 衬底上生长的 NbN 薄膜的 XRD 谱

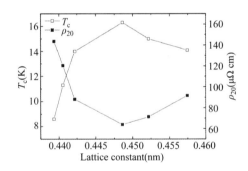

图 4.13　MgO 衬底上用射频溅射法生长的 NbN 薄膜的 T_c、ρ_{20} 与晶格常数的关系

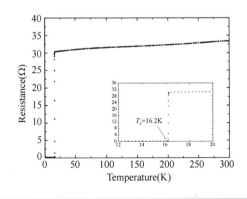

图 4.14　MgO 衬底上生长的 NbN 薄膜的电阻与温度的关系

在除 MgO 以外的其他衬底上通常只能获得多晶薄膜，但它们的成膜优化条件是和 MgO 衬底类似的。图 4.15 是 NbN 薄膜表面的 SEM（扫描电子显微镜）照片。在 Si（100）衬底上，由于出现（111）晶向的柱状生长，因此表面出现激烈的起伏。而 MgO（100）衬底上的 NbN 相比于前者来说就非常平滑。

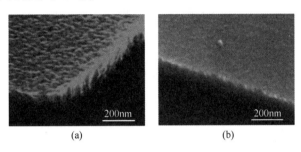

(a)　　　　　　　　　　　　(b)

图 4.15　NbN 薄膜表面的 SEM 照片。(a) Si（100）衬底上的多晶薄膜，(b) MgO（100）衬底上的（100）取向生长薄膜

成膜时腔体内的气压通常设定为 $1 \sim 10\text{mTorr}$，但是在 2mTorr 以下的低压情况下，粒子平均自由程变长，到达衬底表面的溅射粒子动能增强，迁移更加活跃，可以促进晶体质量的优化。因此低压溅射有利于得到晶粒更大、电阻率更低（可达 $100 \sim 150\mu\Omega\text{cm}$）的薄膜。相反，成膜时气压太高的话，晶粒会变小，电阻率会变高。多晶 NbN 薄膜的磁场穿透深度 λ，相比于 MgO 衬底上的单晶薄膜（λ 典型值为 200nm）深度更深，2mTorr 的成膜压力条件下 λ 达到 300nm，更高的成膜压力条件下甚至可以超过 500nm。而且，多晶 NbN 薄膜的应力也与成膜时的气压有关，低压成膜的结晶颗粒更大应力也更大，高压成膜的结晶晶粒更小，更多的晶界导致应力被弛豫。应力强的薄膜，如果和衬底之间附着能力弱的话，很容易脱膜，所以要根据薄膜的应力来选择合适的成膜压力。

2. 直流溅射法

NbN 薄膜的制备可以以 Nb 金属为靶材，用直流溅射法来进行成膜。图 4.16 所画的是直流电源在放电时，阴极与衬底（地极）间的电流-电压特性曲线。在纯 Ar 气氛中，随着电

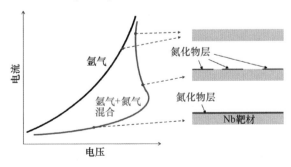

图 4.16　NbN 在直流溅射时放电的电流-电压特性曲线

压的增大，放电电流单调增大。但加入 N_2 气体后，变成了反应溅射，在电流较小的时候，由于 Nb 靶的表面氮化，放电的阻抗升高；而在电流很大的时候，Nb 靶表面的氮化物被溅射出去，所以曲线又开始接近纯 Ar 气氛的形态。在中间区域，Nb 靶表面部分氮化，所以放电时电流-电压曲线在某个区间呈现负阻抗的趋势。放电时腔体中的全压以及 N_2 分压发生变化的话，相应的放电电流-电压曲线也会变化，但是根据经验得知，这个负阻抗区域对应着薄膜中氮含量的最适宜条件。

直流反应溅射中，使用稳压直流电源的话，由于一个电压值会对应多个电流值，所以实际的电流是不稳定的，所以通常不用稳压直流源，而是使用稳流直流源。直流反应溅射时，无论是多大的全压和 N_2 分压，都必须找到放电负阻抗区域，这样才能找到薄膜含氮量的最优化条件，得到 T_c 和 ρ_{20} 参数与射频溅射法大致相当的薄膜。另外，直流溅射使用 MgO 以外的衬底会得到多晶薄膜，而且高压成膜会得到电阻率高、应力弱的薄膜，这一点是和射频溅射法同样的。

▶▶ 4.3.3 约瑟夫森结的制备

NbN 作为电极材料被应用在约瑟夫森结的研究，是 20 世纪 80 年代开始兴起的，开发出了以 Nb 的氧化物、MgO、AlN 等作为势垒层的超导结[13,14,19]。整体来说，结的电流-电压特性与下部 NbN 电极的结晶质量、表面平整度都有很强的关联，多晶 NbN 薄膜作为电极会导致很大的漏电流，而具有平滑表面的 (100) 取向生长的 NbN 薄膜可以减少结的漏电流。

图 4.17 是 NbN/AlN/NbN 隧道结的剖面 TEM 照片。在 MgO 衬底上生长平滑的 NbN 层作为结的下部电极，然后在其上覆盖均匀的 AlN 势垒层。如果是以 Si 为衬底，那么下部 NbN 电极表面由于柱状生长而出现大量的起伏，导致上面的 AlN 势垒层也不均匀。

MgO(100)衬底上　　　　　　　　　　Si(100)衬底上

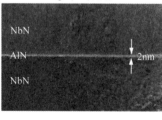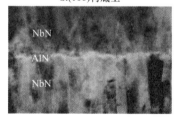

图 4.17　NbN/AlN/NbN 隧道结的剖面 TEM 照片

图 4.18 是在 MgO 衬底上以及 Si 衬底上制备的 NbN/AlN/NbN 隧道结的电流-电压特性曲线。根据图 4.17 的剖面图可以知道，它们的电流-电压特性也会有很大的不同。MgO 衬底上的结具有 5mV 以上的能隙电压，子能隙（5mV 以下）电流被抑制得很低。而 Si 衬底上，能隙电压低于 5mV 并且变化斜率较大，与 MgO 衬底上相比能隙电流更大。

高质量 NbN 基约瑟夫森结只能在 MgO 衬底上制备，这限制了它的应用。以 10K 为目标工作温度的 NbN 基超导数字集成电路的开发已经在进行中，由于 MgO 的大面积晶圆难以获得，所以选择 Si 衬底来制备。超导数字集成电路中被研究得最多的超导单磁通量子电路（SFQ）中，由于将移能电阻（dump resistor）与结并联消除了磁滞，大的子能隙电流虽然不会影响电路的工作，但是用表面起伏大的多晶 NbN 薄膜作为结的下部电极，电极的厚度影响表面的起伏程度，临界电流密度就更难控制了。另外，多晶 NbN 薄膜的磁场穿透深度 λ 较长，片状电感（sheet inductance）是 Nb 系集成电路的 2~3 倍。虽然有利于电路的紧凑设计，但是带来的寄生电感很大，所以要慎重地优化电路参数和布局[20-22]。

MgO(100)衬底上

Si(100)衬底上

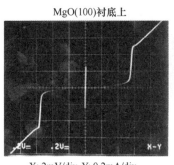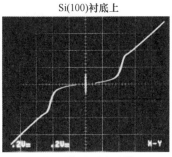

X: 2mV/div, Y: 0.2mA/div   X: 2mV/div, Y: 0.5mA/div

图 4.18　NbN/AlN/NbN 隧道结的电流-电压特性曲线

　　NbN 基约瑟夫森结的一种很有希望的应用是毫米/亚毫米波 SIS 接收机。Nb 的能隙频率大约 700GHz，更高的频率会使电极中的准粒子激发从而产生损失。但是实际上与调谐电路相比，结电极对噪声温度的影响较小，SIS 结的非线性混频可以达到能隙的 2 倍电压（SIS 结的能隙电压），也就是说 Nb 基约瑟夫森结的工作频率可以达到 1.4THz。实际上，检测频带在 780~950GHz 的 ALMA BAND10 接收机，其核心部分就是 Nb/Al-AlO$_x$/Nb 结构的 SIS 结，并且以能隙频率更高的 NbTiN 薄膜作为调谐电路的接地层（Ground Plane）[23]。如果能实现比 Nb/Al-AlO$_x$/Nb 结电流密度更高、漏电流更低的结，NbN 基 SIS 结也可以适用于 1.4THz 以下的频率范围，但是 NbN 基 SIS 结真正的用武之地在于 1.4THz 以上的 SIS 混频器上。当然也需要与其他接收机产品在性能上进行竞争，比如 Hot Electron Barometer（热电子测辐射热计）。

　　MgO 衬底上 NbN/AlN/NbN 结的能隙电压比在 Si 衬底上大，主要原因是能隙电压有陡峭的上升趋势，加上下部的 NbN 薄膜的 T_c 比多晶 NbN 更高，上部 NbN 电极也是沿着（100）晶向取向外延生长的。图 4.19 是 MgO 衬底上 NbN/AlN/NbN 结在 AlN 势垒层附近的扫描透射电子显微镜（STEM）图。AlN 的稳态原本是六方晶系，但是在 NbN/AlN/NbN 结中却按照立方晶系（在此 STEM 图中尚无法判断是 NaCl 型还是闪锌矿型）结构生长，包括上部的 NbN 电极在内，组成结的三层膜全部是沿（100）晶向取向外延生长的。

　　上部 NbN 电极的晶向是由 AlN 层的厚度决定的，AlN 层厚度在 2nm 以下时主要是（100）取向生长，而在 4nm 时，根据 XRD 谱结果确认是多晶形态[24]。也就是说 AlN 势垒层厚度只要不超过 2nm，就会按照立方晶系结构生长，厚度过大就会回到其原本的六方晶系的稳态结构。

众所周知，六方晶系的 AlN 具有压电效应，在超导量子比特应用中会与声子结合产生退相干，但是在量子比特研究初期基本上是使用 2nm 以下厚度的 AlN 薄膜（此时结的 J_c 约 1A/cm²），是没有压电效应的立方晶系结构。实际上，在全外延（Full Epitaxial）生长的 NbN/AlN/NbN 结相位量子比特和 Transmon 量子比特中都观察到了明显的量子振荡（拉比振荡）[25,26]。

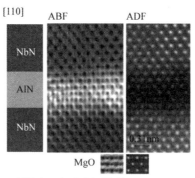

ABF: Annular Bright-Field
ADF: Annular Dark-Field

图 4.19　NbN/AlN/NbN 结在 AlN 势垒层附近的 STEM 照片

▶▶ 4.3.4　超导纳米线单光子检测器

NbN 基超导体目前研究最多的应用，应该是超导纳米单光子检测器（Superconducting Nanowire Single-Photon Detector：SNSPD 或 SSPD），利用了电流偏置超导纳米线在吸收光子后从超导态转换为常导态的性质。这项技术于 2001 年由俄罗斯的研究组提出[15]，之后进入了活跃的研究开发阶段，目前已经有许多高科技风险企业开始了 SSPD 系统的销售[27,28]。

为了能使超导纳米线接受一个光子的能量就能向常导态转变，纳米线的容积必须非常小，要使薄膜在 5nm 以下厚度发生超导转变。另外为了稳定输出电流，吸收光子常态转移时元件的阻抗必须比负载阻抗（通常是 50Ω）大得多，所以需要电阻率较大的薄膜。NbN 薄膜就是满足这种条件的材料，在 SSPD 的核心超导纳米线中起到巨大的作用[20]。图 4.20 是 NICT 制备的 NbN 薄膜的 T_c、电阻率与薄膜厚度的关系。薄膜厚度减小时，T_c 下降，电阻率上升，在 2.8nm 厚度时获得了所需的超导转变薄膜。

实际的 SSPD 中，NbN 薄膜还需要通过电子束光刻技术进一步加工成线宽 100nm 以下的纳米线，并用介质和反射膜构成腔体（Cavity）来提高纳米线的光吸收率。图 4.21 是 SSPD 的剖面构造示意图。NbN 薄膜是在表面热氧化的硅衬底上制备的，加工成纳米线后，构造一个厚度为所吸收的光波长的 1/4 的介质层，以及金属反射层。从硅衬底的反面入射的光子进入并被硅与金属层之间的介质捕获，达到接近 100% 的光吸收率。把这样的 SSPD 芯片从晶圆上切割下来，封装在与光纤结合在一起的采样柱上，将光纤调芯固定后，用机械式冷却设备冷却到 2.2K 的温度。图 4.22 是 NICT 开发出来的 6 通道 SSPD 系统。包括冷却设备在

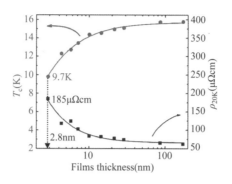

图 4.20　NbN 薄膜的 T_c、电阻率与薄膜厚度的关系

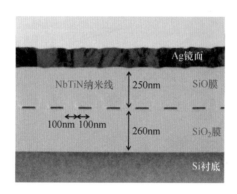

图 4.21　具有双腔结构的 SSPD 的剖面图

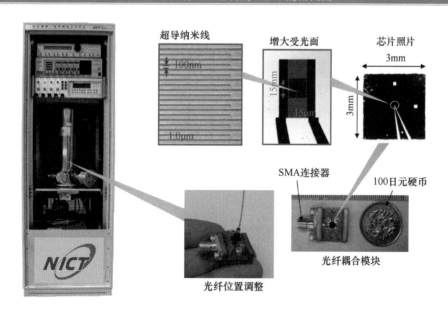

图 4.22　6 通道 SSPD 系统

内，全部系统安装在一个 19in 的机架内，无须液氦等制冷剂也可以连续工作。另外，冷却设备是家庭用电 100V 就能驱动的小型设备，所以从移动性的角度来看，这套系统的可用性也是很优秀的。

图 4.23 是 SSPD 的探测效率、暗计数率（噪声计数）与偏置电流的关系。偏置电流越大，超导纳米线在吸收光子时发生常导态转换的概率（脉冲生成的概率）越大，因此探测效率上升，暗计数率为 40cps 时探测效率达到 80%[30]。但是如果纳米线不均匀，那么临界电流就会在某个点受到限制，在达到使探测效率饱和的偏置电流前，暗计数会急剧增大。所以要实现高效率探测，薄膜的超导特性要在比纳米线的 100nm 线宽更小的尺度上达到均匀。从这个角度来看，晶粒尺寸小的非晶态薄膜，要比晶粒尺寸大的多晶薄膜更加理想。

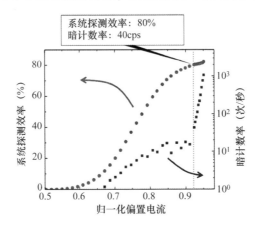

图 4.23　SSPD 系统的探测效率、暗计数率与偏置电流的关系

NbN 在高偏置电流区域检测效率会出现饱和，由此认为材料具有优秀的均匀性，同时从操作稳定性来看，希望探测效率能在比临界电流小得多的偏置电流条件下实现饱和。为了实现这个目标，就要降低薄膜的 T_c，并且使用更薄更细的纳米线，但是两种方法都会使薄膜的临界电流减小，从而导致探测器的输出电流减小。为了达到更低的能让探测效率饱和的偏置电流，同时又避免减少输出电流，将纳米线并联起来，称为 SNAP（Superconducting Avalanche Photo Diode）的结构得到了讨论，结果也得到了证实[31]。总之，从 SSPD 应用的角度来看，比起结晶薄膜，非晶、均匀、电阻率高的薄膜才是更适用的。

4.4　总结

本章以超导电子器件应用为焦点，介绍了 Nb、NbN 薄膜以及相关器件的制作技术。首先考察了作为超导集成电路基本材料的 Nb 薄膜。薄膜质量达到一定水平后，在数字电路的布线层上，薄膜质量对器件的特性影响没有那么大。薄膜质量影响显著的是约瑟夫森结的周围以及接触孔。结的下部电极需要注意薄膜的应力，要将表面起伏抑制在一定程度以下。接

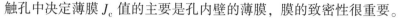

触孔中决定薄膜 J_c 值的主要是孔内壁的薄膜，膜的致密性很重要。

NbN 薄膜被应用在 ALMA 接收机和 SSPD 中，已经达到实用化程度。NbN 基约瑟夫森结虽然有良好的特性，但是其实用化才刚刚开始。为了得到更广泛的应用，就要克服例如衬底材料限制等问题，关于衬底，已经实现了以 Si（100）为衬底，TiN 为缓冲层的全外延取向生长约瑟夫森结等新技术，并且还在继续开发中[32,33]。另外，限于篇幅，TiN 和 NbTiN 作为低功耗超导材料受到广泛的关注，应该会在以后的量子信息处理设备、动态电感探测器等应用上继续得到开发。

参 考 文 献

［1］ K. K. Likharev and V. K. Semenov, *IEEE Trans. Appl. Supercond.* **1**, 3（1991）.

［2］ M. Gurvitch, W. A. Washington and H. A. Huggins, *Appl. Phys. Lett.* **42**, 472（1983）.

［3］ S. Nagasawa, K. Hinode, T. Satoh, M. Hidaka, H. Akaike, A. Fujimaki, N. Yoshikawa, K. Takagi and N. Takagi, *IEICE Trans. Electron.* **E97-C**, 132（2014）.

［4］ K. Hinode, S. Nagasawa, M. Sugita, T. Satoh, H. Akaike, Y. Kitagawa and M. Hidaka, *Physica C* **412-414**, 1437-1441（2004）.

［5］ M. Hidaka, H. Tsuge and Y. Wada, *Proceedings of International Cryogenic Materials Conference*（ICMC87）.

［6］ T. Yamamoto, K. Inomata, K. Koshino, P-M Billangeon, Y. Nakamura, and J. S. Tsai, *New J. Phys.* **16**, 150017（2014）.

［7］ Y. Nakashima, F. Hirayama, S. Kohjiro, H. Yamamori, S. Nagasawa, N. Yamasaki, and K. Mitsuda, *IEICE Electronics Express* **14**, 11-1（2017）.

［8］ R. F. Broom, R. B. Laibowitz, Th. O. Mohr and W. Walter, *IBM J. RES. DEVELOP.* **24**, 212（1980）.

［9］ H. Nakagawa, K. Nakaya, I. Kurosawa, S. Takada, and H. Hayakawa, *Jpn J. Appl. Phys.* **25**, L70（1986）.

［10］ T. Satoh, K. Hinode, H. Akaike, S. Nagasawa, Y. Kitagawa, and M. Hidaka, *IEEE Trans. Appl. Supercond.* **15**, 78（2005）.

［11］ K. Hinode, T. Satoh, S. Nagasawa, Y. Kitagawa, and M. Hidaka, *Physica C* **426-431**, 1533（2005）.

［12］ Y. M. Shy, L. E. Toth, and R. Somasundaram, *J. Appl. Phys.* **44**, 5539（1973）.

［13］ A. Shoji, M. Aoyagi, S. Kosaka, F. Shinoki, and H. Hayakawa, *Appl. Phys. Lett.* **46**, 1098（1985）.

［14］ Z. Wang, A. Kawakami, Y. Uzawa, and B. Komiyama, *Appl. Phys. Lett.* **64**, 2034（1994）.

［15］ G. N. Gol'tsman, O. Okunev, G. Chulkova, A. Lipatov, A. Semenov, K. Smirnov, B. Voronov, A. Dzardanov, C. Williams, and R. Sobolewski, *Appl. Phys. Lett.* **79**, 75（2001）.

［16］ H. G. Leduc, B. Bumble, P. K. Day, B. Ho Eom, J. Gao, S. Golwala, B. A. Mazin, S. McHugh, A. Merrill, D. C. Moore, O. Noroozian, A. D. Turner, and J. Zmuidzinas, *Appl. Phys. Lett.* **97**, 102509（2010）.

［17］ J. M. Kreikebaum, A. Dove, W. Livingston, E. Kim and I. Siddiqi, *Supercond. Sci. Technol.* **29**, 104002（2016）.

［18］ Z. Wang, A. Kawakami, Y. Uzawa, and B. Komiyama, *J. Appl. Phys.* **79**, 7837（1996）.

［19］ A. Shoji, S. Kosaka, F. Shinoki, M. Aoyagi, and H. Hayakawa, *IEEE Trans. on Magn.* **19**, 827（1983）.

［20］ H. Terai and Z. Wang, *IEICE Trans. Electron.* **E83-C No. 1**, 69（2000）.

［21］ H. Terai and Z. Wang, *IEEE Trans. Appl. Supercond.* **11**, 525（2001）.

[22] K. Makise, H. Terai, S. Miki, T. Yamashita, and Z. Wang, *IEEE Trans. Appl. Supercond.* **23**, 1100804 (2013).

[23] M. Kroug, A. Endo, T. Tamura, T. Noguvhi, T. Kojima, Y. Uzawa, M. Takeda, Z. Wang, and W. Shen, *IEEE Trans. Appl. Supercond.* **19**, 171 (2009).

[24] Z. Wang, H. Terai, W Qiu, K. Makise, Y. Uzawa, K. Kimoto, and Y. Nakamura, *Appl. Phys. Lett.* **102**, 142604 (2013).

[25] Y. Yu, S. Han, X. Chu, S. -I. Chu, and Z. Wang, *Science* **296**, 889 (2002).

[26] Y. Nakamura, H. Terai, K. Inomata, T. Yamamoto, W. Qiu, and Z. Wang, *Appl. Phys. Lett.* **99**, 212502 (2011).

[27] SCONTEL. http://www. scontel. ru/

[28] Single Quantum. https://singlequantum. com/

[29] S. Miki, T. Yamashita, H. Terai, and Z. Wang, *Opt. Exp.* **21**, 10208 (2013).

[30] 检测效率在 80% 以上的"超导纳米单光子检测器"的开发. https://www. nict. go. jp/press/2013/11/05-1. html

[31] S. Miki, M. Yabuno, T. Yamashita, and H. Terai, *Opt. Exp.* **25**, 282213 (2017).

[32] R. Sun, K. Makise, W. Qiu, H. Terai, and Z. Wang, *IEEE Trans. Appl. Supercond.* **25**, 1101204 (2015).

[33] K. Makise, H. Terai, and Y. Uzawa, *IEEE Trans. Appl. Supercond.* **26**, 1100403 (2016).

第5章

▶▶▶▶▶▶

Bi-2223线材

5.1 前言

Bi 基氧化物高温超导材料，是 1988 年 1 月由当时的日本科学技术厅下属的金属材料技术研究所的前田弘博士发现的[1]。超导转变温度在 108~120K，远远高于液氮温度，所以引起了全世界的关注，日、美、欧在超导线材领域的竞争由此展开[2-9]。

笔者等人的研究组也在 1988 年这种材料被发现的同时开始了研究[10]。开发之初，材料在液氮温度下的临界电流 (I_c) 只有几个安培，而且由于氧化物质地脆弱，被怀疑是否真的能加工为线材，但是：①通过压延加工等带材成型工艺比较容易地获得了取向生长的材料，所以避免了因晶界弱连接而引起的 J_c 的剧烈降低[11]；②通过多芯化使线材获得了可挠性[12]；③开发出了用高压气体进行加压烧结的工艺，实现了线材在长度方向上性能的均一化[13]。这些进步使高温超导材料加工为超导线成为可能。

以研发超导仪器为目标的实验验证中，多次使用了这样的线材并取得了好成绩，日、美、欧的超导电缆工程[14-17]、以核磁共振 NMR[18] 和 MRI[19] 为代表的超导磁体应用、船舶[20-22]、汽车电动机[23]、研究开发中使用的强磁场磁铁[24,25] 等陆续被开发。另外，大型强子对撞机（LHC）[26] 和国际热核聚变实验堆计划（ITER）[27] 等国际研究计划中所使用的电流导线，有力地推进了超导导线的实用化。本章将以 Bi-2223 超导导线的制造、特性为中心展开介绍。

5.2 Bi 基超导导线的制法

高温超导体的线材化所包含的课题包括：①将坚硬而脆弱的氧化物加工成具有一定柔性的细长线；②为了改善晶界弱连接问题而使晶粒具有择优取向；③导入磁束线的钉扎点以提

高 J_c。作为线材化的一种办法，将粉末填入银套管中进行加工和热处理的"粉末套管法"（Powder-in-Tube）是最普遍的办法。Bi 基超导开发中线材化得到发展的主要理由是，上面所说的课题②相比于其他氧化物超导体更容易实现。Bi-O 层间是范德华力的弱结合，很容易劈开，所以线材化或者加工成带状化的过程中，比较容易获得择优取向的晶粒组织。

如图 5.1 所示，某种配比（例如，Bi：Pb：Sr：Ca：Cu = 1.7~1.8：0.3~0.4：1.8~2.0：1.9~2.1：3.0~3.1[2~4,10,28]）的混合粉末填充在银套管中，拉长成为线材。Bi-2223 是在 ab 面方向扩展的板状结晶，具有很强的各向异性。而且 Bi-O 层间是依靠范德华力结合，容易解理，所以在压延加工成带状的过程中，板状结晶在电流容易流动的方向比较便于对齐。另外在热处理过程中，作为前驱体的 Bi-2212 发生包晶反应生成 Bi-2223，在超导细丝周围沿着银界面的方向获得择优取向组织。由银包覆的 Bi-2223 线材，是宽度 4.3±0.3mm、厚度 0.23±0.03mm 的带状结构，线材内部包含 121 根超导细丝（图 5.2）。线材的单根长度最大可以到 2km，沿长度方向可以得到相对均匀的临界电流 I_c 的分布[29]。

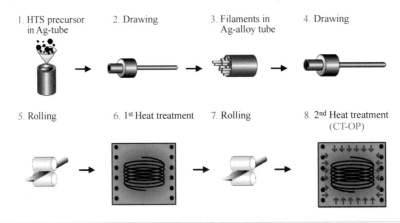

图 5.1　Bi-2223 线材的制造方法（Powder-in-Tube）

图 5.2　Bi-2223 线材的剖面照片

为了减少 Bi-2223 线材中细丝上的空隙和裂纹，提高烧结密度，达到高 J_c 化的目的，必须在第二次热处理时采用加压烧结（CT-OP，Controlled Overpressure Processing）法[13]。加压烧结要在 300 个大气压的压力下进行，基本可以除去超导细丝中的空隙。通常，以反应前驱体 Bi-2212 的板状结晶作为基础的包晶反应可以生成 Bi-2223，但是如果是在大气环境中烧结，Bi-2223 细丝生长方向杂乱互相干扰，互相之间产生许多空隙。因此加压烧结法通过在线材外施加 300 个大气压，对细丝的生长方向进行了一定的约束，线材中的细丝具有了致密的晶体结构。

图 5.3 是细丝的 SEM 照片。与在大气中烧结的结果相比，加压烧结是明显不一样的，可以看到晶粒间的空隙、裂纹基本得到了抑制。I_c 特性也提高了，可能是因为晶粒间的电流特性得到改善[30,31]，后面会说到，机械特性也改善了。这是因为 Bi-2223 陶瓷的致密化，使得细丝的机械性能得到了改善[32]。在液氮温度中使用线材的时候，如果是普通的细丝，液氮浸入细丝间并且吸热升温，造成线材的膨胀，局部的临界电流会降低，而使用致密的细丝就可以防止这种现象。

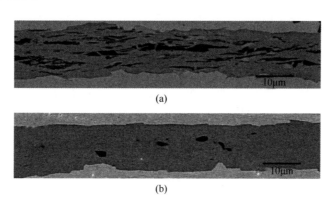

图 5.3　Bi-2223 线材中细丝的 SEM 照片：（a）大气烧结的线材，（b）加压烧结的线材

5.3　电磁特性与微细组织

▶▶ 5.3.1　临界电流特性

图 5.4 中是液氮温度时（77.3K），自磁场中 Bi-2223 线材临界电流 I_c 最高纪录随着年份的发展。I_c 的提高得益于制造技术的突破，2000 年，工艺已经进步到可以实现千米级长导

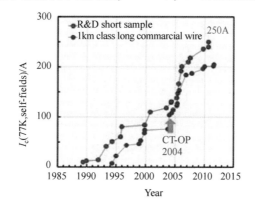

图 5.4　Bi-2223 线材的 I_c 的进步

线的择优取向生长，2003 年随着加压烧结法的出现，组织的致密化得到提升[13]，尤其是长导线的 I_c 得到了飞跃性提高。最近，短导线的 I_c 已经达到了 250A，千米级长导线也到了 200A。从生产能力来看，180~200A 的长导线线材都可以量产供应。

但是，目前 Bi-2223 线材的 I_c 还是受到晶界弱连接的影响，特定的钉扎点还是没有找到。图 5.5 是 Bi-2223 线材的 I_c 与外磁场角度的关系，30K 温度，外磁场强度为 3T，外磁场与线材表面垂直的时候，相比于外磁场与线材表面平行的时候，I_c 要低 40%。图 5.6 是使用 Spring-8 辐射光源进行中子衍射法测量出的，Bi-2223 结晶线材表面沿 c 轴的择优取向生长性与 I_c 的关系，发现沿 c 轴择优取向性越强，I_c 也变得越大。中子的穿透能力很强，可以对 Bi-2223 线材进行非破坏性的测量。

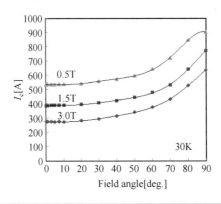

图 5.5　I_c 与外部磁场角度的关系

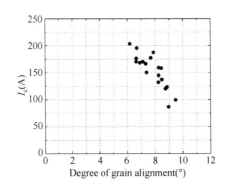

图 5.6　Bi-2223 结晶线材表面沿 c 轴取向生长性与 I_c 的关系

I_c 为 200A 的线材的表面，c 轴的偏离角度平均为 6°，半高宽为 12°，和 I_c 与晶界角度的关系表现一致[33,34]。Bi-2223 结晶是具有大纵横比（aspect ratio）的板状结晶，即使在 ab 面方向无序，线材表面沿 c 轴取向生长的晶粒之间由于晶界弱连接而造成的 I_c 下降问题，可能也能得到解决，c 轴方向的取向性会是将来提高 I_c 需要解决的一个课题。关于 Bi-2223 多晶的超导电流的流动，有砖墙模型（brickwall model）[35,36]、轨道开关（railway switch model）[37,38]、小角度倾斜边界模型（small-angle tilt boundary model）[39]等多种解释。

▶▶ 5.3.2　载流子的掺杂

图 5.7 中，是本章所举例的 Bi 基超导材料 Bi-2223、Bi-2201、Bi-2212 的晶体结构示意图。三种晶体都是沿 c 轴方向进行层叠堆积，在保持基本晶体构造的基础上，按照 Bi-2201、Bi-2212、Bi-2223 的顺序，每一种都比前一种增加一个 Ca 层和 CuO_2 层。根据这个规律，Bi 基超导体的化学式可以写成 $Bi_2Sr_2Ca_{n-1}Cu_nO_y$（$n=1$，2，3…）的形式。各种元素的比例都可以用整数比来表示，但是 Bi 或 Ca 都很容易占据 Sr 的晶格位置，所以基本不可能保持整数比，根据制备的方法，比例是不确定的。

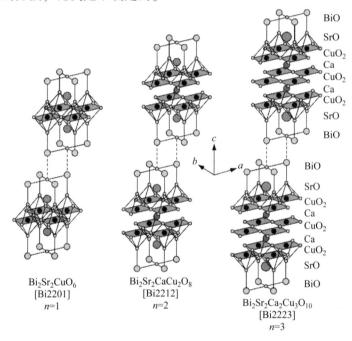

图 5.7　Bi-2201、Bi-2212、Bi-2223 的晶体结构[11]

虽然晶体的结构和金属组分都不一样，但 Bi 基超导体晶体的共同点是具有沿 ab 面方向延伸的 CuO_2 层，在这个面内 Cu 和 O 的杂化轨道上的空穴成为超导电流的载流子。CuO_2 面上空穴的浓度，受到 CuO_2 的层数以及金属组分的影响。例如，CuO_2 的层数越多，每一层上空穴浓度越小，以图 5.7 的例子来说，只有 1 个 CuO_2 层的 Bi-2201 的空穴浓度最高，而具有 3 个 CuO_2 层的 Bi-2223 的空穴浓度最低。

另外，+3 价的 Bi 相对于 +2 价的 Sr 和 Ca 比例越高的话，根据电荷平衡原理，Cu 的价态就越低，空穴浓度也就越低。Bi 基超导体不光金属组分不确定，氧元素的组分也不确定，Bi-O 层之间可能夹杂着多余的 O 原子。这种多余的 O 原子增加的话，同样根据电荷平衡，

Cu 的价态就要升高，CuO_2 面中空穴浓度就会升高。所以金属和氧的组分都会影响 Bi 基超导体中载流子的浓度，我们把这样增加载流子的行为，称为"载流子掺杂"。空穴浓度的变化，会引起临界电流、不可逆磁场等超导特性的剧烈变化，所以载流子掺杂是超导应用开发中非常重要的一个工艺。

以超导线材开发来说，金属的组分对超导细丝中的细微结构都有影响，所以确定金属组分需要同时考虑既不能损害电流的通路，又要考虑载流子掺杂。能同时满足这两方面要求的方法有许多，我们以 Pb 的掺杂为例。把 Pb 按照相对于 Bi 组分 10%～20% 的比例掺杂进去，+2 价的 Pb 替换了 +3 价的 Bi 的晶格，使 Cu 的价态提高，空穴浓度增加。另外，众所周知，Pb 的添加可以促进 Bi 基超导体的晶相更加单相化，对于 Bi-2223 线材的制作来说尤其不可缺少。

关于过量的 O 元素，保证已经生成的超导相不会分解，在合适的温度和氧分压下，在加热炉的冷却过程中，或冷却完成之后进行热处理，就可以控制增减薄膜氧元素的含量。对于块材来说，150℃的低温就可以进行氧元素含量的调整了。相比于被 Ag 覆盖的分块状态，Bi 基超导线材中氧元素的调整都比较迟钝，但是在分批炉（Batch Furnace）中缓慢冷却时，一定要充分考虑保护气氛的控制。

▶▶ 5.3.3 微细组织与晶界

Bi-Pb-Sr-Ca-Cu-O 构成的六元体系，再加上作为包套（Sheath）的 Ag，共七种元素所构成的 Bi 基超导线材中，想要获得单一的晶相是很难的。以大气压下烧结的 Bi-2223 带状线材作为典型，其横切面上，在 Bi-2223 的母相中沿着细丝的方向，存在着细长的 Bi-2212 以及碱土类化合物等第二相以及空隙，都分散在母相中。这些第二相会阻碍电流的通路，而空隙会减少 Bi-2223 晶粒之间的连接面，所以要获得高临界电流，就必须消除这些现象。在 300 个大气压的高压下进行第二次烧结，并优化热处理条件，如此就可以减少第二相，获得致密的组织。

Bi 基超导体电磁性质具有很大的各向异性，所以相比于晶体的 c 轴方向，应该选择导电性高的 ab 面方向作为线材的通电方向。幸运的是，Bi 基超导体容易制备出沿 ab 面生长的平板状结晶，而且同样沿着 ab 面也很容易解理。在热处理过程中，晶体的 ab 面会与外壳的 Ag 面得到平行状态。这种晶体取向的原理还不明确，但这种优秀的取向性让 Ag 成为线材外壳的最好选择。

对于多晶构成的 Bi 基超导线材来说，即使 ab 面方向能够对齐，但晶粒之间还是存在晶界的。在晶界附近，晶格、化学构成等都会局部混乱，导致晶界之间的超导性能很差。为了解决这个问题，在主要晶相形成以后，要增加热处理来加入氧元素，这样可以缓解晶界之间的局部混乱，调节晶粒内的金属组分，以及晶粒内的超导性能。希望晶粒内超导性能的提升能同时带来晶界间超导性能的改善，这就意味着对晶体添加过量的氧元素可能是比较有效的方法。

▶▶ 5.3.4 磁场中的临界电流特性

将超导线材作为磁性材料使用时，由于要暴露在自磁场中，所以在磁场中保持良好的导电性是很重要的。对于 Bi-2223 线材来说，在液氮温度、自磁场条件下 I_c 值越高，在低温、外磁场条件下的 I_c 也呈变高的趋势，在较宽范围的温度、磁场条件下，晶界连接会成为控制 I_c 大小的重要因素。但是一直以来的观点认为，在一定的温度、外部磁场条件下，支配 I_c 的是晶粒内的超导特性，而非晶粒间的。从电磁特性的各向异性的观点来看，晶体内氧含量的增加可以有效提高磁场中的 I_c 值，对于 Bi-2223 线材，图 5.8 显示了氧元素含量变化的情况下，c 轴长度的变化，以及同时 I_c 与温度的变化关系。图中还比较了在 77K 温度、自磁场条件下的 I_c，与 30K 温度、3T 外磁场条件下的 I_c。

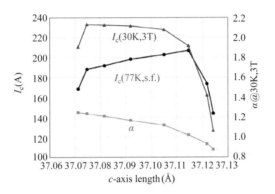

图 5.8　通过氧气热处理，载流子变化的同时，c 轴长度与 I_c 的变化关系。α 表示的是 I_c（30K，3T）/I_c（77K，自磁场）的比值

　　Bi 基高温超导导线在各种各样的温度、磁场条件下都有应用的可能，各种应用中所需要的磁场大小也不一样。所以必须根据应用环境调整氧的含量。图 5.9 中，表示了 Bi-2223 线材的临界电流-磁场-温度的关系。测量使用的线材，是在液氮温度、自磁场条件下，$I_c = 240A$ 的材料。高温超导体在与 ab 面垂直（与 c 轴平行）的方向的磁场条件下，磁通钉扎力较弱，所以相比于磁场与线材面平行的情况，I_c 值是更容易衰减的。在磁性材料等强磁场应用中，线圈端部容易出现垂直于线材表面的磁场，所以在线圈的设计上，垂直磁场中的 I_c 的特性是非常重要的。

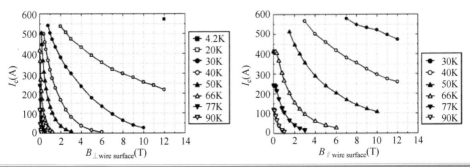

图 5.9　外磁场中 I_c 与温度的关系

5.4 面向实用化的超导线材的机械性质与高强度化

磁性材料应用方面，为了在工作电流增加时实现强磁场化，以及扩大室温孔径，针对线材长度方向上产生的环向应力（Hoop Stress），超导线材必须具有一定的强度，来保证 I_c 不会降低。另外在超导线材制作成电缆或线圈时，考虑到因边界损失（Boundary Miss）导致的线材特性的退化，高强度线材的开发对超导线材的实用化来说是非常重要的。Bi-2223 线材使用不锈钢或铜合金金属带作为增强材料结合在一起，而且保证了 I_c 不变，在磁性材料和电缆中得到应用。超导导线在工业中使用时，需要解释清楚扭动等复杂的变形现象对线材的影响，尤其是 Bi-2223 这样的复合材料，进行定量的理论分析是很困难的，一般采用单轴张力、压力测试结果来评价。

▶▶ 5.4.1 氧化物弥散强化银合金的效果

Bi-2223 线材的构造如图 5.1 所示，使用银作为包套材料。选择银的理由，不仅是因为它电导率高、耐酸腐蚀，而且在 Bi-2223 的生成、烧结的过程中氧元素在银金属层中具有良好的透过性，从而可以保证在一定的温度、氧分压时，线材的内部和外部的平衡状态。但是从线材所必需的机械强度这一点来看，作为电缆或线圈使用时，内部的张应力太小。为此，使 Ag 合金中的溶质元素在线材烧结过程中氧化，形成细微的氧化物颗粒并分散在银层中，形成氧化物弥散强化银合金，这样的材料作为包套被大量使用。所谓的溶质元素包括 Mg、Mn、Ni 等元素。

图 5.10 中是使用纯银以及上述合金材料作为包套时，导线的张应力与 I_c 的关系比较。I_c 对应力（形变）非常敏感，对样品施加张应力或压应力时 I_c 都会变化。有可逆和不可逆两种区域。不可逆区域，表示超导材料的导电层中发生了某种缺陷，导致了特性的下降。图 5.10 中，外部应力为零时的临界电流作为 I_{c0}，其他时候的临界电流与之归一化得到比值

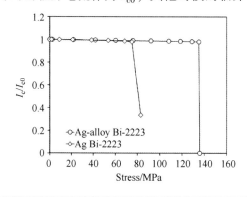

图 5.10 采用不同的包套材料后，Bi-2223 超导线材在 77K 温度时的张应力特性

I_c/I_{c0}，称为 I_c 维持率。从可逆的弹性区到不可逆的脆性区，根据经验，Bi-2223 线材中的应力使 I_c 下降了 95%。这个应力在使用纯银包套时是 75MPa，在使用氧化物弥散强化银合金包套时是 135MPa，因此确定包套材料从纯银改为银合金可以提高线材中的张应力。

▶▶ 5.4.2　加压烧结提高组织致密度

图 5.11 是在第二次烧结时分别采用加压烧结和常压烧结的线材，在室温、液氮温度条件下，材料中的张应力和 I_c 维持率的变化关系。Bi-2223 线材是银与 Bi-2223 构成的复合线材，其机械性能根据构成材料的复合比例而定，所以 Bi-2223 加压烧结带来的材料的致密化，也提升了线材的机械性能。

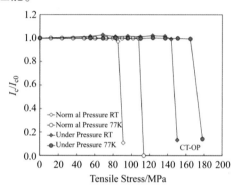

图 5.11　二次烧结采用加压和常压烧结，以及不同的测量温度时，线材的张应力和 I_c 的变化

▶▶ 5.4.3　层叠增强材料提高材料强度

图 5.12 是增强型 Bi-2223 线材的横截面照片，这张照片中的增强材料是 50μm 的铜合金，横截面呈现三明治结构。Bi-2223 线材和增强材料层叠（Lamination），烧结在一起。这样的增强型线材有三种类型：50μm 厚的铜合金，20μm 厚的不锈钢，30μm 厚的 Ni 合金，分别有不同的用途。

图 5.12　增强型线材的横截面照片

图 5.13 是各种增强型线材在 77K 温度时的应力-形变曲线。Bi-2223 线材的 I_c 与应力（形变）的关系，从可逆的弹性区到不可逆的脆性区，根据经验，Bi-2223 线材的 I_c 下降 95%，这个数值一般认为与应力-形变曲线中可逆应力极限 R_y 和可逆形变极限 A_y 对应[40]。各种线材之中，使用 Ni 合金增强材料的线材，R_y 和 A_y 分别是 460MPa 和 0.55%，而线材断裂时的数值分别为 700MPa 和 1.5%。

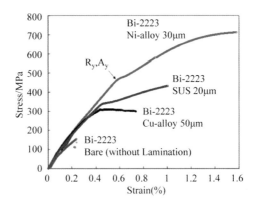

图 5.13　77K 温度时的应力-形变曲线

图 5.14、图 5.15 中表示的是 77K 温度时，Bi-2223 线材的 I_c 与形变关系的实验测试结果。使用 Ni 合金增强材料的线材，张应力实验后的临界电流值维持在实验前的 95% 时，对

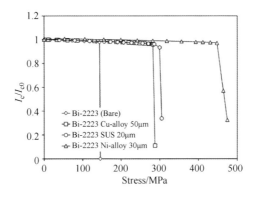

图 5.14　77K 温度时线材的张应力特性比较

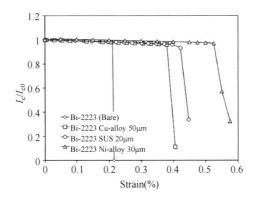

图 5.15　77K 温度时线材的拉伸形变的特性比较

应的 R_y 和 A_y 分别是 444MPa 和 0.52%。应力-形变曲线中可逆应力极限和可逆形变极限的变化规律基本一致，当超过可逆区进入不可逆区时，大量的超导细丝断裂，也就是说 I_c 发生不可逆的下降。

另外，图 5.16 中是室温下双弯曲试验的测试结果。按照规定的弯曲直径用夹具弯曲线材时，以线材的中轴为界，线材的外侧受到拉伸形变，内侧受到压缩形变。双弯曲试验要求线材根据要求进行两次弯曲，在同样的点做另一个方向的弯曲。使用 Ni 合金增强材料的线材的弯曲特性也较强，弯曲直径达到 35mm，I_c 依然能有 95% 的保持率。

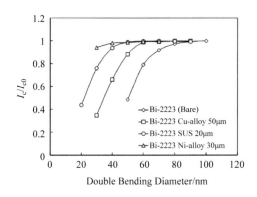

图 5.16　室温下的双弯曲试验

▶▶ 5.4.4　层叠增强材料的加强效果

如前文所述，层叠（Lamination）增强带来了 Bi-2223 线材机械性能的提高。据研究发现，这种效果是由①在 Bi-2223 细丝中施加残余压应力；②增强材料本身的特性，两个因素造成的。

施加残留压应力的两种方法：①将两块预先施加张应力的增强材料，与线材一起烧结，张应力消除后 Bi-2223 细丝中会存在残余压应力（预拉伸）。②使用热膨胀率比 Bi-2223 更高的材料作为增强材料，在烧结之后的冷却过程，以及从常温降到超导线的工作温度的过程中，由于温度变化使增强材料与 Bi-2223 细丝产生不同速率的形变，在细丝中留下残余压应力。通过提高残余压应力，使得在拉伸实验中，Bi-2223 细丝在形变为零时的拉伸应力得到提高[41]。这样超导细丝的断裂应力得到提高，从而改善拉伸性能。

两块预先施加张应力的增强材料与线材一起烧结，张应力消除后 Bi-2223 细丝中残余压应力（预拉伸）的测量实验，结果如图 5.17 所示。增强材料为不锈钢，预先施加的张应力分别为 44N、83N、122N、161N，测量这样的增强型线材在 77K 温度时的拉伸性能。随着增强材料中预先施加的张应力的增大，Bi-2223 细丝中的残余压应力越大，的确达到了提高线材拉伸特性的效果。

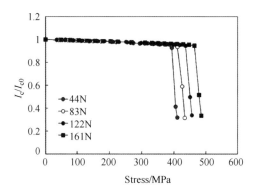

图 5.17 77K 时的拉伸特性

虽然得到了残余压应力可以提高线材机械强度的结果，但到底需要施加多大的残余压应力，或者说残余压应力与材料的临界电流特性有何关系，这是必须弄清楚的问题。图 5.18 中显示了，使用 50nm 厚的预先施加 44N 张应力的不锈钢增强材料的 Bi-2223 线材，以及没有增强材料的 Bi-2223 线材，它们的临界电流与线材的单轴拉伸程度的关系[28]。图中横轴为线材的单轴拉伸程度，纵轴是在各种拉伸程度下，拉伸后的临界电流 I_c 与拉伸前的临界电流 I_{c0} 的比值，I_c/I_{c0}。在压缩形变一侧观察到了 I_c 的极大值，没有增强材料的 Bi-2223 线材在这里的 I_c 达到最大。使用 Sping-8 辐射光源测量研究发现[42]，这个位于压缩形变一侧的 I_c 极大值，对应于局部形变的弛豫而引起的形变，超导细丝在断裂之后，弹性形变得到弛豫因而造成这个 I_c 的极大值。根据线材在压缩形变时临界电流的相关知识，增强材料所能施加的残余压应力，必须在超导细丝的压缩形变承受范围内。

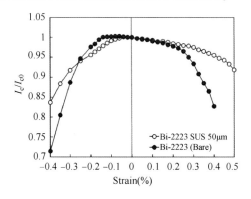

图 5.18 77K 时 I_c 与形变的关系

从提高线材机械强度的角度来看，为了对线材施加残余压应力，对增强材料本身的特性提出了高耐压力、高杨氏模量、高热膨胀率的要求。用在机器设备上，要求是非磁性、电阻率不高。用于工业制品上，对于制造厂商来说一定要保证低成本。一般来说，材料的杨氏模量高的话，热膨胀率都比较低，所以必须仔细寻找杨氏模量和热膨胀率都高的材料。高耐压力、高杨氏模量的钼材料热膨胀率低，而铍材料虽然数值都比较平衡，但是具有毒性，所以也很难用于商业。考虑到这些因素，Ni 合金是最适合的，它的耐压力（1800MPa）、杨氏模量（200GPa）都比不锈钢更高，而热膨胀率比 Bi-2223 线材高。图 5.19 展示了各种金属、合金的杨氏模量、热膨胀率的关系。

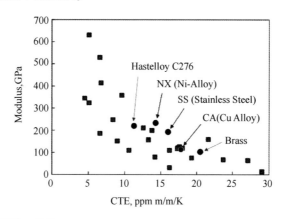

图 5.19　各种金属、合金的杨氏模量和热膨胀率的关系

5.5　不同包套材料的热性能变化

在需要液体制冷剂或制冷机的超导磁性应用中，电流导线的热量侵入是不可忽视的问题。尤其是使用以往的铜导线进行非超导传导的时候，①大电流会导致导线本身发热，②环境热量通过导线传热，这两点会导致热量的侵入。高温超导导线中电阻为零，所以没有焦耳损失，热传导也是可以抑制的。Bi-2223 线材作为超导导线时，包套材料如果使用纯银的话，热导率非常高，为此会添加金，形成金银合金来降低热导率。

图 5.20 中，比较了纯银，以及金银合金（Au 含量 5.4wt%）作为包套材料时，线材的

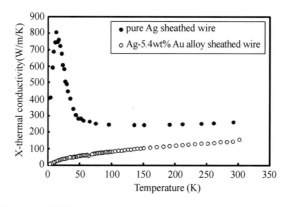

图 5.20　纯银、金银合金（Au 含量 5.4wt%）包套线材的热传导率与温度的关系

热传导率与温度的关系[43]。Au 含量 5.4wt% 的金银合金包套线材，低温下降时，热导率略微下降，极低温度的时候，热导率也极低。所以通常可以用在液氢槽中减少热量入侵，也可以用在用制冷机降温的超导磁性应用中。这在粒子加速器、核聚变等应用中非常普遍。

5.6 总结

本章以 Bi-2223 高温超导线材的研究进展为中心进行了总结。Bi 基超导材料从 1988 年发现至今已经过去了 30 年，但是实用化的超导设备还非常稀少，期待中的超导时代仍未到来。材料开发的难点：高温超导材料在于陶瓷的研究，金属组成、氧含量都具有不定比的特性，而且都对 I_c 特性有很大的影响，制造参数繁多、复杂。而且最初预想的晶界弱连接导致的 I_c 低下的问题，虽然可以通过 c 轴取向生长而得以解决，但是 ab 面的取向生长具有难度，作为线材使用时还没有发挥出材料本身的性能。最近 Bi-2212 线材的 ab 面取向生长得到了加强[44]，期待这样的技术在 Bi-2223 线材上也能适用，并带来性能的提升。

作为线材应用的例子，Bi 基线材被大量应用于日、美、欧超导设备的实验验证中，并且范围不断扩大，积累了许多的成果。超导磁性应用方面，物质材料研究所的团队研发出了 1.02GHz 高分辨率核磁共振（NMR）[18]，理化学研究所研发出了 27.6T 强磁场[24]，日本东北大学的 25T 无冷媒超导磁体研发出了 24.6T 的强磁场[25]，都使用到了 Bi 基超导线材。电力电缆应用中，新能源产业技术综合开发研究所（NEDO）委托东京电力公司开发的交流电网入网系统验证实验成功进行，实现了 66kV-300MVA 超导电缆项目[16]，德国埃森市 1000m 超导电缆项目[17]，目前也都在持续运行着。

参 考 文 献

[1] H. Maeda, Y. Tanaka, M. Fukutomi, and T. Asano, *Jpn. J. Appl. Phys.* **27**, L209 (1988).

[2] H. Wilhelm, H. W. Neumueller, and G. Reis, *Physica C* **185-189**, 2399 (1991).

[3] L. Masur, D. Parker, M. Tanner, E. PoDTburg, D. Buczek, J. Scudiere, P. Caracino, S. Spreafico, P. Corsaro, and M. L. Nassi, *IEEE Trans. Appl. Supercond.* **11**, 3256 (2001).

[4] R. Flukiger, Y. Huang, F. Marti, M. Dhalle, E. Giannini, R. Passerini, E. Bellingeri, G. Grasso, and J. -C. Grivel, *IEEE Trans. Appl. Supercond.* **9**, 2430 (1999).

[5] T. Arndt, A. Aubele, H. Krauth, M. Munz, and B. Sailer, *IEEE Trans. Appl. Supercond.* **15**, 2503 (2005).

[6] J. Kellers, M. Backer, C. Buhrer, J. Muller, A. Rath, S. Remke and J. Wiezoreck, *IEEE Trans. Appl. Supercond.* **15**, 2522 (2005).

[7] Y. Huang, X. Y. Cai, G. N. Riley. Jr., D. C. Larbalestier, D. Yu, M. Teplitsky, A. Otto, S. Fleshler, and R. D. Parella, *Adv. Cryog. Eng. Mater.* **48**B, 717 (2002).

[8] H. P Yi, X. H. Song, L. Liu, R. Liu, J. Zong, J. S. Zhang, A. K. Alamgir, Q. Liu, Z. Han and Y. K. Zheng, *IEEE Trans. Appl. Supercond.* **15**, 2507 (2005).

[9] K. Sato, S. Kobayashi and T. Nakashima, *Jpn. J. Appl. Phys.* **51**, 010006 (2012).

［10］T. Hikata，K. Sato，and H. Hitotsuyanagi，*Jpn. J. Appl. Phys.* **28**，L82（1989）.

［11］下山淳一，Bi 系铜酸化物（Bi-22（n-1）n），『高温超伝導体データブック』，応用物理学会超伝導分科会スクールテキスト，153（2009）.（Bi 基超导体基本的物性参数请参考此论文）

［12］K. Sato，T. Hikata，H. Mukai，M. Ueyama，N. Shibuta，T. Kato，T. Masuda，N. Nagata，K. Iwata and T. Mitsui，*IEEE Trans MAG* **27**，1231（1991）.

［13］S. Kobayashi，T. Kato，K. Yamazaki，K. Ohkura，K. Fujino，J. Fujikami，E. Ueno，N. Ayai，M. Kikuchi，K. Hayashi，K. Sato，and R. Hata，*IEEE Trans. Appl. Supercond.* **15**，2534（2005）.

［14］T. Masuda，H. Yumura，M. Ohya，T. Kikuta，M. Hirose，S. Honjo，T. Mimura，Y. Kito，K. Yamamoto，M. Ikeuchi，and R. Ohno，*IEEE Trans. Appl. Supercond.* **19**，1735（2009）.

［15］E. P. Volkov，V. S. Vysotsky，and V. P. Firsov，*Physica C* **482**，87（2012）.

［16］丸山修，中野哲太郎，本庄昇一，渡部充彦，大屋正義，増田孝人，矢口広晴，仲村直子，町田明登，『電気学会論文誌』B134 巻 8 号，639（2014）.

［17］M. Stemmle，F. Schmi*dT*，F. Merschel，M. Noe，9th International Conference on Insulated Power Cables，Jicable'15，B10. 1（2015）.

［18］K. Hashi，S. Ohki，S. Mastumoto，G. Nishijima，A. Goto，K. Deguchi，K. Yamada，T. Noghchi，S. Sakai，M. Tajahashi，Y. Yanagisawa，S. Iguchi，T. Yamazaki，H. Maeda，R. Tanaka，T. Nemoto，H. Suematsu，T. Miki，K. Sato and T. Shimizu，*J. Magn. Reson.* **256**，30（2015）.

［19］S. Urayama，H. Fukuyama，O. Ozaki，H. Kitaguchi，K. Takeda，I. Nakajima，N. Oonishi，M. Poole，K. Sato，2012 ICME International Conference on Complex Medical Engineering（CME），376（2012）.

［20］B. Gamble，G. Sni*Tc*hler，and T. MacDonald，*IEEE Trans. Appl. Supercond.* **21**，1083（2011）.

［21］W. Nick，J. Grundmann，and J. Frauenhofer，*Physica C* **482**，105（2012）.

［22］K. Umemoto，K. Aizawa，M. Yokoyama，K. Yoshikawa，Y. Kimura，M. Izumi，K. Ohashi，M. Numano，K. Okumura，M. Yamaguchi，Y. Gocho，and E. Kosuge，*J. Phys.*：*Conf. Series* **234**，032060（2010）.

［23］T. Nakamura，Y. Itoh，M. Yoshikawa，T. Nishimura，T. Ogasa，N. Amemiya，Y. Ohashi，S. Fukui，and M. Furuse，*IEEE Trans. Appl. Supercond.* **25**，5202304（2015）.

［24］Y. Yanagisawa，K. Kajita，S. Iguchi，Y. Xu，M. Nawa，R. Piao，T. Takao，H. Nakagome，M. Hamada，T. Noguchi，G. Nishijima，S. Matsumoto，H. Suematsu，M. Takahashi，H. Maeda，*IEEE/CSC & ESAS SUPERCONDUCTIVITY NEWS FORUM*（*global edition*），HP111（2016）

［25］S. Awaji，K. Watanabe，H. Oguro，H. Miyazaki，S. Hanai，T. Tosaka and S. Ioka，*Supercond. Sci. Technol.* **30**，065001（2017）.

［26］A. Ballarino，*Physica C*，**372-376**，1413（2002）.

［27］P. Bauer，Y. Bi，A. Cheng，Y. Cheng，A. Devred，K. Ding，X. Huang，C. Liu，X. Lin，N. Mitchell，A. Sahu，G. Shen，Y. Song，Z. Wang，H. Zhang，J. Yu，T. Zhou，*IEEE Trans. Appl.* Supercond. **20**，1718（2010）.

［28］M. O. Rikel，A. Wolf，S. Arsac，M. Zimmer，and J. Bock，*IEEE Trans. Appl. Supercond.* **15**，2499（2005）.

［29］T. Nakashima，S. Kobayashi，T. Kagiyama，K. Yamazaki，M. Kikuchi，S. Yamade，K. Hayashi，K. Sato，J. Shimoyama，H. Kitaguchi，and H. Kumakura，*Physica C* **471**，1086（2011）.

［30］Y. Yuan，J. Jiang，X. Y. Cai，D. C. Larbalestier，E. E. Hellstrom，Y. Huang，and R. Parrella，*Appl. Phys. Lett.* **84**，2127（2004）.

［31］E. E. Hellstrom, Y. Yuan, J. Jiang, X. Y. Cai, D. C. Larbalestier, and Y. Huang, *Supercond. Sci. Technol.* **18**, 325 (2005).

［32］T. Kato, S. Kobayashi, K. Yamazaki, K. Ohkura, M. Ueyama, N. Ayai, J. Fujikami, E. Ueno, M. Kikuchi, K. Hayashi, and K. Sato, *Physica C* **412-414**, 1066 (2004).

［33］S. Kobayashi, T. Kaneko, T. Kato, J. Fujikami and K. Sato, *Physica C* **258**, 336 (1996).

［34］Q. Li, G. N. Riley, Jr., R. D. Parrella, S. Fleshler, M. W. Rupich, W. L. Cater, V. K. Sikka, J. A. Parrell and D. C. Larbalestier, *IEEE. Trans. Appl. Supercond.* **7**, 2026 (1997).

［35］L. N. Bulaevskii, J. R. Clem, L. I. Glazman, and A. P. Malozemoff, *Phys. Rev. B* **45**, 2545 (1992).

［36］L. N. Bulaevskii, L. L. Daemen, M. P. Maley, and J. Y. Coulter, *Phys. Rev. B* **48**, 13798 (1993).

［37］B. Hensel, J. -C. Grivel, A. Jeremie, A. Perin, A. Pollini, and R. Flukiger, *Physica C* **205**, 329 (1993).

［38］B. Hensel, G. Grasso, and R. Flukiger, *Phys. Rev. B* **51**, 15456 (1995).

［39］J. H. Durrell and N. A. Rutter, *Supercond. Sci. Technol.* **22**, 013001 (2009).

［40］K. Osamura, S. Machiya, H. Suzuki, S. Ochiai, H. Adachi, N. Ayai, K. Hayashi and K. Sato, *IEEE Trans. Appl. Supercond.* **19**, 3026 (2009).

［41］K. Osamura, S. Machiya, H. Suzuki, S. Ochiai, H. Adachi, N. Ayai, K. Hayashi and K. Sato, *Supercond. Sci. Technol.* **21**, 054010 (2008).

［42］K. Osamura, S. Machiya, D. P Hampshire, Y. Tsuchiya, T. Shobu, K. Kajiwara, G. Osabe, K. Yamazaki, Y. Yamada and J. Fujikami, *Supercond. Sci. Technol.* **27**, 085005 (2014).

［43］T. Naito, H. Fujishiro and Y. Yamada, *Cryogenics* **49**, 429 (2009).

［44］F. Kametani, J. Jiang, M. Matras, D. Abraimov, E. E. Hellstrom and D. C. Larbalestier, *Sci. Rep.* **5**, 8285 (2015).

REBCO线材

6.1　前言

REBCO 超导材料在液氮温度附近的大温度区域、强磁场中也可以有很好的表现，是现有的超导材料中使用条件最宽松的一种[1]。目前为止，普通的冶金学制造方法还不能解决超导体特有的晶界弱连接的问题，但是从研究开始直到现在经过 30 年，已经在高度取向生长、接近单晶的柔性薄膜基础上制备了"涂层导体（Coated Conductor）"，这是目前唯一实用化的线材制备方法[2]。许多企业已经按照这样的结构生产出了长度达到数百米的线材并投入市场，利用这些线材，已经得到强度超过 20T 的强磁场线圈并实际应用在核磁共振（NMR）系统中，此外，液氮内冷电缆、限流器等电力设备，工作温度高、热稳定性好的无氦超导磁体等，都标志着 REBCO 已经与先进的 Bi 基超导线材一样在应用方面开始了广泛的研究。

REBCO 线材在材料本身性质的基础上，加上特别的制造和结构，具有以下共同的特征。优点是，在最宽的温度、磁场条件下都可以得到良好的钉扎性能，强韧的轴向（长度方向）机械性能，对银等贵金属使用量少等。缺点是，生产效率是瓶颈，特定条件下机械强度弱（横向拉伸强度、剥离强度），磁场中电学特性的各向异性，对交流损耗、遮蔽电流的解决办法复杂，超导连接复杂，等等。今后，为了面对技术竞争和加强普及，需要解决遗留的问题，并将本身的优点更加合理地研究和发挥。本章将在上述背景下，记录近年来 REBCO 材料开发中的一些事项，主要是以基于气相合成法的线材为中心，介绍该领域的进步和展望。

6.2　REBCO 线材的构成与制法的进展

▶▶6.2.1　REBCO 超导材料晶界的性质与双轴织构

铜氧化物超导体相干长度极短，且具有 d 波对称性，倾角超过几度时晶界的连接就非常弱。要从根本上改变这种情况并不是简单的事情，除了要获得长尺寸的线材，还有在其他系列的材料中都没有出现过的巨大困难[1,3]。对于在结晶学上各向异性很强的 Bi 基超导材料，通过在冶金学方面的研究，在一定程度上可以控制结晶组织的平板状生长，晶粒间接触面积增大，以维持电流通路的总量，如此获得了成功并投入了实用化。

这样的方法对于 REBCO 材料并没有取得成功，但是在单晶衬底上外延生长得到高性能、高 J_c 的外延薄膜却很早就得到了报道。在耐热性金属基带上蒸镀氧化物层作为中间层，避免界面扩散并获得了 c 轴取向生长的大尺寸的 REBCO[5]，并在此之上改良获得了表面织构的柔性金属基带[6-8]。通过逐次生长近似单晶的 REBCO 薄膜，排除了晶界弱连接的问题，这种方法被称为"涂层导体"，标志着第二代高温超导线材的诞生。

这种金属基带和中间层的构成方法，决定了制备长尺寸、高品质超导薄膜所必需的材料的强度、平滑性、织构性。常见的是三种方法：离子束辅助沉积法 IBAD（Ion-Beam-Assisted-Deposition）[6]，倾斜基带沉积法 ISD（Inclined-Substrate-Deposition）[7]，轧制辅助双轴织构基带法 RABiTS（Rolling-Assisted-Biaxially-Textured-Substrate）[8]。图 6.1 是 IBAD 法线材的结构示意图。中间层上用外延法依次制备各种涂层以后，蒸镀一层银的薄层作为保护，最后用厚度 20μm 以上的铜来作为外壳固定。这样得到的 REBCO 线材首先不论机械拉伸性能，光是一次一次的涂层工艺，就给生产效率带来巨大的难题，研究者们正在想尽办法通过各种途径试图解决。

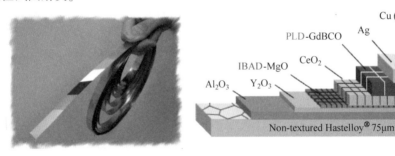

图 6.1　IBAD 法线材的结构示意图

IBAD 法可以在基带上形成与基带晶体结构完全不同的单晶薄膜，并且在成膜过程中以一定倾斜角度的离子束轰击薄膜，使用耐高温合金作为基带，是最早的能够用于制备双轴织构柔性薄膜的方法[9]。随着离子束轰击的角度不同，已经形成的晶体会有不同的概率发生再蒸发，利用这个特点，找到一个合适的条件，使作为中间层的氧化物薄膜按照垂直于基带的<100>轴生长，以前萤石型氧化物（ZrO_2-Y_2O_3，$Gd_2Zr_2O_7$ 等）就是用这样的方法在常温附近、较为宽松的沉积条件下得到的[10]。这些薄膜的生长模式，是早期先沉积出晶向随机的微结晶薄膜，然后通过选择性的再蒸发，以缓慢的速度提高结晶的织构性，最后得到充分择优取向生长的薄膜，这需要经过比较长的时间[11]。

1996 年，岩盐型氧化物（MgO）缓冲层的制备，就是利用 IBAD 法，通过离子束的强选择性，使晶体按照<100>晶向严格取向生长，得到了数 nm 厚的薄膜[12]。除了这些材料方面的进步，随着 RF 放电大型无灯丝离子源的开发，现在薄膜的生产效率大大提高，作为一种结晶取向性良好的基带而得到普及[13]。如图 6.1 所示，Al_2O_3 作为阻挡层防止扩散，非晶态的 Y_2O_3 层来让 MgO 薄膜在成膜早期形成稳定的晶向，CeO_2 层或 $LaMnO_3$ 层用于加强面内织构，使 REBCO 薄膜晶格匹配优化，这些已经形成了一种标准的结构。

ISD 法不使用离子束，可以生产出低成本的双轴织构中间层薄膜，特点是垂直轴有一定的倾角，可以制备厚的 YSZ 以及 MgO 薄膜，作为 REBCO 线材的基带被使用[8,14]。IBAD 法和 ISD 法都是以非磁性的高强度合金作为基带，适用于有较大环向应力的强磁场、交流应用等。与之相对的，RABiTS 法是先用冶金学方法制备 Ni 等立方晶体结构的金属集合组织，然后外延生长 Y_2O_3、CeO_2 等多层中间层，能够灵活运用传统的冶金学知识，生产效率高，非常令人期待。最初，为了克服纯 Ni 基带的机械强度弱、强磁性、表面氧化等的影响花费了一些时间，所以开发进度稍晚，但现在已经通过添加 W 元素或不锈钢制成合金基带，以及表面金属包层（Metal-Clad）等方法，降低了材料的磁性、提高了机械强度，成为一种实用的基带材料而被普及[15,16]。

▶▶ 6.2.2 超电导层各种制法及其特征

REBCO 薄膜是需要高温生长条件的高熔点氧化物薄膜，而且作为多元化合物薄膜很大程度上受到氧气气氛的影响，要在很狭窄的生长条件下获得高性能、长尺寸薄膜是一件困难的事。最早报道的高性能 REBCO 薄膜，是在单晶衬底上经过组分优化得到非晶薄膜，然后在 900℃ 以上的温度短时间里进行液相外延生长，最后冷却到 400℃ 附近引入氧元素而得到，这种方法由于生长温度过高，缺乏有效的适用于长尺寸线材生长的衬底材料。之后不久，Hammond-Bormann 的相图显示，通过减压，在 700℃ 附近进行气相结晶生长也可以得到高性能薄膜，可以在 Ni-Cr 合金等平整而耐热的金属基带上制作防扩散中间层，然后得到长尺寸柔性 REBCO 薄膜，也就是原位气相成膜技术成为可能[17]。图 6.2 总结了目前开发出的几种超导电薄膜制备方法的示意图。

考虑长尺寸超导线材的制备，在确定原位气相成膜技术时，需要满足这些条件：①必须达到温度压力相图上的最佳区域，其中氧气气氛的控制是难点；②多元化合物薄膜的组分控制比较简单；③成膜速度比较快。脉冲激光沉积法（PLD）使用紫外波段激光，抑制蒸气压的影响，使多元化合物原料以原子形态蒸发，适合 REBCO 材料的生长，已经获得了快速的发展[18]。满足上述①②两条适用于线材生长的条件，同时，蒸发速率高，也满足③的条件。作为激光光源的紫外脉冲激光，唯一适用的准分子激光的高功率化和低成本化是难题，但是在 2000 年前后，这种激光光源在 FPD 半导体退火工程中被大规模使用，性能获得飞跃式提升，现在已经成为一种可以量产的工业设备[19]。

另外，金属有机物化学气相沉积法（MOCVD），相比于最初，现在已经能够满足条件①[20]，而随着 MO 原料的溶液供给得到满足，很快也满足了②的条件[21]。PLD、CVD 两种

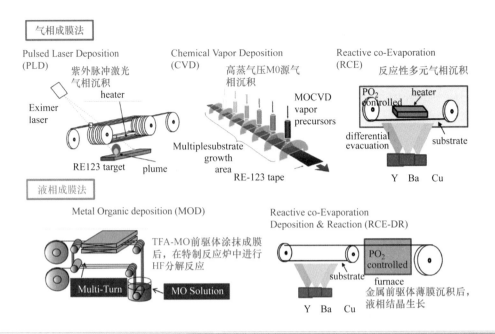

气相成膜法

Pulsed Laser Deposition
(PLD)　紫外脉冲激光
气相沉积

Chemical Vapor Deposition
(CVD)　高蒸气压MO源气
相沉积

Reactive co-Evaporation
(RCE)　反应性多元气相沉积

Eximer
laser
heater
RE123 target　plume

MOCVD
vapor
precursors
Multiplesubstrate
growth
area
RE-123 tape

PO₂
controlled　heater
differential
evaporation　substrate
Y　Ba　Cu

液相成膜法

Metal Organic deposition (MOD)

Reactive co-Evaporation
Deposition & Reaction (RCE-DR)

TFA-MO前驱体涂抹成膜
后，在特制反应炉中进行
HF分解反应
Multi-Turn　MO Solution

substrate
PO₂
controlled
furnace
金属前驱体薄膜沉积后，
液相结晶生长
Y　Ba　Cu

图 6.2　几种超导电薄膜制备方法示意图

方法都可以在气相条件下得到高质量 REBCO 薄膜，可重复性较高，而且可以适度地引入原子级的缺陷，使线材在磁场中的性能更加优越，因此作为一种优秀的长尺寸超导线材制备方法而持续地进行研发。

此外，还有许多探索也获得了成功，进一步降低了生产成本。作为一种液相生长法的金属有机物沉积（MOD）法，可以在金属基带上低温生长出高质量薄膜，使用含氟的三氟乙酸盐为原料的 TFA-MOD 法从 20 世纪 90 年代开始被很多机构进行研究，在涂层导体的制备中使用非常理想[22]。这种方法前驱体薄膜是通过溶液进行涂抹的，很容易控制组分，而且不需要高真空条件也可以形成优质的结晶薄膜，所以满足前面所说的①②条件，完成了实用化并开始了销售[15]。但是与气相成膜相比，原子级的缺陷难以引入，所以磁通钉扎效应减小，而且随着 HF 的分解反应，结晶生长速度较慢，需要对腐蚀性气氛进行控制，所以近年来 MOD 法的研究都向着无氟、高速生长的目标来进行。

反应电子束共蒸法（RCE，Reaction-Co-Evaporation）普遍适用于的气相成膜，但是上述①②两个条件这种方法都不容易满足，用它来制备长尺寸线材还需要长时间的基础研究[14]。针对条件①已经开发出了差动排气法，针对条件②开发出了原子吸收光谱法，经过踏实的钻研，现在已经被许多厂家采用，开始制造百米级超导线材[24]。作为本方法的改良，反应电子束共蒸-沉积反应法 RCE-DR（Reaction-Co-Evaporation Deposition and Reaction），首先将金属原料在低温下沉积形成非晶层，然后在减压状态下进行高温高速的液相生长，如此实现了千米级线材的高速合成[25]。RCE 法相比于其他制备方法，历史比较短，目前还要考虑如何提高薄膜的品质，未来还要解决材料的均一性、磁场中性能的提高等问题。

综上所述，关于基带的制备、导电层的成膜，都有许多不同的实用化开发的方向，并且组合成了一些产品投入了市场。每一种方法都围绕着磁性应用设计，在提高磁通钉扎并且不损失轴向均匀性的前提下，提高生产效率以及单根线材产品的长度，这些都是需要综合权衡的问题。

▶▶ 6.2.3　长尺度均匀性与生产效率的提高

要在长尺度下维持线材品质的均匀性，并且以更高的生产效率生产 REBCO 薄膜，面临两个课题：①保证整根线材的成膜温度均匀性在几度之内；②将 10mm 宽度的线材基带层叠卷绕，大面积、均匀地进行处理，提高反应收率。PLD 法中实现特别大面积的沉积仍然是一个课题，但是可以用反射镜将激光反射到靶材上并转动反射镜，使激光在靶材上进行扫描，保持与基带的距离一定，而控制组分的均匀性，多个通道（Lane）同时卷绕、输送和沉积，实现 50% 以上的反应收率[26,27]。而在 CVD 法中，高蒸汽压的 MO 原料的气相输运沉积的收率也是一个难题，但是近年来也已经达到了 40%[28]。

在热容量小的基带上生长薄膜，温度的控制也是一个难题。为了抑制基带过快的温度变化，经过反复的尝试，PLD 法中最终确定一边用加热板对基带进行接触式传热，一边卷对卷（Reel to Reel）传送基带[29]。但这种情况下，接触状态的变化将成为传热不稳定的主要因素，所以有研究者改变了基带的传送方式，不采用单一的卷对卷，而是把多个 Reel 叠加成 Drum，用 PLD 或 RCE 法批量化进行生长[30,31]。但是使用卷对卷方式的例子也还是有的，为了尽量排除对薄膜表面热辐射的不均匀，而采用热壁式（Hot-Wall）反应腔，使 PLD 法也可以制备稳定的长尺寸线材[32]。

经过这样的努力，现在市场上已经有 I_c 均匀性在几个百分比以内的线材产品了，单根线材可以做到 1km 长度。图 6.3 是热壁 PLD 法制成的 4mm 宽、600m 长线材的轴向（长度

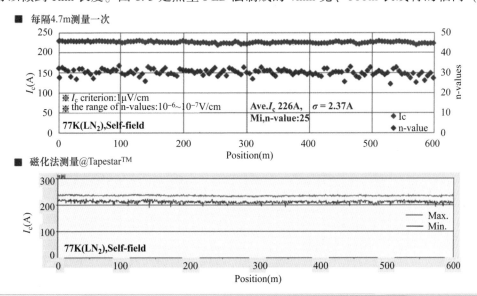

图 6.3　热壁 PLD 法制成的 GdBCO 线材（在长度方向）性能参数分布

方向）性能参数分布。目前的水平要持续保持这样的均匀性还是有一定的困难，需要尽量排除在过程中由各种因素造成的污染，还需要继续投入努力。

6.3 超导特性的提高

6.3.1 REBCO 薄膜的本征特性

REBCO 超导材料相比于其他铜氧化物系超导材料，平面上电学性能的各向异性稍微小一些，在较宽的温度、磁场范围内具有稳定的磁通钉扎效应和高临界电流特性。尤其是在单晶衬底上气相沉积得到的薄膜，很早就有报道称获得了极高的 J_c 特性，成为长尺寸线材开发的理想材料。其 J_c 特性比单晶块材高很多，但是随着气相沉积会产生点缺陷或面缺陷，从 nm 量级的钉扎中心就可以看出来[33]。REBCO 薄膜的 J_c，主要来源于其晶体结构中的 CuO_2 层，并且与磁场强度在 c 轴上的分量有关，在 ab 面方向的绝缘层对磁通有约束作用，也就是本征钉扎[34]。假设上述微小的钉扎中心本身是各向同性的，那么图 6.4 所示的 J_c 与磁场角度的相关性可以用标度律（Scaling Law）解释，磁场与基体平行和垂直时 J_c 的不同，可能是由于钉扎中心的方向不同而引起的[35]。

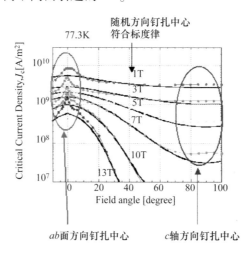

图 6.4 REBCO 线材 J_c 与磁场角度的强烈相关性

6.3.2 人工钉扎中心的引入

REBCO 块材的熔融样品中，可以通过析出 Y211 相而引入人工钉扎中心，这是研究者们很早就发现的，但是对于具有更高 J_c 的蒸镀薄膜来说，几 nm 程度的异相和缺陷就会导致超导性能的下降，所以在这样的薄膜中引入钉扎中心是很困难的。最初只能通过重离子辐照的方法引入钉扎中心并通过验证[36]，但这让人们从理论上充分认识到：纳米棒状构造可以让 J_c 定向增强[37]。

直到 21 世纪初，研究者们才掌握了如何通过工业化方法引入分散的钉扎中心，相关的研发从此大量开展起来。在用 PLD、CVD 法进行气相生长的薄膜中，通过控制合适的组分，生长出了与 REBCO 晶格匹配良好的、含有 Ba 的 $BaZrO_3$ 钙钛矿系绝缘氧化物纳米柱结构，直径在数 nm[38,39]。利用这样的结构，当磁场平行于 c 轴时，钉扎效应大大增强，许多材料都得到了这样的结果，尤其是 $BaHfO_3$ 结构，纳米柱直径变小，但是观察到了很强的磁通钉扎效应[40]。另外，包括通过置换 RE 元素提高临界温度和磁通钉扎[41]在内，通过对成膜条件进行各种改进，可以控制纳米柱的直径、密度、倾角，许多研究尝试通过温度、磁场角度来控制磁通钉扎[42]。尤其是通过 MOCVD 法得到了极高性能的薄膜，目前已经实现了在 20K 温度下，钉扎强度超过了 $1TN/cm^3$ 的 J_c 特性[43]。

在 MOD 等液相生长工艺中，生长出上面所说的纳米柱结构是困难的，研究者们在讨论可以析出各向同性的纳米颗粒。尤其是 TFA-MOD 法中，可对薄膜生长进行非常精细的控制，控制直径数 nm 以下的纳米颗粒导入薄膜，实现对磁场角度依赖性极小的高质量薄膜[44]。与气相生长中的纳米柱不同，在非晶态的前驱体薄膜中首先析出绝缘纳米颗粒，然后从基体开始液相生长出超导薄膜，薄膜内基本上不会出现畸变。但是液相法相比于气相法，在工业上的开展比较晚，最近也有研究者开始考虑在成膜后进行离子注入的新方法来引入人工钉扎中心[45]。

图 6.5 是在 4.2K 温度且强磁场垂直于基体的情况下，REBCO 线材的钉扎密度情况[46]。在不引入人工钉扎中心时，在 10T 左右的外磁场下钉扎密度的极限约为 $100GN/m^3$，但是导入了人工钉扎中心的 PLD 法制备的线材（Fujikura GdBCO（3.5mol%Hf），BulkerHTS）此时钉扎密度超过了 $1TN/cm^3$，而使用离子注入法的样品（AMSC 公司的 CSD-irrad[45]）也达到了

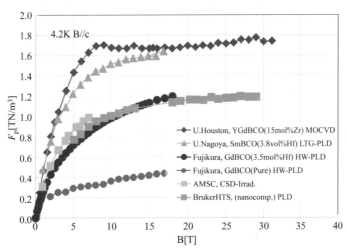

图 6.5　4.2K 温度下 REBCO 线材的钉扎密度（强磁场垂直于基体方向）

同样的水平。另外，短尺寸样品也观察到了超过 1.6TN/cm³ 的强钉扎密度（Houston，CVD[43]，名古屋大学 LTG-PLD[42]，Fujikura HW-PLD[47]），并且可以看出还有继续提高的余地。距离破坏超导电子对的电流密度水平，J_c 还有提高一个数量级的可能性。为了在液氮温度附近制备高性能线材，以及以高产量制造极薄的超导薄膜，还需要继续在磁通钉扎的有效控制方面进行探索。

▶▶ 6.3.3 引入人工钉扎中心的线材的高速合成

引入人工钉扎中心的超导线材中，含有以往的 REBCO 薄膜中所没有的元素，必须在纳米尺度上对晶体组织进行控制。成膜时需要控制的参数增加了，能够获得稳定薄膜产品的生长窗口必然会缩小，所以：①限于材料的性能要求，沉积速度不能太快；②线材轴向上的均匀性比通常情况更加难以保证[48]。充分提高线材的性能和生产效率并不容易，市场上在这个领域里活跃的生产企业很少。

图 6.6 中展示的是用热壁 PLD 法制备的引入人工钉扎中心的线材样品在 40K、5T 条件下，J_c 与磁场角度的关系，以及透射电镜的照片[49]。如果提高沉积的速度，正如模拟仿真所预测的那样，纳米柱结构会凌乱而分散[51]，人工引入的钉扎中心在 c 轴方向的钉扎强度有下降趋势，同时 J_c 随磁场角度的变化变得弛豫，J_c 的最低值相比于没有人工钉扎中心的样品还是高出许多，因此生产效率和线材的性能两方面都得到了提高。高速成膜的样品与没有人工钉扎中心的样品一样，当外加磁场 B 与 c 轴平行时，J_c 没有表现出与 c 轴的相关性，高速成膜样品的性能参数符合关于温度的标度律（Scaling Law），因此材料的特性参数是容易掌控的[52]。热壁 PLD 法对成膜的各种参数都有良好的可控性，被认为可以一定程度上满足以往讨论过的精密的成膜条件[53]，另外在人工导入钉扎中心的线材方面做到了轴向上的均匀性，并且具备了可重复的制作工艺[50]。

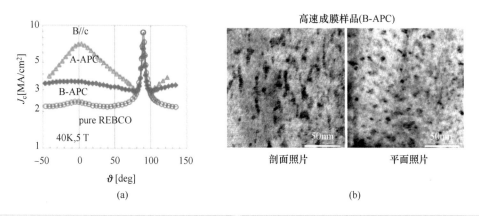

图 6.6 PLD 法制备的人工导入钉扎中心的线材样品：（a）J_c 值与磁场角度的关系（A-APC 为低速成膜，B-APC 为高速成膜），（b）高速成膜（B-APC）后样品的透射电镜照片

6.4　机械特性

▶▶6.4.1　轴向拉伸特性与不可逆强度特性

REBCO 线材以机械性能良好的金属作为基带，很薄的带状结构也可以实现很高的电流密度。强磁场应用中要求线材能够抵抗很强的环向（hoop）应力，而 REBCO 的这种结构就是与之对应的。图 6.7 中显示的是按照图 6.1 中 IBAD 法获得的基带上用 PLD 法成膜并全部镀铜后，在液氮温度中先施加张应力，然后逐步减小应力时，所测得的 I_c 与零应力状态下的 I_{c0} 的对比关系。同一批次测量十个数据，当应力导致的畸变率达到 0.49%~0.53% 时，对应施加的应力为 760~810MPa，此时由于超导层被破坏，I_c 已经无法恢复到 I_{c0}。对这种不可逆的畸变进行 Weibull 分布分析，发现 Weibull 常数（偏差值）达到几十，对比一般的陶瓷体（bulk ceramics）破碎时的情况，这个值是非常小的。这是由于金属基板作为 REBCO 中的一个成分增强了整体的平均机械强度，而低于此平均机械强度的外力是难以产生太大的破坏的，线材成膜时的温度与实际应用时的温度，两者有近 1000℃ 的温差，因此 REBCO 薄膜产生了热收缩并带来了很强的压应力，只要外部的张应力在一定范围内，线材就不会受到损伤[54,55]。

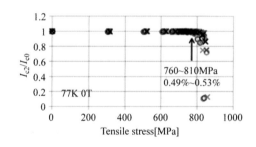

图 6.7　REBCO 线材在轴向上的张应力特性（液氮温度下施加张应力，然后在逐步减小的条件下测得）

REBCO 线材上施加应力后再测量 I_c 的话，发现两者也有独特的相关性。图 6.8 是用 Goldacker 法测定的畸变特性，对薄膜表面施加张应力会导致 I_c 下降，而施加压应力会导致 I_c 上升。与薄膜和基带之间热膨胀系数导致的对薄膜的压应力无关，当总应力为零时，在压缩形变一侧出现峰值，而拉伸形变一侧没有。引入人工钉扎中心后，这种特征更加明显，I_c 的变化更大了[55]。另外根据中间层构成的不同，基带内的 a 轴和 b 轴有的是平行于线材的轴向，也有与之成 45 度角的情况，在轴向上施加应力再测量 I_c 的值也体现出不同的趋势。图 6.8 是在后者（45 度角）的情况下测量的，此时 I_c 与应力的关系是最弱的。关于 REBCO 线材的这种特性，可能主要是与 T_c 畸变的关系，以及小角度晶界等原因有关[56,57]。

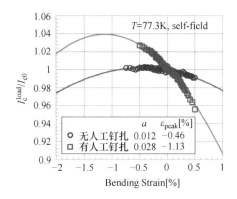

图 6.8　REBCO 线材的畸变特性（a 为倾斜常数，ε 为畸变峰值）

▶▶ 6.4.2　剥离方向（厚度方向）拉伸强度与绕线线圈

REBCO 的构造是在金属层中夹着薄的脆性材料，因此在应对垂直于薄膜表面的张应力时，拉伸强度不是由金属基带，而是由这些脆性材料决定的，很容易在剥离方向（厚度方向）裂开。因此，为了保护边缘部分的弱点，一般会给整体镀上金属层（镀铜）或焊接等，但是将这样的线制成浸渍线圈而使用时，却会因为热应力等缘故，造成线材本身的剥离，这在超导应用中一度是很大的难题[58]。

将带状的线卷成线圈并在树脂中制成浸渍线圈，进行冷却实验时，随着热收缩产生的热应力是可以进行计算预测的。另外，可以绕制多个内外径比不同的浸渍线圈，测试它们在冷却过程中的故障率，从而评估线材法线方向的剥离耐力[59,60]。如图 6.9 所示，剥离耐力基本在几个 MPa 之内，比小面积剥离力实验测得的数值明显更小[61]。浸渍线圈中，考虑到长尺寸薄膜中剥离耐力最低的部分强度，根据单位体积的故障率进行 Weibull 分析，发现其与

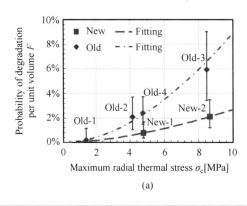

(a)

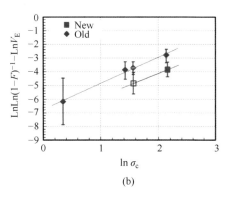

(b)

图 6.9　各种长度线材制成浸渍线圈后，在冷却至液氮温度过程中的故障率：
（a）超导薄膜单位体积的故障率，（b）Weibull 分布

普通陶瓷体的 Weibull 常数相当，因此虽然改进制造工艺可以提高整体的强度，但是偏差值还是相当大的。为了不让应力直接作用在薄膜面上，浸渍线圈大量采用脱膜的技术来制作，许多成功的例子被报道出来[62-64]。今后的课题包括强磁场下线宽方向的弯曲以及边缘（EdgeWidth）弯曲[65]、含有复杂应力的机械可靠性分析和对策等，同时从保持稳定性的角度出发，开发出更多实用的线圈绕制技术[63]。

6.5 细丝化与堆叠导体技术

▶▶ 6.5.1 REBCO 超导线材细丝化与堆叠化的要求

REBCO 线材直接采用带状线材结构，不仅在核磁共振（NMR）强磁场中作为内插线圈而得到了实用化，在 MRI 验证实验、旋转电动机、磁悬浮轨道线圈方面也作为试制品进行了大量的尝试。传统的圆形截面金属超导线材，采用多芯复合线、股线、堆叠导体等结构来保证电磁热的安全性、降低损耗、提高容量、减小阻抗，但是面对 REBCO 带状线材，这些问题都需要重新考虑，这已经成为高精度加速器以及各种大容量线圈的应用开发所面临的一大障碍。为了解决此类问题，可以通过对线材表面进行加工以达到细化，以及将多根线材进行堆叠，达到类似股线的效果等。

▶▶ 6.5.2 REBCO 线材细丝化技术

许多 REBCO 线材的宽度是在 10~12mm，然后沿着长度方向分割成更细的细丝，最终的宽度多数是在 4~6mm。但是线材中超导电层的厚度约 1~2μm，按照这样的长宽比，不可避免会有较大的交流损失，屏蔽电流也会有很长的衰减时间[66]。很早之前有研究者计算过，将 REBCO 线材沿长度方向分割后，预期可以通过继续缩小细丝宽度来降低交流损失[67,68]。进入 21 世纪以来，这种细丝化精密加工的尝试一直在推进，已经成功加工出了宽度 100μm 的线材[69-71]。

在细丝分割加工后不包覆 Ag、Cu 金属保护层，而是直接进行绝缘保护，以保留较大电阻率，目前已经做到的是把数十米长、5mm 宽的线材分割成 3~5 根细丝，绕制成饼式线圈（Pancake Coil），降低交流损失[72]。另外也有在细丝外镀上铜保护层的，试制出了 100m 长的线材，将 4mm 宽的线材分割成 4 根细丝，测试其屏蔽电流的衰减时间，发现衰减时间的确缩短了[71,73]。这样的细丝之间本来是电磁耦合的，但是在将它们绕制成股线后，在一定频率的交流磁场中，细丝之间可以实现退耦，可以根据使用的要求，以一定的节距进行绕制，从而降低交流损失[74]。

▶▶ 6.5.3 REBCO 线材堆叠导体技术

讨论带状线材的堆叠应用时，必须克服圆形截面导线所没有的结构限制。REBCO 线材在应用中可能需要通过 kA 级的电流，图 6.10 所示的一系列结构被设计了出来，而且其中一部分已经实现了商品化。

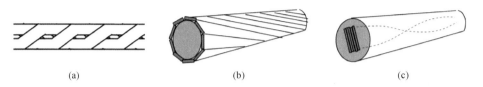

(a)　　　　　　　　　(b)　　　　　　　　(c)

> **图 6.10　基于 REBCO 线材的大容量堆叠导体构造：（a）Roebel 结构（RACC），（b）CORC 结构，（c）TSTS 结构**

图 6.10（a）的 RACC（Roebel Assembled Coated Conductor）结构，是德国卡尔斯鲁厄理工大学（KIT）主导开发的，将多根 REBCO 线材缠绕成正反交替平移的梯形结构，达到减小交流损失的效果[75]。

图 6.10（b）的 CORC（Conductor on Round Core）结构，是美国 ACT（Advanced Conductor Technologies）公司开发的，将 REBCO 线材缠绕在直径较小的线芯上形成螺旋结构，目前已经实现了商业化[76]。此结构机械强度很高，使用了不易弯曲变形的基带来制作线材，堆叠后成功地将 I_c 的性能退化控制在 10% 以下。

图 6.10（c）中的 TSTC（Twisted Stacked-Tape Cables）结构，由美国麻省理工学院（MIT）与意大利新技术能源环境局（ENEA）共同开发，是将几十根 REBCO 线材重叠，使横截面接近正方形，然后以 200mm 的间距扭绞而成，并包裹在中空的铜套中，构成一整根圆形截面导线[77,78]。

6.6　总结

REBCO 线材的开发是出于材料学的要求，需要一种带有金属包层（Coat）的单晶性薄膜线材，开发至今已经过去了 30 年。目前，已经有多家生产企业能够生产具有一定均匀性且长度达到百米级的超导线材，并投入了市场，除了制作线缆以外，还实现了在几 T 以下的弱磁场中稳定工作，还有几十 km 级长度的线材也被应用在了各种原型试验中。

风力发电、船舶电动机等低速驱动线圈应用中的技术难题正在被攻克[79]，而 MRI 应用，得益于高精度电源以及线圈，也取得了理想的效果[80]。在这些民用领域里，REBCO 必须降低成本、实现量产来取得技术优势，而且期待能在包含液氮温度在内的更广阔的温度领域实现差异化优势。人工钉扎中心的导入就是能很好地满足这些需求的一种技术，今后的重点是要在长尺寸、高产量的基础上维持稳定的品质。另外为了对线材的机械可靠性有更好的把握，还需要继续研究和整理关于强度的偏差、长期可靠性等方面的数据，这些数据能够与线材在一定长度内的局部特性分布对应，可以据此而继续开发堆叠导体，更加便于应用[15]。

　　另外在超过 20T 的强磁场应用方面，需要克服强电磁力对带状线材的复杂的力学影响，但是近年来 30T 级的强磁场也已经被报道，REBCO 已经成为超强磁场应用中一个理想选择[81]。最近，基于 REBCO 的零电阻超导连接技术也被开发出来[82]，高端核磁共振（NMR）强磁场内部线圈也开始应用 REBCO[83]。

　　在核聚变反应的大型强磁场线圈、航空中的高速旋转电动机等应用中，需要更强的电磁力、更大的电流，由此就会产生更大的电力损耗，这是无法避免的难题。模仿圆形截面金属多芯线缆的结构，REBCO 正在研究细丝化以及堆叠导体技术，除此以外，还有线圈之间更简便的超导连接，安全停电所需的保护技术等，但是由于工作温度的不同，需要考虑不同的方案、不同的技术来保证稳定运行，这都是今后要研究的课题。

参 考 文 献

[1] D. Larbalestier, A. Gurevich, D. M. Feldmann, and A. Polyanskii, *Nature* **414**, 368（2001）.

[2] Y. Iijima and K. Matsumoto, *Supercond. Sci. Technol.* **13**［1］, 68（2000）.

[3] D. Dimos, P. Chaudhari, and J. Mannhart, *Phys. Rev. B* **41**, 4038（1990）.

[4] 佐藤謙一，林和彦：『応用物理』**71**, 66（2002）.

[5] D. T. Shaw, *MRS Bulletin* **17**, 33（1992）.

[6] Y. Iijima, N. Tanabe, O. Kohno, and Y. Ikeno, *Appl. Phys. Lett.* **60**, 769（1992）.

[7] K. Hasegawa, N. Yoshida, K. Fujino, H. Mukai, K. Hayashi, K. Sato, T. Ohkuma, S. Honjo, Y. Sato, T. Ohkuma, H. Ishii, Y. Iwata, and T. Hara, *Advances in Superconductivity IX*, eds. S. Nakajima and M. Murakami, p. 745, Springer, Tokyo, 1997.

[8] A. Goyal, D. P. Norton, D. M. Kroeger, D. K. Christen, M. Paranthaman, E. D. Specht, J. D. Budai, Q. He, B. Safian, F. A. List, D. F. Lee, E. Hatfield, P. M. Martin, C. E. Klabunde, J. Mathis, and C. Park, *J. Mater. Res.* **12**, 2924（1997）.

[9] 飯島康裕：『応用物理』**66**（4）, 339（1997）.

[10] Y. Iijima, K. Kakimoto, Y. Yamada, T. Izumi, T. Saitoh, and Y. Shiohara, *MRS Bulletin* **29**, 564（2004）.

[11] Y. Iijima, M. Hosaka, N. Tanabe, N. Sadakata, T. Saitoh, O. Kohno and K. Takeda, *J. Mat. Res.* **13**［11］, 3106（1998）.

[12] C. P. Wang, K. B. Do, M. R. Beasley, T. H. Geballe, and R. H. Hammond, *Appl. Phys. Lett.* **71**, 2955（1997）.

[13] S. Hanyu, C. Tashita, Y. Hanada, T. Hayashida, K. Morita, Y. Sutoh, M. Igarashi, K. Kakimoto, H. Kutami, Y. Iijima and T. Saitoh, *Supercond. Sci. Technol.* **23**, 014017（2010）.

[14] M. Bauer, R. Semerad and H. Kinder, *IEEE Trans. Appl. Supercond.* **9**, 1502（1999）.

[15] M. W. Rupich, X. Li, S. Sathyamurthy, C. L. H. Thieme, K. DeMoranville, J. Gannon and S. Fleshler, *IEEE Trans. Appl. Supercond.* **23**［3］, 6601205（2013）.

[16] T. Nagaishi, Y. Shingai, M. Konishi, T. Taneda, H. Ota, G. Honda, T. Kato and K. Ohmatsu, *Physica C* **469**, 1311（2009）.

[17] R. H. Hammond and R. Bormann, *Phys. C* **162-164**, 703（1989）.

[18] T. Venkatesan, X. D. Wu, B. Dutta, A. Inam, M. S. HEdge, D. M. Hwang, C. C. Chang, L. Nazar, and

B. Wilkens, *Appl. Phys. Lett.* **54**, 581（1989）.

[19] R. Delmdahl, and R. Pätze, *Applied Physics A* **93**［3］, 611（2008）.

[20] A. D. Berry, D. K. Gaskill, R. T. Holm, E. J. Cukauskas, R. Kaplan and R. L. Henry, *Appl. Phys. Lett.* **52** 1743（1988）.

[21] K. Onabe, S. Nagaya, N. Hirano, T. Yamaguchi, Y. Iijima, N. Sadaoka, T. Saito and O. Kohno, *Advances in Superconductivity VII*, ed. K. Yamafuji & T. morishita, p. 601, Springer, Tokyo, 1995.

[22] P. C. Mclntyre, M. J. Cima, and M. F. Ng, *J. Appl. Phys.* **68**, 4183（1990）.

[23] S. Ikeda, T. Motoki, S. Gondo, S. Nakamura, G Honda, T. Nagaishi, T. Doi and J. Shimoyama, *Supercond. Sci. Technol.* **32**, 115003（2019）.

[24] W. Prusseit, M. Bauer, V. Große, R. Semerad, G. Sigl, M. Dürrschnabel, Z. Aabdin, and O. Eibl, *Physics Procedia* **36**, 1417（2012）.

[25] J. H. Lee, H. Lee, J. W. Lee, S. M. Choi, S. I. Yoo and S. H. Moon, *Supercond. Sci. Technol.* **27**, 044018（2014）.

[26] S. Lee, N. Chikumoto, T. Yokoyama, T. Machi, K. Nakao, K. Tanabe, *IEEE Trans. Appl. Supercond.* **19**, 3192 （2009）.

[27] I. Ono, Y. Ichino, Y. Yoshida, M. Yoshizumi, T. Izumi and Y. Shiohara, *Physics Procedia* **27**, 216（2012）.

[28] G. Majkic, E. Galstyan and V. Selvamanickam, *IEEE Trans. Appl. Supercond.* **25**, 6605304（2015）.

[29] Y. Iijima, K. Kakimoto, M. Kimura, K. Takeda, and T. Saitoh, *IEEE Trans. Appl. Supercond.* **11**, 2816（2001）.

[30] A. Usoskin, A. Rutt, J. Knoke, H. Krauth, and T. ArndT, *IEEE Trans. Appl. Supercond.* **15**, 2604（2005）.

[31] J. Huh, J. Cao, J. Chase, X. Qiu, and K. Pfeiffer, presented in EPRI 11th. Conference on Superconductivity. Tuesday, October 29, 2013, Houston, TX, USA.

[32] Y. Iijima, Y. Adachi, S. Fujita, M. Igarashi, K. Kakimoto, M. Ohsugi, N. Nakamura, S. Hanyu, R. Kikutake, M. Daibo, M. Nagata, F. Tateno and M. Itoh, *IEEE Trans. Appl. Supercond.* **25**［3］, 6604104（2015）.

[33] B. Dam, J. M. Huijbregtse, F. C. Klaassen, R. C. F. van der Geest, G. Doornbos, J. H. Rector, A. M. Testa, S. Freisem, J. C. Martinez, B. Stäuble-Pümpin& R. Griessen, *Nature* **399**, 439（1999）.

[34] M. Tachiki and S. Takahashi, *Solid State Commun.* 70, 291（1989）

[35] R. Fukamachi, N. Yamazaki, Y. Tsuda, M. Inoue, T. Kiss, M. Takeo, Y. Iijima, K. Kakimoto, T. Saitoh, T. Izumi, Y. Shiohara, S. Awaji and K. Watanabe, *Abstracts of CSSJ Conference* **72**, 144（2005）.

[36] L. Civale, A. D. Marwick, T. K. Worthington, M. A. Kirk, J. R. Thompson, L. Krusin-Elbaum, Y. Sun, J. R. Clem, and F. Holtzberg, *Phys. Rev. Lett.* **67**, 648（1991）.

[37] G. Blatter, M. V. Feigel'man, V. B. Geshkenbein, A. I. Larkin and V. M. Vinokur, *Rev. Mod. Phys.* **66**［4］, 1125（1994）.

[38] J. L. Macmanus-Driscoll, S. R. Foltyn, Q. X. Jia, H. Wang, A. Serquis, L. Civale, B. Maiorov, M. E. Hawley, M. P. Maley and D. E. Peterson, *Nat. Mater.* **3**, 439（2004）.

[39] T. Haugan, P. N. Barnes, R. Wheeler, F. Meisenkothen and M. Sumption, *Nature* **430**, 867（2004）.

[40] H. Tobita, K. Notoh, K. Higashikawa, M. Inoue, T. Kiss, T. Kato, T. Hirayama, M. Yoshizumi, T. Izumi and Y. Shiohara, *Supercond. Sci. Technol.* **25**, 062002（2012）.

[41] Q. X. Jia, B. Maiorov, H. Wang, Y. Lin, S. R. Foltyn, L. Civale and J. L. MacManus-Driscoll, *IEEE Trans. Appl. Supercond.* **15**［2］, 2723（2005）.

[42] S. Miura, Y. Yoshida, Y. Ichino, Q. Xu, K. Matsumoto, A. Ichinose and S. Awaji, *APL Mater.* **4**, 016102 (2016).

[43] V. Selvamanickam, M. Heydari Gharahcheshmeh, A. Xu, E. Galstyan, L. Delgado and C. Cantoni, *Applied Physics Letters* **106** [3], 032601 (2015).

[44] M. Miura, M. Yoshizumi, T. Izumi, and Y. Shiohara, *Supercond. Sci. Technol.* **23**, 014013 (2010).

[45] M. W. Rupich, S. Sathyamurthy, S. Fleshler, Q. Li, V. Solovyov, T. Ozaki, U. Welp, W. -K. Kwok, M. Leroux, A. E. Koshelev, D. J. Miller, K. Kihlstrom, L. Civale, S. Eley and A. Kayani, *IEEE Trans. Appl. Supercond.* **26** [3], 6601904 (2016).

[46] IEEE/CSC & ESAS SUPERCONDUCTIVITY NEWS FORUM (global edition), October 2015. Plenary presentation PL7 given at EUCAS 2015; Lyon, France, September 6-10, (2015).

[47] S. Fujita, S. Muto, W. Hirata, T. Yoshida, M. Igarashi, K. Kakimoto, Y. Iijima and S. Awaji, *Abstracts of CSSJ Conference* **93**, 142 (2016).

[48] V. Selvamanickam, A. Xu, Y. Liu, N. D. Khatri, C. Lei, Y. Chen, E. Galstyan and G. Majkic, *Supercond. Sci. Technol.* **27**, 055010 (2014).

[49] Y. Iijima, K. Kakimoto, M. Igarashi, S. Fujita, W. Hirata, S. Muto, T. Yoshida, Y. Adachi, M. Daibo, K. Naoe, T. Fukuzaki, K. Higashikawa, T. Kiss and S. Awaji, *IEEE Trans. Appl. Supercond.* **27** [4], 6602804 (2017).

[50] S. Fujita, S. Muto, W. Hirata, Y. Adachi, T. Yoshida, M. Igarashi, K. Kakimoto, Y. Iijima, K. Naoe, T. Kiss and S. Awaji, *IEEE Trans. Appl. Supercond.* **28** [4], 6600604 (2018).

[51] Y. Ichino and Y. Yoshida, *IEEE Trans. Appl. Supercond.* **27** [4], 7500304 (2017).

[52] S. Fujita, S. Muto, W. Hirata, T. Yoshida, K. Kakimoto, Y. Iijima, M. Daibo, T. Kiss, T. Okada and S. Awaji, *IEEE Trans. Appl. Supercond.* **29** [5], 8001505 (2019).

[53] B. Maiorov, S. A. Baily, H. Zhou, O. Ugurlu, J. A. Kennison, P. C. Dowden, T. G. Holesinger, S. R. Foltyn and L. Civale, *Nat. Mater.* **8**, 398 (2009).

[54] S. Muto, S. Fujita, H. Sato, Y. Iijima and K. Naoe, *Abstracts of CSSJ Conference* **96**, 111 (2018).

[55] S. Fujita, S. Muto, Y. Iijima, M. Daibo, T. Okada and S. Awaji, *IEEE Trans. Appl. Supercond.* **30** [4], 8400205 (2020).

[56] M. Sugano, S. Machiya, H. Oguro, M. Sato, T. Koganezawa, T. Watanabe, K. Shikimachi, N. Hirano, S. Nagaya, T. Izumi and T. Saitoh, *Supercond. Sci. Technol.* **25**, 054014 (2012).

[57] D. C. van der Laan, J. F. Douglas, L. F. Goodrich, R. Semerad, M. Bauer, *IEEE Trans. Appl. Supercond.* **22** [1], 8400707 (2012).

[58] Y. Yanagisawa, H. Nakagome, T. Takematsu, T. Takao, N. Sato, M. Takahashi and H. Maeda, *Phys. C, Supercond.* **471** [15], 480 (2011).

[59] H. Miyazaki, S. Iwai, T. Tosaka, K. Tasaki, Y. Ishii, *IEEE Trans. Appl. Supercond.* **24** [3], 4600905 (2014).

[60] S. Muto, S. Fujita, K. Akashi, T. Yoshida, Y. Iijima and K. Naoe, *IEEE Trans. Appl. Supercond.* **28** [4], 6601004 (2018).

[61] G. Majkic, E. Galstyan, Y. Zhang, V. Selvamanickam, *IEEE Trans. Appl. Supercond.* **23** [3], 6600205 (2013).

[62] M. Daibo, S. Fujita, M. Haraguchi, Y. Iijima, M. Itoh and T. Saitoh, *IEEE Trans. Appl. Supercond.* **24** [3], 4900304 (2014).

[63] H. Miyazaki, S. Iwai, T. Uto, T. Kusano, Y. Otani, K. Koyanagi and S. Nomura, *IEEE Trans. Appl. Super-*

cond. **29** ［5］, 4602805 （2019）.

［64］ M. Oya, T. Matsuda, T. Inoue, T. Morita, R. Eguchi, S. Otake, T. Nagahiro, H. Tanabe, S. Yokoyama and A. Daikoku, *IEEE Trans. Appl. Supercond.* **28** ［3］, 4401205 （2018）.

［65］ J. Xia, H. Bai, H. Yong, H. W. Weijers, T. A. Painter and M. D. Bird, *Supercond. Sci. Technol.* **32** ［9］, 095005 （2019）.

［66］ Y. Yanagisawa, H. Nakagome, D Uglietti, T. Kiyoshi, R. Hu, T. Takematsu, T. Takao, M. Takahashi, and H. Maeda, *IEEE Trans. Appl. Supercond.* **20** ［3］, 744 （2010）.

［67］ E. H. BrandT and M. Indenbom, *Phys. Rev. B* **48** ［17］, 12893 （1993）.

［68］ Y. Mawatari, *Phys. Rev. B* **54** ［18］, p. 13215-13221 （1996）.

［69］ I. Kesgin, G. Majkic and V. Selvamanickam, *IEEE Trans. Appl. Supercond.* **23** ［3］, 5900505 （2013）.

［70］ T. Machi, K. Nakao, T. Kato, T. Hirayama and K. Tanabe, *Supercond. Sci. Technol.* **26** ［10］, 105016 （2013）.

［71］ S. Fujita, S. Muto, C. Kurihara, H. Sato, W. Hirata, N. Nakamura, M. Igarashi, S. Hanyu, M. Daibo, Y. Iijima, K. Naoe, M. Iwakuma and T. Kiss, *IEEE Trans. Appl. Supercond.* **27** ［4］, 6600504 （2017）.

［72］ M. Iwakuma, H. Hayashi, H. Okamoto, A. Tomioka, M. Konno, T. Saito, Y. Gosho, K. Tanabe and Y. Shiohara, *Physica C Superconductivity* **469** ［15-20］, 1726 （2009）.

［73］ Y. Yanagisawa, Y. Xu, X. Jin, II. Nakagome and H. Maeda, *IEEE Trans. Appl. Supercond.* **25** ［3］, 6603705 （2015）.

［74］ N. Amemiya, S. Sato and T. Ito, *J. Appl. Phys.* **100** ［12］, 123907 （2006）.

［75］ W. Goldacker, R. Nast, G. Kotzyba, S. I Schlachter, A. Frank, B. Ringsdorf, C. SchmidT and P. Komarek, *Journal of Physics*: *Conference Series* **43**, 901 （2006）.

［76］ D. C. van der Laan, P. D. Noyes, G. E. Miller, H. W. Weijers, and G. P. Willering, *Supercond. Sci. Technol.* **26** ［4］, 045005 （2013）.

［77］ C. Barth, M. Takayasu, N. Bagrets, C. M. Bayer, K-P. Weiss, and C. Lange, *Supercond. Sci. Technol.* **28** ［4］, 045015 （2015）.

［78］ D. Uglietti, N. Bykovsky, K. Sedlak, B. Stepanov, R. Wesche, and P. Bruzzone, *Supercond. Sci. Technol.* **28** ［12］ 124005 （2015）.

［79］ X. Song, C. Bührer, P. Brutsaert, J. Krause, A. Ammar, J. Wiezoreck, J. Hansen, A. V. Rebsdorf, M. Dhalle, A. Bergen, T. Winkler, S. Wessel, M. ter Brake, J. Kellers, H. Pütz, M. Bauer, H. Kyling, H. Boy and E. Seitz, *IEEE Transactions on Energy Conversion* **34** ［4］, 2218 （2019）.

［80］ Mitsubishi website. Available: https：//www. mitsubishielectric. co. jp/corporate/randd/spotlight/a32/index. html.

［81］ E. Berrospe-Juarez, V. M. R. Zermeño, F. Trillaud, A. V. Gavrilin, F. Grilli, D. V. Abraimov, D. K. Hilton, H. W. Weijers, *IEEE Trans. Appl. Supercond.* **28** ［3］, 4602005 （2018）.

［82］ K. Ohki, T. Nagaishi, T. Kato, D. Yokoe, T. Hirayama, Y. Ikuhara, T. Ueno, K. Yamagishi, T. Takao, R. Piao, *Supercond. Sci. Technol.* **30** ［11］, 115017 （2017）.

［83］ Bruker website. Available：https：//www. bruker. com/news-records/single-view/article/bruker-announces-worlds-first-12-ghz-highresolution-protein-nmr-data. html.

第7章

▶▶▶▶▶▶

低温超导线材、Bi-2212线材、MgB₂线材、铁基线材

7.1 前言

　　要让超导体在电力、能源领域得到应用，就必须先实现线材化。对于超导线材来说最重要的三个参数，是超导转变温度 T_c，上临界磁场 B_{c2}，以及临界电流密度 J_c。T_c 和 B_{c2} 是属于材料本身的性质，一旦材料决定了，参数就确定了。而 J_c 与之不同，对包括磁通钉扎点在内的超导体的细微结构非常敏感。因此，超导线材研发工作的重点，是要把具有优秀的 T_c 和 B_{c2} 参数的超导体加工成线材，并且控制里面的细微结构来达到更高的 J_c。表7.1是在

表7.1　重要的超导线材材料

超导材料		T_c（K）	4.2K 时的 B_{c2}（T）
氧化物超导材料	$YBa_2Cu_3O_x$	92	>100
	$Bi_2Sr_2CaCu_2O_y$	90	
	$Bi_2Sr_2Ca_2Cu_3O_z$	110	
	$Tl_2Ba_2Ca_2Cu_3O_w$	125	
	$HgSr_2Ca_2Cu_3O_v$	135	
金属超导材料	Nb-Ti	9.8	11.5
	Nb-Zr	10.5	11
	V_3Ga	16	25
	Nb_3Sn	18	25
	Nb_3Al	18	32
	Nb_3（Al，Ge）	20	43
	Nb_3Ga	20	34
	Nb_3Ge	23	37
	V_2（Hf，Zr）	10.1	23
	NbCN	17.8	12
	MgB_2	39	25
铁基超导材料	$SmFeAsO_{1-x}F_x$	55	>100
	（$Ba_{1-x}K_x$）Fe_2As_2	38	70

超导线材领域一些重要的材料及其 T_c 以及 4.2K 温度时的 B_{c2} 参数。现在研究的主要方向是金属超导材料、氧化物超导材料、铁基超导材料三大类。已经达到实用化的是金属超导材料中的 Nb-Ti 和 Nb_3Sn 这两种。与高温超导氧化物线材相比，这些都属于低温超导线材。

Nb-Ti 合金材料由于容易加工，所以很容易线材化，医疗领域的 MRI 以及磁悬浮列车上最初使用了很多，但是其 B_{c2} 参数在 4.2K 温度下为 11.5T，相对较低，无法提供强磁场[1]。而 Nb_3Sn 化合物超导体，在同样的条件下 B_{c2} 高达 25T，远超前者，可以用作强磁场超导线圈的线材[2]。另外，2001 年发现的 MgB_2 材料，虽然是金属超导材料，但是 T_c 高达 39K，不需要使用液氦，只需要制冷机冷却即可，在 20K 左右的温度就可实现应用，因此在线材研发中心非常受欢迎[3]。

T_c 超过 77K（一个大气压下液氮的沸点）的一系列高温氧化物超导体，自从发现以来就进行了许多线材化研究，最近已经得到了性能优秀的长尺寸线材，正在向实用化发展。从实用化角度来看，有希望的高温氧化物超导材料主要是，Bi 基氧化物超导体 Bi-2223（$Bi_2Si_2Ca_2Cu_3O_x$）和 Bi-2212（$Bi_2Sr_2CaCu_2O_y$）[4]，以及 Y 基氧化物超导体 Y-123（$YBa_2Cu_3O_z$）[5]。另外 2008 年日本首次发现的铁基超导体系列[6]由于含有强磁性的铁元素，所以很受学术界关注，以高 B_{c2} 线材为目标进行着线材化的研究工作。

基于以上背景，本章将首先介绍 Nb-Ti 以及 Nb_3Sn 线材。关于高温氧化物线材，本章主要介绍 Bi-2212，而 Bi-2223 以及 Y-123 线材将在其他章节专门介绍。之后是关于 MgB_2 线材，最后是铁基超导线材的介绍。每一种线材的 J_c 特性都与材料的细微结构紧密相关，所以材料的结构控制是非常重要的。本章也将主要从这个观点来进行论述。

7.2 低温超导线材

▶▶ 7.2.1 Nb-Ti 线材[7]

Nb-Ti 合金由于良好的加工性能，很容易实现线材化，所以目前是应用最广泛的一种线材。在这个二元合金体系中，Ti 组分为 35at% 时 T_c 是最高的，达到 10.1K，而 B_{c2} 是当 Ti 组分为 60at% 时达到其最大值 11.5T，对应的 T_c 约为 9K。实际使用的 Nb-Ti 合金，接近 B_{c2} 最高的状态，Ti 组分接近 60at%。Nb-Ti 合金，是先用电子束熔化金属得到高纯度 Nb 和 Ti，再通过电弧熔炼形成组分和结构均匀的合金锭。这种合金锭在经过热处理后，在常温下加工成棒状。将合金棒插入铜管中，再将多个这样插有合金棒的铜管一起进行挤压、拉伸等加工，得到很细的线材。这样就制作出了多芯线材，大量的超导细丝构成导线阵列，热学、电磁学稳定性都非常好。有的应用场合下，还要将这样的多芯线材套在更大的铜管中进一步复合加工，形成芯数达到几万、十几万的超细多芯线材。这种超细多芯线材在交流情况下磁滞损失非常小，因此是很好的交流超导线材。图 7.1 是 Nb-Ti 多芯超导线材的一个例子，应用在 CERN 的大强子加速器（Large Hadron Collider，LHC）中[8]，芯数达到 6000 以上。

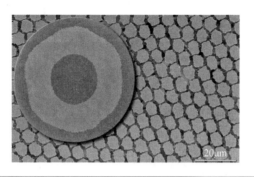

图 7.1　Nb-Ti 多芯超导线材的例子，外径 0.83mm，背景是 Nb-Ti 细丝的部分放大图

图 7.2 是 Nb-Ti 线材的各段制作工艺中，4.2K 温度下 J_c 变化情况的示意图。上文所述的线材多芯化加工可以提高 J_c，这是因为加工引入了高密度位错网，形成了 Cell 或者说 Subband 结构，起到了磁通钉扎点的作用。这种 Subband 沿着线材的长度方向延长[9]。线材加工后，再在 350~400℃的低温下进行短时的热处理，从 Nb-Ti 中析出 α-Ti。就像图 7.3[10] 中所示的 Nb-Ti 二元合金平衡状态图中，Nb-60at%的固溶体在低温下，在热力学上是不稳定的，会分离成接近六方晶系的 α-Ti 和 bcc 相的 Nb-Ti（β相）。而且，随着 α-Ti 的析出，bcc 相中 Ti 的组分减少，T_c 和 B_{c2}也会发生一些变化。α-Ti 在 4.2K 温度时是常传导状态，可以成为很强的磁通钉扎点，因此如图 7.2 所示，J_c 大幅上升。

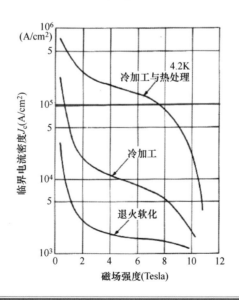

图 7.2　线材加工后热处理过程中 Nb-Ti 线材的 J_c 的变化

在 α-Ti 析出后，继续对线材进行加工，原本球状的 α-Ti 析出物，会变成 Ribbon 状[11]。因此，点状的钉扎点变成了面状，效果变得更强，J_c 进一步提高，更加有利于实用性。实

际上在线材的加工过程中会进行多次的短期热处理。因此，对于 Nb-Ti 合金的实用化来说，不仅是良好的加工型，Nb-Ti 二元体系的低温相分离也有很大的贡献。Nb-Ti 线材代表性的 J_c-B 特性如图 7.6 所示。

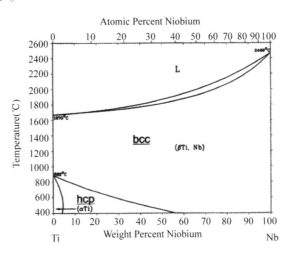

图 7.3   Nb-Ti 二元合金平衡状态图[10]

使用 Nb-Ti 线材制作出的超导磁体，在 4.2K 温度下可以得到 8T 的磁场强度。这样的磁体，最早应用在了医疗领域的核磁共振成像 MRI（Magnetic Resonance Imaging），后来也成为超导磁悬浮列车上车载线圈的材料。

▶▶ 7.2.2   Nb₃Sn 线材[12]

Nb_3Sn 的 B_{C2} 比 Nb-Ti 合金高得多，因此可以用来制造磁场强度更大的强磁体。Nb_3Sn 超导体是 1954 年由贝尔实验室的 Matthias 等人发现的，也制备出了实用化的线材，目前相关的研发依然活跃，主要目标是提高性能参数。Nb_3Sn 是金属元素化合物，很硬但也很脆，不能直接制作成线材，必须寻求其他手段。同为贝尔实验室的 Kunzler 等人，将 Nb 和 Sn 粉末混合填充在 Nb 管中，加工成线状，然后热处理得到了最早的线材[13]。这种方法称为粉末套管法（PIT, Powder-in-Tube）。之后，研究者们利用表面扩散法开发出了带材，应用于制造超导磁体，但使 Nb_3Sn 作为线材真正达到实用要求的，还是如图 7.4 所示的方法，称为青铜（Bronze）法[14]。

将 Nb 棒插入到 Sn 含量为 13wt%～15wt% 的 Cu-Sn 合金管（青铜）中，进行冷加工，形成复合线材。将这样的线材在 600～700℃ 左右进行热处理，在此过程中 Sn 就会向中心的 Nb 扩散，反应形成 Nb_3Sn。而 Cu 并不会掺入生成的 Nb_3Sn 中间，所以线材的质量不会被 Cu 影响而下降。但是这种工艺获得的线材，由于外层青铜与内部的 Nb_3Sn 和 Nb 的热膨胀率都不一样，因此在低温环境工作时，Nb_3Sn 层会受到压应力，导致 T_c 和 B_{C2} 的值都比表 7.1 中所写的稍低。热处理温度低的情况下，可以获得尺寸更细微的 Nb_3Sn 晶粒结构，在低磁场时获得更高的 J_c，而强磁场时，热处理温度越高则 J_c 越高。这种工艺能够实现的最重要的一个原因是，比起 Nb 与 Sn 直接反应所需的温度，这里所需的热处理温度可以低一些，外层的 Cu 在这里起到了催化剂的作用，降低了反应所需的温度，可以得到更细微的 Nb_3Sn 晶粒。Nb_3Sn 晶体中作为有效钉扎中心的位置在于晶界之间，所以细微的晶体可以得到更高的 J_c。

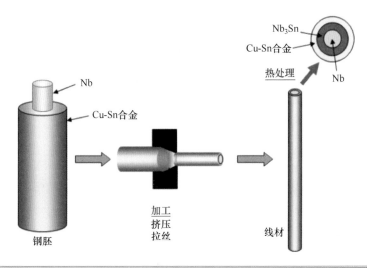

图 7.4　青铜法制备 Nb_3Sn 线材的过程[15]

　　实际的线材制造过程中，会将多根加工好的单芯导线插入金属管中，继续加工，变成图 7.1 中那种多芯线材，然后进行热处理。如此很容易得到芯数超过 1 万的性能稳定而优秀的多芯线材，这也是这种工艺方法的一大优点。另外，青铜在加工中很容易硬化，需要在过程中适当退火软化。举一个实际应用的例子，国际热核聚变实验堆（ITER, International Thermonuclear Experimental Reactor）中，这种多芯线材被用来制作环向磁场（TF, Toroidal Field）中的线圈，其剖面结构如图 7.5 所示[16]。

　　在青铜法中，在 Nb 芯以及青铜外壳中添加微量的 Ti，就可以使最终的 Nb_3Sn 线材中含有 Ti，在强磁场下 J_c 可以得到大幅改善[17]。这是因为 Ti 的掺入，使线材的 B_{c2} 从约 23T 提高到了 26T[18]。添加 Ta 也可以达到同样的效果，原因可能是 Nb_3Sn 中的 Nb 被 Ti 或 Ta 部分替换，成为电子的散射中心，缩短了相干长度。

　　图 7.6 是青铜法制备的 Nb_3Sn 线材与 Nb-Ti 在 4.2K 温度下 J_c-B 的特性比较。Nb_3Sn 线材可以产生 10T 以上的磁场，因此可以用来制造超导磁体。尤其是添加 Ti 以后，在强磁场区域 J_c 特性更加改善，可以用来制造强磁体。Nb_3Sn 线材的应用除了前面说过的 ITER 中的 TF 线圈，也被用于中心螺管（CS, Central Solenoid）线圈的开发。

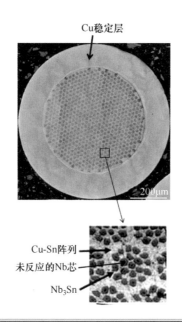

Cu稳定层

Cu-Sn阵列
未反应的Nb芯
Nb₃Sn

图 7.5　青铜法制备 Nb₃Sn 多芯线材的例子。ITER-TF 线圈中超导线材的
剖面结构（外径 0.83mm，芯数 12787）[16]

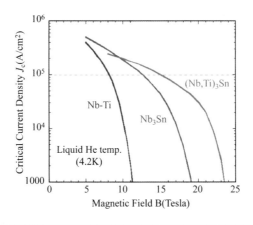

图 7.6　青铜法 Nb₃Sn 线材和 Nb-Ti 线圈的 J_c-B 特性比较

　　最近，在青铜法的基础上，还出现了内部 Sn 扩散法[14,19]、Nb-Tube 法[20]，以及以 Nb-Sn₂ 和 Nb₆Sn₅ 等富 Sn 化合物为原料的 PIT 法[21]，等等。所有的方法都离不开 Cu 的催化作用，从这个意义上讲，也可以说都是青铜法的改良，获得了比青铜法更优秀的 J_c 特性。

　　除了 Nb₃Sn 以外，其他有希望的化合物超导体线材还有 Nb₃Al[3]，具有与 Nb₃Sn 线材一样的结构，但是 B_{c2} 值更高，耐应力和畸变的性能也更高，在需要承受巨大应力的加速器磁体以及下一代 ITER 磁体方面，都很有希望，正在进行线材化研究[22]。但是青铜法工艺并不适用于 Cu-Al 合金，而且具有优秀超导特性的合金比例仅在高温下才具有稳定性，因此难以制作出优秀的线材，还无法达到实用化的要求。

7.3　Bi-2212 线材

Bi-2212 以及 Bi-2223，都是 1987 年由前田弘发现的，也是日本最早出现的高温氧化物超导体[23]。Bi-2212 比 Bi-2222 的 T_c 低，但是如后文所述，在线材化方面可以用部分熔融-缓慢冷却的方法来实现，而且线材可以是圆形截面，利于应用，所以现在依然在线材研究方面非常活跃。Bi-2212 的 T_c 随着氧含量的不同而有很大的变化，但大致都在 90K 的程度。Bi-2212 的线材化的方法和 Bi-2223 一样，如图 7.7 所示，可以用粉末套管法 PIT 来实现[24]。

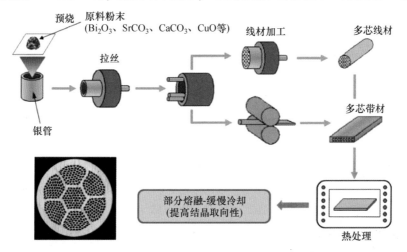

图 7.7　PIT 法制备 Bi-2212 的过程，以及 PIT 法制备出的多芯圆形截面线材的截面图

首先准备 Bi-2212 的原料氧化物和碳酸盐等粉末，混合后预烧，成为前驱体，填充到金属管中。金属管应该用银材料，这样不容易与粉末发生反应。而且银的导电、导热率都很好，有利于线材的稳定性。在用 PIT 法制备氧化物超导体的时候，热处理过程中会有氧元素在材料中出入，而氧元素是可以通过银材料的，这也是使用银管的另一个好处。将加工到一定程度的线材再次插入银管，继续加工得到稳定性更佳、实用性更强的多芯线材，这种方法也已经成为主流。图 7.7 中是一个例子，展示了 Bi-2212 多芯圆形截面线材在热处理之前的截面图[25]。

一般来说，高温氧化物超导体中，都是晶向随机的多晶结构，晶粒间结合力弱，因此超导电流不会很大，也就是常说的晶界弱结合问题，为此必须设法使晶粒按照同样的方向取向生长，称为取向化。取向化之后晶界的结合力大大改善，可以流过更大的超导电流。Bi 基氧化物超导体平面各向异性很强，生长出的是板状结晶，因此晶向的取向化比较容易。Bi-2223 线材，经过带状加工以及热处理等工艺，可以得到 c 轴取向生长的晶体。而 Bi-2212 线材，如图 7.8 所示，需要在热处理时，将温度提高到比 Bi-2212 的熔点略高，然后以 2℃/小时的速率缓慢冷却，也就是所谓的部分熔融-缓慢冷却法[26,27]。T_{max} 要根据加热时的气氛条件来定，但大体上接近 880℃（参照图 7.11）。

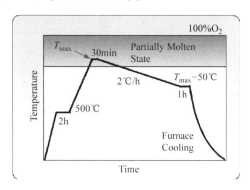

图 7.8　Bi-2212 线材的部分熔融-缓慢冷却法温度变化过程

　　图 7.9 是部分熔融-缓慢冷却法与普通的烧结法，两种方法分别得到的 Bi-2212 线材沿长度方向剖面的扫描电子显微镜 SEM 照片的对比。烧结法获得的 Bi-2212 的填充率很低，晶向混乱，而冷却法结晶颗粒成长比较饱满，填充率高，结晶是板状而且 c 轴几乎都与带材的表面垂直。J_c 对晶体的结构非常敏感，部分熔融-缓慢冷却法得到的带材，在 4.2K 的低温下、25T 以上的强磁场中，可以稳定得到 10^5A/cm^2 的 J_c，比以往的金属线材都高出许多[28]（参考图 7.25）。Bi-2212 在强磁场下得到如此优秀的 J_c，可能就是表 7.1 中 B_{c2} 如此高的原因。

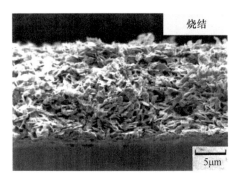
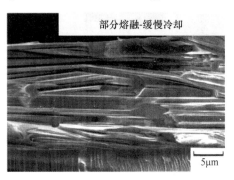

图 7.9　Bi-2212 的晶体组织。左图：普通的烧结法，右图：部分熔融-缓慢冷却法

　　Bi-2212 线材的取向生长以及高 J_c 性能，不仅是由于冷却法的原因，而且也和 Bi-2212 的层厚有很大的关系。Bi-2212 的层厚在约 10μm 以下时可以得到很好的取向生长，但是当层厚达到约 20μm 时，就只有氧化物/银界面附近能得到取向生长的晶体了。这可能意味着

Bi-2212 的取向生长是从氧化物/银界面开始，并向着氧化物内部进行的。

根据图 7.7 的方法得到的圆形截面线材的 c 轴取向性，没有带材的取向性好。图 7.10 中是采用部分熔融-缓慢冷却法后，多芯圆形截面线材的 SEM 图像的放大显示[25]。各个细丝内都可以看到 Bi-2212 的析出，局部来看具有一定的取向性，但整体的取向性很低，所以这种线材的 J_c 没有带材的 J_c 高。另外，Bi-2212 相一般都是大面积的板状结晶，有时会与相邻细丝中的其他结晶连接到一起。这种情况在 Bi-2212 多芯带材中也很常见，无论是带材还是线材，都会导致多芯化的效果减弱。Bi-2223 多芯线材也是如此。

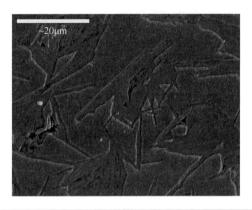

~20μm

图 7.10　部分熔融-缓慢冷却法得到的 Bi-2212 多芯圆形截面线材的剖面 SEM 图像放大图[25]

另外，Bi-2212 圆形截面线材在加工前驱体粉末的填充率，没有带材的填充率高，这也是一个问题。Bi-2212 圆形截面线材在预烧后填充率只有 70%左右[30]。也就是说超导线的核心中存在 30%的空隙，在部分熔融过程中这些空隙会集合成气泡，从而导致 Bi-2212 细丝中发生较大的混乱，成为 J_c 大幅下降的主要原因。这种由气泡导致线材质量下降的情况时有发生。对此，最近有研究者用 10MPa 的高压气体进行加压热处理，很好地抑制了气泡的出现[31]。这样有效地提高了 Bi-2212 的填充率，使得结晶取向性差的圆形截面线材也取得了和带材一样水平的 J_c。这说明 Bi-2212 线材的 c 轴取向度和填充率都对 J_c 有着很大的影响。目前，千米级长度的 Bi-2212 多芯圆形截面导线，都是用加压热处理的方法制造的。

热处理中的气氛（氧分压），也是获得高 J_c 的重要因素。图 7.11 展示了在 4.2K 温度，10T 磁场环境下 J_c 与热处理中氧分压 p_{O_2} 的关系[32]。在各种氧分压下，J_c 随着热处理中的最高温度 T_{max} 而变化。J_c 的值虽然有一定的偏差，但在 T_{max} 优化后，J_c 都是随着氧分压的升高而升高，可见高氧分压可以有效地提高 J_c 的值。T_{max} 的优化值也随着氧分压的上升而上升，这是因为随着氧分压的上升 Bi-2212 中的氧含量增大，熔点上升。在交流磁滞回线测量中，超导转变时的转变幅度（温度幅度）与交流磁场变化幅度有很大的相关性，而随着氧分压的升高，这种相关性变小，所以经过高氧分压热处理之所以能够提高 J_c，主要可能是因为晶粒间结合性的改善。通过高分辨透射电镜观察，Bi-2212 晶界之间总是能观察到非晶态的存在，但是随着热处理中氧分压的上升，晶界中的非静态减少，所以晶粒间结合性的改善是与非静态的消失有很大关系的[33]。

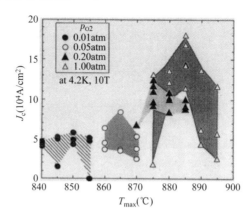

图 7.11　PIT 法生长的 Bi-2212 带材热处理过程中 J_c 随氧分压的变化[32]

Bi-2212 线材的不可逆磁场 B_{irr}，也随着热处理中氧分压的上升而上升[32]。图 7.12 中是 Bi-2212 线材的 B_{irr}-T 曲线，显示了 B_{irr} 与氧分压 p_{O_2} 的关系。T_c 附近高温一侧，随着 p_{O_2} 的升高，载流子进入过掺杂状态，T_c 和 B_{irr} 都下降，在约 30K 的低温下，$p_{O_2}=1.0$atm 时的 B_{irr}，是 $p_{O_2}=0.01$atm 时的 2 倍以上。这和 Bi-2212 单晶在高氧分压下退火时 B_{irr} 上升的道理一样，随着高氧分压热处理时载流子过掺杂状态下 T_c 的下降，Bi-2212 的各向异性也下降了。所以提高 J_c 以及 B_{irr}，也就可以通过高氧分压热处理而得到[34]。

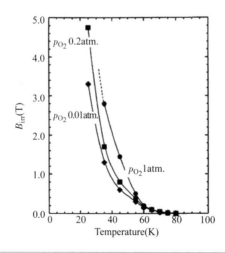

图 7.12　热处理中随着氧分压增大，不可逆磁场 B_{irr} 的变化[32]

Bi-2212 线材中，为何磁通钉扎点能大幅度影响 J_c，其中的原理还不是很清楚，但是当磁场方向与带材方向（CuO_2 面方向）平行时，Bi-O 阻挡层可能充当了钉扎点（本征钉扎），平行磁场时的 J_c 比垂直磁场时的 J_c 高很多[28]。

Bi-2212 线材与 Bi-2223 线材一样，在强磁场下 J_c 特性非常优秀，所以被认为是适合制造强磁体的材料[35]。Bi-2212 线材可以是圆形截面，这一点被认为比 Bi-2223 更为有利，所以 Bi-2212 线材的线圈的制备工作也在持续推进[36]。但是 Bi-2212 线材在外加磁场中时，J_c 却随着温度上升而急剧减少。图 7.13 是 Bi-2212 带材的 J_c-B 特性随着温度的变化关系。对其分别施加平行或垂直于带材表面的，也就是垂直或平行于 c 轴的磁场。尤其发现当磁场垂直于带材表面时，温度对 J_c 的影响非常大，当温度达到 45K 以上时，J_c 几乎降到零。Bi-2212 的这种 J_c 与温度的相关性，可能就与 Bi-2212 的很强的各向异性（平面性）有关。在 Bi-2212 上施加与 c 轴平行的磁场时，磁力线容易在与 c 轴垂直的方向发生变形，因此即使有磁通钉扎点的存在，也会由于热激活而脱离钉扎点。Bi-2223 带材的 J_c-B 特性也具有相同的倾向，但是它的各向异性比 Bi-2212 稍小，所以 J_c-B 受温度的影响程度也小。

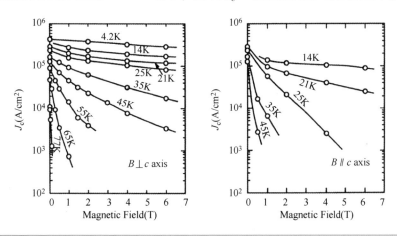

图 7.13 Bi-2212 带材的 J_c-B 特性与温度的变化关系。外加磁场先后与带材平面平行（垂直于 c 轴）（左）与垂直（平行于 c 轴）（右）

7.4 MgB₂线材

MgB₂超导体由于原料资源丰富，价格低廉，而且 T_c 比其他金属超导体高，与其他高温氧化物超导体相比晶界弱结合问题相对较小，被认为不需要考虑晶向的取向生长，因此可以用简单的方法实现线材化，这对实际应用很有利。

MgB₂线材化的最普通的方法是与 Bi 基线材相同的 PIT 法。PIT 法制备 MgB₂线材具体又分为两种方法[37]。第一种方法是 Mg 和 B 的粉末混合填充在金属管内，加工成线材，再经过热处理得到 MgB₂化合物，这称为原位法（in situ）。第二种方法就是将 MgB₂化合物粉末直接填充在金属管内进行加工，这称为异位法（ex situ）。金属管可以用不锈钢、纯铁、莫奈尔合金（Ni-Cu 合金），以及铜等。将莫奈尔合金或铜加工为套管时，为了防止套管中的铜成分与粉末中的 Mg 发生反应，需要在套管和填充粉末之间另外填入 Nb 作为阻隔材料。

原位 PIT 法中，通过热处理使 Mg 和 B 反应生成 MgB$_2$ 的时候，材料密度增大而体积收缩，通常 MgB$_2$ 线心的填充率只有 50% 左右。而采用异位 PIT 法，MgB$_2$ 的填充率就会大得多，但是市售的 MgB$_2$ 粉末由于表面氧化层的存在，颗粒之间的结合并不好，所以最终线材的 J_c 未必比原位 PIT 法高。但是如果将原位 PIT 法得到的线材的 MgB$_2$ 线芯取出，粉碎成 MgB$_2$ 粉末再进行填充，由于没有氧化层污染的问题，线材的 J_c 会大大提高[38]。原位法和异位法最近都已经制备出了长度超过千米的多芯线材。

有研究者在 MgB$_2$ 粉末中添加碳或碳的化合物，以提高超导特性，包括 SiC 纳米颗粒[39]，芳香族碳氢化合物[40,41]，苹果酸[42]，B$_4$C[43] 以及碳纳米颗粒[44]。图 7.14 中显示了无添加的，以及添加了 SiC 纳米颗粒的 MgB$_2$ 线材的上临界磁场 B_{c2} 与温度的关系，以及与已经实用化的 Nb-Ti、Nb$_3$Sn 线材、MgB$_2$ 薄膜材料[45] 相关参数的比较[46]。高品质的 MgB$_2$ 单晶的 B_{c2} 值并不高[47]，但是 PIT 法得到的线材由于引入了适当的缺陷，获得了满足实用要求的 B_{c2} 的值。另外，图 7.14 显示 MgB$_2$ 薄膜中有细微的 MgB$_2$ 晶体，虽然 T_c 稍稍降低，但 B_{c2} 却非常高。添加 SiC 纳米颗粒的线材，在 4.2K 的温度中，外推的 B_{c2} 值达到约 30T，这个数值达到了与实用化的 Nb$_3$Sn 线材相同甚至更高的水平。这种添加碳元素非常化合物引起 B_{c2} 上升的现象，可能是由于 MgB$_2$ 中的 B 被碳原子部分取代，碳原子成为电子的散射中心，从而降低了电子的平均自由程，相干长度减小。

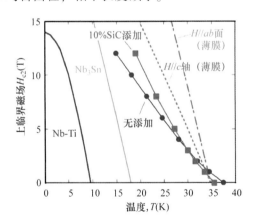

图 7.14　PIT 法 MgB$_2$ 线材的上临界磁场。另外画出了 Nb-Ti、Nb$_3$Sn 线材、MgB$_2$ 薄膜材料的相关特性与之比较[46]

从图 7.14 看到，添加了 SiC 的 MgB$_2$ 线材在 20K 温度时的 B_{c2} 大约为 11T，可以与 Nb-Ti 实用线材在 4.2K 时的参数相当。因此它可以用来替代需要在 4.2K 低温下工作的 Nb-Ti 线材，用制冷设备降温到 20K 左右就可以工作了。由此，MgB$_2$ 线材的应用之一，就是可以制造不需要液氦冷却的超导设备。目前已经有研究者提议用 20K 的液态氢作为冷媒来实现降温[48]。

这样做的好处不仅是降低了冷却成本，线材的比热也比以前大大提高，稳定性能显著提升。

碳原子替位 B 原子，对于强磁场下 J_c 的改善很有效。图 7.15 中显示了添加碳及其各种化合物的原位 PIT 法的 MgB$_2$线材，在 4.2K 温度时的 J_c-B 特性[49]。这些杂质的添加，在强磁场条件下可以大大提高 J_c 的特性。而且，将 SiC 和碳氢化合物同时添加也是很有效的，10T 磁场下 J_c 可以达到 3 万 A/cm^{2}以上，比未添加的线材高一个数量级。但是这也还远远达不到 10^5 A/cm^{2}实用化的目标。正如前文所说，原位 PIT 法制作的线材 MgB$_2$线芯的填充度比较低，难以获得高 J_c 值。由于空隙比较多，这样线材中允许电流通过的有效面积比例（Connectivity）只有 10% 左右，而理想情况是要达到 100%。因此，如何提高 MgB$_2$线芯的填充率成为一项重要的课题，机械合金化法（Mechanical Alloying）[50]、冷压加工法[51]、热压加工法[52]、内部 Mg 扩散法[41]等方法先后提出，以提高填充率，改善 J_c 特性。

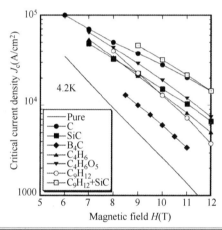

图 7.15　添加碳及其各种化合物的原位 PIT 法获得的 MgB$_2$线材的 J_c-B 特性[49]

图 7.16 中是常压热处理，以及 100MPa 气压下热压法获得的 MgB$_2$线材的 SEM 图像的

普通烧结　　　　　　　　热压法（100MPa）

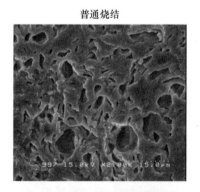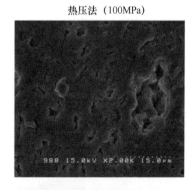

图 7.16　PIT 法制备的 MgB$_2$线材线芯的细微结构[53]。左图：普通烧结（填充率 50%），右图：热压法（填充率 70%）

比较[53]。热压法可以使 MgB_2 线芯的填充率从 50% 提高到 70% 以上，并且在 4.2K、10T 环境下 J_c 也从 $2 \times 10^4 A/cm^2$ 提高到 $4 \times 10^4 A/cm^2$ 以上。但是热压法并不适用于长尺寸线材的制作。

适用于长尺寸线材，并且填充率较高的方法，如图 7.17 所示，称为 Mg 内部扩散法（Internal Mg Diffusion：IMD）[41]。这种方法和 PIT 一样操作都比较简单，相比于原位 PIT 法是使用 Mg+B 混合粉末来发生反应，扩散法是使外部的 B 粉末层向内部的 Mg 棒扩散和反应，可以得到较高的填充率。金属管中央是直径远小于金属管内径的 Mg 棒，Mg 棒与金属管之间的空隙尽量填满 B 的粉末。然后用轧辊法或拔丝法加工成线材，并进行最后的热处理。Mg 是六方晶系结构，机械加工性能较差，但是将其用 B 粉包裹，即使不进行退火钝化，也可以保证不断线。经过最后的热处理，Mg 也会向 B 层扩散，形成 MgB_2。

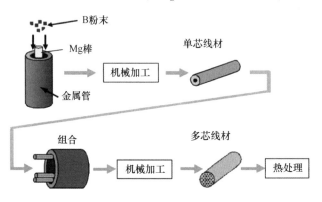

图 7.17　Mg 内部扩散法（IMD）制备 MgB_2 线材的方法

另外，Mg 内部扩散法还可以将多根加工好的线材成束地插入金属管中，继续加工，变成多芯线材。图 7.18 就是通过这种工艺并退火后得到的 7 芯线材的横截面示意图。考虑线材的稳定性，外侧金属管使用的是 Cu 管。Mg 内部扩散法是从外层向内提供 B，所以生成的 MgB_2 线芯的填充率要比 PIT 法高，而且 J_c 也比 PIT 法大幅提高。但是内部的 Mg 也会向 B 层

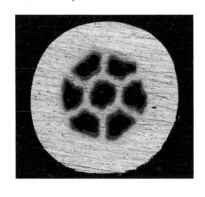

图 7.18　Mg 内部扩散法得到的 7 芯 MgB_2 线材（热处理后），外径 1.2mm

扩散，所以细丝当中还是存在空隙的。

图 7.19 是原位 PIT 法和 IMD 法获得的 MgB$_2$ 线材在 4.2K 以及 20K 时的 J_c-B 特性，以及与 Nb-Ti、Nb$_3$Sn 实用线材、MgB$_2$ 薄膜（PLD 法）[54] 的性能对比[55]。IMD 法显示出比 PIT 法更高的 J_c，在 4.2K、10T 环境下 J_c 超过 10^5 A/cm^2。而在 20K、4T 的外磁场时 J_c 虽然也超过了 10^5 A/cm^2，但相比于 4.2K 的 Nb-Ti 线材还是较低，要想用 MgB$_2$ 线材全面取代目前广泛使用的 Nb-Ti 线材、在 20K 温度下运行的话，今后还是要不断提高 J_c 的性能。PLD 法获得的 MgB$_2$ 薄膜有很高的 J_c，这是由于 PLD 法获得的材料填充率非常高。

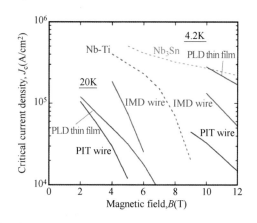

图 7.19　MgB$_2$ 线材在 20K 以及 4.2K 时的 J_c-B 特性。与 MgB$_2$ 薄膜（PLD 法）、
Nb-Ti 线材、Nb$_3$Sn 线材的特性进行比较[55]

与 A15 型化合物一样，MgB$_2$ 的晶界是理想的钉扎点，对超导体的 J_c 影响很大[56]。因此，MgB$_2$ 晶粒的细微化，是提高 J_c 的有效手段。实际上，低温热处理可以抑制晶粒的粗大化，从而获得高 J_c[57]。MgB$_2$ 线材有望实现的应用，其中之一就是经过制冷设备的冷却用在 MRI 系统中，而将其用液氢冷却应用在超导储能和输电电缆上也是很有希望的。

7.5　铁基线材

铁基超导体[6] 有许多种，其中 T_c 最高的是 SmFeAsO$_{1-x}$F$_x$ 系列，其 T_c 约 55K，除了这种 1111 系材料以外，还有 111 系的 LiFeAs（$T_c \sim 18$K），122 系的（Ba, K）Fe$_2$As$_2$（T_c 约为 38K），以及 11 系的 FeSe（T_c 约为 8K）等。铁基超导体，一般来说具有上临界磁场 B_{c2} 特别高的优点[58]。高温氧化物超导体虽然也有很高的 B_{c2}，但是在铁基超导体中，122 系的（Ba, K）Fe$_2$As$_2$（Ba-122）和（Se, K）Fe$_2$As$_2$（Sr-122），根据 B_{c2} 磁场方向而体现出的各向异性，远远小于高温氧化物超导体[59]，所以有望应用于超导强磁体等方面。本节就介绍一下这些相关的线材。

　　适合制作 Ba(Sr)-122 线材的是 PIT 法，但主要是异位 PIT 法，首先制作前驱体，然后将其填充到金属管中再加工成线材[60,61]。要获得高 J_c 的线材，制作高质量的前驱体就变得极其重要。笔者等人采用的前驱体制作方法，如图 7.20 所示。首先准备构成元素的小片、粉末原料，在脱氧、脱水气的不活泼气氛下对原料进行球磨，达到充分的混合，然后进行热处理。如此获得的超导块材继续在乳钵中粉碎成粉末，填充在金属管中，经过轧辊、拔丝等机械加工变成线材或带材，最后在 850℃ 高温下热处理 2~4h。金属管的材料与 Bi 系线材一样，主要采用银管，因为银不能与 Ba(Sr)-122 发生反应。

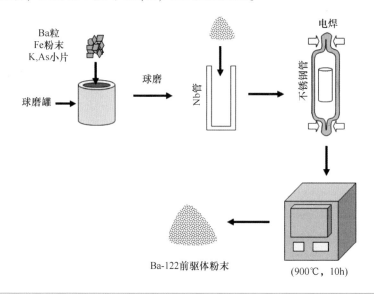

图 7.20　Ba-122 前驱体粉末的制作方法举例

　　如此获得的 Ba(Sr)-122 线材，在 4.2K、10T 环境下 J_c 不足 $10^4 A/cm^2$，非常低。原因之一还是线芯的填充率太低。这与之前所述的原位 PIT 法制作 MgB_2 线材类似。要提高线芯填充率，可以采用热等静压处理（Hot Isostatic Press，HIP）[62]、室温单轴冷压[63]、单轴热压[64]等技术。其中，室温单轴冷压，相比于其他两种方法来说，操作更为便利。

　　图 7.21 是在经过沟槽轧辊之后，分别进行平面轧辊，以及 4Ga 压力下单轴压缩的具有银包套的线芯的 SEM 照片[65]。相比于轧辊工艺，高压单轴压缩可以使材料的填充率大大提高，大幅提升 J_c，但只适用于制备短尺寸线材，制备长尺寸线材是比较困难的。但是单靠轧辊工艺来制作带状线材时，由于作为包套的银管质地非常软，在轧辊压延中难以对线芯产生很高的压力，所以要提高材料的填充率还是很困难的。

　　为了解决这个问题，可以设计双层金属包套，内层是银或银合金，外层是不锈钢[66,67]。纯银包套的 Ba-122 线材在热处理后，银材料太软难以加工，但是外层不锈钢在热处理后依然可以保持较高的硬度，方便机械加工。图 7.22 是银/不锈钢双层包套剖面示意图[66]。分别用纯银和 Ag-Sn 合金作为内层包套，不锈钢作为外层包套，经过平面轧辊制作出的双层包套带状线材，在 4.2K，10T 环境下 J_c 分别达到 7.7×10^4 A/cm^2 和 1.0×10^5 A/cm^2，与使用单层纯银包套和单轴压缩工艺的带材 J_c 相当。而使用双层包套和单轴压缩工艺可以得到更高 J_c 的带材，但差距也并不太大。

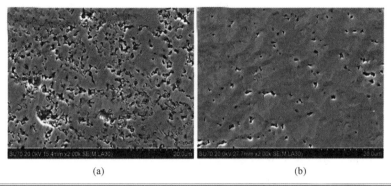

(a)   (b)

图 7.21   异位 PIT 法制作的 Ba-122 线材线芯的 SEM 照片。(a) 普通加工法，(b) 单轴冷压法

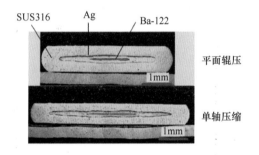

图 7.22   使用银/不锈钢双层包套剖面照片[66]

作为影响 Ba-122 超导线材 J_c 特性的一个参数，线芯填充率是非常重要的。测量填充率的一种简单办法，就是测量硬度。图 7.23 是上述的纯银包套、银/不锈钢双层包套、银锡合

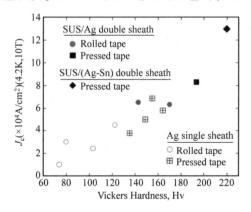

图 7.23   各种 PIT 工艺得到的 Ba-122 带材的线芯的维氏硬度与 J_c 的关系[68]

金/不锈钢双层包套在 4.2K、10T 环境下测得的 J_c 与线芯的维氏硬度的关系[68]。双层包套，比纯银或银锡合金单层包套的维氏硬度高得多，所以填充率就比较高。J_c 随着线芯维氏硬度的增大而直线增大，说明两者有很强的正相关性。尤其是当使用双层包套来提高硬度的时候，线芯填充率提高，J_c 也增大，这就很清晰地证明了这一点。平面轧辊与单轴压缩的差别在于，单轴压缩可以得到更高的填充率从而提高 J_c，除此以外两者并无明显差别。

影响 Ba-122 线材的 J_c 的另一个因素是 Ba-122 层的 c 轴取向性。图 7.24 中，是超导线芯的 c 轴取向度与 J_c（4.2K，10T）的关系[68]。这里 c 轴取向度 F 的数值是从 XRD 峰的强度计算而来。从图 7.24 可以明显地看到，随着 c 轴取向度的提高，J_c 也大大地提高。另外，银/不锈钢双层包套相比于纯银单纯包套，更有利于 c 轴取向度的提高，而单轴压缩工艺相比于轧辊工艺也是如此。对比图 7.23 和图 7.24，随着轧辊压力或单轴压缩压力的提升，c 轴取向度和线芯硬度（填充率）都提高，需要搞清楚 J_c 的变化到底是由哪一个因素主导的。从图 7.24 来看，在取向度 0.4 附近，J_c 急剧上升，与图 7.23 对比来看的话，线芯填充率对 J_c 的影响看起来要比取向度产生的影响更明显。

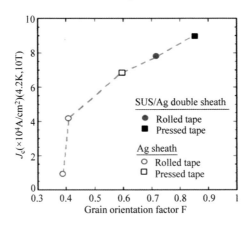

图 7.24　PIT 法 Ba-122 线材超导线芯的 c 轴取向度与 J_c 的关系[68]

对于高温氧化物超导线材来说，c 轴取向度也是很重要的，相比于部分熔融-缓慢冷却法（Bi-2212 线材）和机械加工+热处理（Bi-2223 线材）的工艺，Ba-122 线材的制备只需要普通的机械加工以及最后的热处理，就可以最终获得很高的 J_c，因此工艺相对更加简单。

图 7.25 是平面轧辊以及单轴压缩工艺获得的银/不锈钢以及银锡合金/不锈钢包套线材，在 4.2K 时的 J_c-B 特性，还加入了 Nb-Ti[69]、用青铜法添加了 Ti 的 Nb₃Sn 线材[70]以及部分熔融-缓慢冷却法获得的 Bi-2212 带材[28]来与之比较[68]。这里的外加磁场总是与带材表面平行。银/不锈钢包套线材先是用 12T 的超导磁体进行测量，经过几个月后，又用混合磁体对同样的线材样品进行了测量。两次测量中，J_c 表现出了良好的重复性，说明两次测量中线材的 J_c 特性没有退化。银锡合金/不锈钢包套带材，比银/不锈钢包套带材具有更高的 J_c，经过平面轧辊工艺获得了 $1×10^5 A/cm^2$ 的 J_c（4.2K，10T）[67]。

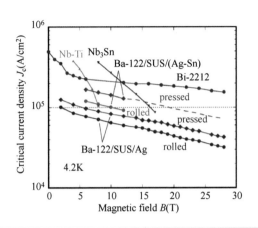

图 7.25　Ba-122 双层包套线材的 J_c-B 特性。与 Nb-Ti、Nb$_3$Sn 实用线材等对比[68]

Ba-122 带材相比于 Nb$_3$Sn 线材，外加磁场对 J_c 的影响程度较小，表现出与 Bi 系高温超导带状线材相似的特性。在强磁场下可以获得很高的 J_c，因此 Ba-122 带状线材被认为非常适合于强磁体应用的超导线材。Ba-122 带状线材的 J_c 受磁场影响较小，可能是因为与 Bi 系高温超导线材一样，其在低温下的 B_{c2} 可以高达 50T 以上。另外，Ba-122 线材的电场-电流曲线（log$E$-log$J$ 曲线）的斜率（n 值）比高温氧化物超导线材大得多，这也是它的优点。但是如图 7.25 所示，其 J_c 比高温氧化物超导带材低，还需要继续提高改善。

以上就是关于 Ba-122 系带状线材的研究结果，Ba-122 系材料的研发正在向着圆形截面线材的方向进行[71]。Ba-122 圆形截面线材可能面临着和带状线材一样的问题，就是填充率低。通常用轧辊或拔丝法进行加工的圆形截面线材，相比于带状线材填充率可能更低，J_c 也不是很高。这与前文所说的 Bi-2212 圆形截面线材也是类似的。对此，研究者们正在尝试用热等静压处理（HIP）法来提高圆形截面线材的填充率，175MPa 压力下进行 HIP 处理的线材，在 4.2K、10T 环境下 J_c 可达几万 A/cm^2，与普通的热处理相比高得多。但还是达不到带状线材的水平。

7.6　总结

Nb-Ti 线材已经有很长的研究历史，基本上是已经开发完成的材料，在 MRI 等设备中具有广泛的应用，目前相比于其他材料也是具有压倒性的优势。Nb$_3$Sn 线材也有很长的历史了，现在是强磁体线材的主流，在添加了 Ti 等元素后，强磁场下的 J_c 又大幅提高，是重要的强磁体线材。另外，最近作为青铜法（Bronze）的改良，就是用 Sn 内部扩散法、Ni-Tube 法、Nb-Sn 化合物 PIT 法等的许多研究也正在进行，不断出现 J_c 特性超过青铜法的新型线材。

Bi-2212 线材是高温氧化物超导线材中，唯一可能制作成圆形截面的线材，这是它最大的优点。最近圆形截面线材的研究热度开始超过带状线材。圆形截面线材相比于带状线材，结晶取向性比较差，但是可以通过高压热处理获得高填充率，达到与带状线材相同水平的 J_c，今后还要继续研究结晶取向性与填充率两者哪一个对 J_c 的影响更强。另外，高压热处理相对于常压热处理，设备、工艺等肯定都更复杂，生产成本是一个大问题，降低线材制造成本是一个课题。长尺寸线材 J_c 性能偏差的降低以及机械性能的改善，也是今后的课题。

　　MgB_2 线材通过 PIT 法可以获得超过千米长的线材，但是要全面替代 Nb-Ti 线材、在 20K 附近应用，还需要继续提高 J_c。IMD 法虽然可以获得更高的 J_c，但目前只能生产百米级的线材，规模一定要提高。另外，这两种线材都可以制作多芯线材，芯数达到数十芯，但是要满足商用频率的交流应用，还需要进一步增加芯数（减小细丝的直径）。

　　Ba-122 线材是最有希望应用在强磁场领域的线材，在这个领域可以与 Bi 系、Y 系高温氧化物超导体进行竞争。Ba-122 线材的优势在于线材工艺比高温氧化物超导体简单，各向异性小，在研究如何充分发挥这些优势的同时，必须把 J_c 也提高到 Bi 系线材的水平上来。Ba-122 圆形截面线材的专门研究也非常重要。

参 考 文 献

［1］『超電導・低温工学ハンドブック』，低温工学協会編，オーム社，520（1993）.

［2］特集 Nb₃Sn 線材の現状と将来展望-発見から50 年を記念して-，『低温工学』，**39**（9）（2004）.

［3］熊倉浩明，竹内孝夫，『応用物理』**76**，44（2007）.

［4］*Bismuth-based High Temperature Superconductors*, ed. H. Maeda and K. Togano Marcel Dekker, Inc., New York（1996）.

［5］和泉輝郎，『応用物理』**79**，14（2010）.

［6］細野秀雄，『応用物理』**78**，31（2009）.

［7］太刀川恭治，『低温工学』**45**，2（2010）.

［8］National High Magnetic Field Laboratory, Magnet Development, Applied Superconductivity Center, Nb-Ti Image Gallery. https://nationalmaglab. org/magnet-development/applied-superconductivity-center/asc-image-gallery/nb-ti-image-gallery.

［9］A. W. West and D. C. Larbalestier, *Metall. Trans.* **15A**, 843（1984）.

［10］*Binary Alloy Phase Diagrams*, Vol. 3, ASM International, 2777（2001）.

［11］P. J. Lee and D. C. Larbalestier, *Acta Metall.* **35**, 2523（1987）.

［12］『超電導・低温工学ハンドブック』，低温工学協会編，オーム社，528（1993）.

［13］J. E. Kunzler, *Rev. Mod. Phys.* **33**, 501（1961）.

［14］太刀川恭治，『低温工学』**39**，3977（2004）.

［15］熊倉浩明，『応用物理』**80**，392（2011）.

［16］成果普及情報誌技術シーズ集 . https：//rdreview. jaea. go. jp/review_jp/2006/j2006_3_10. html.

［17］H. Sekine, K. Itoh and K. Tachikawa, *J. Appl. Phys.* **63**, 2167（1988）.

［18］熊倉浩明，太刀川恭治，C. L. Snead, Jr.，M. Suenaga，『日本金属学会誌』**49**，792（1985）.

［19］K. Tachikawa and P. Lee, 100 *Years of Superconductivity*, Edited by H. Rogalla and P. H. Kes, CRC Press,

661（2012）.

[20] E. Gregory, M. Tomsic, X. Peng, R. Dhaka, and M. D. Sumption, *Adv.*, *Cryogenic Engr. Mat.* **54**, 252 （2008）.

[21] A. Godeke, A. den Ouden, A. Nijhuis, and H. H. J. ten Kate, *Cryogenics* **48**, 308（2008）.

[22] 菊池章弘,『低温工学』**53**, **27**（2018）.

[23] H. Maeda, Y. Tanaka, M. Fukutomi and T. Asano, *Jpn J. Appl. Phys.* 27, L209（1988）.

[24] H. Kitaguchi and H. Kumakura, *MRS Bulletin* **26**, 121（2001）.

[25] A. Matsumoto, H. Kitaguchi, H. Kumakura, J. Nishioka and T. Hasegawa, *Supercond. Sci. Technol.* **17**, 989（2004）.

[26] H. Kumakura, *Bismuth-based High Temperature Superconductors*, ed. H. Maeda and K. Togano, 451, Marcel Dekker, Inc., New York,（1996）.

[27] J. Kase, K. Togano, H. Kumakura, D. R. Dietderich, N. Irisawa, T. Morimoto, and H. Maeda, *Jpn. J. Appl. Phys.* **29**, L1096（1990）.

[28] H. Kumakura, K. Togano, H. Maeda, J. Kase, and T. Morimoto, *Appl. Phys. Lett.* **58**, 2830（1991）.

[29] J. Kase, T. Morimoto, K. Togano, H. Kumakura, D. R. Dietderich, and H. Maeda, *IEEE Trans. Magn.* **MAG-27**, 1254（1991）.

[30] M. Karuna, J. A. Parrell, and D. C. Larbalestier, *IEEE Trans. Appl. Supercond.* **5**, 1279（1995）.

[31] D. C. Larbalestier, J. Jiang, U. P. Trociewitz, F. Kametani, C. Scheuerlein, M. Dalban-Canassy, M. Matras, P. Chen, N. C. Craig, P. J. Lee, and E. E. Hellstrom, *Nature Materials* **13**, 375（2014）.

[32] H. Kumakura, H. Kitaguchi, K. Togano, and N. Sugiyama, *J. Appl. Phys.* **80**, 5162（1996）.

[33] H. Fujii, H. Kumakura, and K. Togano, *J. Materials Research* **14**, 349（1998）.

[34] T. Nakane, A. Matsumoto, H. Kitaguchi, and H. Kumakura, *Supercond. Sci. Technol.* **17**, 29（2004）.

[35] H. Kumakura, *Supercond. Sci. Technol.* **13**, 34（2000）.

[36] K. Zhang, H. Higley, L. Ye, S. Gourlay, S. Prestemon, T. Shen, E. Bosque, C. English, J. Jiang, Y. Kim, J. Lu, U. Trociewitz, E. Hellstrom, and D. C. Larbalestier, *Supercond. Sci. Technol.* 31, 105009（2018）.

[37] 太刀川恭冶, 熊倉浩明,『応用物理』**72**, 13（2003）.

[38] T. Nakane, H. Kitaguchi, and H. Kumakura, *Appl. Phys. Lett.* **88**, 22513（2006）.

[39] S. X. Dou, S. Soltanian, J. Horvat, X. L. Wang, S. H. Zhou, M. Ionescu, H. K. Liu, P. Munroe, and M. Tomsic, *Appl. Phys. Lett.* **81**, 3419（2002）.

[40] H. Yamada, M. Hirakawa, H. Kumakura, and H. Kitaguchi, *Supercond. Sci. Technol.* **19**, 175（2006）.

[41] S. J. Ye and H. Kumakura, *Supercond. Sci. Technol.* **29**, 113004（2016）.

[42] J. H. Kim, S. X. Dou, M. S. A. Hossain, X. Xu, J. L. Wang, D. Q. Shi, T. Nakane, and H. Kumakura, *Supercond. Sci. Technol.* **20**, 715（2007）.

[43] A. Yamamoto, J. Shimoyama, S. Ueda, I. Iwayama, S. Horii, and K. Kishio, *Supercond. Sci. Technol.* **18**, 1323 （2005）.

[44] J. H. Kim, W. K. Yeoh, M. J. Qin, X. Xu, S. X. Dou, P. Munroe, H. Kumakura, T. Nakane, and C. H. Jiang, *Appl. Phys. Lett.* **89**, 3419（2002）.

[45] X. Zeng, A. V. Pogrebnyakov, A. KoTcharov, J. E. Jones, X. X. Xi, E. M. Lysczek, J. M. Redwing, S. Xu, Q. Li, J. Lettieri, D. G. Scholom, W. Tlan, X. Pan, and Z. Liu, *Nature Materials* **1**, 35（2002）.

［46］松本明善，熊倉浩明，『日本金属学会誌』**71**，928（2007）.

［47］M. Zehetmayer, M. Eisterer, J. Jun, S. M. Kazakov, J. Karpinski, A. Wisniewski, and H. W. Weber, *Phys. Rev. B* **66**，052505（2002）.

［48］M. Grant, *The Industrial Physicist* **7**，22（2001）.

［49］H. Kumakura, *J. Phys. Soc. Jpn.* **81**，011010（2012）.

［50］W Häßler, H Hermann, M Herrmann, C Rodig, A Aubele, L Schmolinga, B Sailer and B Holzapfel, *Supercond. Sci. Technol.* **26**，025005（2013）.

［51］R. Flukiger, M. S. A. Hossain and C. Senatore, *Supercond. Sci. Technol.* **22**，085002（2009）.

［52］H. Yamada, M. Igarashi, Y. Nemoto, Y. Yamada, K. Tachikawa, H. Kitaguchi, A. Matsumoto, and H. Kumakura, *Supercond. Sci. Technol.* **23**，045030（2010）.

［53］J. H. Kim, A. Matsumoto, M. Maeda, Y. Yamada, K. Wada, K. Tachikawa, M. Rindfleisch, M. Tomsic, and H. Kumakura, *Physica C* **470**，1426（2010）.

［54］A. Matsumoto, Y. Kobayashi, K. Takahashi, H. Kumakura and H. Kitaguchi, *Appl. Phys. Express* 1, 021702（2008）.

［55］熊倉浩明，『金属』**85**，212（2015）.

［56］H. Kitaguchi, A. Matsumoto, H. Kumakura, T. Doi, H. Yamamoto, K. Saitoh, H. Sosiati, and S. Hata, *Appl. Phys. Lett.* **85**，2842（2004）.

［57］H. Kumakura, H. Kitaguchi, A. Matsumoto, and H. Hatakeyama, *IEEE Trans. Appl. Supercond.* **15**，3184（2005）.

［58］A. Gurevich, *Rep. Prog. Phys.* **74**，124501（2011）.

［59］N. Ni, S. L. Bud'ko, A. Kreyssig, S. Nandi, G. E. Rustan, A. I. Goldman, S. Gupta, J. D. Corbett, A. Kracher, and P. C. Canfield, *Phys. Rev. B* **78**，014507（2008）.

［60］Y. Ma, *Supercond. Sci. Technol.* **25**，113001（2012）.

［61］K. Togano, Z. Gao, A. Matsumoto, and H. Kumakura, *Supercond. Sci. Technol.* **26**，115007（2013）.

［62］J. D. Weiss, C. Tarantini, J. Jiang, F. Kametani, A. A. Polyanskii, D. C. Larbalestier, and E. E. Hellstrom, *Nat. Mater.* **11**，682（2012）.

［63］Z. Gao, K. Togano, A. Matsumoto, and H. Kumakura, *Scientific Reports* **4**，4065（2014）.

［64］X. Zhang, C. Yao, H. Lin, Y. Cai, Z. Chen, J. Li, C. Dong, Q. Zhang, D. Wang, Y. Ma, H. Oguro, S. Awaji, and K. Watanabe, *Appl. Phys. Lett.* **104**，202601（2014）.

［65］熊倉浩明，Ye Shujun, Gao Zhaoshim, Zhang Yunchao，松本明善，戸叶一正，『日本金属学会誌』**78**，287（2014）.

［66］Z. Gao, K. Togano, A. Matsumoto, and H. Kumakura, *Supercond. Sci. Technol.* **28**，012001（2015）.

［67］Z. Gao, K. Togano, Y. Zhang, A. Matsumoto, A. Kikuchi, and H. Kumakura, *Supercond. Sci. Technol.* **30**，095012（2017）.

［68］熊倉浩明，Zhaoshun Gao，松本明善，菊池章弘，戸叶一正，『低温工学』52, 405（2017）.

［69］S. Hong, D. Geschwindner, A. mantone, W. Marancik, S. Zalek, and R. Zhou, *IEEE Trans.* **MAG-25**，1934（1989）.

［70］K. Tachikawa, H. Sekine, and Y. Iijima, *J. Appl. Phys.* **53**，5354（1982）.

［71］S. Pyon, T. Suwa, T. Tamegai, K. Takano, H. Kajitani, N. Koizumi, S. Awaji, N. Zhou, and Z. Shi, *Supercond. Sci. Technol.* **31**，055016（2018）.

第8章

▶▶▶▶▶▶

氧化物约瑟夫森结

8.1 前言

　　高温超导现象从发现至今已经过去了 30 多年。在研究者们最初对超导感到狂热的时候，笔者还是一个民企里默默无闻的小研究员，整天满手粉末地在乳钵里鼓捣样品，脑子里不停地把元素周期表的各种元素排列组合。忙忙碌碌，但最后却没有什么可以发表的成果。其他部门却可以拿着新研制出来的薄膜材料，在国际会议上不断地推出新的成果。当时业界推崇"面向未来的器件"，相关的薄膜研究非常热门，新闻频出。每一篇报道的结束语都会说"离实用化更近了一步"。

　　但是到了如今，我们是否能自豪地说"我们已经达到了实用化"了呢？很遗憾，答案是"否"。笔者作为普通的科研搬砖工，在乳钵里鼓捣了十多年未曾发迹，之后，转行研究包括薄膜制备和约瑟夫森结在内的器件制作，直到如今。身边一起切磋共同进退的同伴已经越来越少，回过神抬头一看，实验室里那些依然坚守、甘洒热血和汗水的，只剩最早进入这个行业的资深老人了。笔者在受到邀请撰写这篇文章时，心里想，像我这样一个小小的科研搬砖工，也可以担当大任吗？在这个领域里深耕多年却没有一点像样的成果，没能带动整个行业向前发展，怀着这样愧疚和忏悔的心情，以及对同行的感激之情，笔者决定接受这个任务，做出一点贡献。其实已经有很多优秀的文献对这个话题进行过探讨[1-8]，笔者绝不奢望能与之比肩。只是从个人的浅见出发，有失偏颇，但基本保证是原创的。之前在《高温超导体（上）——材料与物理》一书中笔者写过一些知识小专栏，结果受到了好评，所以这次依然打算写这样的小专栏[9]。各位读者赏脸阅读本文之时，如果还能点评几句，那笔者真是荣幸之至了。

　　这次的题目是"氧化物约瑟夫森结"，本文打算以高温超导体中，具有高 T_c 和低各向异性的、无毒的 YBCO 系列约瑟夫森结为中心，进行解说。《高温超导体（下）——材料与应用》一书中，赤穗博司教授（AIST）撰写了其中的《高温超导约瑟夫森结的制作》一章[7]，是非常全面、容易理解的文章。而本文前半部分将重温赤穗教授的文章，后半部分将对双结晶型（Bicrystal）、台阶边缘型（Step Edge）、斜边边缘型（Ramp Edge）约瑟夫森结分别做详细的介绍。高温超导体的出现带来的最大影响是，只要浸泡在液氮中就可以观察到超导现象。目前，上面三种约瑟夫森结已经可以做到在液氮温度下实现 SQUID 系统并且实用化。另外，制作约瑟夫森结的基本薄膜技术在本书的第 2、第 3 章介绍过了，而关于 SQUID 系统应用的详细说明在本书第 13 章，敬请参阅。

8.2 高温超导结合的种类

约瑟夫森结是在两块超导体之间放入一块非超导体而构成的，两块超导体之间通过隧穿形成库伯电子对。非超导材料形成的势垒层非常薄。高温超导体发明之后不久，为了测试是否存在约瑟夫森效应，有研究者设计了图 8.1 这样的结构。其中图（a）的裂纹型（Break 型），是把烧结体样品放到低温中开裂而形成的[10,11]。图（b）中的点接触型，是将金属超导体 Nb 的尖端压在样品上形成的[12]。两种都是非常简单易行的方法，非常适合原理验证。

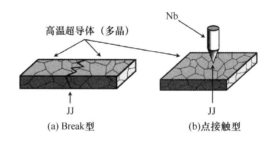

图 8.1 多晶样品制成的约瑟夫森结

从器件应用的角度看，对于高温超导体来说，随着薄膜制备、微加工等技术的发展，高品质、可重复性良好的具有工业价值的约瑟夫森结技术正在稳步发展。针对高温超导体材料的不同特征，各种构造的约瑟夫森结被制作了出来。高温超导体具有各向异性，与 CuO_2 面平行的方向（ab 面）相干长度较长，因此大部分是利用了 c 轴取向生长薄膜的 ab 面的电导特性。

代表性的高温超导体约瑟夫森结的构造，大概可以分为三种。第一种是 Bridge 型构造，首先把超导薄膜切割成两块，用常导体作为 Bridge 连接两侧，通过邻近效应形成结（图 8.2）。在超导薄膜上切开缝隙（Slit），在上面覆盖 Au 形成结[13,14]；在基板上形成极大的高低落差，然后对分离的超导薄膜覆盖 Au 或 Ag-Au 合金形成结[15,16]；在基板上实现铺好非超导体 LaBCO 或 PrBCO 层，在其上生长超导薄膜并切出一道沟来分离[17,18]方法被报道了出来。

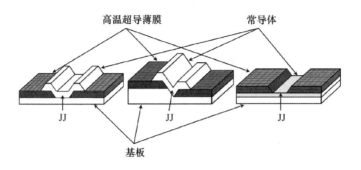

高温超导薄膜　　　常导体

JJ　　JJ　　JJ

基板

图 8.2　Bridge 型约瑟夫森结

第二种构造，是利用了在晶粒边界上超导性弱的特点，制作的晶界型约瑟夫森结（图 8.3）。这种结在后面的第三种构造中也出现了。①在基板上形成高低差，在上面形成超导薄膜，利用此处的晶粒边界形成台阶边缘型[19-23]。②晶向不同的基板拼合形成的双结晶（Bicrystal）基板，上面形成的超导薄膜具有人工晶界，形成双结晶型结[24,25]。③基板的一部分面积上铺设种晶（Seed），在其上外延生长出超导薄膜，有种晶和没有种晶的面积上得到的薄膜晶向不同，因此形成双外延（Biepitaxial）型结[26,27]。

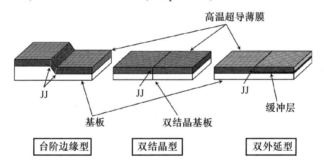

高温超导薄膜

JJ　　JJ　　JJ

基板　　双结晶基板　　缓冲层

| 台阶边缘型 | 双结晶型 | 双外延型 |

图 8.3　晶界型约瑟夫森结

第二种构造，在超导薄膜之间人工加入势垒层，形成人工势垒型结构（图 8.4）。这包括：①在作为下部电极的超导薄膜上斜切，切面与势垒层连接，再在上部堆积上部电极超导薄膜，这叫作斜边边缘型结[28-35]；②构造超导薄膜/势垒层/超导薄膜的多层结构，再通过微加工在多层薄膜的纵向形成层积型结[36-38]。层积型利用了相干长度短的 c 轴方向的电导特性，所以需要很强的制作技术。如果各种问题能够得到解决，这将成为约瑟夫森结走向集成电路的关键技术。

约瑟夫森结的符号

在画电路图的时候，电阻一般是用什么符号表示的呢？可能有人会画出之字形（Zigzag）的线。但正确答案是长方形，这是国际标准规定的形状。所以考试如果画之字形线，那就是不对的。那么约瑟夫森结在电路中是用什么符号表示呢？有人会说，肯定是 X 标记！不不不，这个标记太过于普通，国际标准里是不会采用的。新的标记还有待商讨。

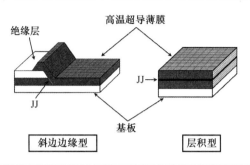

图 8.4　人工势垒型约瑟夫森结

这十年来，与超导器件相关的国际标准的制定正在推进。大久保雅隆先生（AIST）在日本国内负责汇总的工作，并且引导着国际会议上的讨论。日本方面为约瑟夫森结的符号提出了自己的方案[39]。如图 8.5（a）所示，就是在 X 标记上增加两个点。这两个点可以看作是库伯电子对，夹持在很薄的足以形成隧道的常导电层两侧，这么看就容易理解了。另外，如果常导电层很厚无法形成隧道的话，就用图 8.5（b）的符号来表示。超导体和常导体的边界可以用符号表示出来。也可以把 X 标记看作两个不等号，刚好可以表示两侧导电性数量级的差异，不等号的打开的一侧，刚好是超导体。对此提案，其他国家的委员们没有赞同，但也没有反对，可能会默许，将其作为国际标准符号来使用吧。只希望日本提出的方案能够在世界各地广泛地得到研究者们的承认和使用。

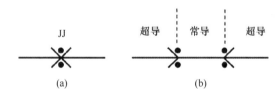

图 8.5　约瑟夫森结的符号

8.3 研究开发的进展

这里我们回顾一下，高温超导体约瑟夫森结应用研究的开发历程。首先是 1987 年，Break 型和点接触型结的原理验证。之后是晶界型和 Bridge 型，以及更加复杂的人工势垒型结的出现，但它们并不是先后出现，而是在同一时间同步开发的。Bridge 型和晶界型从 1988 年开始，层积型从 1989 年开始，斜边边缘型从 1990 年开始，分别出现报道。

另外，在这个时期，薄膜生长技术、微加工技术，以及分析、评价技术等都浑然一体，共同进步着。现在我们司空见惯的技术和设备，其实很多都是在那个时期就开始出现了。尤其是关于氧化物材料的开发工具，有不少在很短的时间内就取得了长足的进步。薄膜生长技术中，脉冲激光沉积法（Pulsed Laser Deposition）迅速得到普及[40,41]。与共蒸法、溅射法等传统的物理气相成膜方法相比，PLD 法最大的优点是可以很好地按照靶材原有的组分得到沉积膜。到了 1990 年以后，原子力显微镜，作为一种非破坏性的表面形貌测量工具，正式得到普及[42-44]。YBCO 薄膜的表面形貌可以很轻松地观察到，从而对结晶生长模式进行讨论。表面粗糙度从此也有了定量评价的标准。

当各种各样的约瑟夫森结的结构设计被提出后，工业级的系统应用开发就指日可待了。对 Bridge 型结来说比较困难的亚微米级狭窄 Bridge 的长度控制问题，以及技术和高温超导体的接触电阻控制问题，在 1993 年之后，渐渐得到了解决。晶粒型结由于制备方法简单，性能较好等优势，适用于结的数量较少的 SQUID 系统应用，并以此为中心开展着活跃的研究，一直至今。

另外，需要多结集成的数字电路应用，属于人工势垒型结的开发方向。从 1992 年到 1998 年，研究者们尝试了各种材料来寻找最理想的势垒层。层积型结的技术难度较高，因此没有太大的进展，但是斜边边缘型结在 1998 年使用了界面改性势垒之后，大量关于结的制备的报道都出现了[45]。以此为契机，高温超导数字电路的研究正在加速，小规模的超导取样器得到了实验验证[46,47]。

8.4 结合制备技术中的课题及其控制方法

高温超导约瑟夫森结的制作工艺因结的种类而异，但是基本的工艺很多地方是相通的。关于结的制作中的技术课题、技术方案，赤穗教授已经在《高温超导体（下）——材料和应用》一书中汇总成了一张图，这里我们加以应用，即图 8.6。本节将对超导薄膜制作技术和微加工技术进行介绍。这些内容虽然不在这张图中，但也是与其中很重要的一个项目材料选择密切相关的。

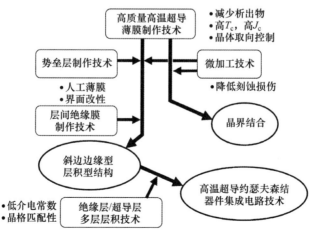

图 8.6 约瑟夫森结制作中的技术课题和技术方案[7]

▶▶ 8.4.1　超导薄膜制备技术

首先，高品质超导薄膜的制备技术是不可或缺的。所谓的高品质，一方面肯定包括高 T_c、高 J_c 等优秀的超导特性，其他还有表面平整性、结晶取向的可控性、可重复性、材料的均匀性等。尤其是对于需要多层薄膜结构的场合，位于底部的层次平整性要求就非常高。对于 YBCO 的情况，相图上不允许发生阳离子互相置换，但是有报道显示，实验中，由于 Y 成分稍微过量，杂质的偏析就不容易出现[48]。另外，La 也可以有效地置换部分的 Y 和 Ba[49]。两种情况都会引起 T_c 稍微降低，为了优先满足实用上的需要，需要合理选择不会使 T_c 显著降低的组分。

前面说过，PLD 法是一种很好的成膜方法。但是靶材表面局部可能发生较为剧烈的蒸发，飞出大的粒子团，最终也会使薄膜表面出现明显的颗粒。尽可能地采用高密度靶材，可以有效降低薄膜表面的颗粒性[50]。单晶、熔融法获得的块材做成的靶材是理想的靶材。蒸发出的大粒子团按直线方向飞线，只要在靶材和基板之间设置挡板，就可以有效减少薄膜上的颗粒[51]。另外，颗粒的产生还是无法完全避免的，但是通过后面的研磨工艺也可以去除它们[52]。

Open Access（OA）

笔者在国际会议上投稿发表过论文。出版社作为会议的合作单位，以学术期刊的形式推出特刊。当笔者想上网看看自己的文章最终会以什么样子出现在网络上时，网页就会出现"Buy Now"，或者"Are you a member of ×××?"这样的对话框。看自己的论文还得掏钱，真是无奈。在很久以前，出版社会另外印刷这篇论文免费送给笔者，现在的人可真是小气呀。

在网络上，开放获取（OA）的期刊也已经出现很久了。随时都能让人免费阅读，实在是太方便了。但是就有人恶意利用这种便利。电视新闻里报道过，有些研究者为了增加自己的论文数量，故意挑选那些审查不严的 OA 期刊投稿，这种现象屡见不鲜。这使得那些历史悠久的权威性期刊受到了威胁。

▶▶ 8.4.2　微细加工技术

薄膜的图形化（Patterning）需要用到微细加工技术。一般来说是用光刻（Photon Lithography）技术来把图形描绘出来，然后进行刻蚀（Etching）。光刻胶没有覆盖的部分，通过化学药剂腐蚀清洗，这叫作湿法刻蚀（Wet Etching），是一种比较方便的方法。但是粗看很整齐的刻蚀面，在光学显微镜下检查的话，还是会发现端面等位置凹凸不平，所以更多的时候还是使用离子刻蚀（Ion Milling）进行加工。

加工时材料中所发生的变化，会对器件的特性有很大的影响，所以刻蚀时腔体的真空度、气体种类、离子入射角度、基板旋转角度、光刻胶形状等，都必须进行合理的控制。特别是光刻胶所决定的刻蚀形状，对刻蚀后基板和薄膜的形状有极大的影响，这对于台阶边缘和斜边边缘型约瑟夫森结的制作，以及超导跨越布线来说，都是必须仔细研究的。一般来说，在用离子刻蚀形成缓变的斜面之前，都要在高温下，让光刻胶保持一定的流动性，通过回流（Reflow）使光刻胶在端面上形成圆滑的钝面。虽然这是很重要的一个工艺，但是过于普通，没有什么特点，所以很少有论文区详细报道它们[53]。

在离子刻蚀过程中，芯片的温度会上升，从而导致 YBCO 中的氧元素流失，超导特性下降，但是可以在之后的退火工艺中重新吸收氧元素，使超导特性得到恢复。但当芯片上有容易氧化的金属元素时，这样的退火就不适用了，只能一边降低芯片温度，一边进行离子刻蚀，来避免氧的损失[54]。

另外，离子刻蚀有时候也被称为"表面改性"。层积型构造的器件制作过程中，下层物质的表面状态变化是很重要的问题。粗糙表面上，是很难形成择优生长的高质量薄膜的。而选择性溅射造成的表面组分的偏差也是一个重要的问题。两层以上超导薄膜构成的层积型器件，不同的条件，有可能使不同的超导层之间形成超导接触，也可能形成人工势垒型结，甚至还可能形成绝缘体。那么是把这看作一个棘手的难题，还是反过来当作一种积极的条件来利用，两种观点都是可取的，不过问题就变得有趣了[55]。上一段中说到，通过后退火工艺可以补充氧元素，但是根据 CuO_2 端面所对应的斜面的表面状态的不同，由于组分偏差，可能会形成一些氧元素无法通过的区域。CuO_2 面允许氧元素垂直扩散通过，但是与水平方向相比明显慢许多，所以还是希望将 CuO_2 露出的面当作氧元素吸收的窗口来利用。考虑表面组分的偏差时，还必须同时考虑到后退火工艺的条件以及此时的保护气体。

利用半导体工艺中的反应离子刻蚀（RIE），可以实现选择性刻蚀，使得高温超导体也可以利用微细加工技术。这个问题从初期就在讨论，但至今也没有找到合适的反应气体，就留给以后的微细加工技术吧。

在 20 世纪 90 年代，研究者们在工艺中做了先进的尝试，用电子束来描画精细的图形，以及用聚焦离子束（FIB）来进行微细加工技术等。彼时也正是介观（Mesoscopic）现象引起大量关注的时候，因此这些新技术在物理研究中被大量使用[56]。最近，使用 He 离子的 FIB 微细加工技术，以及通过损伤控制来制作结的技术也开始出现[57]。技术的进步伴随着新设备的研发，新的尝试也由此诞生。这种潮流是不可阻挡的。期待将来的新技术，能够在更广泛的领域里得到应用，产生划时代的意义。

关于 SI 单位制的意见

在有的论文中读到过"YBCO 薄膜在 1073K 时形成"这样的说法，笔者不禁疑惑，这样的温度读数，有效数字可以认为是 4 位吗？原本不是应该写成 800℃吗，刚好是个漂漂亮亮的整数，让人有种舒适感，就算有点偏差也可以接受。可是在国际单位制（SI 制）里，偏偏要加上 273℃，变成 1073K。

在高温超导体的实验中，在控制物质中氧元素的非计量配比时，以及排列阳离子的顺序时，用℃的单位比较合适。但是在表示低温的特性时，用 K 的单位比较合适。是否有必要强行采用统一的 K 的单位呢？要是有能让作者和读者都觉得合适的单位就好了。

上面 1073K 这个温度读数，有效数字的精度并不能算是 4 位，如果一定要求单位统一的话，就四舍五入记作 1070K 怎么样呢？这样"合适"感略差，但是比起强行增加 273℃，会觉得轻松许多。

▶▶ 8.4.3　材料选择（基板、超导体、绝缘体）

材料的选择是极其重要的方面。首先是基板。与器件的应用有关，现在已经没有人再讨论金属基板和硅晶圆基板的事，而是讨论 Al_2O_3（具有 CeO_2 缓冲层）、MgO 以及各种钙钛矿结构（Perovskite）材料的基板[44,58]。现在主要集中在 $SrTiO_3$ 和 MgO 两种材料上，MgO 介电常数低、价格便宜，所以使用非常多。两者的双结晶基板在市面上也非常多，可以购买。MgO 在空气中有一定的潮解性，所以在双结晶基板方面，$SrTiO_3$ 性能稳定，使用得更多。

YBCO 作为一种超导材料，在论文、报告中获得了丰富的成果，但这也不能证明 YBCO 是最合适的材料。从研究的初期开始，我们就尝试把 Y 替换成其他稀土元素（除了 Pr、Ce、Tb 之外）得到的 LnBCO 能达到 90K 量级的 T_c，而且根据离子半径的不同，材料的特性也有所不同[59]。利用这些特点也可以得到新的成果[60,64]。

另外，关于势垒层采用什么材料，研究者们也有各种想法。绝缘体的 MgO、CeO_2、$SrTiO_3$、Sr_2AlNbO_6、LSAT、$CaSnO_3$、$SrSnO_3$ 等都用过[64]。当考虑用理想的外延生长技术来得到异质材料的多层层叠结构时，研究者们可能会认为势垒层中采用与超导材料晶体结构相同的钙钛矿结构，并且晶格匹配良好的材料是比较适合的。但是实际情况与理想并不吻合。有时下层材料中晶格的畸变被继承仍然能无间断地生成上层的结晶，因此有时采用晶格常数不匹配的材料反而更好。可能适当的畸变有利于释放晶格中的失配。$SrTiO_3$ 和 $BaZrO_3$ 两种钙钛矿结构的晶格常数比 LnBCO 更大，但是以这两种材料作为缓冲层，在其上生长的 LnBCO 晶体质量反而更好[65,66]。

作为一种在超导体上层叠的绝缘材料，CeO_2 非常具有吸引力。由于它允许氧原子通过，所以有利于下层超导体更好地吸收氧元素。另外，PrBCO 具有与 YBCO 基本相同的晶体结构，性质比较接近，所以也会作为非超导层来使用。但是 CeO_2 和 PrBCO 都可能与 Ba 发生反应，产生 $BaCeO_3$ 或 $BaPrO_3$ 等并析出，所以成膜条件必须严格控制。

8.5　利用低温液氮的实用结合技术

之前说过，T_c 在液氮温度以上是高温超导体最突出的特点。本节将详细介绍，在液氮温度下工作的 SQUID 系统所使用的三种约瑟夫森结（双结晶型、台阶边缘型、斜边边缘型）。它们各自的优缺点都总结在了表 8.1 中。每一种都各有千秋，关键是根据目标选择合适的种类。

	双 结 晶 型	台阶边缘型	斜边边缘型
基板价格	×	○	○
最低超导层数	1	1	2
工艺简单	○	△	×
布局灵活	×	○	○
可扩张成复杂结构	×	△	○

表 8.1　代表性的高温超导约瑟夫森结的优缺点

双结晶型结,仅仅是购买双结晶型基板成本就已经很高了。双结晶型基板,是由两种特定晶面的块状结晶贴合在一起热处理而得到的,然后加工成棒状(Rod),再研磨成片(Slice)。详细工艺,厂家是保密的。产品的定价,是考虑到工作量、贴合工艺失败的风险、供求预测等各种因素来决定的。双结晶型基板在内部存在一条线状的晶界,这在设计电路时是必须注意的,也就是如何设计跨越这条晶界的超导导线。台阶边缘型和斜边边缘型结的话,只需要普通的基板就可以,基板上任意部位都可以用来制作结,这与双结晶型相比布局设计的灵活性提高了许多。台阶边缘型的话,需要在基板表面的形貌控制上,考虑增加一步工艺来产生高度差。而超导材料的层数方面,双结晶型和台阶边缘型都是单层,斜边边缘型结需要两层。层间又需要绝缘层,所以必须具备能够实现三层氧化物层积结构的工艺技术。考虑到跨层布线等复杂的布局设计,就必须有两层以上的超导层,斜边边缘型结的制作工艺依然适用。

▶▶ 8.5.1　双结晶型结

在市售的双结晶型基板上制备超导薄膜,然后进行图形化工艺。需要控制的参数包括基板的倾斜角度、超导薄膜的质量、图形的形状等。Dimos 等人的报告中[67]详细报道了,在各种双结晶型基板上生成的 YBCO 薄膜在于基板的交界面上横切方向的 J_c 的情况。图 8.7 展示了倾斜角与 J_c 的变化关系。随着倾斜角的增大,J_c 变小。双结晶型结的制作中,多数是双结晶围绕 [001] 轴旋转 24°~36.7°贴合。这样的工艺需要控制的变量较少,可重复性良好,因此在研究中得到广泛使用。这种结已经被应用在多通道 SQUID 中,如医学上的心磁图检测[68]。

在基板上进行图形化工艺时,双结晶基板的晶界必须和约瑟夫森结所在的位置严格对应。单单用反射型光学显微镜的话,难以判别晶界的位置,需要别的位置再增加光源来辅助才有可能。另外在制作结的位置也需要留出适当的空间,有些许偏差也不会造成太大的问题。

实际制作出来的一个双结晶型结的扫描电子显微镜(SEM)照片如图 8.8 所示[69]。结合面不是一条理想的直线,而是高低不平的折线(Meandering)。YBCO 的 c 轴取向生长薄膜,膜面上有些小的四边形晶粒,反映了基板的结晶方向。完全笔直的晶界是找不到的。微米尺度上可以观察到各种各样的晶界，但它们都具有重复性较好的约瑟夫森结的特性，这一点非常有趣。虽然研究者们对于约瑟夫森结的物理现象的理论模型已经有了各种讨论，但还是期待能得到一些理论性的指引，来得到可控性更好，品质更高的约瑟夫森结[5,70,71]。

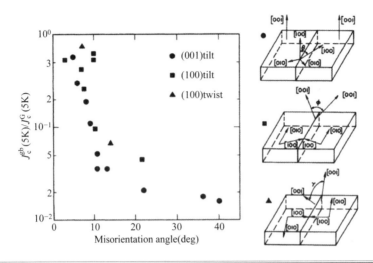

图 8.7　各种倾斜角的晶界上 YBCO 薄膜的 J_c 的降低[67]

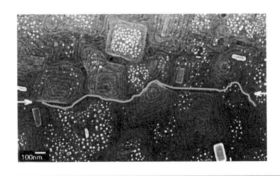

图 8.8　双结晶型结的例子[69]

　　在基板上制作回路的时候，对布局是有要求的。跨越直线晶界的超导线的 J_c 较低，这是无法避免的。图 8.9 是和一个磁力计（Magnetometer）和梯度计（Gradiometer）的示意图。其中的 SQUID 是含有两个约瑟夫森结的线圈所构成的直流 SQUID。磁力计的作用是将检测线圈所产生的电流传导给 SQUID。梯度计的作用是把左右两侧两个检测线圈所产生电流的差分传导给 SQUID。图中的磁力计中，检测线圈不跨越晶界，所以不会产生问题，但梯度计的线圈却有两处跨过晶界，此处的 J_c 就会降低。电流超过临界值时就失去超导特性，导致梯度计功能丧失。解决办法之一是，将线圈跨过晶界的部分增宽，使流过的电流量增大。

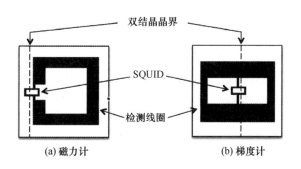

图 8.9　含有双结晶型结的 SQUID 系统构成的磁力计和梯度计

基板的温度无从得知

　　薄膜生长时的基板温度是难以知道的。仔细思考的话，薄膜生长时表面的温度到底是多少，这还是很重要的。但是用什么办法去测量比较好呢？根据基板放置的方式不同，以及加热方式的不同，测量的办法也应该是不一样的。而且在真正开始生长薄膜之前，都是有挡板（Shutter）把基板遮挡住的，这就更麻烦了。挡板上的反射也很严重。而在薄膜成膜过程中，随着膜厚的增加，表面温度其实也在变化。究竟怎么样才好呢？

　　由于实在没办法说清楚，所以一般研究者们都不会谈论这个话题。比起讨论基板的绝对温度这个问题，不如多考虑考虑薄膜本身的事情，所以这种问题还是搁置起来比较好。如果硬要做一个回答的话，可以用辐射温度计的测量结果为依据，结合薄膜的形成情况来判断。值得高兴的是，关于 YBCO 薄膜成膜的论文数量非常多，都可以作为参考。除此以外，没有别的办法能够再继续深入讨论了。可惜也只能这样了。

▶▶ 8.5.2 台阶边缘型结

　　在基板表面上首先形成高低台阶，台阶之间有 20°~30° 的斜面，在此基础上生成 c 轴取向生长的 YBCO 薄膜。在台阶之间的斜面上，YBCO 薄膜沿（100）轴旋转倾斜生长，这一部分也就具有了约瑟夫森结的功能。除了斜面的角度和形状以外，表面状态、基板材料和成膜条件也都对斜面上的 YBCO 薄膜的取向有影响。形成斜面时，离子刻蚀的条件非常重要[72]。

　　图 8.10 展示了斜面上 YBCO 薄膜的取向。其中图 8.10（a）所示的是 c 轴指向横向的情况，这在 $SrTiO_3$ 等钙钛矿型基板中比较常见。这样的晶界特性无法控制，作为约瑟夫森结来说，无法用于超导器件。而使用 MgO（100）单晶作为基板的话，会得到图 8.10（b）的情况，薄膜的 c 轴垂直于斜面。此时斜面的上下两端，由于倾斜的关系，各自都与水平部分形成晶界。基板加工时，上端容易形成陡峭的变化，YBCO 的晶界是突变的，但两侧都是均匀的晶体[73]。因此上端的晶界用作约瑟夫森结的情况较为多见。而下端的部分，会出现缓慢变化的钝角，由此产生的 YBCO 晶界也是不均匀的。也有通过加工基板，使薄膜的下表面形

成非常圆滑的缓变形状的[74]。在这样的缓变的曲面上形成的 YBCO 薄膜中，广泛分布着晶体缺陷，无法形成明确的晶界，因此只有斜面的上端能加工成约瑟夫森结，这样的结构称为 Slide-Type（图 8.11）。图 8.12 是实际制作出的 Slide-Type 台阶边缘型结的剖面 TEM 照片[75]。也有像图 8.10（c）那样，在斜面上不产生任何晶界的情况出现。在一些需要跨过台阶而布线的情况下，就需要用到这样的结构。

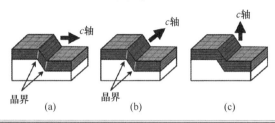

图 8.10　基板的斜面上 YBCO 晶体薄膜的取向性

图 8.11　Slide-Type 台阶边缘型结，只在斜边的上端存在倾角晶界

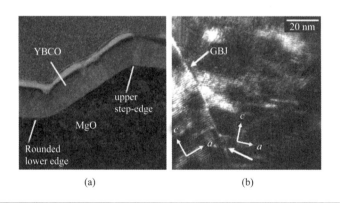

图 8.12　Slide-Type 台阶边缘型结的剖面图[75]：（a）斜面上全部的薄膜；
（b）斜面上端 YBCO 晶体形成的倾角晶界

MgO 基板上生成 c 轴取向的 YBCO 薄膜时，有时会有 45°旋转的晶粒混入薄膜中，引起 J_c 的降低。为了改善这一情况，可以在其中加一层 $SrTiO_3$ 缓冲层。首先在 MgO 基板上生长一层薄薄的 YBCO 薄膜，在上面生长 $SrTiO_3$ 缓冲层，然后继续生长 YBCO 层。这样，CuO_2

面的面内取向性得到改善，并得到质量更好的约瑟夫森结[76]。

▶▶ 8.5.3 斜坡边缘型结

首先加工出下部超导层和势垒层的双层结构，在此基础上制作斜面（Ramp）。对露出的超导层的斜面进行适当处理，然后在其上生产新的超导层。所有的超导层，包括斜面部分在内，都是 c 轴取向生长薄膜。这样上下两层超导层，加上中间的势垒层，共同构成了约瑟夫森结。利用的是相干长度长的 ab 轴方向（就是与 CuO_2 面平行的方向）的超导电流，比利用 c 轴方向特性的层积型结构实现难度低。制作工艺中包括超导层跨越布线，因此对于复杂的电路设计也是适用的，可以说对于未来的发展，具有灵活的扩展性。但是，需要氧化物层积结构、势垒层形成等制作工艺，来保证结构的稳定工作。

对于斜坡边缘型结的制作来说，如何得到势垒层是最重要的问题。其中要讨论的点实在太多，无法简单列举。或者反过来说，有太多可以调控的参数。在开发的初期，用于试验的势垒层的材料包括 $SrTiO_3$、MgO、YBCO（常导体相）、$CaRuO_3$、Y_2O_3、$NdGaO_3$、$LaAlO_3$ 等[1]。甚至还有不加势垒层，直接生长上部超导层而得到约瑟夫森结的报道[28]。最常用的势垒层材料是 PrBCO，但它和其余材料相比，优点不算特别突出。约瑟夫森结研究的先驱 Gao[31] 等使用过它，评价是"看上去不错"，可能就是因此而被沿用下来。

1998 年以后，研究者们开始广泛研究不添加势垒层，而是在露出的下部电极层斜面表面用离子冲击进行改性，然后在含氧的气氛中升温，生长出上部电极层。Moeckly 和 Char[77] 指出了斜面表面状态的重要性，证实了这种制作高质量约瑟夫森结方法的可行性。之后，有研究者报道，利用这样的界面改性势垒层，得到了 I_c 偏移很小的器件。Satoh[45] 报道了在 100 个结中，$1\sigma = 8\%$（@4.2K）的结果。这个结果促进了后来对具有多个结的数字电路的研究开发[78]。

笔者在这十多年的时间里，也一直在研究斜边边缘型结的制作[79]。研制出的结的 TEM 照片如图 8.13 所示，其中（a）是低倍率下整体的照片，（b）是势垒层附近的高分辨率照片[80]。上超导层是 SmBCO，下超导层是掺杂了少量 La 的 ErBCO，势垒层则是使用了一层薄的、掺入了 La 的 ErBCO（欠 Cu 前驱体）。掺 La 的 ErBCO 采用激光蒸镀法，下层超导膜

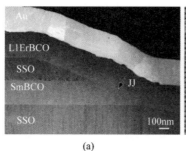
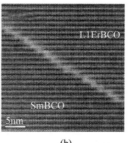

(a)　　　　　　　　　　(b)

图 8.13　斜坡边缘型结的例子：（a）整体，（b）势垒层[80]

全都采用偏轴溅射法（Off-Axis Sputter）得到。SmBCO 是在已经很厚的 SrSnO₃ 上层积出来的，SrSnO₃ 就是作为层间势垒层来使用的。图 8.13（b）中，可以明确确定上下超导层构成的三重钙钛矿周期结构。在 1.5nm 厚的势垒层处，周期性消失，从组分分析可以发现，势垒层部分 Cu 的组分的确不足。

势垒层的形成过程，可以参考图 8.14。①在 SmBCO 上形成斜面，②进行离子刻蚀时，通过 Cu 的选择溅射和照射损伤，形成 Sm-Ba-O 的非晶态[81]。③在含有氧的气氛中升温，价电子数高的 Sm 在表面偏析。④层积生长欠 Cu 的前驱体，在最表面的一层补充极少量的 Cu。⑤层积生长掺 La 的 ErBCO 层，并在期间生长适当的势垒层。

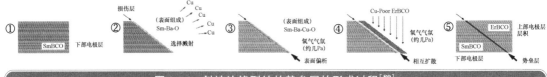

图 8.14 斜坡边缘型结的势垒层的形成过程[80]

斜坡边缘型结的上下超导层之间，斜着形成了势垒层。势垒层是被上下超导层包裹住的。把这看作是为了保护势垒层，而构造了一个超导层保护结构，这种想法也是可以的。从抵抗磁场的角度来看，这种结构比双结晶型结和台阶边缘型结都更为理想。虽然难以定量地测试比较，但从经验来看，斜坡边缘型对外部磁场干扰的抵抗能力总是比较强的[82]。

I_c 与 R_n

I_c 和 R_n 是表征约瑟夫森结性能的常见参数。前者表示结的伏安特性（I-V）中的超导临界电流 I_c，而当实际的电流超过这个 I_c 时，就会在结中出现电压，表现出电阻，也就是 R_n。也有用两者的乘积 $I_c R_n$ 来表征结的性能的。

那么在实验中是如何准确测量 I_c 和 R_n 的值呢。实际上，实验测量出的伏安特性曲线是弯曲的，怎样读数比较好，这个问题有点让人困扰。从零电压状态开始，到出现电阻的时刻，曲线多数呈现圆滑的变化，而不是所期待的急剧的变化。当变到常导态时，I-V 曲线会变成直线，此时就可以求出 R_n 的值了。但麻烦的是，研究者们不太愿意测量远离原点的常导态的数据。那么怎么办比较好呢？

将约瑟夫森结的样品横切，测量出流过的全部超导电流，这样可以算作这个结的隧穿电流吗？Saitoh 等人（ISTEC）[86]提出了一种从 I-V 曲线评价结的参数方案。假设结中流过的超导电流，是约瑟夫森结和磁通量（Flux Flow）两部分共同贡献的，对此建模，并与实测的 I-V 曲线进行拟合。这是一个很有意思的方案。什么样的方法才是对的？可能每个人有不同的看法。不谈那些详细问题的讨论，至少要给出一个清晰的指示图，把求解的思路告诉大家。这样的想法可能比较公平。

8.6 总结

说了很多不太相干的话，最后该怎么总结呢？与高温超导体约瑟夫森结有关的科学研究

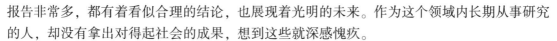

报告非常多，都有着看似合理的结论，也展现着光明的未来。作为这个领域内长期从事研究的人，却没有拿出对得起社会的成果，想到这些就深感愧疚。

不管怎么说，不明白的地方还是多的。原子尺度整齐精密地排列，怎样能够保持到微米尺度，让整个约瑟夫森结中的材料都保持均匀性？仅仅这件事就让人难以想象。实际做出来的器件，其实都是许多杂乱的结构组合而成的。但即便如此，整个器件却还是能够正确地发挥约瑟夫森结原有的功能，这种反差让人感到意外和幸运。从原子尺度去理解想象，并确定制作出稳定的器件的方法，这固然重要，但笔者认为更重要的是在现有的条件下如何能制作出更多有用的产品。

以上都是个人愚见，有失偏颇，敬请谅解。"所谓高温超导体，一定是在 77K 的温度条件中工作的。"如果项目预算充足，又想追求最好的超导性能，推荐采用低温超导，一定能找到满意的方案。但如果不要求达到最高的性能，只要还在液氮冷却的能力范围内，那么高温超导技术就可以发挥作用了。

从目前的研究结果来看，高温超导约瑟夫森结，应该具有以下共同点。

1）具有 RSJ（Resistively Shunted Junction）特性，电流电压特性没有明显的磁滞效应。

2）在低温状态下，I_c 随温度下降直线增加，但是常导态的 R_n 却与温度无关，几乎不变。

3）$I_c R_n$ 乘积，与临界电流密度 J_c 的 0.5 次方成正比，即 $I_c R_n \sim J_c^{0.5}$，如图 8.15 所示[70]。

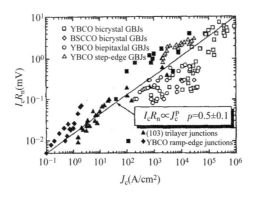

图 8.15 $I_c R_n$ 乘积与临界电流密度 J_c 的关系[70]

虽然约瑟夫森结有各种各样的类型，但有趣的是它们都具有这些共同特征。这些特征是从世界各国研究者的报告中总结出来的，似乎想要向我们揭示背后的秘密。能否从这些规律中找到进一步前进所需的线索，这考验着研究者的能力。随着数据的不断积累，出现了普遍性的规律，这固然是一件好事，但反过来说，规律也是一种壁垒，简单重复性的努力，无法突破壁垒，出现飞跃性的成果。当一切方法都用尽，还是无法突破这道壁垒的时候，我们该怎么办？不断试错，是我们这些科研搬砖工的生存之道，也是人类战胜 AI 的唯一办法。梦想是要有的，万一成功了呢？

美国 IBM 公司在 20 世纪 70 年代曾大力推进约瑟夫森结计算机的研究[84]。虽然在 Pb 合金和 Nb 边缘结合方面取得了进展，但结果并不太满意，止步于 1983 年。讽刺的是，之后很快，AT&T 公司就发明了 Nb/Al-AlO$_x$/Nb 结[85]。这里的势垒层的性能非常良好，即使到现在，也是作为一种标配，在 Nb 结的工艺中是必需的技术。这个方案不是依靠不断试错得到的，而是正儿八经从超导材料研究中发现的。无论其过程如何，这件历史事实都让人感受到材料研究的重要性，以及惊人的威力。在高温超导约瑟夫森结的领域中，也许还存在其他在材料特性以及工艺上非常优秀的材料和构造，有待发掘。一旦放弃，比赛就结束了。所以即使希望渺茫，也要坚持下去。

实验室水平和商品水平

"您是做什么工作的?"以前每当被问到这个问题，笔者都会回答"从事超导方面的研究"。但是，这些年我们在 77KSQUID 系统方面的工作，是以商业化为目标的，所以断言为"研究"感觉是不恰当的。现在再回答此类问题，就会含糊地说是"从事超导研究之类的工作"。研究的对象是多种多样的，其中满足客户的需求做出产品，是最主要的业务。这其实已经超出了研究的范围，而是像生产制造方面的开发工作了。

在学术会议或论文中，研究者们都会迫不及待地把实验室获得的最好的成果发表出来。而在市场方面，介绍商品的时候都会对客户说"我们承诺产品的指标是如此如此"，显然实验室和市场之间就有差距了。在应用物理学会超导分会 100 周年特别会议（2011 年 8 月，山形县）上，田中靖三先生的演讲让笔者记忆犹新。演讲内容是关于他曾经工作过的古河电工株式会社，在金属超导线材开发方面的经历[83]。他画了一个坐标系，横轴是年份，纵轴是超导特性的指标，演示了技术进展的过程。其中，用两条曲线分别代表了"实验室水平"和"商品水平"两条数据的变化过程，显然这两者是有差距的，并且后者的水平明显比前者低。笔者认为，可能他是想让听众们明白，以市场为导向进行产品制造的严酷性吧。现在笔者每天在关心着产品的承诺指标、成品率这些问题。如今才明白，要仰赖市场的评价是一件多么困难的事情。

致谢

本章的撰写过程中，承蒙 SUSERA 公司的田边圭一先生、波头经裕先生、塚本晃先生，以及富士通公司的石丸善康先生等提出宝贵意见，万分感谢。

参 考 文 献

[1] 高田，『应用物理』**60**，450（1991）.

[2] 藤卷，『低温工学』**31**，572（1996）.

[3] A. K. Gupta, *Physical and Material Properties of High Temperature Superconductors*, Eds. S. K. Malik, and S. S. Shah, 571, Nove Science Publishers, Inc.（1992）.

［4］ D. Koelle, R. Kleiner, F. Ludwig, E. Dansker, and J. Clarke, *Rev. Mod. Phys.* **71**, 631 (1999).

［5］ H. Hilgenkamp, and J. Mannhart, *Rev. Mod. Phys.* **74**, 485 (2002).

［6］ R. Canter, F. Ludwig, *The SQUID Handbook* Vol. I, Eds. J. Clarke, A. I. Braginski, 93, WILEY-VCH Verlag GmbH&Co. KGaA (2004).

［7］ 赤穂，超伝導分科会スクールテキスト『高温超伝導体（下）—材料と応用—』，291（社）応用物理学会（2005）.

［8］ 田辺，電子情報通信学会『知識の森』（http：//www. ieice-hbkb. org/）9 群-2 編-3 章（2012）.

［9］ 安達，超伝導分科会スクールテキスト『高温超伝導体（上）—物質と物理—』，27（社）応用物理学会（2004）.

［10］ C. E. Gough, M. S. Colclough, E. M. Forgan, R. G. Jordan, and M. Keene, *Nature* **326**, 855 (1987).

［11］ J. Moreland, L. F. Goodrich, J. W. Ekin, T. E. Capobianco, A. F. Clark, A. I. Braginski, and A. J. Panson, *Appl. Phys. Lett.* **51**, 540 (1987).

［12］ J. S. Tsai, Y. Kubo, and J. Tabuchi, *Phys. Rev. Lett.* **58**, 1979 (1987).

［13］ P. M. Mankiewich, D. B. Schwartz, R. E. Howard, L. D. Jackel, B. L. Strughn, E. G. Burkhar*dT*, and A. H. Dayem, *Proc. 5th Int. Workshop Future Electron Devices*, 157 (1988, Miyagi-Zao).

［14］ M. G. Forrester, J. Talvacchio, J. R. Gavaler, M. Rooks, and J. Lidquist, *IEEE Trans. Magn.* **27**, 3098 (1991).

［15］ M. S. Dilorio, S. Yoshizumi, K. -Y. Yang, J. Zhang, and M. Maung, *Appl. Phys. Lett.* **58**, 2552 (1991).

［16］ R. H. Ono, J. A. Beall, M. W. Cromar, T. E. Harvey, M. E. Johansson, C. D. Reintsema, and D. A. Rudman, *Appl. Phys. Lett.* **59**, 1126 (1991).

［17］ Y. Tarutani, T. Fukazawa, U. Kabasawa, A. Tsukamoto, M. Hiratani, and K. Takagi, *Appl. Phys. Lett.* **58**, 2707 (1991).

［18］ U. Kabasawa, Y. Tarutani, A. Tsukamoto, T. Fukazawa, M. Hiratani, and K. Takagi, *Physica C* **194**, 261 (1992).

［19］ K. Herrmann, Y. Zhang, H. -M. Muck, J. Schubert, W. Zander, and A. I. Braginski, *Supercond. Sci. Technol.* **4**, 583 (1991).

［20］ Y. Fukumoto, H. Kajikawa, R. Ogawa, and Y. Kawate, *Jpn. J. Appl. Phys.* **30**, 3907 (1991).

［21］ K. Enpuku, J. Udomoto, T. Kisu, A. Erami, Y. Kuromizu, K. Yoshida, *Jpn. J. Appl. Phys.* **30**, L1121 (1991).

［22］ J. A. Edwards, J. S. Sa*T*chell, N. G. Chew, R. G. Humphrey, M. N. Keene, and O. D. Dosser, *Appl. Phys. Lett.* **60**, 2433 (1992).

［23］ J. Luine, J. Bulman, J. Burch, K. Daly, A. Lee, C. Pettiette-Hall, S. Schwarzbeck, and D. Miller, *Appl. Phys. Lett.* **61**, 1128 (1992).

［24］ D. Dimos, P. Chaudhari, J. Mannhart, and F. K. LeGoues, *Phys. Rev. Lett.* **61**, 219 (1988).

［25］ R. Gross, P. Chaudhari, M. Kawasaki, M. B. Ke*T*chen, and A. Gupta, *IEEE Trans. Magn.* **27**, 2565 (1991).

［26］ K. Char, M. S. Colclough, S. M. Garrison, N. Newman, and G. Zaharchuk, *Appl. Phys. Lett.* **59**, 733 (1991).

［27］ K. Char, M. S. Colclough, L. P. Lee, and G. Zaharchuk, *Appl. Phys. Lett.* **59**, 2177 (1991).

［28］ R. B. Laibowitz, R. H. Koch, A. Gupta, G. Koren, W. J. Gallagher, V. Forglietti, B. Oh, and J. M. Viggiano, *Appl. Phys. Lett.* **56**, 686 (1990).

［29］ G. Koren, E. Aharoni, E. Polturak, and D. Cohen, *Appl. Phys. Lett.* **58**, 634 (1991).

[30] D. K. Chin, and T. Van Duzer, *Appl. Phys. Lett.* **58**, 753 (1991).

[31] J. Gao, W. A. Aarnink, G. Gerritsma, and H. Rogalla, *Physica C* **171**, 126 (1991).

[32] J. Gao, Yu. M. Boguslavskij, B. B. G. Klopman, D. Terpstra, R. Wijbrans, G. Gerritsma, and H. Rogalla, *J. Appl. Phys.* **72**, 575 (1992).

[33] B. D. Hunt, M. C. Foote, and L. J. Bajuk, *Appl. Phys. Lett.* **59**, 982 (1991).

[34] R. P. Robertazzi, R. H. Koch, R. B. Laibowitz, and W. J. Gallagher, *Appl. Phys. Lett.* **61**, 711 (1992).

[35] Q. Y. Ying, C. Hilbert, and H. Kroger, *Appl. Phys. Lett.* **61**, 1709 (1992).

[36] C. T. Rogers, A. Inam, M. S. Hegde, B. Dutta, X. D. Wu, and T. Venkatesan, *Appl. Phys. Lett.* **55**, 2032 (1989).

[37] J. B. Barrier, C. T. Rogers, A. Inam, R. Ramesh, and S. Bersey, *Appl. Phys. Lett.* **59**, 742 (1991).

[38] T. Hashimoto, M. Sagoi, Y. Mizutani, J. Yoshida, and K. Mizushima, *Appl. Phys. Lett.* **60**, 1756 (1992).

[39] M. Ohkubo, *IEEE/CSC & ESAS European Superconductivity News Forum*, No. 32, April 2015.

[40] 岡田，杉岡，『プラズマ核融合学会誌』**79**, 1278 (2003).

[41] D. Dijkkamp, T. Venkatesan, X. Wu, S. A. Shaheen, N. Jisrawi, Y. H. Minlee, W. L. Mclean, and M. Croft, *Appl. Phys. Lett.* **51**, 619 (1987).

[42] D. G. Schlom, D. Anselmetti, J. G. bednorz, Ch. Gerber, and J. Mannhart, *J. Cryst. Growth* **137**, 259 (1994).

[43] 宮澤，向田，『応用物理』**64**, 1097 (1995).

[44] 川崎，『低温工学』**31**, 563 (1996).

[45] T. Satoh, M. Hidaka, and S. Tahara, *IEEE Trans. Appl. Supercond.* **9**, 3141 (1999).

[46] 日高，『応用物理』**71**, 78 (2002).

[47] H. Suzuki, T. Hato, M. Maruyama, H. Wakana, K. Nakayama, Y. Ishimaru, O. Horibe, S. Adachi, A. Kamitani, K. Suzuki, Y. Oshikubo, Y. Tarutani, K. Tanabe, T. Konno, K. Uekusa, N. Sato, and H. Miyamoto, *Physica C* **426-431**, 1643 (2005).

[48] H. Akoh, C. Camerlingo, and S. Takada, *Appl. Phys. Lett.* **56**, 1487 (1990).

[49] S. Adachi, H. Wakana, M. Horibe, N. Inoue, T. Sugano, and K. Tanabe, *Physica C* **378-381**, 1213 (2002).

[50] Y. Li. X. Yao, and K. Tanabe, *Physica C* **304**, 239 (1998).

[51] K. Kinoshita, H. Ishibashi, and T. Kobayashi, *Jpn. J. Appl. Phys.* **33**, L417 (1994).

[52] M. Chukharkin, A. Kalabukhov, J. F. Schneiderman, F. Öisjöen, O. Snigirev, Z. Lai, and D. Winkler, *Appl. Phys. Lett.* **101**, 042602 (2012).

[53] K. Igarashi, K. Higuchi, H. Wakana, S. Adachi, N. Iwata, H. Yamamoto, and K. Tanabe, *Physica C* **463-465**, 965 (2007).

[54] H. Sato, A. Akoh, K. Nishihara, M. Aoyagi, and S. Takada, *Jpn. J. Appl. Phys.* **31**, L1044 (1992).

[55] S. Adachi, A. Tsukamoto, Y. Oshikubo, and K. Tanabe, *IEEE Trans. Appl. Supercond.* **26**, 1100704 (2016).

[56] 小林，小森，『応用物理』**60**, 450 (1991).

[57] S. A. Cybart, E. Y. Cho, T. J. Wong, B. H. Wehlin, M. K Ma, C. Huynh, and R. C. Dynes, *Nature nanotechnol.* **10**, 598 (2015).

[58] 内藤，超伝導分科会スクールテキスト『高温超伝導体（上）—物質と物理—』，**101**，（社）応用物理学会 (2004).

[59] Y. Le Page, T. Siegrist, S. A. Sunshine, L. F. Schneemeyer, D. W. Murphy, S. M. Zahurak, J. W. Waszczak,

W. R. McKinnon, J. M. Tarascon, G. W. Hull, and L. H. Greene, *Phys. Rev. B* **36**, 3617 (1987).

[60] H. Katsuno, S. Inoue, T. Nagano, and J. Yoshida, *Appl. Phys. Lett.* **79**, 4189 (2001).

[61] S. Adachi, H. Wakana, Y. Ishimaru, Y. Tarutani, and K. Tanabe, *IEEE Trans. Appl. Supercond.* **13**, 877 (2003).

[62] H. Katsuno, S. Inoue, T. Nagano, and J. Yoshida, *IEEE Trans. Appl. Supercond.* **13**, 809 (2003).

[63] S. Adachi, K. Hata, T. Sugano, H. Wakana, T. Hato, Y. Tarutani, and K. Tanabe, *Physica C* **468**, 1936 (2008).

[64] 田辺，超伝導分科会スクールテキスト『高温超伝導体（下）—材料と応用—』，308 (社) 応用物理学会 (2005).

[65] J. T. Cheung, I. Gergis, M. James, and R. E. De Wames, *Appl. Phys. Lett.* **60**, 3180 (1992).

[66] 長谷川，和泉，塩原，菅原，平山，大場，幾原，『日本金属学会誌』**67**, 295 (2003).

[67] D. Dimos, P. Chaudhari, and J. Mannhart, *Phys. Rev. B* **41**, 4038 (1990).

[68] A. Tsukamoto, K. Saitoh, K. Yokosawa, D. Suzuki, Y. Seki, A. Kandori, and K. Tsukada, *IEEE Trans. Appl. Supercond.* **15**, 177 (2005).

[69] M. I. Faley, C. I. Jia, I. Houben, D. Meerten, U. Poppe, and K. Urban, *Supercond. Sci. Technol.* **19**, 5195 (2006).

[70] R. Gross, L. Alff, A. Beck, O. M. Froehlich, D. Koelle, and A. Marx, *IEEE Trans. Appl. Supercond.* **7**, 2929 (1997).

[71] K. Enpuku, and T. Minotani, *IEICE Trans. Electron.* **E83-C**, 34 (2000).

[72] C. P. Foley, patent US6514774 (2003).

[73] T. Mitsuzuka, K. Yamaguchi, S. Yoshikawa, K. Hayashi, M. Konishi, and Y. Enomoto, *Physica C* **216**, 229 (1993).

[74] M. Faley, patent US9666783 (2017).

[75] E. E. MiTchell, and C. P. Foley, *Supercond. Sci. Technol.* **23**, 065007 (2010).

[76] M. I. Faley, D. Meertens, U. Poppe, and R. E. Dunin-Borkowski, *J. Phys. - Conf. Ser.* **507**, 042009 (2014).

[77] B. H. Moeckly, and K. Char, *Appl. Phys. Lett.* **71**, 2526 (1997).

[78] K. Tanabe, H. Wakana, K. Tsubone, Y. Tarutani, S. Adachi, Y. Ishimaru, M. Maruyama, T. Hato, A. Yoshida, and H. Suzuki, *IEICE Trans. Electron.* **E91-C**, 280 (2008).

[79] S. Adachi, A. Tsukamoto, T. Hato, J. Kawano, and K. Tanabe, *IEICE Trans. Electron.* **E95-C**, 337 (2012).

[80] S. Adachi, A. Tsukamoto, Y. Oshikubo, and K. Tanabe, *Physica C* **530**, 79 (2016).

[81] J. G. Wen, T. Satoh, M. Hidaka, S. Tahara, N. Koshizuka, and S. Tanaka, *Physica C* **337**, 249 (2000).

[82] Y. Hatsukade, K. Hayashi, Y. Shinyama, Y. Kobayashi, S. Adachi, K. Tanabe, and S. Tanaka, *Physica C* **471**, 1228 (2011).

[83] 田中，『低温工学』**52**, 52 (2017).

[84] W. J. Gallagher, E. P. Harris, and M. B. KeTchen, *IEEE/CSC & ESAS European Superconductivity News Forum*, No. 21 (July 2012).

[85] M. GurviTch, M. A. Washington, and H. A. Huggins, *Appl. Phys. Lett.* **42**, 472 (1983).

[86] K. Saitoh, Y. Ishimaaru, H. Fuke, and Y. Enomoto, *Jpn. J. Appl. Phys.* **36**, L272 (1997).

第9章

本征约瑟夫森结

9.1 前言

自从液氮温度以上的高温超导现象被发现以来，研究人员在基于高温超导体的超导体/绝缘体/超导体（SIS）约瑟夫森隧道结的研究中投入了大量的努力。但是对于高温超导体来说，由于晶体结构的复杂性、化学性质的不稳定性，以及洁净界面的难以获得，到目前为止，人工 SIS 约瑟夫森隧道结的制作还没有成功。

但是，铜氧化物超导体中，发挥超导作用的 CuO_2 层与其他非金属层（绝缘层或半导体层）在原子层的尺度上可以交替重叠形成超晶格，由此带来了强大的二维电子气的特性，以及常导/超导的极大的各向异性。另外，在超导状态下，CuO_2 层之间构成了约瑟夫森结，晶体本身可以看作是多层构造的约瑟夫森结。这种由晶体结构本身形成的约瑟夫森结，称为本征约瑟夫森结（Intrinsic Josephson Junctions，IJJs），是在 1992 年 Kleiner 等人[1-2]和大矢[3]等人从各向异性很强的 $Bi_2Sr_2CaCu_2O_y$ 和 $(Bi,Pb)_2Sr_2CaCu_2O_y$ 晶体中各自独立发现的。之后，在其他的层状超导体结构中也确认了这些现象[4-9]。

图 9.1 中是 $Bi_2Sr_2CaCu_2O_y$（BSCCO）的晶体结构。在这里一个本征约瑟夫森结，是由 0.3nm 厚的 CuO_2 层与 1.2nm 厚的绝缘层构成的，由于在原子级尺度上具有平坦的界面，可以看作是理想的约瑟夫森结。因此，本征约瑟夫森结是目前高温超导体中唯一的隧道结，不仅有助于探索超导体的能带、电子状态等物理特性，在器件应用方面也具有很重要的意义。而本征约瑟夫森结由于是通过晶体结构而自然形成的，所以在晶体中其实会存在许多层叠在一起的结。例如在一个 1μm 厚度的 BSCCO 单晶中，其实存在着大约 700 个性质相同的约瑟夫森结。与以往的金属约瑟夫森结相比，这里的超导层厚度只是原子层级别的，相邻的结之间电磁相互作用很强，使得本征约瑟夫森结具有很多特别的性质值得研究。

本章将以 BSCCO 中的本征约瑟夫森结为中心，介绍其各种性质以及应用。

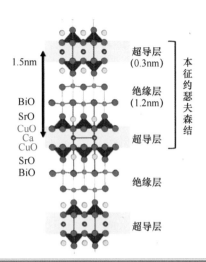

图 9.1 BSCCO 晶体结构以及本征约瑟夫森结（一个结的厚度约 1.5nm）

9.2 本征约瑟夫森结的制备

本征约瑟夫森结是由于晶体自身构造而形成的，所以只要测出 BSCCO 晶体在 c 轴方向的传输特性，就可以直观地观测到本征约瑟夫森结的特性。但是由于 4.2K 温度中 BSCCO 晶体在 c 轴方向临界电流密度约 $1kA/cm^2$ 的程度，所以测量结的特性时，结的面积（ab 面的面积）必须缩小到 $0.01mm^2$ 以下，一般来说是对品质好的单晶块材进行精细加工后得到的。而对于单晶制备来说，常用的有助熔剂法、悬浮区熔法（FZ 法），而半导体微加工技术在薄膜约瑟夫森结的制备中主要用到了光刻法、离子刻蚀等[10-13]。另外，对于尺度更加微小的结构来说，会用到离子束光刻[14]和聚焦离子束（FIB）等[15]技术。图 9.2 中举了几种加工技术的示意图。

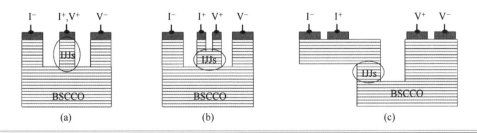

图 9.2 为了测量本征约瑟夫森结的特性，而对 BSCCO 晶体进行的加工。（a）、（b）两张图是在单晶表面形成台面结构（mesa）。（c）图是 Z 型结构。图中横向线表示晶体中的 ab 面，而用圆圈圈起来的是 IJJs，作为约瑟夫森结而起作用

9.3 本征约瑟夫森结的基本特性

▶▶ 9.3.1 电流-电压特性

图 9.3 中，是和图 9.2（a）中同样具有台面结构（mesa）的 BSCCO（结的面积为 $4\mu m^2$，结的数量为 21 个）在 4.2K 温度时的电流电压特性。由于采用三端子测量法，接触电阻特性是重叠的，电流电压特性与直列型约瑟夫森结相比，具有很大的抖动现象，表现出多重分支结构。台面结构（mesa）中含有的每个结的临界电流约 50μA，每个分支之间几乎等间隔（约 35mV），可以推测出具有同样特性的约瑟夫森结在 c 轴方向层积。

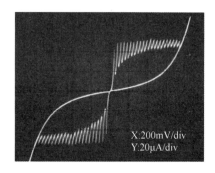

图 9.3 本征约瑟夫森结在 4.2K 温度时的电流电压特性（结面积为 $4\mu m^2$，结数目为 21 个）。分支的数与 mesa 结构中约瑟夫森结的数目相对应

本征约瑟夫森结属于隧道结，不仅可以从电流电压特性看出多重分支的结构，还可以从能带结构的观察中得到。图 9.4 中是偏置电流远大于临界电流的电流电压特性。此时包裹在 mesa 结构内的 6 个结整体表现出非常明显的禁带结构，平均每个结相当于有 $V_g = 52$mV 的电

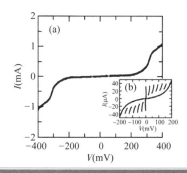

图 9.4 本征约瑟夫森结在 4.2K 温度时（a）准粒子隧道特性，（b）约瑟夫森结隧道特性（结面积为 $4\mu m^2$，结数目为 6 个）[16]

压，估算出超导能带禁带宽度 Δ 值为 26meV。这个值与真空中 STM 扫描隧道显微镜观察的数值相同[17]，反映了本征约瑟夫森结各层间的隧道特性，可以获得大量电子状态的信息。但是由于是多层结构，对于临界电流较大的样品来说，焦耳热对电流的影响不可忽略[6,18,19]，为了准确观察隧道特性，结的面积必须控制在几个 μm^2 以下，结的数目也应该在 10 个以下。另外也可以使用 $1\mu s$ 以下的短脉冲电流，从而抑制焦耳热的影响[20,21]。

▶▶ 9.3.2　本征约瑟夫森结最大结电流与准粒子隧穿电流

根据 Ambegaokar-Baratoff（AB）理论，在温度远低于临界温度时，约瑟夫森结的 $I_c R_n$ 乘积值的计算公式为[22]：

$$I_c R_n (T << T_c) = \frac{\pi \Delta}{2e} \tag{9.1}$$

理论上来说，这个乘积与隧道的透射率无关，而是一个与超导电极材料有关的固定值。但是对于本征约瑟夫森结来说并非如此，$I_c R_n$ 乘积比 AB 理论得出的值小一个量级。如图 9.4 所示，根据 $\Delta = 26meV$ 估算出的 $I_c R_n = 40.8mV$，但实验值为 2.3mV。这种抑制是与结的品质无关的，而是本征约瑟夫森结所表现出的共同特征[16,23,24]。氧化物高温超导体的序参量（order parameter）呈现 d 波对称性[25]，对 d 波超导体的隧道特性进行理论推导发现，如果库伯对发生相干隧穿，有 $I_c R_n = \Delta/e$，而非相干隧穿则是 $I_c R_n = 0$[26,27]，与隧穿过程是有关系的。

另外，当在反铁磁性莫特绝缘体中掺入空穴时，据报道会出现高温超导性。在 $Bi_2Sr_2CaCu_2O_{8+\delta}$ 的情况下，$Bi_2Sr_2CaCu_2O_8$ 是一种反铁磁绝缘体，但当 δ 增加时，过量的氧元素提供空穴到 CuO_2 表面，当每个 Cu 原子的空穴含量 p 达到合理大小（约 $0.05\sim0.25$）时，就会出现超导性。当 $p = 0.16$ 时，临界温度 T_c 最高，这种状态被称为最佳掺杂状态。图 9.5

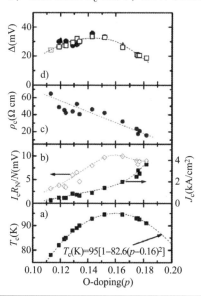

图 9.5　BSCCO 本征约瑟夫森结中参数 p 对 T_c、$I_c R_n$ 乘积、c 轴电阻率和 Δ 的影响[23]

显示了 BSCCO 本征约瑟夫森结中参数 p 对于 T_c、$I_c R_n$ 乘积、c 轴电阻率和 Δ 的影响如图 9.3 和图 9.4 所示，粒子隧道特性的特点是比传统的约瑟夫森结有更大的子能隙（Subgap）电流。这反映了与 d 波对称性的超导序参数有关的能隙中的状态密度，但角分辨光电子能谱[31,32]和 STM 隧道光谱[33]实验表明，BSCCO 中的角度依赖性比纯 d 波模型中更强，而且准粒子隧道特性与角度依赖性加权的 d 波模型的计算结果很一致（图 9.6）[34]。此外，利用本征约瑟夫森结的层间隧道光谱观察到，温度在 T_c 以上时的状态密度中除了超导能隙外，还有一个疑似的能隙，目前还不清楚这个疑似能隙是否预示着超导[35,36]，抑或与超导无关[37,38]，存在着争议。

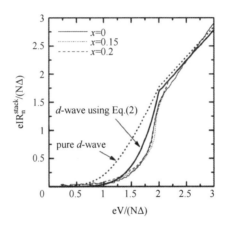

图 9.6 实验测得的准粒子隧道特性（$(Bi_x Pb_{1-x})_2 Sr_2 CaCu_2 O_y$：

$x = 0$，0.15，0.2）与 d 波模型计算结果的比较[34]

▶▶ 9.3.3 本征约瑟夫森结的效果

在 9.3.2 小节中，我们重点讨论了本征约瑟夫森结中最大约瑟夫森电流的大小。但观察到的超导电流是否真的是约瑟夫森电流？如果是，那么电流相位关系是否为正弦波？这些都可以通过观察下面两个方程所描述的约瑟夫森效应来确认：

$$I = I_c \sin\phi \qquad\qquad (9.2)$$

$$\frac{d\phi}{dt} = \frac{2e}{\hbar} V \qquad\qquad (9.3)$$

但由于相位差 ϕ 在实验中不能直接测量，所以通常根据方程（9.2）和（9.3），通过观察磁场响应和电磁波响应来验证约瑟夫森效应。

单个约瑟夫森结中最大约瑟夫森电流的磁场依赖性由下式决定，并且符合夫琅禾费分布：

$$I_c(\Phi) = I_c(0)\left|\frac{\sin(\pi\Phi/\Phi_0)}{\pi\Phi/\Phi_0}\right| \tag{9.4}$$

其中 Φ 是穿透到结区（即绝缘层和两侧磁场穿透区域）的磁通量，$\Phi_0 = 2.07\times10^{-15}$ Wb 是磁通量子。然而，对于结区尺寸 W 等于或小于约瑟夫森穿透长度 λ_J 的结，I_c 的磁场依赖性表示为方程（9.4）。为了观察 $\lambda_J = 0.5\sim1\mu m$ 的本征约瑟夫森结中的夫琅禾费分布，需要一个强度为几个特斯拉的磁场。图 9.7 显示了 Latyshev 等人[39]在 4.2K 时观察到的 I_c 的磁场相关性[39]。实验中使用了一个由 FIB 加工的 $W = 1.4\mu m$ 的 Z 形样品，如插图所示，在结区的中心钻了一个孔，使 λ_J 小于 W。图中的实线是根据公式（9.4）得到的计算值，它与夫琅禾费分布基本一致，表明正弦电流-相位关系得到了满足。

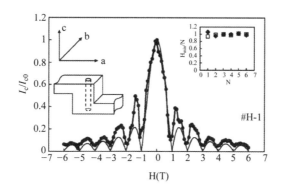

图 9.7　微型本征约瑟夫森结堆（Stack）中临界电流对磁场的依赖性（$T = 4.2K$）[39]。
结区尺寸 1.4μm，外部磁场沿 b 方向

另一种验证方法是，将约瑟夫森结暴露在电磁辐射中，观察其电流电压特性的夏皮罗台阶（Shapiro Step）。当直流电压 V 施加到约瑟夫森结时，根据公式（9.4），相位差 ϕ 随时间变化，因此约瑟夫森电流成为频率为 f_J 的交流电流。当这个约瑟夫森振荡与频率为 f 的外部电磁波同步时，即 $f_J = nf$（其中 n 为整数），在电流电压特性曲线中出现夏皮罗台阶，由以下公式给出：

$$V_n = n\frac{h}{2e}f \tag{9.5}$$

在最初发现本征约瑟夫森结时的实验中，尽管等离子体频率高达几百 GHz，但由于高频响应是通过微波照射测量的，所以没有观察到夏皮罗台阶。然而，Wang 等人通过用太赫兹波照射一个由本征约瑟夫森结和弓形天线构成的器件，观察到一个明显的零交叉的夏皮罗台阶，并揭示了交流约瑟夫森效应也发生在太赫兹频段（图 9.8）[40]。

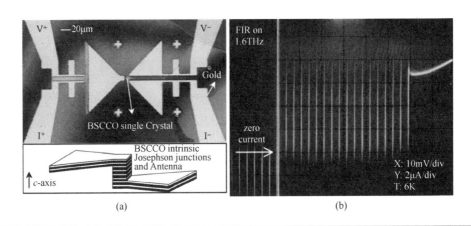

图 9.8　本征约瑟夫森结与弓形天线构成的器件（a），与观察到的零交叉夏皮罗台阶图案[40]（b）。结尺寸为 4×4μm²，结数量为 17 个

▶▶ 9.3.4　约瑟夫森结等离子体集体振荡

本征约瑟夫森结中的约瑟夫森等离子体与传统的约瑟夫森隧道结有很大的不同。在传统的约瑟夫森结中，当库伯电子对通过绝缘层从一侧的超导体隧穿到另一侧的超导体时，结的自由能发生变化。电荷的转移也会改变静电场能，这两种能量的周期性交换就是约瑟夫森等离子体振荡。

在本征约瑟夫森结的情况下，CuO_2 平面只有 0.3nm 厚，大约是一个原子层的厚度，所以每层的屏蔽效应很弱，等离子体振荡是跨越许多层 CuO_2 平面的集体振荡模式。其特点是激发能量小于超导间隙，而且极其稳定。在 BSCCO 的情况下，等离子体的频率在零磁场下是几百 GHz。约瑟夫森等离子体具有色散性，纵向等离子体沿 c 轴传播，横向等离子体沿 ab 面传播，两种模式共同存在[41]。

▶▶ 9.3.5　声子共振

在具有相对高的临界电流密度的本征约瑟夫森结的电流电压特性中，观察到了子能隙结构（Subgap）[6, 42-44]。图 9.9 展示了观察到的一组数据[42]。在高于 0.1V 的区域由于发热的影响产生了负阻，而在低电流区可以观察到有规律的子能隙。第一个分支上的子能隙结构是互相叠加的，在高电压分支上就显得子能隙数量非常多。这种子能隙结构是由约瑟夫森振荡和纵光学声子（LO）共同造成，当约瑟夫森振荡的频率等于声子模式的频率 f_{LO} 时发生，声子共振时的电压为 $V = \Phi_0 f_{LO}$。本征隧道谱中，由于对晶体畸变和超结构的不对称的敏感性，观察到的声子数量通常比光学实验中观察到的要高。

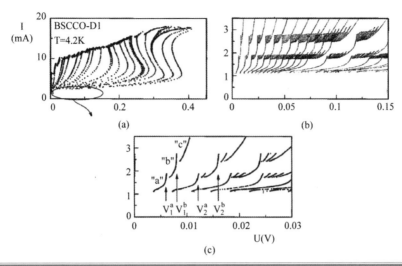

图 9. 9　BSCCO 本征约瑟夫森结的 mesa 结构中观察到的子能隙结构

9.4　涡流动力学

　　当磁场平行于 $W \geqslant \lambda_J$ 的本征约瑟夫森结的结平面施加时，约瑟夫森涡流侵入，但当其中有许多涡流聚集时，它们将会有规律地排列，形成有序状态。这种有序状态取决于所施加的磁场和偏置电流的大小，并且在静态和动态情况下有所不同，使得在涡流状态下观察到的本征约瑟夫森结的特性变得复杂。

　　如上所述，在 $W \leqslant \lambda_J$ 的均匀本征约瑟夫森结中，最大约瑟夫森电流对磁场的依赖性显示出类似于夫琅禾费图案的变化，而 $W \geqslant \lambda_J$ 的结由于约瑟夫森涡流的侵入，显示出不同的行为。图 9.10 显示了对 $W/\lambda_J = 3.9$ 和 3.1 的本征约瑟夫森结观察到的临界电流对磁场的依赖

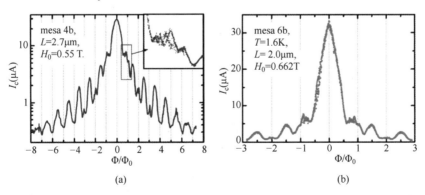

图 9.10　$W \geqslant \lambda_J$ 的本征约瑟夫森结中观察到的临界电流对磁场的依赖性

（a）$W/\lambda_J = 3.9$ ，（b）$W/\lambda_J = 3.1$

性[45]。从中可以看出，I_c 的变化情况是随着磁场而定的。具体来说，在低磁场区域（$\Phi/\Phi_0 \approx 1$）时 I_c 变化不稳定，在中间磁场（$1 < \Phi/\Phi_0 < 4$）和高磁场区（$\Phi/\Phi_0 > 4$）I_c 分别按照 $\Phi_0/2$ 和 Φ_0 的周期变化。这与相邻的本征约瑟夫森结中的涡流的排列状态有关。

虽然不能直接观察到本征约瑟夫森结中的涡流，但它们可以通过磁耦合约瑟夫森结模型来描绘。在磁耦合约瑟夫森结模型中，本征约瑟夫森结可以由以下耦合正弦戈登方程（sine-Gordon）来描述[46,47]。

$$\frac{\partial^2}{\partial x^2}\begin{pmatrix} \phi_1 \\ \vdots \\ \phi_i \\ \vdots \\ \phi_N \end{pmatrix} = \begin{pmatrix} 1 & S & & & 0 \\ S & 1 & S & & \\ & \ddots & \ddots & \ddots & \\ & & S & 1 & S \\ 0 & & & S & 1 \end{pmatrix}\begin{pmatrix} J_1 \\ \vdots \\ J_i \\ \vdots \\ J_N \end{pmatrix} (i=1,2,\cdots,N) \tag{9.6}$$

$$J_i = \frac{\partial^2 \phi_i}{\partial \tau^2} + \alpha \frac{\partial \phi_i}{\partial \tau} + \sin\phi_i - \gamma \tag{9.7}$$

$$S = -\frac{\lambda_L}{d'\sinh(t/\lambda_L)} \tag{9.8}$$

其中，N 为约瑟大森结的总数，$\phi_i(x,\tau)$ 为第 i 个结点的规范不变相位差，$d' = d + 2\lambda_L$ coth (t/λ_L) 为有效磁场厚度，t 为超导层厚度，d 为绝缘层厚度，λ_L 为伦敦磁场穿透长度，γ 为由临界电流密度 J_c 归一化的偏置电流，α 为阻尼参数，x 和 τ 分别由 λ_J 和等离子体角频率 ω_p 的倒数的归一化。另外，公式（9.6）的边界条件为：

$$\left.\frac{\partial \phi_i}{\partial x}\right|_{x=0,l} = -\frac{H}{J_c\lambda_J}(1+S) \tag{9.9}$$

图 9.11 显示了 $W/\lambda_J = 5$ 和 $N = 5$ 的层叠型约瑟夫森结，通过公式（9.6）计算出的临界电流对磁场的依赖性[48]。在图中，横轴 h 是一个归一化参数，表示每个结进入多少个 Φ_0 的

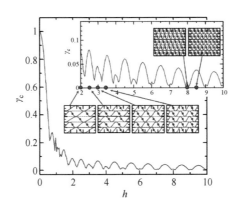

图 9.11 根据公式（9.6）算得的临界电流对磁场的依赖性与涡流的关系

磁场。可以看出，例如低磁场情况下的不稳定变化，中间磁场情况下的 $\Phi_0/2$ 周期和高磁场情况下的 Φ_0 周期，这些实验结果都得到了很好的再现，表明磁耦合模型对分析本征约瑟夫森结的磁场响应是有用的。类似的结果也通过解析的方式得到了[49]。图 9.12 还显示了 $W/\lambda_J = 30$ 和 $N = 5$ 的层叠型约瑟夫森结中模拟的涡流排列。在这种情况下，涡流首先集中侵入一个结，然后随着涡流间距的缩小而分散到邻近的结，最后逐渐形成一个三角形规则排列。这种排列方式的出现与相邻结中的约瑟夫森涡流排列之间的相互作用有关，因此不仅取决于结的尺寸，也取决于结的数量。尽管当施加高于临界电流的偏置电流时，涡流会流动并在超导体两端产生电压降，但在小尺寸的本征约瑟夫森结中，在低偏置电流下观察到的涡流阻力随磁场的周期性变化[50, 51]，是与上述临界电流对磁场的依赖性有关的。

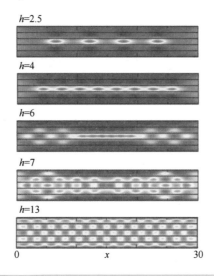

$h=2.5$

$h=4$

$h=6$

$h=7$

$h=13$

0   x 30

图 9.12　$W/\lambda_J = 30$ 和 $N = 5$ 的层叠型约瑟夫森结中模拟的涡流排列

另一方面，高偏置电流下的涡流动力学更为复杂，其显著特征之一是动态涡流格子结构与流速密切相关。根据磁耦合约瑟夫森结模型，在一个由 N 个结组成的层叠结构中，存在着 N 个模式的特征速度[46, 47]，涡流晶格结构根据这些特征速度的变化而变化。

$$c_i = c_{sw} = \frac{1}{\sqrt{1 + 2S\cos\left(\dfrac{k\pi}{N+1}\right)}}, (k = 1, 2, \cdots, N) \tag{9.10}$$

其中 c_{sw} 是单结的 Swihart 速度。公式（9.10）给出了当 $k = 1$ 时的最大速度，但当涡流以最高速度流动时，会形成四角结构。在最低速度（$k = N$）时，会形成三角形的结构并流动。前者被称为同相模式，因为每个结的相位是同相的；后者被称为反相模式，因为相邻的结的相位是反相的。另外，$1 < k < N$ 时的涡流晶格结构，会形成 k 个区域而流动。图 9.13[52] 展示了一个例子。对于 $k = 1$，所有的结（$N = 20$）是同相的，对于 $k = 20$ 是反相模式，而在 $k = 4$ 时，则形成了 4 个区域。虽然关于本征约瑟夫森结涡流的研究非常多，但还没有关于同

相模式涡流的明确的实验证据的报道。

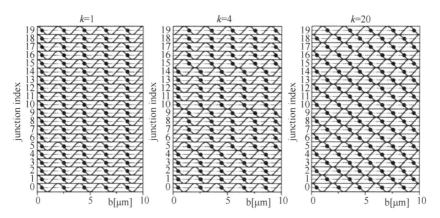

9.5　本征约瑟夫森结发出的太赫兹波

正如迄今为止所提到的，本征约瑟夫森结具有不同于传统约瑟夫森结的各种特征，该结的一个应用领域——太赫兹波光源已经引起了研究者们的注意。处于电压控制状态的约瑟夫森结可以产生与电压成比例的振荡频率。本征约瑟夫森结除了多结的性质均匀以外，其带隙频率比金属约瑟夫森结的频率高一个数量级，覆盖了太赫兹波段，这使得它自发现以来成为太赫兹波段振荡源的有力竞争者。

前面说过，在本征约瑟夫森结中，存在约瑟夫森等离子体的群体振荡，这是本征结所特有的。这种等离子体的群体振荡模式可以稳定地存在，因为它的激发能量低于超导间隙，所以不会发生阻尼过程。立木等人在理论上表明，这种集体激发状态可以通过流动大量引入内在约瑟夫森结的约瑟夫森涡流来实现[53, 54]。这使基于涡流效应的本征约瑟夫森结电磁辐射的相关研究在世界范围内取得了积极的进展[55-58]。Bae 等人使用由振荡器（结数：28）和检测器两个本征约瑟夫森结组成的器件，成功地利用涡流从振荡器产生了 0.67~1.06THz 的电磁波。然而，检测到的最高振荡强度很低，在 1.06THz 时约为 15nW[58]，而且涡流方案迄今还没有产生预期的结果。另外，在 2007 年，Ozyuzer 等人使用一种不同于涡流的技术，实现了高强度的太赫兹辐射[59]。他们制造了一个尺寸相对较大的 mesa 结构的 BSCCO 本征约瑟夫森结，长度为 300μm，宽度为 40~100μm，高度为 1μm。对其进行电流偏置后，可以产生频率为 0.3~0.85THz、强度为 0.5μW 的相干太赫兹辐射。图 9.14 中是 Ozyuzer 等人制作的 mesa 结构非常振荡特性。该 mesa 具有简单的矩形结构，当最外层的准粒子电流分支上的偏置电流减小时，mesa 结构中的所有结处于电压状态，在 retrap 区域观察到 452 GHz 的强烈振荡，其中一些结进入超导态。他们还在具有不同宽度 W 的 mesa 结构中观察到类似的振荡，

当振荡频率 f 与被视为空腔谐振器的 mesa 结构的共振频率一致时，就会发生强烈的振荡，而且当对振荡有贡献的结点数量改变时，振荡输出功率与结点数量的平方成正比例增加。这意味着约瑟夫森等离子体的群体振荡激发了空腔的谐振，从而导致许多结发生相位同步振荡。

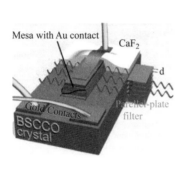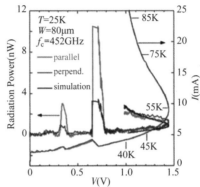

图 9.14 （左）mesa 结构示意图，（右）mesa 结构（长度 300μm，宽度 80μm，高度 1μm）中观察到的电流电压特性与振荡强度。积分计算得到最大振荡功率为 0.5μW[59]

这一观察使得随后许多关于大型本征约瑟夫森结 mesa 结构的太赫兹辐射的理论和实验研究得到推进[60,61]。例如，Benseman 等人通过三个本征约瑟夫森结 mesa 结构的同步，实现了 600μW 的振荡功率，如图 9.15 所示[62]。作为一种可能的应用，已经发表了关于基于本征约瑟夫森结的太赫兹投射成像的报告[63,64]。研究人员设计了一个使用本征约瑟夫森结作为太赫兹光源的太赫兹投射成像系统，如图 9.16 所示，并观察到了信封中的硬币和剃刀片。该系统的信噪比超过 130，空间分辨率与理论值相当，说明其可适用于各种实际应用。有兴趣了解更多关于本征约瑟夫森结的太赫兹波发射的读者，请参考综述文章[60,61]。

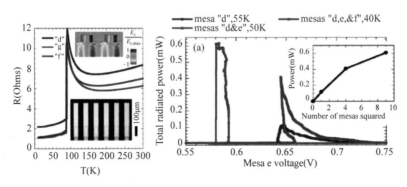

图 9.15 三个本征约瑟夫森结 mesa 结构同步得到的高功率输出

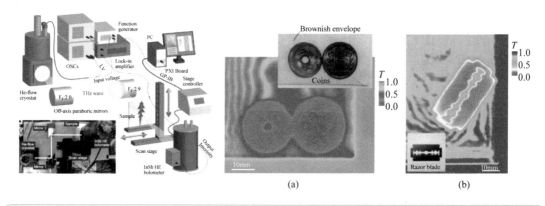

(a)   (b)

图 9.16   基于本征约瑟夫森结的太赫兹光源透射成像系统

9.6 用于量子比特的本征约瑟夫森结

电流偏置的微型约瑟夫森隧道结可以应用于宏观量子隧道（MQT）效应和宏观量子相干性实验验证，但它们在量子比特方面的应用也很有意义。MQT 的研究目前主要是在金属约瑟夫森结中得到了很好的进展，但这种情况下 MQT 只发生在低于几十 mK 的温度范围。另一方面，本征约瑟夫森结有可能在更高的温度下观察到 MQT，因为约瑟夫森等离子体频率，其特征是量子扰动的能量尺度，比金属约瑟夫森结的频率高约一个数量级。事实上，研究人员发现，在一个 FIB 加工面积为 $1.76 \times 0.86 \ \mu m^2$ 的微型本征约瑟夫森结中，MQT 和热活性过程之间的交叉温度约为 1 K（图 9.17）[65]。此后其他研究小组也开始推动 MQT 研究[66-70]，使用本征约瑟夫森结有望实现量子比特的高温操作。

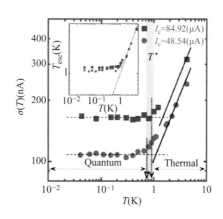

图 9.17   利用本征约瑟夫森结观察到的开关电流分布（标准差）与温度的关系

9.7 总结

本章全面介绍了 BSCCO 单晶中固有的本征约瑟夫森结的各种特性，但由于篇幅有限，还有很多性质没有办法在此讨论。尽管自发现本征约瑟夫森结效应以来已经过去了近 30 年，但由于材料、特性和功能之间的强烈关联，新的具有影响力的结果还在涌现。我们希望通过对这种天然材料的研究，继续加深对高温超导体的理解，并开发出新的应用。

参 考 文 献

[1] R. Kleiner, F. Steinmeyer, G. Kunkel, P. Müller, *Phys. Rev. Lett.* **68**, 2394 (1992).

[2] R. Kleiner, P. Müller, *Phys. Rev. B* **49**, 1327 (1994).

[3] G. Oya, N. Aoyama, A. Irie, S. Kishida, H. Tokutaka, *Jpn. J. Appl. Phys.* **31**, L829 (1992).

[4] Y. Uematsu, N. Sasaki, Y. Mizugaki, K. Nakajima, T. Yamashita, S. Watauchi, I. Tanaka, *Physica C: Superconductivity* **362**, 290 (2001).

[5] M. Rapp, A. Murk, R. Semerad, W. Prusseit, *Phys. Rev. Lett.* **77**, 926 (1996).

[6] K. Schlenga, G. Hechtfischer, R. Kleiner, W. Walkenhorst, P. Müller, H. L. Johnson, M. Veith, W. Brodkorb, E. Steinbeiß, *Phys. Rev. Lett.* **76**, 4943 (1996).

[7] A. Odagawa, M. Sakai, H. Adachi, K. Setsune, *IEEE Trans. Appl. Supercond.* **9**, 3012 (1999).

[8] O. S. Chana, A. R. Kuzhakhmetov, P. A. Warburton, D. M. C. Hyland, D. Dew-Hughes, C. R. M. Grovenor, R. J. Kinsey, G. Burnell, W. E. Booij, M. G. Blamire, R. Kleiner, P. Müller, *Appl. Phys. Lett.* **76**, 3603 (2000).

[9] S. Ueda, T. Yamaguchi, Y. Kubo, S. Tsuda, Y. Takano, J. Shimoyama, K. Kishio, *J. Appl. Phys.* **106**, 074516 (2009).

[10] F. X. Régi, J. Schneck, J. F. Palmier, H. Savary, *J. Appl. Phys.* **76**, 4426 (1994).

[11] A. Yurgens, D. Winkler, N. V. Zavaritsky, T. Claeson, *Appl. Phys. Lett.* **70**, 1760 (1997).

[12] A. Irie, Y. Hirai, G. Oya, *Appl. Phys. Lett.* **72**, 2159 (1998).

[13] M. Suzuki, K. Tanabe, S. Karimoto, Y. Hidaka, *IEEE Trans. Appl. Supercond.* 7, 2956 (1997).

[14] A. Irie, G. Oya, R. Kleiner, P. Müller, *Physica C* **362**, 145 (2001).

[15] Yu. I. Latyshev, J. E. Nevelskaya, and P. Monceau, *Phys. Rev. Lett.* **77**, 932 (1996).

[16] A. Irie T. Mimura, M. Okano, G. Oya, *Supercond. Sci. Technol.* **14**, 1097 (2001).

[17] Ch. Renner and Ø. Fisher, *Phys. Rev. B* **51**, 9208 (1995).

[18] H. B. Wang, T. Hatano, T. Yamashita, P. H. Wu, P. Müller, *Appl. Phys. Lett.* **86**, 023504 (2005).

[19] M. Suzuki, S. Karimoto, K. Namekawa, *J. Phys. Soc. Jpn.* **67**, 732 (1998).

[20] J. C. Fenton, P. J. Thomas, G. Yang, C. E. Gough, *Appl. Phys. Lett.* **80**, 2535 (2002).

[21] K. Anagawa, Y Yamada, T. Shibauchi, M. Suzuki, *Appl. Phys. Lett.* **83**, 2381 (2003).

[22] V. Ambegaokar, A. Baratoff, *Phys. Rev. Lett.* **10**, 486 (1963); **11**, 104 (1963).

[23] V. M. Krasnov, *Phys. Rev. B* **65**, 140504 (2002).

［24］ C. Kurter, L. Ozyuzer, J. F. Zasadzinski, D. G. Hinks, K. E. Gray, *J. Supercond. Nov. Magn.* **24**, 101（2011）.

［25］ C. C. Tsuei and J. R. Kirtley, *Rev. Mod. Phys.* **72**, 969（2000）.

［26］ Y. Tanaka, S. Kashiwaya, *Phys. Rev. B* **56**, 892（1998）.

［27］ R. A. Klemm, G. Arnold, C. T. Rieck, K. Scharnberg, *Phys. Rev. B* **58**, 14203（1998）.

［28］ W. S. Lee, I. M. Vishik1, K. Tanaka, D. H. Lu, T. Sasagawa, N. Nagaosa, T. P. Devereaux, Z. Hussain, Z. -X. Shen, *Nature* **450**, 81（2007）.

［29］ H. B. Yang, J. D. Rameau, Z. -H. Pan, G. D. Gu, P. D. Johnson, H. Claus, D. G. Hinks, T. E. Kidd, *Phys. Rev. Lett.* **107**, 047003（2011）.

［30］ V. M. Krasnov, *Phys. Rev. B* **91**, 224508（2015）.

［31］ Z. Shen, D. Dessau, B. Wells, D. King, W. Spicer, A. Arko, D. Marshall, L. Lenbardo, A. Kapitalnik, P. Dickinsoon, S. Doniach, J. DiCarlo, T. Loeser, C. Park, *Phys. Rev. Lett.* **70**, 1553（1993）.

［32］ H. Ding, J. Campuzano, K. Gofron, C. Gu, R. Liu, B. Veal and G. Jennings, *Phys. Rev. B* **50**, 1333（1994）.

［33］ C. Manabe, M. Oda and M. Ido *J. Phys. Soc. Jpn.* **66**, 1776（1997）.

［34］ A. Irie, T. Mimura, M. Okano, G. Oya, *Supercond. Sci. Technol.* **14**, 1097（2001）.

［35］ V. J. Emery and S. A. Kivelson, *Nature* **374**, 434（1995）.

［36］ H. B. Yang, J. D. Rameau, P. D. Johnson, T. Valla, A. Tsvelik, G. D. Gu, *Nature* **456**, 77（2008）.

［37］ S. Chakravarty, *Rep. Prog. Phys.* **74**, 022501（2011）.

［38］ E. Gull, O. Parcollet, and A. J. Millis, *Phys. Rev. Lett.* **110**, 216405（2013）.

［39］ Yu. I. Latyshev, S. -J. Kim, V. N. Pavlenko, T. Yamashita, L. N. Bulaevskii, *Physica C* **362**, 156（2001）.

［40］ H. B. Wang, P. H. Wu, T. Yamashita, *Phys. Rev. Lett.* **87**, 107002（2001）.

［41］ Y. Matsuda, M. B. Gaifullin, K. Kumagai, K. Kadowaki, T. Mochiku, and K. Hirata, *Phys. Rev. B* **55**, R8685（1997）.

［42］ K. Schlenga, R. Kleiner, G. Hechtfischer, M. Mößle, S. Schmitt, P. Müller, Ch. Helm, Ch. Preis, F. Forsthofer, J. Keller, H. L. Johnson, M. Veith, E. Steinbeiß, *Phys. Rev. B* **57**, 14518（1998）.

［43］ A. Yurgens, D. Winkler, N. V. Zavaritsky, T. Claeson, *Proc. SPIE* **2697**, 433（1996）.

［44］ G. Oya and A. Irie, *Physica C* **362**, 138（2001）.

［45］ S. O. Katterwe, V. M. Krasnov, *Phys. Rev. B* **80**, 020502（2009）.

［46］ S. Sakai, P. Bodin, N. F. Pedersen, *J. Appl. Phys.* **73**, 2411（1993）.

［47］ R. Kleiner, *Phys. Rev. B* **50**, 6919（1994）.

［48］ A. Irie, G. Oya, *Supercond. Sci. Technol.* **20**, S18（2007）.

［49］ A. E. Koshelev, *Phys. Rev. B* **75**, 214513（2007）.

［50］ S. Ooi, T. Mochiku, K. Hirata, *Phys. Rev. Lett.* **89**, 247002（2002）.

［51］ S. M. Kim, H. B. Wang, T. Hatano, S. Urayama, S. Kawakami, M. Nagao, Y. Takano, T. Yamashita, K. Lee, *Phys. Rev. B* **72**, 140504（2005）.

［52］ R. Kleiner, T. Gaber, G. Hechtfischer, *Physica C* **362**, 29（2001）.

［53］ M. Tachiki, T. Koyama and S. Takahashi, *Phys. Rev. B* **50**, 7065（1994）.

［54］ M. Tachikia and M. Machida, *Proceedings of SPIE* **4058**, 171（2000）.

［55］ G. Hechtfischer, R. Kleiner, K. Schlenga, W. Walkenhorst, P. Müller, H. L. Johnson, *Phys. Rev. B* **55**, 14638

（1997）.

[56] T Hatano, H. Wang. S. Kim, S. Kawakami, S. -j. Kim, M. Nagao, K. Inomata, Y. Takano, T. Yamashita, M. Tachiki, *IEEE Trans. Appl. Supercond.* **15**, 912（2005）.

[57] H. B. Wang, S. Urayama, S. M. Kim, S. Arisawa, T. Hatano, *Appl. Phys. Lett.* **89**, 252506（2006）.

[58] M. H. Bae, H. -J. Lee, J. -H. Choi, *Phys. Rev. Lett.* **98**, 027002（2007）.

[59] L. Ozyuzer, A. E. Koshelev, C. Kurter, N. Gopalsami, Q. Li, M. Tachiki, K. Kadowaki, T. Yamamoto, H. Minami, H. Yamaguchi, T. Tachiki, K. E. Gray, W. -K. Kwok, U. Welp, *Science* **318**, 1291（2007）.

[60] X. Hu, S. Lin, *Supercond. Sci. Technol.* **23**, 053001（2010）.

[61] I. Kakeya, H. B. Wang, *Supercond. Sci. Technol.* **29**, 073001（2016）.

[62] T. M. Benseman, K. E. Gray, A. E. Koshelev, W. -K. Kwok, U. Welp, H. Minami, K. Kadowaki, T. Yamamoto, *Appl. Phys. Lett.* **103**, 022602（2013）.

[63] M. Tsujimoto, H. Minami, K. Delfanazari, M. Sawamura, R. Nakayama, T. Kitamura, T. Yamamoto, T. Kashiwagi, T. Hattori, and K. Kadowaki, *J. Appl. Phys.* **111**, 123111（2012）.

[64] T. Kashiwagi, K. Nakade, B. Markovic, Y. Saiwai, H. Minami, T. Kitamura, C. Watanabe, K. Ishida, S. Sekimoto, K. Asanuma, T. Yasui, Y. Shibano, M. Tsujimoto, T. Yamamoto, J. Mirkovic, K. Kadowaki, *Appl. Phys. Lett.* **104**, 022601（2014）.

[65] K. Inomata, S. Sato, K. Nakajima, A. Tanaka, Y. Takano, H. B. Wang, M. Nagao, H. Hatano, S. Kawabata, *Phys. Rev. Lett.* **95**, 107005（2005）.

[66] X. Y. Jin, J. Lisenfeld, Y. Koval, A. Lukashenko, A. V. Ustinov, P. Müller, *Phys. Rev. Lett.* **96**, 177003（2006）.

[67] S. -X. Li, W. Qiu, S. Han, Y. F. Wei, X. B. Zhu, C. Z. Gu, S. P. Zhao, H. B. Wang, *Phys. Rev. Lett* **99**, 037002（2007）.

[68] H. Kashiwaya, T. Matsumoto, H. Shibata, H. Eisaki, Y. Yoshida, H. Kambara, S. Kawabata, S.Kashiwaya, *Appl. Phys. Ex.* **3**, 043101（2010）.

[69] Y. Kubo, A. O. Sboychakov, F. Nori, Y. Takahide, S. Ueda, I. Tanaka, A. T. M. N. Islam, Y. Takano, *Phys. Rev. B* **86**, 144532（2012）.

[70] Y. Nomura, R. Okamoto, I. Kakeya, *IEEE Trans. Appl. Supercond.* **27**, 7200205（2017）.

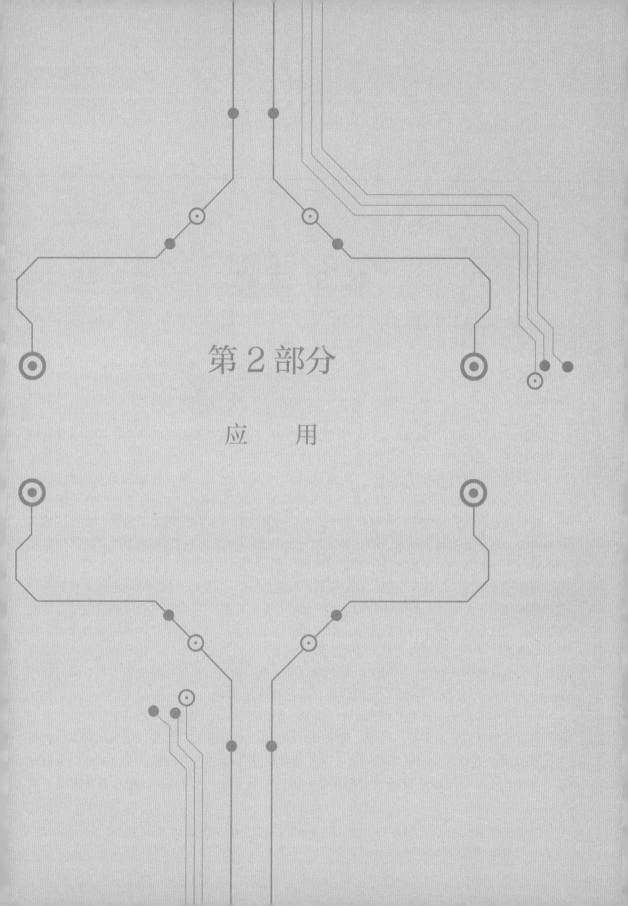

第2部分

应　用

第10章

▶▶▶▶▶▶

输电电缆

10.1 前言

　　超导的主要特征是零电阻。在电力传输过程中，沿途浪费和损失的功率，即没有到达接收端的功率，是线路损失的典型例子，有时称为电阻性损失（或焦耳损失）。举一个简单的例子，如果传输线的电阻是 $R[\Omega]$，传输电流是 $I[A]$，那么每条线传输的电阻损失是 I^2R [W]。这种损失将变成热能，导致电力传输线的温度上升。因此，在相同的传输功率条件下，通常通过提高传输电压和降低传输电流来减少损失。在实际的电力系统中，根据传输的功率大小，电压分为几个等级，通过变电站（变压器）从高电压逐级降低到最终消费者使用的低电压。如果将超导技术应用于输电网络的话，当线路电阻 $R=0$ 时，输电损耗也将为零，与输电电流无关。这样也就没有必要提高输电电压了。当然，在较低的电压下要确保输送同样的功率，就必须提高电流的大小。在超导体中，单位导体面积可流过的电流量，即电流密度，比正常导电导体高 100 多倍，所以超导输电电缆的尺寸并不比正常导输电电缆大。在相同的电缆尺寸下，超导电缆可以输送更多的电力。从这些情况来看，超导输电技术具有低电压、大电流传输的特点，不仅可以实现低损耗输电，而且可以简化变电站等用于降压的设施，因此作为一种全新的输电系统概念正在研究和开发之中。

　　在超导电力传输中，大电流可以无损流动，但严格来说，无损电流是有上限的，只能到临界电流密度（J_c）的大小。例如，对于 $Bi_2Sr_2Ca_2Cu_3O_y$（Bi2223）高温超导线材来说，这个 J_c 值大约为 500 A/mm^2（$T=77$ K），这比通常用作传输电缆的铜和铝等金属的允许电流密度（大约 1~5 A/mm^2，取决于工作环境）高两个数量级$^{\ominus}$。因此，利用超导技术可以制

　　$\ominus$　关于电流密度的比较，其实用工程上的临界电流密度 J_e 进行比较会更合适，它是由导线的临界电流 I_c 除以导线的整个横截面积而得到的。

造出高容量和紧凑的传输电缆。

另一个必须考虑的因素是传输方式，究竟是直流（DC）还是交流（AC）。表 10.1 总结了超导传输中的直流和交流两种方式的优缺点。在直流的情况下，传输损失几乎完全是电阻性损失。然而，在交流的情况下，由于超导体内部的磁滞和结构各部分的涡流损失，会出现交流损失。因此，在交流应用中，需要考虑各种办法来减少交流损失。

表 10.1　超导输电中直流方式和交流方式的优缺点比较○

	优　点	缺　点
直流	传输损失为零 电缆结构简单 便于扩大容量 可以与不同频率、相位的系统配合	需要交直流转换器 进行交直流转换时会产生损失
交流	可应用于现有系统 可由发电机直接输电	根据充电电流，电缆长度有限制（100km 程度）会产生交流损失

注：画线部分为超导输电特有性质。

本文将首先介绍超导输电电缆的研发历史，然后介绍超导输电电缆系统的基本结构和各部件的考虑要点，重点是直流系统，并以作者参与开发的石狩市超导输电验证项目为例，总结课题的现状和问题。

10.2　超导输电电缆的开发历史

超导输电电缆（以下简称 SC 电缆）的全面发展开始于 20 世纪 60 年代末。随着经济显著增长，各行业和研究者们的日常生活对电力的需求迅速增加，能源出现枯竭，新的电力设施建设也带来环境破坏问题，美国、法国、德国和其他国家开始考虑使用冷却到极低温的高纯度铝线作为效率更高的电力传输电缆。当时，研究者们对超导材料 J_c 特性的磁通钉扎机制的理解取得了进展，开发出了具有高 J_c 值的金属超导材料，如 Nb、NbTi 和 Nb_3Sn 的实用导线。使用 SC 电缆的紧凑、高容量、高效率的地下输电系统，可以在未来实现 GW 级的电力传输，同时也符合环保和节能的要求，因此是一种很有希望的电力传输技术。

欧洲、美国和日本大约在同一时间开发了第一批 SC 电缆。1967 年，英国公司 BICC 是世界上第一个用 3m 模型电缆（Nb）成功传导 2080A 交流电的公司。在日本，古河电工在 1971 年使用 4m 长的模型电缆（Nb，NbTi）成功进行了 154 kV 交流 3 kA（直流 5 kA）载流试验[1]。使用金属超导材料的最大规模的 SC 电缆测试，是在美国 Brookhaven 国家实验室建造的 115m 长的 Nb_3Sn 电缆系统。它被设计为一个 1000MVA 级的原型系统（138kV 交流

○　关于电流密度的比较，其实用工程上的临界电流密度 J_c 进行比较会更合适，它是由导线的临界电流 I_c 除以导线的整个横截面积而得到的。

电），采用两股 Nb_3Sn 电缆，用超临界氦气作为冷却剂进行强制冷却，该系统于 1975 年开始建造，1981 年完工，1982 年至 1986 年成功进行了各种性能测试[2]。然而，这些都需要使用液态氦（LHe），而使用 LHe 作为冷却剂的困难，例如氦的泄漏，以及由于低制冷 COP 而导致的低冷却效率，一直是实际应用过程中的主要障碍。在这种情况下，1986 年 Bednorz 和 Müller 发现了 Ba-La-Cu-O 系统，其超导场温度（T_c）约为 30K[3]，进而又发现了一系列铜氧化物高温超导体（HTS，High-T_c superconductor），其 T_c 远远高于液氮（LN_2）的沸点（77.3K）。HTS 可以使用 LN_2 作为冷却剂，LN_2 比 LHe 更便宜，也更容易处理，可望提高冷却效率，因此，在发现之后的早期就开始了基于 HTS 的 SC 电缆系统的研究。

表 10.2 总结了截至 2021 年 4 月已进行（或计划进行）的主要示范性项目（距离 100m 以上）。许多交流/直流示范性项目正在进行，而使用 Bi2223、$REBa_2Cu_3O_y$（即 RE123，其中 RE 表示稀土元素）等材料的 HTS 线材量产技术也在逐渐确立。在韩国，超导输电电缆已于 2019 年秋季开始商业化运行[13]。

表 10.2	至今已经开发的主要超导输电电缆系统							
项目名称（国别）	额定电压/电流	长度	电缆结构	超导线材	运营时间	主要成员	冷却方式	参考	Ref
Albany（美国）	AC 34.5kV/800A	350m	三芯	Bi 系（二期工程部分为RE 系）	2006-2008	National grid, Superpower, SEI, BOC	LN_2 循环 Stirling 制冷机 过冷器	变电所间	[4]
Columbus（美国）	AC 13.2kV/3kA	200m	三相同轴	Bi 系	2006-2012	AEP, Ultera, AMSC, Praxair	LN_2 循环 过冷器	变电所内	[5]
LIPA Ⅰ（美国）	AC 138kV/2400A	600m	单芯 ×3 相	Bi 系（3 相）	2008-2009	LIPA, AMSC, NEXANS, Air Liquid	LN_2 循环 Brayton 制冷器	变电所附近	[6]
LIPA Ⅱ（美国）	AC 138kV/2400A	600m	单芯 ×3 相	Bi 系（2 相），RE 系（1 相）	2013-	LIPA, AMSC, NEXANS, Air Liquid	LN_2 循环 Brayton 制冷器	变电所附近中断	[7]
AmpaCity（德国）	AC 10kV/2300A	1000m	三相同轴	Bi 系	2013-运行中（2021）	RWE Deutchland, NEXANS, KIT, Messer	LN_2 循环 过冷器	变电所间	[8]
St. Petersburg（俄罗斯）	DC 20kV/2500A	2500m	单芯 ×3 相	Bi 系	建设中	FGC UES R&D Center of FGC	LN_2 循环 Brayton 制冷器	变电所间	[9]
Gochang（韩国）	AC 154kV/3.75kA	100m	三芯	Bi 系	2002-2006	KEPCO, KERI（SEI）	LN_2 循环 过冷器	试验线路	[10] [11]
GENI（韩国）	AC、22.9kV/1260A	410m	三芯	RE 系	2011-2013	KEPCO LS cable	LN_2 循环 过冷器	变电所内	[12]

（续）

项目名称 （国别）	额定电压/ 电流	长度	电缆 结构	超导 线材	运营时间	主要成员	冷却方式	参考	Ref
Jeju （韩国）	AC 154kV/3750A	1000m	单芯 ×3 相	RE 系	2014	KEPCO，KERI LS cable	LN$_2$ 循环 Brayton 制冷机 过冷器	变电所间	[13]
Jeju （韩国）	DC ±80kV/3100A	500m	单芯 bipolar	RE 系	2014	KEPCO，KERI LS cable	LN$_2$ 循环 Stirling 制冷机	变电所间	[13]
Shingal （韩国）	AC 23kV/1260A	1035m	三芯	RE 系	2020-	KEPCO，LS cable	LN$_2$ 循环 Brayton 制冷机 过冷器	变电所间 商用	[13]
巩义 （中国）	DC 1.3kV/10kA	380m	单芯	Bi 系	2012-	中科院电工研究所， 河南中孚实业股份 有限公司	LN$_2$ 循环 Stirling 制冷机	铝电解工厂	[14]
上海 （中国）	AC 35kV/2200A	1200m	三芯	RE 系	建设中	国家电网上海 电力公司	LN$_2$ 循环	变电所间 商用	[15]
横须贺 （日本） Super ACE	AC 77kV/1000A	500m	单芯 ×3 相	Bi 系	2004-2005	古河电力，东京 电力，中部电力， 关西电力， 中央电力研究所	LN$_2$ 循环 Stirling 制冷机	中央电力 研究所内 试验用	[16]
中部大学 （日本）	DC ±10kV/2kA	200m	单芯	Bi 系	2010-	中部大学	LN$_2$ 循环 Stirling 制冷机	试验用线路	[17]
旭第 1 期 （日本）	AC 66kV/1.75kA	260m	三芯	Bi 系	2012-2013	东京电力， 住友电工， 前川制作所	LN$_2$ 循环 Stirling 制冷机	变电所内	[18]
旭第 2 期 （日本）	AC 66kV/1.75kA	260m	三芯	Bi 系	2017-2018	东京电力， 住友电工， 前川制作所	LN$_2$ 循环 Brayton 制冷机 过冷器	变电所内	[19]
石狩线路 1 （日本）	DC ±10kV/5kA	500m	单芯	Bi 系	2015	千代田化工，住友 电工，中部大， SAKURA Internet	LN$_2$ 循环 Brayton 制冷机 Stirling 制冷机	iDC-PV	[20]
石狩线路 2 （日本）	DC ±10kV/2.5kA	1000m	单芯	Bi 系	2015-2016	千代田化工，住友 电工，中部大， SAKURA Internet	LN$_2$ 循环 Brayton 制冷机 Stirling 制冷机	试验用线路	[20]
铁道综合 技术研究所 （日本）	DC 1.5kV/1000A 电气化铁道	310- 350m	单芯	Bi 系 RE 系	2014	铁道综合技术 研究所等	LN$_2$ 循环 制冷机	铁道综 合技术 研究所内	[21]
日野土木 实验所 （日本）	DC 1.5kV/2200A* 电气化铁道	408m	单芯	Bi 系	2019	铁道综合技术 研究所等	LN$_2$ 循环 Brayton 制冷机	列车运行试验 （JR 中央线） * 实际通电量	[22]
户塚（日本）	AC 6.6kV CV 电缆置换	250m	三相 同轴	RE 系	2020-2021	昭和电线 BASF 日本	LN$_2$ 循环 过冷器	工厂内	[23]

10.3 超导输电电缆系统的构成

SC 电缆系统主要由电气系统和冷却系统组成，如图 10.1 所示。电气系统由在超导状态下传输电力的超导电缆芯，以及将其连接到外部室温电力传输系统的电流导线构成。由于制造、运送、铺设方面的限制，目前单条电缆长度一般在 500m 左右。而在长距离系统应用中，要提供连接超导电缆芯的接口，来达到需要的长度。

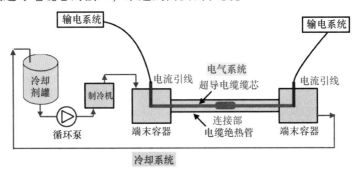

图 10.1　超导传输电缆系统结构示意图（带冷却剂的闭合回路）

另外，SC 电缆需要在几 km 的电缆长度上完全保持超导性，因此，一般通过低温气体或液体的（强制）循环冷却方法进行冷却。这种冷却系统包括：将超导电缆包裹在内并绝热的绝热管，将绝热管和导线维持在一定温度、吸收冷却剂热量的制冷机，用来输送冷却剂的循环系统，以及在导线末端收纳导线用的末端容器。各部分的详细情况将从下一节开始介绍。

10.4 超导电缆芯

▶▶ 10.4.1　超导电缆芯的构造

构成超导电缆芯的超导线材是根据其基本的超导特性，如 T_c 和 J_c，弯曲性和成本等来选择的。到目前为止，所使用的材料主要是 Bi2223（$T_c \sim 110$ K）和 RE123（$T_c \sim 90$ K），但最近在欧洲 MgB_2（$T_c \sim 39$ K）也得到了深入研究。

作为超导电缆芯（单芯）的一个例子，图 10.2 是石狩市验证项目中使用的电缆芯的模

图 10.2　超导电缆芯（单芯）的内部构造举例（石狩市一号线，DC±10kV，5kA，Bi2223）

型照片。其组成材料见表 10.3。

表 **10.3** 超导电缆芯的构成材料

项　　目	材　　料
绕线模	铜、不锈钢管等
缓冲层	半合成纸、合成纸等
导体层	Bi2223、RE123 线材等
绝缘层	半合成纸、合成纸等
外部电极	铜
保护层	半合成纸、合成纸，布条

由于 Bi2223 和 RE123 等 HTS 导线是厚度约为 0.1～0.2mm 的薄带，并且是脆性材料，极端的张力或弯曲会导致临界电流 I_c 的降低。因此在线芯的中心会有一根绕线模，将超导线围绕它螺旋状卷起，形成线缆。绕线模必须考虑到弯曲度，以及在绕制线芯时必要的张力和机械强度，还要考虑在电路短路时抑制温度上升，所以必须采用导热性良好的铜材料来制作。为了让冷却剂流通，有时绕线模必须是中空的，让不锈钢螺旋管从中通入（图 10.3），还有用铜绞线作为短路电流的旁路。在绕线模和超导线材之间有一个缓冲层，以减少冷却过程中导体收缩的力量。内导体与外导体之间，以及外导体与外电极之间设有绝缘层，可以在额定工作电压下保持绝缘。所有的超导线材、绝缘层等都应做成带状，这样在冷却过程中可以径向收缩。

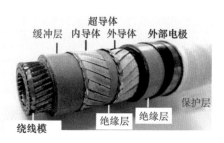

图 **10.3**　超导电缆芯（单芯）的内部构造举例（中空绕线模）（中部大学 20m；DC12kV, 3kA, Bi2223)

在直流输电中，输电电缆仅由正极或负极组成的系统称为单极系统，而同时有正负两极的系统称为双极系统。在单极系统中，回流电流可以通过地下或使用海水进行传导，但这将导致地下埋藏的设施收到电腐蚀和地磁干扰的影响，因此单机系统不适合在人口稠密、地下设施较多的地区使用。此时就需要另外设置回流电路，这称为导体回流式。

而双极系统使用两根导体，每一根相对大地都有很高的电位，但两者极性相反。电流在两根导体间流动，最大限度地抑制对地电流，也就不存在单极系统中的电腐蚀、地磁干扰问题。另外，由于每根导体对地都有高电压，因此都必须做好绝缘。将这样的电缆应用在单极系统中，外导体可以用作电流回流电路，应用在双极系统中，外导体和内导体流过相反极性的电流。

在交流输电中，可以将三根单芯电缆并排，用一根绝热管收纳在一起使用，称为"三心一括"。也有研究者提出在一个绕线模上绕三根导线并加入相应的绝缘层，形成三相同轴电缆，适用于低电压输电。表10.4列出了各种电缆的构造（电缆芯+绝热管）与适用的电压范围。另外，交流电缆应用中，图10.2的外导体层被用作超导屏蔽层。当内导体流过交流电流时，根据磁感应强度在屏蔽层通入逆向的电流，以此来抑制磁场的外泄。

表 10.4　交流超导电缆的构造

	单芯电缆	三芯电缆	三相同轴电缆
电压	77~275kV	50~80kV	50kV
结构	77kV 1kA[24]	66/77kV 3kA[24]	6.6kV[23]

▶▶ 10.4.2　超导电缆芯的设计

1. 电流设计

直流输电中所需的电缆芯的最低条数 N（自然数），是由单根缆芯的容许电流（I_c）与电路所需的电流（I）共同决定的，如公式（10.1）。但实际上由于温度变化等因素造成的影响，设计时总是取较大的 N，留出足够的余量。

$$N > \frac{I}{I_c} \tag{10.1}$$

因此，导体一般由多根超导线平行堆叠而成，但超导部分的电阻为零，而在导体末端的焊接电阻的不均匀，会导致电流的偏流（分配不均）。如果发生这种现象，大量的电流就会被分配到某些超导线上，在这些超导线上通过的电流可能会超过容许电流 I_c。因此，在实际连接超导电缆芯时，必须考虑导体的连接方法，以免发生偏流，并通过 I_c 测试来检查导线的通电性能是否符合预期。

另外在大电流超导电缆中，电流对导体的表面磁场（自磁场）造成很大的影响。因此选择超导材料时，应该根据 I_c 与磁场的依赖关系来选择，以降低表面磁场的影响。图10.4是石狩市验证项目1km长电缆的 I_c 值（实测值），与电缆中单根线材的 I_c 的预测值的比较。实验装置在经过铺设和冷却后，在超导电缆两端设置电极进行测量。测量过程中，可以改变制冷机的温度设定，从而测出温度带来的变化。这些测量结果验证了线材 I_c 的预测值，并表明电超导线缆的 I_c 没有因为制造、铺设、冷却等影响而退化。

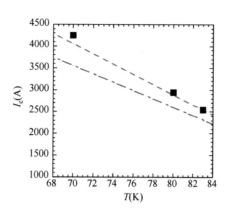

图 10.4　超导电缆芯的 I_c 的温度依赖性（额定电流 2.5kA，1km，Bi2223）[25]。I_c 值是在 0.1 μV/cm 的基础上确定的。虚线是线材的最大 I_c 值，点划线是由最小值得到的预测值

2. 电气绝缘设计

电气绝缘的方式如表 10.5 所示。由于在极低温情况下工作，材料本身的绝缘特性以及介电特性都变得很好。但是大量应用在固体绝缘方面的高分子材料，在极低温下机械特性降低、热应力变大，都是需要解决的课题。

表 10.5　极低温下的电气绝缘方式

方　　法	材　　料	特　　性	参　　考
气体绝缘	氦气、氢气等	优秀的介电性 通过加压等手段提高密度可提高击穿电压	绝缘、冷却均可
液体绝缘	液氦、液氢、液氮、LNG 等	优秀的介电性 液氢、液氦绝缘性好 压力效果强	绝缘、冷却均可
固体绝缘	牛皮纸、聚乙烯、聚酯纤维、尼龙、FRP 等	介电性与常温时类似 介电正切损耗低 1~2 个量级 击穿电压提高	冷却时收缩的问题
真空绝缘	—	介电特性与绝缘特性极好 依赖于真空度	绝缘、绝热均可
复合绝缘	带状绝缘体+气体、液体浸泡	将合适的材料组合，可获得优秀的绝缘特性	容易具有柔软性

以 LN_2 为冷却剂的 HTS 电缆芯的绝缘方式，是采用牛皮纸、聚丙烯合成纸等绝缘纸多层层压，并浸渍在 LN_2 中，称为液氮浸渍层压绝缘法，这种方法也在 OF 电缆（充油电缆）中广泛使用。聚丙烯合成纸是在牛皮纸上附上聚丙烯薄膜热压融合而成，比普通牛皮纸有更优秀的绝缘性能和机械性能。

液氮浸渍层压绝缘法所能承受的直流击穿电场和脉冲击穿电场约在 100kV/mm 以上。绝缘层的厚度设计要求对额定电压有足够的余量，还要考虑到弯曲等机械特性来决定。

3. 机械设计：抗拉强度与最小曲率半径

超导电缆芯在铺设时，冷却时产生的张力预设是由绕线模来承受的。在这里 $1mm^2$ 单位面积上的抗拉力，乘以绕线模的截面积，就是设计上所说的抗拉强度。铜的抗拉力约为 $7kg/mm^2$，以图 10.2 的石狩市验证项目的电缆线为例，铜质绕线模的截面积为 $130mm^2$，铜的抗拉力为 $7kg/mm^2$，所以算出其抗拉强度高达 910kg。而最小曲率半径，应该以线缆芯外径的 20 倍为目标。

4. 热机械特性

超导电缆芯从室温冷却到液氮温度的过程中，会产生 0.3% 的热收缩，所以必须设法缓解这样的拉伸应变，从而使电缆受的拉力小于其抗拉强度。一般的电缆（OF 电缆等）通电时由于温度上升而伸长，产生压缩应力，所以在铺设时会设计弯曲部分（offset 部分，蛇形部分）来吸收热膨胀和热收缩。而在超导电缆的缆芯中同样会考虑冷却时的热收缩，普遍采用这样的方法来抵消热形变的影响。

在石狩市验证项目中，由于采用绝热管的是直管设计，难以在其中设计弯曲部分，为了抵消热收缩，将电缆末端的低温恒温装置设计成可以前后运动的，而且电缆芯在双重绝热管内是允许螺旋变形的。所谓螺旋变形，是指当缆芯铺设在管路中后，首先在液氮中冷却，使其热收缩并将两端固定，然后升温伸长的方法。在伸长的过程中，缆芯会自动产生螺旋状变形，利用这个特性，在热收缩时产生的变化量就可以均匀地分摊到电缆的每个部分。

图 10.5 是石狩市二号线路（1km）示范项目，超导电缆芯在螺旋变形后的 X 射线照片。常温下螺旋的周期为 1250~1500mm，假定电缆芯以 1250mm 的周期与绝热管的内侧连接，电缆管道内径 72.1mm，缆芯直径 40mm，计算出可以吸收 0.32% 的热收缩。图 10.6 中是冷却时绝热管的温度变化与电缆芯中的张力变化关系。冷却剂从 B 端通入，先用氮气冷却两

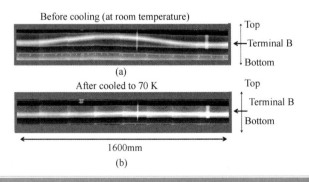

图 10.5 超导电缆芯的螺旋变形弛豫了热收缩[25]。(a) 常温时的 X 射线照片，(b) 冷却时的 X 射线照片

天，到达约 110K，然后注入液氮。张力会随着冷却而变大，而在注入液氮时会发生急剧的变化。此时，根据电缆允许的张力计算出一个额定值（A 端 600kgf，B 端 1000kgf），在这个额定值范围内来移动缆芯的末端（图 10.6 中箭头↑所指位置）。A 端总计约移动 347mm，B 端总计约移动 319mm。实验结果表明，螺旋变形和末端移动，是将电缆芯张力控制在允许范围内的有效手段。

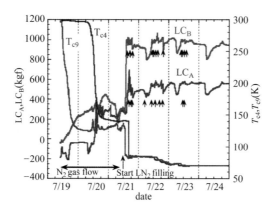

图 10.6　超导电缆芯冷却时轴中张力变化[25]。LC_A、LC_B 分别是 A 端和 B 端的张力。T_{c9} 和 T_{c4} 分别是 A 端和 B 端绝热管端部的温度。箭头↑所指的位置表示此时移动缆芯末端来弛豫张力

超导电缆芯在冷却时发生很大的热收缩，但在通电时的温度上升，以及周围环境中日光照射造成的温度变化，都不会使缆芯发生反复的热收缩。这一点是与常导输电电缆完全不同的。

5. 交流损失

在交流输电系统中，超导线的 I_c 以及交流损失，是电缆芯设计中非常重要的参数。超导缆芯的交流损失，除了电介质中的损失、涡流损失之外，还有超导线特有的磁滞损失和耦合损失。超导电缆大多是多层螺旋构造，各层的线材都对交流损失有影响。当交流电流流动时，每一层都对外层产生一个圆周方向的磁场。而每一层都是由带材围着中轴按照一定的间距绕制的，所以圆周磁场可以在外层每一根带材上，分解为垂直于带材表面的磁场（称为横向磁场或平行磁场），以及沿带材长度方向的磁场（纵向磁场）。此时，各层材料的电感系数越往外越小，对于零电阻的超导体来说，电流将集中在外部流动，内部的剩磁变大，结果磁滞损失变大。为此，有研究者提出可以调整各层螺旋的绕制间距，从而使各层电流分布更均匀，降低磁滞损失[26]。

由于超导线材本身的特性，RE123 线材的超导层厚度仅有几 μm 薄，平行磁场导致的交流损失非常小，交流损失主要来自线材间隙中的垂直磁场。为此，将线材的宽度降低，并使线材的绕制界面尽量接近圆形，缩小层间间距，就可以最大限度地降低交流损失[27]。另外，Bi2223 线材是多芯线材，各细丝之间的耦合损失也是一个问题。对此可以将细丝进行

缠绕[28]，进而也可以在细丝间设置绝缘层[29]，来降低交流损失。

10.5 超导电缆的末端（电流引线）

所谓电流引线，是指从室温的电源向极低温的超导电缆，跨越极大的温差而提供电流的装置。电流引线需要在极大的温度梯度中输送电流，也是电缆末端低温恒温装置热量侵入的一个主要原因。对于直流输电来说，热量侵入包括从电流引线热传导带来的，也包括电流引线本身通电产生的焦耳热。针对不同的原因，总结了以下方法来进行控制。

① 热传导：使用导热率大的材料，并且减小电流引线的截面积，并延长其长度。

② 焦耳热：使用电阻率小的材料，增大电流引线的截面积，并缩短长度。如果使用金属材料，电阻率会随温度上升而增大，电阻率增大又会进一步使温度上升，导致温度骤升。对此，一般采用电阻率很低的铜及其合金来制作电流引线，并且用冷气来降低其温度，防止温度骤升。

一般来说，电流引线会采用电阻率低且容易加工、成本低廉的铜非常合金来制作。但铜的导热率较高，只能减小引线的截面积并延长长度，但这又导致电阻率增大，产生更多的焦耳热。必须考虑最好的方案，来权衡利弊。根据目前最好的方案，铜引线在 77K 时的热侵入约为 50W/kA。

有研究者提出一种低热侵入型的电流引线，叫作帕尔贴（Peltier）电流引线（PCL）[17]。这种引线是在铜引线的上部（高温端）引入帕尔贴结构，利用帕尔贴原理来实现热电冷却，达到降温的目的。

低温恒温装置（Cryostat）是位于包裹着电缆芯的绝热管末端的一个容器，包含与电缆芯相连的电流引线、冷却剂的出入口，以及电缆芯的固定装置。图 10.7 是一个交流输电用的末端恒温装置的例子。外部电源通过电流引线与电缆芯相连，但缆芯浸泡在冷却剂中，并且与外部环境之间还有一层真空绝热。这个末端恒温装置尺寸较大，因此辐射热的侵入也很

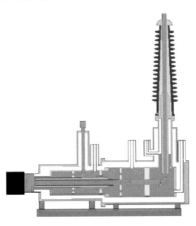

图 10.7　电缆末端恒温装置的例子（AC77kV，1kA，单芯电缆）[16]

大，加上电流引线带来的热传导，所以设计上是需要考虑非常多的因素的。另外，电流引线上还有高电压高电流，所以电气绝缘和通电设计都非常重要。而且，当电缆芯的末端被固定住以后，升温时其中的张力施加在末端，也需要考虑缓解的办法。

10.6 电缆间的连接部分

受到生产设备、运输、铺设张力等因素的制约，单根电缆芯的长度不过几百米，因此在长距离输电时，就不得不考虑如何将电缆互相连接起来。这个连接部分，对于电缆的通电特性、机械特性、冷却循环等方面来说，都不允许成为薄膜环节。为此，技术方案必须满足以下条件：

- 尽可能使超导线材之间实现低电阻连接。
- 连接部分必须有很强的绝缘性（绝缘增强）。
- 必须有很强的拉伸强度（绕线模的连接）。

而且对于冷却循环来说，也要设法降低压力损失。图 10.8 是 REBCO 电缆芯连接部分的例子，超导线材之间的连接处设计了专门的连接线材，线芯的各层也分别桥接和焊接。连接时绕线模需要承受机械强度，所以绕线模之间用铜套等压制在一起，来得到足够的机械强度。为了进一步加强连接强度，还可以在内导体和外导体之间用绝缘增强纸绕制连接，以及用剖开的铜管制成模具来强化桥接后的超导线。

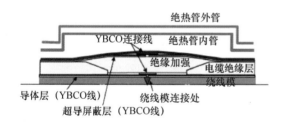

图 10.8 REBCO 电缆芯的连接[30,31]。左图：连接部分的剖面构造示意图。右图：连接部分的照片

目前为止，很多场合都采用了普通连接 NJ（Normal Joint）的方式（图 10.8 就是 NJ 方式）就是只连接了缆芯部分。但是当需要长距离应用的时候，为了防止电缆长度方向的热收缩导致的移位，必须设法对连接部位固定得更好。有一种缆芯固定连接 CSJ（Core Stop Joint）方式，可以将缆芯的连接部分固定住。NJ 和 CSJ 的示意图如图 10.9 所示。

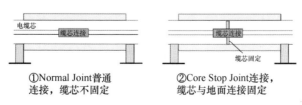

图 10.9 NJ 和 CSJ 两种连接方式的示意图

10.7 冷却系统

超导电缆的冷却系统要求做到以下几点：

- 长距离冷却：数百 m~数 km 以上。
- 高热负荷：数 kW 以上。
- 绝缘性：几 kV~275kV。
- 可靠性。

如 10.3 节所述，超导电缆要在整个长度范围内稳定维持在 T_c 以下，所以一般用极低温的气体及液体（液化气体）等冷却剂在其中流动，强制循环冷却。代表性的液化气体的物理性质如表 10.6 所示。

表 10.6	代表性的液化气体物理性质（一个标准大气压下）[32]					
	He	n-H_2	Ne	N_2	Ar	O_2
密度 [kg/m³] @沸点	125	70.8	1207	806.1	1.388	1.14
沸点 [K]	4.22	20.37	27.1	77.35	87.3	90.2
凝固点 [K]	—	13.96	24.6	63.15	83.8	54.75
比热 [J/g/K]	5.13	9.77	1.86	2.04		
潜热 [J/g]	20.416	451.5	86.98	198.64	161	212
热导率[10⁻³W/(m·K)]@沸点	18.6	103.6	155.1	144.8		192.9
黏度 [μPa·s]	3.17	12.49	116.18	160.67		

超导材料 Bi2223 和 RE123 等，其 T_c 都在液氮温度以上，所以一般可以采用液氮作为冷却剂。液氮比这些高温超导（HTS）材料的沸点低 15K 以上，比热和潜热都比较大，价格也低廉，这些都是优点。而使用 MgB₂ 超导材料的话，就使用氦气、液氦、液氢或者它们的混合物来作为冷却剂。表 10.7 总结了各种低温气体、液化气体冷却剂的优点和缺点，除此以外，还要考虑绝缘特性、安全性等因素来最后决定。尤其是当输电电压达到 1kV 以上时，冷却剂的耐电压特性很重要。一般来说击穿电压与电极距离和材料密度有关，液体比气体的密度大，所以绝缘性更强。

表 10.7	气体和液体（液化气体）冷却循环的优点和缺点	
冷 却 剂	优 点	缺 点
低温气体	循环时压力损失小，适用于长距离循环	热容量小，受到热量入侵时温升大，绝热耐力差。高压绝缘设计需谨慎
液化气体	热容量大，所以受到热量入侵时温升小 绝热耐力强	必须在过冷状态下运行，防止气化

代表性的冷却剂液氦和液氮，在标准大气压下，在平行电场中的最低击穿电压 V_B 的计算方法分别为 $V_B = 21.5d^{0.8} [\text{kV}]$ 和 $V_B = 29.0d^{0.8} [\text{kV}]$，其中 d 表示电极间宽度[33]。但是，如果混入气泡或其他杂质，就容易造成击穿，所以使用液化气体作为冷却剂的话，运行过程中必须保持过冷状态（实际液体温度比饱和温度更低），以防止因微小的热量输入而产生气泡。

高温超导系统中冷却剂主要使用液氮，通过制冷机等进行冷却，用泵机来循环过冷液氮。过冷程度越大，也就是实际液体温度与饱和温度之间的差异越大，就越不容易气化，冷却状态就越稳定。因此，考虑到超导电缆冷却过程中的温度上升，将液氮冷却到较低的温度并且通过加压来提高过冷度，这是很重要的。然后是关于制冷机的选择，可以将下文所说的氮气蒸发式制冷机（过冷器），单独或组合使用。

首先介绍一种逆向布雷顿循环大型制冷机，在液氮温度的制冷能力也能达到千瓦级以上，即使是高热负荷的大型电缆，也只需要一台这样的制冷机。而小型制冷机，包括斯特林循环、GM（Gifford-McMahon）循环蓄热式制冷机。这些机型结构都非常紧凑小巧，但是不满足大功率工作的要求。要根据冷却负荷来选择多种制冷机的配置。而第三种制冷机——氮气蒸发制冷机，是通过对冷却剂（液氮）进行减压的方法来获得低温，并与电缆中的冷却剂（也是液氮）进行热交换。其优点是在机器的低温部分没有可动部件，缺点是需要经常补充液氮。

上面提到的三种制冷机的概况、特性以及课题，都在表 10.8 中进行了总结和比较。制冷机的选择，需要根据制冷方式、制冷能力、制冷效率、机器尺寸、维护、寿命等方面综合考虑，看机器的性能是否符合设计要求，最后选择合适的机型。而氮气蒸发制冷机，还要根据系统的规模选择冷却剂的减压装置、热交换器、冷却剂补充罐，以及讨论冷却剂的日常供应方式。

表 10.8　冷却剂的冷却方式比较

	（小型、大型）制冷机冷却	氮气蒸发制冷机冷却
概要	通过制冷剂的压缩、绝热膨胀获得极低的温度	通过制冷剂的减压冷却获得低温
实例	GM、斯特林、逆向布雷顿循环大型制冷机等在冷却循环中适用。制冷剂包括氦气、氖气等	由减压、热交换罐、减压泵、冷却剂补给罐等构成
特征	制冷依靠的是电力，不需要现场补充制冷剂 随着制冷技术的发展，制冷效率有望提高	由于可以使用普通排气泵，所以便于扩展延长 循环冷却剂可以用氮气，价格便宜
课题	需要能提供极低温度的特殊制冷设备 机械式设备，需要日常维护	需要设计冷却剂补给罐和补给方式 机械式设备，需要日常维护

还有一个重要的问题是循环泵。液氮循环系统中的泵机，主要是用叶轮来增大液氮压力的离心泵，此外还有使用金属波纹管的往复式容积型低温泵被研发了出来。另外，液氮补充罐也是重要的部分，液氮温度变化会引起体积变化，补充罐要随时调整，还要防止循环泵的

吸入部分产生空泡现象，维持液氮的稳定供给。图 10.10 中是石狩市的 1km 超导直流输电验证项目中冷却系统的结构示意图。

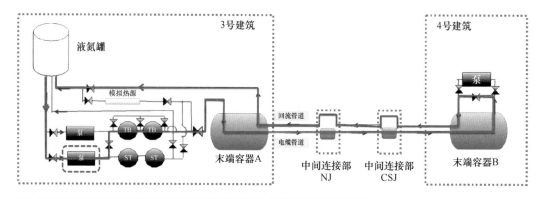

图 10.10　石狩市 1km 超导直流输电验证项目冷却系统结构示意图。
TB：Turbo Brayton 涡轮制冷机。ST：Stirling 制冷机

冷却站设置的间隔越大，经济效益就越好，但间隔越大两端温差越大，需要考虑允许的温差。这与液氮温度上升有关，相关的判断标准是以下两点：

①高温侧（电缆的出口侧）液氮不可以气化。

②高温侧（电缆的出口侧）超导电缆临界电流在容许范围内。

超导电缆工作过程中需要温度计等装置进行日常的监控，但考虑到数据偏差和测量误差等，也需要有合理的容许范围。尤其是交流输电电路，电流负荷不同，交流损失也不一样，热负荷也不一样，所以一定要深度过冷，否则液氮很可能局部气化，造成绝缘性能的下降。而在直流输电电路中，在额定的工作范围内不会产生传输损失以及磁场损失，热负荷的变化很小，只有外部热侵入一种途径，所以设计上更加简单有利。在直流线路中，满足上面①②两条要求的液氮的容许温升 ΔT [K]，二重绝热管的热侵入量 q [W/m]，冷却剂的流量 l [L/min]，冷却剂循环中的压力损失 Δp [Pa] 决定了冷却站间隔距离的上限。

10.8　超导电缆绝热管

▶▶ 10.8.1　绝热管中的热侵入与压力损失

超导电缆的缆芯被包裹在绝热管中，用液氮等冷却剂循环进行冷却，但如果是长距离系统的话，绝热管上将会有较大的热侵入。所以，如何通过改善绝热管的绝热性能，从而抑制冷却剂的温度上升，对于系统的可行性、稳定性、经济效益等都有重要的意义。

众所周知，热量有对流、传导、辐射三种传播途径，下面是与之对应的处理方法：

①对流：采用双层真空绝热管，内管是浸泡着缆芯的冷却剂，内管与外管之间抽真空隔

绝热对流。

②传导：内管、外管的支撑部位都采用热导率低的材料，接触面积也尽量减小，并尽量延长传导距离。

③辐射：内管的外侧包裹多层绝热材料（Multi-layer insulator：MLI）。另外还可以通过镀金或镜面加工处理形成反射膜，有效屏蔽外部热辐射。

其中②和③都与绝热管的设计有关，我们在这里讨论一下①中与真空绝热相关的事项。图 10.11 中，是各种类型的绝热管的单位长度热侵入量与真空度的依赖关系。低真空情况下，由气体分子间迁移和碰撞产生的热传导是主要因素，热量侵入与气体分子的密度有关，也就是与真空度有关。当压强降到 10^{-2} Pa 以下，热辐射变成了热量侵入的主要因素，就与压强几乎无关了。所以要让真空绝热性能足够理想，必须维持 10^{-3} Pa 以下的压强。

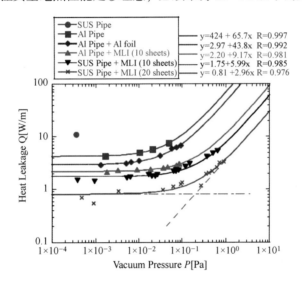

图 10.11　各种类型的绝热管的单位长度热侵入量与真空度的依赖关系[34]

在长距离管道中实现和保持真空的关键是排气管道、所使用的真空泵的排气速率、材料放气和泄漏等因素。真空泵排气时所能达到的压力界限就是系统所能到达的真空度，这由绝热材料本身的放气量以及真空泵的有效排气速率决定。超导输电电缆绝热管的表面积非常大，所以管壁、多层绝热材料（MLI）都会放气，决定了所能达到的真空度。其中，MLI 的表面积也非常大，处理过程中必须严格注意不能含有水分和油污。另外，为了捕捉材料的放气，放入吸气剂也是一种有效的方法[35]。

除了外部环境的热量侵入之外，还有一个不能忽视的因素是冷却剂流动引起的压力损失。压力损失引起的热负荷与距离的四次方成正比，所以对于长距离系统来说，减少压力损失也是降低冷却负荷的一个重要方面。目前市售的循环泵的排放压力为几 MPa，考虑绝热管的耐压性，泵的压力上限是确定的。压力损失越大，就要设置越多的循环泵，那么热负荷就增大了。

冷却剂的压力损失 $\Delta p\,[\,\mathrm{N/m^2}\,]$，与管道的摩擦系数 f、管道长度 $L\,[\,\mathrm{m}\,]$、液体密度 $\rho\,[\,\mathrm{kg/m^3}\,]$、液体流速 $v\,[\,\mathrm{m/s}\,]$ 以及管道内径 $D_h\,[\,\mathrm{m}\,]$ 的关系用下式来表示。

$$\Delta p = f\frac{L}{D_h}\frac{\rho v^2}{2} \qquad (10.2)$$

能够通过管道的设计来改变的是摩擦系数和管道的内径。只是如果增大内径的话，管道的比表面积也增大，热侵入量就会增加，设计中必须综合考虑压力损失和热侵入两方面因素来优化管道的尺寸参数。

▶▶ 10.8.2　绝热管的设计

1. 压力损失与管的形状

目前研发的超导电缆使用的绝热管，大致可分为直管（平滑管）和波纹管两种（如图 10.12 所示）。但是如果是要替换现有常导电缆，从电缆的弯曲性能、降低热应力，以及铺设难度考虑，多数是采用波纹管。

图 10.12　波纹管（左）和直管（右）内管的示意图

这里波纹管的摩擦系数是一般直管的四倍以上。如今超导电缆芯的绕线模多使用中空绕线模，所以中空绕线模中冷却剂的流动也必须纳入考虑。因此在绝热管的设计中，要根据实际情况考虑如何降低管道中的摩擦系数。

2. 管道长度、内径

公式（10.2）中可以看到，绝热管越长，压力损失越大，这是不可避免的。要想降低损失，增加管道内径（等价于流体直径）是有效的办法。但是一味增加内径一定会加大比表面积，导致热侵入的增大，超导的小型化优势就丧失了，必须综合考虑进行优化。

3. 流速

压力损失与流速的平方成正比，所以降低流速也是减少压力损失的好办法。但是流速降低过多的话，流动就会从紊流转变为层流，热传导性能就变差了，使超导电缆难以得到充分的冷却。

管道的出入口处液体温度的上升 $\Delta T\,[\,\mathrm{K}\,]$，与管道的热量入侵 $q\,[\,\mathrm{W/m}\,]$、管道长度 $L\,[\,\mathrm{m}\,]$、流速 $v\,[\,\mathrm{m/s}\,]$、管道截面积 $A\,[\,\mathrm{m^2}\,]$、液体密度 $\rho\,[\,\mathrm{kg/m^3}\,]$ 和冷却剂比热 $C_p\,[\,\mathrm{J/kg/K}\,]$ 的关系，如下

式所示。

$$\Delta T = \frac{qL}{vA\rho C_p} \tag{10.3}$$

这样就根据 ΔT 的允许范围限制了流速的范围。压力损失引起的能量损失用 $\Delta P \cdot V$ 来表示。这里 ΔP 就是压力损失 $[\text{N/m}^2]$，V 是体积流量 $[\text{m}^3/\text{s}]$，两者乘积的单位是 $[\text{W}]$。

10.9 超导电缆的实例：石狩市超导直流输电验证实验

▶▶ 10.9.1 石狩市项目概要

曾作为实际的超导输电系统的实例，笔者在这里介绍一下亲自参与过的石狩市超导直流输电验证实验（石狩市项目）的情况。本系统是从 2013 年启动的，受日本经济产业省委托，在北海道石狩市的石狩新港地区建设[25]，由两条线路（一号线和二号线）构成。一号线是连接太阳能发电站和数据中心的一段 500m 的超导直流地下电缆，将太阳能发电的电流直接送到数据中心。而二号线是一段 1km 的地上电缆，通过实验用电源进行长距离输电，完成各种实验验证项目。两条线路都是使用 Bi2223 超导线材制成的电缆，设计输电容量分别为 100MW（额定电流 5kA）和 50MW（额定电流 2.5kA）。到 2021 年 11 月为止，一号线共进行了 3 次、二号线共进行了 2 次全体冷却实验。一号线还在 2015 年秋季成功完成了世界上首次从太阳能发电站到数据中心的输电实验[36]。

下面介绍一下 2016 年进行的二号线的第二次冷却实验的情况。

▶▶ 10.9.2 系统构成

图 10.13 是二号线的布局结构示意图。本系统有 A 和 B 两个连接部分（Joint A 和 Joint B），前者采用了缆芯固定连接（CSJ），后者采用了普通连接（NJ）。而 Section1 和 Section3 两个区间内的绝热直管中采用了螺旋变形的缆芯。

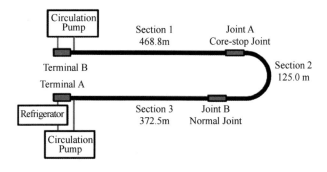

图 10.13 石狩市项目二号线（1km）的布局图[25]

如图 10.10 所示，冷却系统主要采用 2kW 的 Turbo Brayton 涡轮制冷机，3 年只需要进行一次维护，加上进行辅助的 1kW 的斯特林制冷机，需要每一年（或 8000 工时）进行一次维护。制冷机的配置采用串联方式，避免了并联方式的流量不平衡的问题，并考虑到了冗余度问题，配置了旁路管道，使制冷机可以单独运行。

循环泵采用了磁力轴承离心涡轮机（>0.1MPa@40L/min）。但是二号线的第二次冷却实验进行的是低流量循环实验，制冷机一侧的一台涡轮泵机被一台可以低流量循环工作的容积型循环泵机（1~40L/min，1MPa）所替代[37]。

液氮罐的容量为 2m^3，设计用于盛放整个系统（不包括液氮罐）中全部液氮量的 10%，并且考虑到温度变化对液氮体积的影响，确保能容纳这 10% 的变化。罐体有压力调节装置，从而保证系统压力维持在一定水平。液氮的压力值，在保证绝缘性的基础上，比基准压力高出 0.2MPa。

本系统的绝热管也是很有特点的。绝热管的剖面图如图 10.14 所示，采用直管，好处是热侵入和压力损失都比较小。管中插入电缆，以及两条内管，一条用于输入液氮冷却剂，另一条用于将冷却剂返回到循环系统中。Section2 和 Section3 都没有辐射屏蔽层，而 Section1 中为提高绝热效果加入了铝制辐射屏蔽层。绝热管以 12m 为一个单元在工厂生产出来，然后在项目现场进行组装。

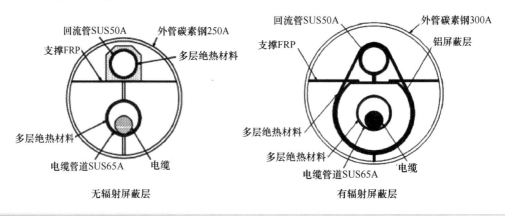

图 10.14　石狩市项目的绝热管剖面示意图

▶▶ 10.9.3　初始冷却试验

超导系统中最让人费心的是初始的冷却过程。从室温到液氮温度的冷却过程中，超导电缆芯有 0.3% 的热收缩，相应地就有应力产生，如果冷却速度过快，局部应力集中，就可能使管芯断裂。为此管芯长度方向的温差不能过大，要用光纤温度传感器来监视冷却过程。图 10.15 显示了从冷却开始直到液氮循环开始，缆芯各部分的温度变化曲线。一开始，从 B 端通入低温氮气 44h，当整个电缆芯温度降低到零下 140℃时，B 端改为注入液氮，再经过 55h 后，电缆降温到液氮温度，从此开始液氮循环。全过程中的张力变化，已经显示在了图 10.6 中。

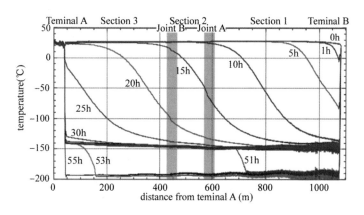

图 10.15　石狩市项目二号线初始冷却过程中，缆芯各部分温度变化[25]

▶▶ 10.9.4　循环冷却试验

在循环冷却实验中，进行了冷却特性（绝热管热侵入量、压力损失的测量）、通电特性（I_c 测量，额定通电实验）、长期运行（负载循环实验）实验。绝热管的热侵入量可以通过循环液氮的流量和温度上升计算出来，测量结果如表 10.9 所示。装有热屏蔽层的 Section1 的热侵入量比其余部分更低，其中电缆管道部分热侵入量为 0.033W/m，证实热屏蔽层确实有效。另外，整体热侵入量与外观表面温度有关，但 Section1 由于热屏蔽层的作用，辐射量的变化仍然不大。管道外部的热侵入量，在末端为 230W（包含末端容器和电流引线引入的热侵入量），冷却系统全体的热侵入量根据环境温度不同，在 1.7~2.1kW 内变化[37]。

表 10.9　热侵入量的测量结果（二号线）[37]

Section	Outer pipe −2.4±2.7℃			Outer pipe 17.4±2.6℃		
	Cable（W/m）	Return（W/m）	Total（W/m）	Cable（W/m）	Return（W/m）	Total（W/m）
1	0.033（35）	0.832（36）	0.865（50）	0.024（34）	1.204（38）	1.228（51）
2	0.92（13）	0.51（14）	1.42（19）	1.34（13）	0.63（17）	1 96（21）
3	0.792（45）	0.431（46）	1.222（65）	1.021（45）	0.535（63）	1.556（77）

液氮循环中压力损失与流量的依存关系如图 10.16 所示，压力损失大致随流量的平方而变化。从热侵入量与压力损失的结果来估算，如果要建立 20km 的带热屏蔽层的输电电缆，当液氮流量为 40L/min 时，管道中液氮温度约上升 1.14K，压力损失约为 1MPa，冷却站的间隔设为 20km 也足够了。

图 10.17 是 I_c 的测量结果。电缆芯的额定电流为 2.5kA，外导体的 I_c 设计值大于 3.3kA，内导体 I_c 设计值大于 4.3kA。测量时在电缆末端将内导体和外导体短路连接，流过电流，当外导体达到 I_c 时停止电流扫描，此时内导体还没有达到 I_c。除此以外，还进行了

额定电流连续通电实验（2.5kA，3h）和负载循环实验（1kA，8 小时通电/12 小时断电，持续 20 天），确认了冷却和通电时的安全性[25]。

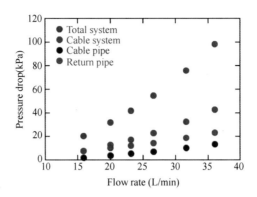

图 10.16　石狩市项目二号线（1km）液氮循环的压力损失曲线

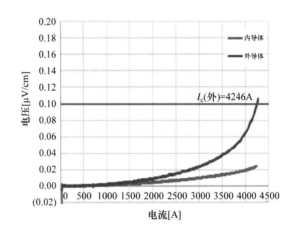

图 10.17　石狩市项目二号线（1km）缆芯的 I_c 测量[25]

参 考 文 献

［1］田畑稔雄，古戸義雄，堀米孝，伊藤登，『電気学会雑誌』**94**，No. 5，66-71（1974）.

［2］E. B. Forsyth, and R. A. Thomas, *Cryogenics* **26**, 599-614（1986）.

［3］J. Z. Bednorz and K. A. Mueller, *Z. Physik B - Condensed Matter* **64**, 189-193（1986）.

［4］湯村洋康，芦辺祐一，大屋正義，渡部充彦，滝川裕史，増田孝人，廣瀬正幸，八束健，伊藤秀樹，畑良輔，『**SEI テクニカルレビュー**』**174**，95-104（2009）.

［5］D. Lindsay, M. Roden, D. Willen, A. Keri, B. Mehraban, B1-107, CIGRE 2008.

［6］J. Maguire, D. Folts, J. Yuan, D. Lindsay, D. Knoll, S. Bratt, Z. Wolff, S. Kurtz, *IEEE Trans. Appl. Supercond.* **19**, 1740-1743（2009）.

［7］F. SchmidT, J. Maguire, T. Welsh, S. Bratt, *Physics Procedia* **36**, 1137-1144（2012）.

［8］ M. Stemmle，F. Merschel，M. Noe and A. Hobl，22nd International Conference and Exhibition on Electricity Distribution（CIRED 2013），1-4（2013），doi：10. 1049/cp. 2013. 0905.

［9］ V. E. Sytnikov，A. V. Kashcheev，M. V. Dubinin and T. V. Ryabin，*Journal of Physics：Conference Series* **1559**，012086（2020），doi：10. 1088/1742-6596/1559/1/012086.

［10］ S. H. Sohn，H. S. Choi，H. R. Kim，O. B. Hyun，S. W Yim，T. Masuda，K. Yatsuka，M. Watanabe，H S. Ryoo，H. S. Yang，D. L. Kim and S. D. Hwang，*J. Phys.：Conf. Ser.* **43**，216（2006），doi：10. 1088/1742-6596/43/1/216.

［11］ H. S. Yang，D. L. Kim，S. H. Sphn. J. H. Lim，H. O. Choi，Y. S. Choi，B. S. Lee，W. M. Jung，H. S. Ryoo，S. d. Hwang，*IEEE Trans. Appl. Supercond.* **19**，1782-1784（2009），doi：10. 1109/TASC. 2009. 2019059.

［12］ S. H. Sohn，H. S. Yang，J. H. Lim，W. R. Oh，S. W. Yim，S. K. Lee，H. M. Jang，S. D. Hwang，*IEEE Trans. Appl. Supercond.* **22**，5800804（2012），doi：10. 1109/TASC. 2011. 2180279.

［13］ JinBae Na，H. G. Sung，C. Y. Choi，Y. S. Jang，and Y. Hun，*J. Phys.：Conf. Ser.* **1054**，012073（2018），doi：10. 1088/1742-6596/1054/1/012073.

［14］ Shaotao Dai，Liye Xiao，Hongen Zhang，Yuping Teng，Xuemin Liang，Naihao Song，Zhicheng Cao，ZhiqinZhu，Zhiyuan Gao，Tao Ma，Dong Zhang，Fengyuan Zhang，Zhifeng Zhang，Xi Xu，and Liangzhen Lin，*IEEE Trans. Appl. Supercond.* **24**，5400104（2014）.

［15］ Wei Xie，Bengang Wei，Zhoufei Yao，*J. of Supercond. and Novel Mag.* **33**，1927（2020），doi：10. 1007/s10948-020-05508-z.

［16］ 八木正史，向山晋一，石井登，佐藤修，市川路晴，高橋俊裕，鈴木寛，木村昭夫，安田健次，『古河電工時報』**116**，53-59（2005）.

［17］ S. Yamaguchi，T. Kawahara，M. Hamabe，H. Watanabe，Yu. Ivanov，J. Sun and A. Iiyoshi，*Physica C* **471**，1300-1303（2011）.

［18］ O. Maruyama，S. Honjo，T. Nakano，T. Masuda，M. Watanabe，M. Ohya，H. Yaguchi and N. Nakamura，*IEEE Trans. Appl. Supercond.* **25**，5401606（2015），doi：10. 1109/TASC. 2014. 2386974.

［19］ 012083（2020），10. 1088/1742-6596/1559/1/01208.

［20］ N. Chikumoto，H. Watanabe，Y. V. Ivanov，H. Takano，S. Yamaguchi，H. Koshizuka，K. Hayashi，and T. Sawamura，*IEEE Trans. Appl. Supercond.* **26**，5402204（2016），doi：10. 1109/TASC. 2016. 2537041.

［21］ M. Tomita，Y. Fukumoto，A. Ishihara，K. Suzuki，T. Akasaka，H. Caron，Y. Kobayashi，T. Onji，*IEEE Trans. Appl. Supercond.* **30**，5400107（2020），doi：10. 1109/TASC. 2019. 2949237.

［22］ 富田優，*RRR* **78**，4-7（2021）.

［23］ 昭和電線ホールディングス（株）プレスリリース. https：//www. swcc. co. jp/hd/news/detail/2020/news_3266. html.

［24］ 向山晋一，『古河電工技法』**131**，28-36（2013）.

［25］ N. Chikumoto，H. Watanabe，YV. Ivanov，H. Takano，S. Yamaguchi，K. Ishiyama，Z. Oishi，M. Watanabe，and T. Masuda，*IEEE Trans. Appl. Supercond.* **28**，5401005（2018），doi：10. 1109/TASC. 2018. 2815715.

［26］ 向山晋一，石井登，飯塚博之，八木正史，平野寛信，丸山悟，八木幸弘，三村正直，佐藤修，菊地文英，『古河電工時報』**111**，85-89（2003）.

［27］ N. Amemiya，J. Zhenan，M. Nakahata，M. Yagi，S. Mukoyama，N. Kashima，S. Nagaya and Y. Shiohara，

IEEE Trans. Appl. Supercond. **27**, doi：10. 1109/TASC. 2007. 898442.

［28］ M. Sugimoto, A. Kimura, M. Mimura, Y. Tanaka, H. Ishii, S. Honjo, Y. Iwata, *Physica C* **279**, 225-232（1997）.

［29］ 綾井直樹，林和彦，雨宮尚之，安田健次，*TEION KOGAKU* **41**, 36-41（2006）.

［30］ 向山晋一，八木正史，平田平雄，鈴木光男，長屋重男，鹿島直二，塩原融，『古河電工時報』**123**, 23-27（2009）.

［31］ 八木正史，向山晋一，三觜隆治，滕軍，劉勁，鈴木光男，平田平雄，野村朋哉，中山亮，前里昇，大熊武，丸山修，『古河電工時報』**131**, 37-43（2013）.

［32］『超伝導・低温工学ハンドブック』，1021，**オーム社**（1993）；『流体の熱物性値集』，8-9，日本機械学会（1983）等の数値データより作成.

［33］ M. Hara, K. Honda, T. Kaneko, *IEEE Trans. Electrical Insulation* **23**, 769-778（1988）, doi：10.1109/14. 7351.

［34］ 平成 **24** 年度文部科学省私立大学戦略的研究基盤形成支援事業「低炭素化社会のための超伝導直流送配電システムの研究開発」研究成果報告書.

［35］ M. Watanabe, T. Masuda, H. Yamaguchi, M. Tanazawa, T Mimura, *J. Phys.*：*Conf. Ser.* 1559, 012131（2020）, doi：10. 1088/1742-6596/1559/1/01213.

［36］ さくらインターネット（株）プレスリリース. https：//www. sakura. ad. jp/information/pressreleases/2015/09/24/90112/

［37］ H. Watanabe, YV. Ivanov, N. Chikumoto, S. Yamaguchi, K. Ishiyama, Z. Oishi, M. Watanabe, and T. Masuda, *J. Phys.*：*Conf. Ser.* **1054**, 012075（2018）, doi：10. 1088/1742-6596/1054/1/012076.

第11章

▶▶▶▶▶▶

高温超导磁体

11.1 前言

众所周知，当 Heike Kamerlingh Onnes 在 1911 年发现超导现象时，就提出了超导磁体的想法，因为它们的电阻为零，因此可以通过极大的电流[1]。然而，真正实现强磁场是在 40 多年后，世界上第一块超导磁体是 1955 年由伊利诺伊大学的 Yntema 等人发明的，当时他们使用 Nb 线绕制的线圈产生了 0.71T 的强磁场[2]。然后，在 1961 年波士顿举行的国际强磁场会议上，三个小组——贝尔实验室、Atomic International 和 Westinghouse（西屋公司）——分别报告了他们在开发超导磁体方面的成功。其中贝尔实验室用 Nb_3Sn 在 2.5 英寸的空间中产生了 6.9T 的强磁场，是当时最强的磁场。这是在 1957 年 BSC 理论发表的四年后。但是研究者们知道，这些磁体如果真的要投入应用的话，是相当不稳定的，因为当时还没有稳定性的概念，也没有发明多芯超导线。

之后到了 1965 年，研究者们提出了冷却稳定的概念，发明了青铜法（Bronze）A15 线材[3]，复合多芯超导线材也研发成功[4]，超导磁体终于可以稳定地使用了。许多理论和技术，包括许多超导线材、导体、超导材料的稳定化等，都对超导磁体的稳定性起到了重要的支撑作用，也是如今超导磁体能够稳定使用的原因。到了 1986 年，Bednorz 和 Muller 首次发现了氧化物高温超导体[5]，又过了约 30 年，实用化的高温超导线材终于实现了商业化生产。如今借助高温超导材料，研究者们已经在开发高温工作的超导强磁场，新一代超导磁体已经走上了舞台。

本章将介绍一些超导磁体的重要概念，回顾一下用于超导磁场的高温超导材料有哪些特征，整理现在高温超导磁体的现状以及问题。最后为大家展望高温超导磁体的未来。

11.2 实用化的超导线材

实用化的超导线材全部是由各种材料复合而成的，这样才能在线材中产生超导物质、实现稳定的超导状态、提高线材的机械强度等，所使用的材料不同，复合线材的构造也就不同。如图 11.1 所示，金属系超导线材 NbTi 和 Nb_3Sn 等，是由几千根直径从几 μm 到几十 μm 的细丝，嵌入铜及其合金中形成的。此外，也经常与铜或铝进行复合，以达到稳定性。在一些应用中，增加铜的含量，可以让超导磁体运行更加稳定。目前实用化、商业化的高温超导线材，如 $REBa_2Cu_3O_y$（即 RE123，其中 RE 指稀土元素）、$Bi_2Sr_2Ca_2Cu_3O_y$（Bi2223），如图 11.2（b）、（c）所示，都是带状的。为了获得较高的临界电流密度，它们都对超导相的取向性有很高的要求。还有一种高温超导线材 $Bi_2Sr_2CaCu_2O_y$（Bi2212），如图 11.2（a）所示，可能是目前市场上唯一一种剖面为圆形线材，与金属系超导线材的结构相似。各种超导线材的合成方法都已经在本书第 5、6、7 章中详细解释过了，可以参考。总而言之，所有的超导线材都是由不同金属复合而成的，具有复杂的构造。

(a)Cu/NbTi

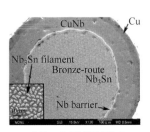

(b)Bz-CuNb/(Nb,Ti)₃Sn

图 11.1　金属系超导线材的剖面举例。（a）NbTi，（b）Nb₃Sn

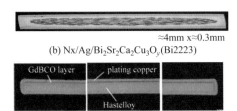

(b) Nx/Ag/Bi₂Sr₂Ca₂Cu₃Oᵧ(Bi2223)

≈4mm x≈0.3mm

≈4mm x≈0.13 mm

φ0.8mm

(a)Ag/Bi₂Sr₂CaCu₂Oᵧ
(Bi2212)

(c) Cu/Ag/REBa₂Cu₃Oᵧ/Hastelloy (RE123, RE:rare earth)

图 11.2　高温超导线材的剖面举例。（a）Bi2212 圆形线材[6]，（b）Bi2223 带材（HT-Nx）[7]，（c）REBCO 带材（为了便于图示，剖面的长宽比进行了调整）[8]

11.3　超导线材的特性

超导磁体是一种由超导线材绕制而成的，流过大电流并产生强磁场的线圈状电磁体。由于其中电阻为零，线圈内的电流密度相比于铜等常导体金属有数量级的飞跃，可以产生紧密的强磁场。因此，零电阻状态下所允许流过的最大电流密度，也就是临界电流密度，与磁场强度的关系非常重要。另外，大电流密度会产生很大的电磁力，所以临界电流产生的机械应力，以及材料的形变特性也非常重要。

▶▶ 11.3.1 临界面与临界电流密度

一般来说超导状态时的零电阻区域，受到三个参数的限制：临界温度（超导转变温度）T_c，不可逆磁场 B_i，临界电流密度 J_c。这三个参数互相关联，它们在坐标系内所围成的曲面叫作临界面。图 11.3 画出了主要的几种超导材料的临界面。从图中看到，不同的超导物质，临界面是非常不一样的。这里介绍的 B_i 和 J_c，与超导体内约束量子磁通的磁通钉扎机制有关，是后天决定的，与热力学超导相转移决定的临界温度、（上）临界磁场、热力学临界电流密度（电子对破坏电流密度）这些概念不一样。以代表性的高温超导材料 RE123 为例，它与常见的金属系超导材料 NbTi、Nb₃Sn 相比，能够覆盖更广的温度和磁场范围，低温状态下可以获得 30T 的强磁场和很高的临界电流密度（如图 11.3 所示）。所以说，高温超导材料不仅适用于高温，也适用于强磁场的应用。

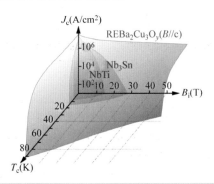

图 11.3　实用的超导线材的临界面

图 11.4 中展示了主要的实用超导线材在 4.2K 和 77K 温度时，J_c 与磁场的依赖关系。这里对临界电流密度做一个定义。临界电流密度等于临界电流的大小除以样品的横截面积，但是如前文所述，超导材料与铜等金属进行了复合，横截面积到底怎么算，就会导致临界电流密度的不同。因此产生了两种算法，一种是仅计算超导物质本身的横截面积，另一种是计算整个线材整体的横截面积。前者称为临界电流密度 J_c，后者称为工程临界电流密度 J_e，以示区别。从物理学的角度来说，从超导区域流过的电流密度 J_c 更为重要，而对工程应用来讲，空间电流密度更为重要，所以多数使用 J_e。

另外，在比较线材的临界电流特性的时候，也常用"非铜（non-Cu）J_c"的概念，表示除去外部用于稳定的铜材料的横截面积。尤其是金属系超导线材中，根据应用场合的不同，用于稳定的铜的用量经常需要变化，所以 non-Cu J_c 的概念就经常被用到了。图 11.4 中，金属系超导线材和 RE123 所使用的就是 non-Cu J_c，而其他高温超导线材是使用 J_e 的数据来绘图的。Bi2223 和铁基超导体（（Sr，K）Fe$_2$As$_2$：Sr122）线材是把原料粉末塞入银套管中制作而成的，没有额外的用于稳定的材料，所以 J_e 和 non-Cu J_c 参数大致相同。图 11.4（a）中，Bi2223 线材有两种 J_c 特性，意味着材料具有磁滞特性，磁场增大时的 J_c 比磁场减小时的 J_c 偏小。这主要是因为线材内部晶粒间弱结合力的残余影响。

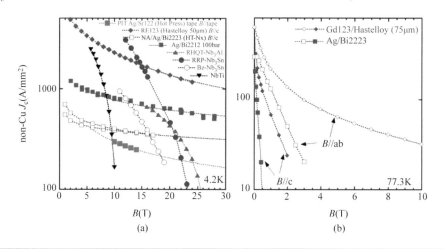

图 11.4 主要的实用超导线材的临界电流密度：（a）4.2K，（b）77.3K

目前为止已经发现了许多种 T_c 超过 77K 的高温超导材料，但其中能在 77K 温度实用化的还是只有 Bi2223 和 RE123 两种，如图 11.4（b）所示。而且 Bi2223 虽然有 110K 的高 T_c，但是磁场非常弱，77K 温度时弱小的磁场使 J_c 也大幅下降。这是因为 Bi2223 有很大的各向异性，高温情况下热扰动大，磁场强度小，不能产生很有效的磁通钉扎。与之相比，各向异性较小的 RE123 在高温高磁场中还能保持较高的 J_c。因此研究者们都在研究能在液氮温度（65~77K）下工作的 RE123 超导磁体[9]。

4.2K 温度下情况就完全不同了，包括金属系在内的许多超导材料已经实现了商业化。根据图 11.4（a）可以划分各种材料的适用范围，10T 以下可以使用 NbTi，20T 以下可以使用 Nb$_3$Sn，在此以上可以使用 RE123 以及 Bi2223 线材。特别是高温超导材料，即使在大于 20T 的强磁场中也能保持高临界电流，这意味着大于 30T 甚至 50T 的高强磁场超导磁体是可能的。唯一的圆形线材 Bi2212，有望应用于有高精度磁场要求的核磁共振（NMR）和加速器中。此外，（Sr，K）Fe$_2$As$_2$（Sr122）和（Ba，K）Fe$_2$As$_2$（Ba122）铁基超导线材的开发也非常有前途，虽然还没有商业化，但已经制作出超过 100m 的线材进行了小线圈测试[10]。

我们知道，高温超导材料的临界电流密度会随着外加磁场的方向而产生很大的变化。图 11.4（a）中的高温超导带材的 J_c 都是当外加磁场与 c 轴平行时测试的，也就是说，外加磁场与带材的表面垂直，是超导特性较低的方向。如果外加磁场与带材表面平行（$B//ab$）的话，测得的 J_c 将远远大于这些数据。因此，如后文所述，J_c 的各向异性是超导磁体设计时必须考虑的因素。

▶▶ 11.3.2　应力、形变下的临界电流密度

大的电流密度会产生强磁场，电流和磁场的方向是垂直的，会引起强大的洛伦兹力。如图 11.5 所示，圆形线圈中，沿着线圈径向作用的洛伦兹力使线圈受到圆周方向的张应力，称为环向应力（σ_{Hoop}）。当各线圈之间径向上的应力可以忽略不计时（即线圈在机械上是独立的），环向应力 σ_{Hoop} = 电流密度 J × 磁场强度 $\boldsymbol{B}$ × 线圈半径 r。环向应力 σ_{Hoop} 随着磁场强度和线圈半径的增大而增大。因此，在强磁体的开发中，线材的临界电流密度与形变、应力的关系，以及与磁场的关系都同等重要。

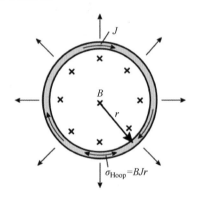

图 11.5　磁场中圆形线圈所受的电磁力。B、J、r 分别是磁场强度、电流密度、线圈半径，线圈中的环向应力 $\sigma_{\text{Hoop}} = BJr$

图 11.6 中是各种超导线材张应力的变化情况。这里所展示的应力特性，对于抵抗前面所说的环向应力来说非常重要，而且也与线圈的操作难易程度有关系。如果微小的弯曲就能

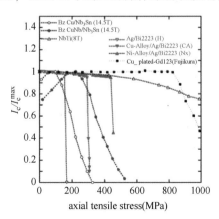

图 11.6　各种超导线材张应力的变化情况。其中，金属系超导材料（NbTi、Nb$_3$Sn）在 4K 温度、外磁场中测量；高温超导线材（Bi2223、Gd123）在 77K 温度、自磁场中测量

造成超导特性的明显下降，那么这样的线材操作性能是非常差的。NbTi 超导线材由于是合金制成，形变所引起的特性下降比较小，耐应力性能较好。这样的线圈可以像普通的铜导线一样进行操作，已经在超导磁体中大量应用。

另外，金属间化合物 Nb_3Sn 以及陶瓷高温超导体机械特性比较脆，对形变的耐力很差。因此很小的应力就会造成它们超导特性的下降。与铜复合的 Nb_3Sn，还有与银复合的 Bi2223 带材，机械耐力都限制在 100~150MPa。尤其是 Nb_3Sn 线材在绕制成线圈时，非常容易因为弯曲而性能下降，所以一般还是在线圈绕制成功后进行一下热处理，这种方法被称为 W&R（Wind-&-React）法。

为了提高机械性能，将这些超导线材与高强度的材料进行复合，得到高强度超导线材，这样的研究正在进行中。例如，Nb_3Sn，用 CuNb 合金代替用于稳定的 Cu，研发出了既稳定、性能又加强的线材[11]。这里 CuNb 可以分担应力，因此可以用在应力较高的场合，如图 11.6 所示，与普通的线材相比，它可以耐约 300MPa 的高强度应力。同样道理，Bi2223也是通过与铜或镍（Ni）一起复合来强化的，Ni 合金增强 Bi2223 线材（住友电工 HT-Nx）具有 400MPa 的高强度性能[12]。具有多层薄膜构造的 RE123 在基板上有高强度的哈氏合金（Hastelloy），在轴向上有 800MPa 的高抗张应力。这表明 RE123 适用于高场磁体。然而由于它的多层结构，它对垂直于薄膜表面的张应力（剥离应力）的耐力很弱，因此研究者们担心由于材料剥离而导致超导性能的下降。

11.4 超导磁体基础知识

▶▶ 11.4.1 磁体的设计与负荷率

超导磁体就是用超导线材制成的电磁体。它允许流过极大的电流，但又不会发热，可以产生常导态下的导线（如铜导线）所无法产生的高强度磁场。根据 Biot-Savart 定律，电磁体所产生的磁场，可以通过对各电流元在空间某点产生的磁场进行积分来求得。在磁体的设计中，线圈导线表面的最大磁场（施加在导线上的最大磁场，也称最大经验磁场）与工作电流之间的关系，称为"负载线（Load Line）"，可以绘制成图 11.7 中过原点的直线。而所使用的超导线材的临界电流与磁场的关系，也可以在这个图中画出来，如图 11.7 中的红线。这两条线的交点就是超导磁体线圈的 I_c。此时，线圈最大磁场为 B_{max}，远远大于线圈中轴位置磁场 B_0。线圈的口径越大，B_{max} 与 B_0 的差值也越大。线圈中流过的工作电流的大小如果达到并超过临界电流 I_c，就会产生电阻，导致"失超"（Quench）。此时，线圈的 I_c 与工作电流之比被定义为"负荷率"（有时是工作电流与同一磁场中的临界电流的比值）。线圈的负荷率根据线圈的用途而不一样，一般取 50%~90%。负荷率与后面所说的超导磁体的稳定性有密切的关系，显然，负荷率越小，稳定性越高。

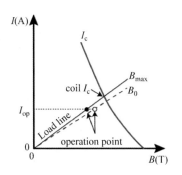

　　另外，如果线材像高温超导材料一样具有强烈的取向性，各向异性较大，那么在磁场最强的时候，临界电流并不是最小的。这一点与上述的各向同性的金属系超导线材的情况不同，必须考虑临界电流与磁场角度的关系，因而变得复杂，但为了方便，通常可以通过磁场与 c 轴平行（B//c，与带材表面垂直），和磁场与 c 轴垂直（B//ab，与带材表面平行）两种情况下的临界电流特性，来确定磁体的负载线。尤其是高温超导线材在 B//ab 的时候具有很强的超导特性，所以线圈的特性通常受到 B//c 时的临界电流特性的限制。举个例子，日本东北大学金属研究所的 25T 无冷媒超导磁体所使用的 RE123 线圈的负载线，如图 11.8 所示。

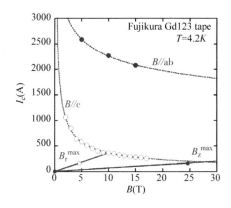

　　这里，B_z^{max} 和 B_r^{max} 分别是所发生的磁场在线圈轴向和径向分量的最大值。RE123 线圈内径 104mm，外部尺寸 263mm，高 336mm，被设计在 14T 的 Back up 磁场中产生 11T 的磁场强度[13]。B_z^{max} 的方向等价于 B//ab，它与 B//ab 时的 I_c 曲线的交点推算起来应该超过 1000A。另一方面，B_r^{max} 的方向等价于 B//c，求出它与 B//c 时的 I_c 曲线的交点可

得，I_c 约 360A，所以线圈的超导性能是由径向磁场分量 B_r 决定的。然而，只有当高温超导线材的 J_c 的角度依赖性由外加磁场的 c 轴分量决定时，这种简单的计算方法才有效。事实上，已经有报道称，这个条件对于没有引入人工钉扎的 Bi2223 和 RE123 线材来说非常合适[14]。但是最近有研究者将纳米柱，也就是沿 c 轴方向的纳米级柱状晶体引入 RE123 线材中，发现上述近似方法对角度依赖性不再成立，需要根据角度依赖性严格地进行设计[15]。

▶▶ 11.4.2　磁体内的电磁力

根据电磁学定律，由磁铁产生的磁场具有磁场能。磁场能量密度可以写成 $U = B^2/(2\mu_0)$，单位为 J/m³。如果用 J=Nm 来表示 J，磁场能量密度的单位 J/m³ = N/m² = Pa，也就与应力等价。因此根据磁体所产生的磁场能量密度，可以近似计算出应力的大小。

图 11.9 显示了近年来开发的实际的高温超导强磁体中导线上的最大环向应力 σ_{Hoop} 与中心磁场之间的关系，以及由磁场能量密度计算出的应力（虚线）。该图显示，磁场越强所设计的应力就越高，这一趋势与根据磁场能量密度估计的结果一致。实际上，作为绝缘层的有机物对于线材机械性能几乎没有增强作用，线材分担的应力会变大，但是可以通过与高强度线共同缠绕，或外部加固来减小线材的应力。18T 无冷媒超导磁体（18T-CSM）在图中虚线的下方，就是通过将 Bi2223 线材与不锈钢线材缠绕来降低超导线材的应力。相反，图中其他四种超导磁体，在虚线的上方，就是因为没有任何加固，由于有机绝缘材料的关系，让线材分担了更多的压力。根据虚线外推，如果要设计产生 50T 磁场，线材至少要能承受 1GPa 的应力。

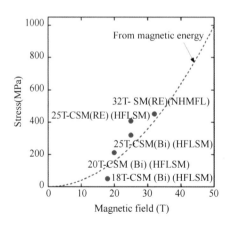

图 11.9　磁场能量密度计算得到的应力，与实际的超导磁体中最大环向应力 σ_{Hoop} 的关系。其中，SM 是液氦冷却超导磁体，CSM 是无冷媒超导磁体。括号里是磁体所在的研究机构，NHMFL 是美国国家强磁体研究所，HFLSM 是日本东北大学金属研究所强磁场中心

实际的磁体内部感应产生的电磁力，如 11.3.2 小节所述，是通过 BJr 计算出来的。但是这只适用于单一圆形电流引起的电磁力的计算，如果是多层线圈绕成的情况，线圈之间的互相作用就不得不考虑。尤其是浸泡在环氧树脂中的线圈，发生形变时是整体变形，其中的电磁力的计算方法也不再是 BJR。这种情况下线圈内电磁力的分布情况可以根据 Wilson 给出的模型，用解析的方法计算出来[16]。以日本东北大学金属研究所强磁场中心的 25T 无冷媒超导磁体（25T-CSM）的内层 RE123 线圈为例，计算的结果如图 11.10 所示。在金属系超导线圈所产生的 14T 的 Back up 磁场中，RE123 线圈以 144A 的工作电流产生了 11.5T 的强磁场，总共达到了 25.5T 的磁场强度，图中显示的就是此时线材周围所产生的电磁力的计算结果[13]。由图中可知，根据 Wilson 模型计算出来，线圈最内层的 hoop 应力 σ_θ 的最大值约 666MPa。这是 BJR 计算出的最大 $\sigma_{Hoop}=407MPa$ 的 1.5 倍以上。这是因为当径向的应力 σ_r 为正值时，就表现为张应力，外层的线圈对内层的线圈有向外拉伸的作用。而且径向应力 σ_r 的最大值约为 35MPa，比通常报道中的 RE123 线材的剥离强度还大。所以 25T-CSM 磁体将所有的线圈设计成机械分离的，避免了剥离的问题，电磁力就可以用 BJR 的方法来计算[13]。

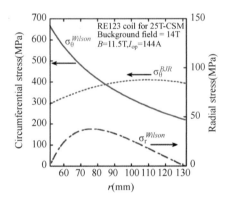

图 11.10 25T-CSM 所用的内层 RE123 线圈的应力分布。在 14T 的 Back up 磁场中，以 144A 的工作电流产生 11.5T 的磁场。σ_θ 和 σ_r 分别是环向应力和径向应力。图中 Wilson 和 BJR 分别表示用 Wilson 模型和 BJR 计算出的数值

▶▶ 11.4.3 稳定性与保护

下面讨论一下超导磁体的稳定性问题。一般在超导状态下，温度上升，就不可避免地进入常导态。尤其是比热较小的低温情况，微小的热扰动（发热）就可能导致转移到常导态，并向线圈其他部分扩散。这也就是所谓的"失超"（Quench）。

图 11.11 中是金属系低温超导（LTS）线材与高温超导（HTS）线材的临界电流和温度的变化关系示意图。工作温度为 T_{op}，工作电流为 I_{op}，而把 $I_{op}=I_c$ 时的温度称为分流温度（Current Share Temperature）T_{cs}。由热扰动引起局部温度上升，达到 T_{cs} 以上的温度时产生常

导转移，电流从超导区域分流出一部分进入稳定的金属区域，这部分电流将产生焦耳热。在 LTS 的情况下，$\Delta T_{op} = T_{cs} - T_{op}$，约 0.3K，只需要 Δh_{op} 约 $0.6\text{mJ}/\text{m}^3$ 就可以产生这么小的温度上升[14]。但临界温度较高的 HTS 情况下，$\Delta T_{op} \approx 25\text{K}$，$\Delta h_{op} \approx 1.6\text{J}/\text{m}^3$，温度余量比 LTS 高两个数量级。

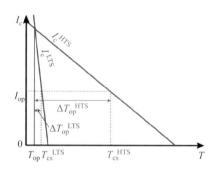

图 11.11　高温超导（HTS）和低温超导（LTS）的临界电流与温度的关系比较。对于工作温度 T_{op}，HTS 有较大的温度余量（Margin）ΔT_{op}。要使温度发生 $\Delta T_{op} = T_{cs} - T_{op}$ 的上升，所需要的能量为 Δh_{op}

这些引起局部温度上升的热扰动，主要包括超导线材的运动，以及浸泡线材的环氧树脂裂开。超导线材的运动，发出能量密度约为 $20\text{mJ}/\text{m}^3$。也就是说仅仅因为线材的运动以及树脂裂开，LTS 超导磁体就可能发生失超。而温度余量比 LTS 高两个数量级的 HTS，原则上是不会发生失超的。然而，一旦由于某种原因产生热量，发热区域不扩散开来就会出现局部温度上升，如果电流密度高，还可能出现局部热失控（Hot Spot）导致烧毁。

如第 11.4.1 小节所述，超导线圈中的临界电流是呈一定分布的。HTS 线圈上端和下端的部分临界电流较小。LTS 线圈的内侧连接 HTS 线圈，当 LTS 线圈发生失超时，HTS 的局部感应电流过大，超过 I_c，导致出现局部热失控，有烧毁的风险。所以必须有失超保护的方法，来避免线圈发生这样的性能下降以及烧毁。

如今的高温超导磁体的失超保护，基本与以往的金属系超导磁体相同，如图 11.12 所示，将保护电阻与二极管串联，再与超导线圈并联，形成保护回路。这里，二极管与保护电阻串联，是为了防止磁场扫描时电流流向保护电阻一侧。当发生失超时，电路的断路器（Breaker）断开，将电源切断，保护电阻支路与线圈支路形成回路，电流衰减。失超的检测方法：线圈的一半电压反向连接到电压表，在电流扫描时，这个电压作为平衡电压就会与线圈中的电感电压互相抵消。

如前所述，高温超导材料（HTS）具有更高的稳定性，几乎不可能像低温超导（LTS）那样因为小小的扰动就容易出现失超，除了外层的 LTS 线圈发生失超以外，如果内层 HTS 线圈发生局部性能减退，可以认为一定是某处发生了异常。外层 LTS 线圈失超时 HTS 线圈是否会烧毁，这取决于 HTS 上的热失控处的温度是否会上升到足够让线圈烧毁或衰退的温度。

为了保护线圈，可以有两种保护措施：主动保护，在线圈烧毁前提高整个线圈的温度，使之转移到常导态，扩大热失控的范围，让整个线圈一同消耗能量；被动保护，减小负荷率，使热失控无法出现。前一种措施，需要用失超加热器（Quench Heater）将线圈温度提高到足够产生电阻，对于温度余量较高的 HTS 线圈来说，需要在短时间内注入极大的能量。美国国家强磁场研究所（NHMFL）采用的就是这种方式，他们在自己研发的 32T 超导磁体上，利用电容器组将 130kJ 的能量瞬间导入失超加热器，几秒钟后电流就可以衰减下来[18]。后一种措施，线圈内不会出现电阻，线圈内存储的能量（$LI^2/2$）都被室温状态下的保护电阻（图 11.12）消耗掉了[15]。但是，对于线圈内部因性能衰减而出现热失控的情况，主动保护是可以保护线圈的，而被动保护依然有很高的危险性可能导致烧毁。

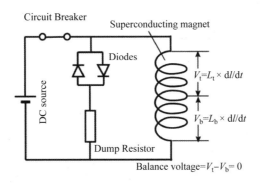

图 11.12　典型的失超保护电路。通电时由于二极管有电阻，电流是从线圈直路流过的。
线圈的一半用来作为失超检测信号。当发生失超时，电路断路器（Circuit Breaker）断开，
右侧两条支路形成回路，Dump Resistor 使电流迅速衰减

　　最近也有报道[19]称，经过模拟计算，只要设定好合适的失超检测电压，被动保护也可以对线圈的衰减进行保护。关于高温超导体的保护方法，还需要大量的研究和探讨。此外，近年来有研究者提出了如下的新的保护方法：把绕制高温超导磁体的超导线圈带材制作成"非绝缘线圈"。根据超导的原理，超导状态的线圈是无电阻的，并排相邻的线匝之间无绝缘地接触，接触区是具有低电阻的。正常状态电流依然在线匝内部超导区域流动，依然可以发生磁场。此时若某一匝线圈的一部分发生失超，电流就会迂回绕开常导区域，通过接触区分流到相邻的线匝，达到了保护整个线圈的目的。这就是非绝缘线圈的概念[20]。

　　而对于稳定性较低的金属系超导磁体来说，这种方式仍然很有可能因为迂回电流的发热而导致失超，不能产生足够的磁场。因此可以说，只有稳定性高的高温超导磁体才可以使用这种保护方法。非绝缘线圈的优点在于，由于线匝间非绝缘，线圈内平均电流密度以及机械强度都得以提升，可以在很高的电流密度下工作，而这么高的电流密度在普通情况下出于保护线圈的目的是不可能达到的。但它也有缺点，比如线匝之间会出现电流的分流，在电流扫描时，磁场的发生会有延迟，从工作电流达到稳定，直到磁场稳定，需要等待一段时间。但

尽管如此，非绝缘线圈还是瑕不掩瑜，因此出现了更多的用非绝缘线圈开发强磁体的研究，这些内容稍后会详细介绍。

▶▶ 11.4.4　交流损失

超导材料的电阻为零，理论上是不会产生焦耳热的，但如果是交流电流的话，还是会发生损失，这被称为交流损失。超导线材中的交流损失，大致上可以分为超导体磁滞现象引起的磁滞损失、多芯线中超导细丝之间的耦合损失两种。

如图 11.13（a）所示，对超导线材施加外部磁场 H_{ex} 的话，超导体中会出现屏蔽电流。这个屏蔽电流的大小就是在零电阻的前提下所允许的最大电流密度，也就是临界电流密度，这称为临界状态模型。屏蔽电流在超导体宽度方向均匀分布而流动，如图 11.13（a）所示，使超导体内部产生了磁力线分布，图中的斜线表示超导体的磁化。这种磁化现象会随着外部磁场的增加和减少而相应地减少或增加，反向变化，这种磁场的增减就会引发磁滞现象，这就是磁滞损失。不难想到，磁滞现象与临界电流密度 J_c，以及超导区域的宽度成正比。像图 11.13（b）这样把超导区域进行细分变成无耦合的多线芯，可以减少磁滞损失；但是如果像图 11.13（c）那样是耦合的超导细丝，就不太能减少损失了。

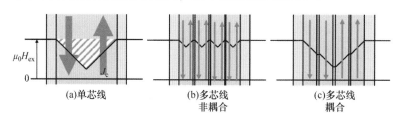

$\mu_0 H_{ex}$

0

J_c

(a)单芯线　　　　　(b)多芯线　　　　　(c)多芯线
　　　　　　　　　　　非耦合　　　　　　　耦合

图 11.13　在用强度为 H_{ex} 的外部磁场进行励磁时，超导线材内部的磁力线密度分布（图中实线）的示意图。箭头表示屏蔽电流的流向

为了降低超导细丝之间的耦合，必须将细丝绕制成股线，降低时间常数。增大细丝间的电阻也是有效的，例如用于交流场合的 NbTi 超导线，就是通过将 CuNi 屏蔽层嵌入细丝间，极大地减小了交流损失。实际上将金属系超导线材绕制成极细多芯的股线是很常见的，用青铜法得到的 Nb_3Sn 线材细丝的直径可以小到几 μm。但问题是，HTS 线材多数是带状，例如 RE123 就是平坦的薄膜，Bi2223 虽然是多芯但并不绕制成股线，细丝间的耦合比较大。此外，由于线材的横截面长宽比很大，垂直于带材的磁场成分也会导致较大的磁滞损失。

交流损失的问题对于变压器、电缆线等交流应用来说尤其重要，但是像无冷媒超导磁体这样线圈温度变化极大的应用，即使是直流应用也要考虑交流损失。最近有研究者在 RE123 带材中引入狭缝（Slit）进行分割，找到了降低磁滞损失的办法[21]。对于交流应用来说，需要绕制成股线来减少耦合，但对于带材来说这就不容易实现了，有报道称，把用狭缝分割过的细丝替换到饼状（Pancake）线圈间的连接部分，也可以降低交流损失[22]。最近研究者们发现一个问题，带材内流动的屏蔽电流会引发磁滞损失，而且磁体所产生的中心磁场也会影响，与此相关的问题将在下一节进行说明。

▶▶ 11.4.5　屏蔽电流

如图 11.14 所示，由电磁体所引发的磁场，除了线圈的赤道部分以外，全部有径向的分量，而且径向分量的大小随着离赤道位置的距离增大而增大。径向分量的磁场对于超导带材来说，就是垂直于表面的分量，如图 11.14 的插图所示，线材为了遮蔽这部分磁场而产生了屏蔽电流（Screening current、Shielding current 或 Magnetization current）。

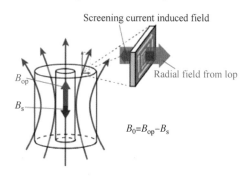

Screening current induced field

Radial field from lop

$B_0 = B_{op} - B_s$

图 11.14　超导磁体内部磁场分布。插入图是励磁时线圈的带材表面所获得的磁场径向分量，以及所产生的屏蔽电流形成的磁场。在励磁过程中，屏蔽电流所产生的磁场 B_s 与工作电流所产生的磁场 B_{op} 的方向相反，而在减磁时两者方向相同

这种屏蔽电流，与图 11.13 所展示的磁滞损失的原理是相同的。励磁过程中，屏蔽电流所产生的磁场（屏蔽电流磁场：Screening current induced field）与工作电流磁场的径向分量方向相反，将该磁场在线圈整体上进行积分可知线圈中心的屏蔽电流磁场 B_s 与工作电流磁场 B_{op} 方向相反。也就是说，屏蔽电流磁场 B_s 在励磁时与工作电流磁场 B_{op} 方向相反，测得的实际的磁场强度比计算值低，而减磁时 B_s 与 B_{op} 方向相同，实际测得的磁场强度比计算值高。这样因为屏蔽电流在励磁和消磁时的不同方向，就出现了如图 11.15 所示的中心磁场的磁滞现象[23,30]。

这种现象也并不限于高温超导线材，只要是使用带材的超导磁体中一般都会发生。例如 Nb_3Sn 线材最初被制作成多层带材，所以得到的超导磁体就会发生磁滞现象，尤其是零磁场附近的临界电流密度大的区域，产生了较大的残留磁场，从而导致磁滞[24]。另外，这种屏蔽电流磁场是因为线材内流动的临界电流密度引起的，会随着磁通的蠕变等现象而共同衰减。因此，NMR 以及加速器等需要高精度磁场的应用中就会产生严重的问题。关于屏蔽电流磁场随着时间而弛豫的问题，已经有研究者在尝试一种方法，使磁场强度略大于目标值，然后回落，这叫作过冲（Overshoot）法[23]，对低温情况磁通钉扎势能足够大，这种方法能解决多数实验中的问题。实际上，使用 Bi2223 线圈的 25T 无冷媒超导磁体也向用户开放，

在固体 NMR 实验中使用[25]。

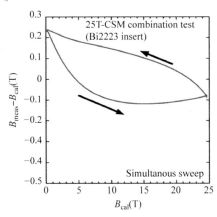

图 11.15　因屏蔽电流而引起的中心磁场的磁滞现象。图为 25T 无冷媒超导磁体中心磁场的磁滞曲线。纵轴的磁场强度是将测量值 B_{meas} 减去工作电流磁场的线性分量 B_{cal} 得到的差值[30]

11.5　高温超导磁体的实际进展

目前已经开发成功的实用强磁体超导体的进展情况，如图 11.16 所示。图中按照液氦冷却（LHe cool）和无冷媒（Cryogen-Free）两类，也记录了每种线圈最内层所使用的超导材料。无冷媒超导磁体是由制冷机直接冷却的磁体，通过真空中的热传导来进行冷却，因此具有操作简单，可以长时间保持磁场的稳定等优点[26]。稳定性高可以高温工作的高温超导材料，是最适合无冷媒超导体的材料。

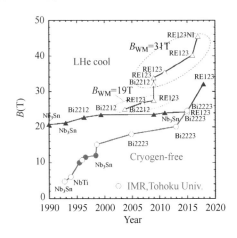

图 11.16　强磁场超导磁体的发展过程。白色三角表示水冷磁体的 Backup 磁场中的记录。白色圆形是日本东北大学金属研究所研发的无冷媒超导磁体。图中所写的物质名称是最内层线圈所使用的材料

1992 年，Nb$_3$Sn 线圈在 GM 制冷机的冷却下，以 460A 的工作电流在 40mm 的室温孔径中产生了 4.6T 的强磁场，意味着实用级别的无冷媒超导磁体开发成功[27]。当时 GM 的制冷机在 10K 温度时制冷能力只有 0.5W，使用超过 400A 的电流导线的话，热侵入远远超过冷却能力，无法实现冷却。为此研究者采用了 Bi2223 圆形导线作为高温超导电流导线，经过两个阶段的冷却将热侵入抑制在 0.5W 以下，使在大电流下工作的 Nb$_3$Sn 线圈能够被冷却到 9K 的低温。最终实现了 460A 工作电流和 4.6T 强磁场的长期稳定工作。这是高温超导材料比较早期的实用案例。之后，无冷媒超导磁体所产生的磁场强度一路增长，从 2005 年的 18T 无冷媒超导磁体开始，磁体最内层都在使用高温超导材料[28]。

18T 无冷媒超导磁体使用了 Ag/Bi2223 带材，但当时这种材料的强度很弱，只有 50MPa 的应力极限，需要与不锈钢带一起缠绕加固，使 Ag/Bi2223 线材分担的应力降到了 48MPa 以下。之后，住友电工开发的高强度 Ag/Bi2223 带材以及高压氧气处理法使临界电流飞跃式提高，通过铜合金加固的 Bi2223（HT-CA）线圈，使磁场强度从 18T 提高到了 20T 以上[29]。此外，还开发出了一种 25 T 无冷媒超导磁体，该磁体将高强度 Ag/Bi2223 线圈与高强度 Nb3Sn 和 NbTi 卢瑟福线圈结合在一起，2017 年实现了 24.6T 的 52mm 的室温孔径[30]。在 2019 年这是无冷媒超导磁体的世界最高纪录。

目前，日本东北大学金属研究所高磁场中心的 25T 无冷媒超导磁体等多台无冷媒超导磁体可供国内外研究人员共同开发使用[31]。这台 25T 无冷媒超导磁体一年中平稳运行接近 250 天，是目前工作最活跃的一台超导磁体。

大多数液氦冷却高磁场超导磁体都是为核磁共振应用开发的，由于高温超导磁体的永久电流工作尚未实现，因此通常使用 Nb$_3$Sn 超导材料。特别是在 2011 年，Bruker 公司成功开发了一种 1GHz（23.5 T）的永久电流超导磁体，现已投入商业使用[32]。2015 年一种可以承受 NMR 测量的高精度稳定电源被开发出来，使 NMR 可以在电源驱动下工作，在日本国家物质材料研究机构（NIMS）使用 Bi2223 高温超导带材进行 1.02GHz-NMR 磁体的研发[33,34]。另外美国强磁场研究所（NHMFL）用 RE123 内层线圈研发出 32T 超导磁体[35]，于 2017 年 12 月在 52mm 低温孔径（LHe）中实现了 32T 的强磁场[36]。

如 11.3 节所述，高温超导线材即使在超过 20T 的强磁场中也具有很高的临界电流密度，因此有望进一步开发高磁场磁体。目前为止，实用高温超导线材（如 RE123、Bi2223、Bi2212）的小线圈已经制作完成，插入大功率水冷磁体以产生高磁场，并在 NHMFL 进行了演示。这一系列的结果都在图 11.16 中，用虚线圈起来的部分。由于 NHMFL 用两种大功率水冷铜磁体得到了备用磁场 19T 和 31T 的记录，虽然不是全超导磁体，但研究人员在 2018 年用 RE123 无绝缘线圈成功产生了 45.5T 的强磁场。这一纪录打破了此前由 NHMFL 保持的 45T 稳定强磁场的世界纪录，为 17 年来首次[37]。据报道，这组线圈的电流密度最大能达到 1420A/mm^2，最大 hoop 应力达到 691MPa。但在后来的实验中由于热量失控导致性能大大减退。

尽管这一系列结果是示范性的，但它们表明高温超导线材可用于实现磁场超过 40T 的高磁场超导磁体。目前超过 30T 的稳态强磁场磁体已经实现，通过在大口径超导磁体内侧配置大功率水冷铜磁体，得到了混合磁体，但是这样需要提供非常大的功率。但这些使用高温超导体得到的结果，让 50T 级高温超导磁体的开发也成了现实。成功实现 32T 超导磁体的 NHMFL 后，又在 2019 年开始了 40T 超导磁体的开发项目。

随着高温超导线材的广泛应用，强磁场磁体的开发也在世界范围内得到了发展。表 11.1 总结了世界上开发的具有代表性的高温超导磁体。

表 11.1   目前为止开发出的高温超导磁体与主要规格

项目名称	研究团队	用途	磁场强度（T）（高温/低温）	高温超导材料	工作电流密度 J_{ceo}（A/mm^2）	内径 ID（mm）	工作温度 T_{ep}（K）	绕制方式	线圈浸渍	项目状态	项目年份	参考文献
32T-SM	美国国家强磁体研究所	向用户开放	32（17/15）	RE123	193	40	4.2（液氦）	双饼状	干法浸渍	2017 年启动	2017	[35]
25T-CSM	日本东北大学	向用户开放	24.6（10.6/14）	Bi2223	150	96	4-8	双饼状	环氧树脂/匝间分离	2016 年启动	2016	[30]
20T-CSM		向用户开放	20.1（4.45/15.6）	Bi2223	118	90	4-6	双饼状	环氧树脂	2013 年启动	2013	[29]
1020MHz-NMR	日本国立材料研究所/理化学研究所	核磁共振	24.2（3.62/20.4）	Bi2223	150	78	1.8（液氦）	层状	蜡	获得了核磁共振信号	2016	[34]
24T R&D		演示	24（6.8/17.2）	RE123	428	50	4.2（液氦）	层状	蜡		2012	[46]
25T R&D NMR	瑞士日内瓦大学	演示	25（4/21）	RE123	733	20	2.2	层状	干法浸渍		2019	[45]
Fly-wheel	日本藤仓	300kW 飞轮	3.4	RE123	130	120	30-50	双饼状	蜡	飞轮已启动	2015	[38]
5T R&D		演示	5	RE123	83	260	25	单饼状	环氧树脂	藤仓公司使用	2013	[39]
3T-MRI	日本三菱	核磁共振成像	3	RE123	257	320	7	双饼状	环氧树脂/匝间分离	获得了核磁共振图像	2017	[40]
28T Demo	日本理化学研究所	演示	27.7（6.3/4.3/17.）	RE123/Bi2223	396/238	40	4.2（液氦）	层状	蜡	27.7T 场强时失超	2016	[41]
30.5T	美国麻省理工学院	核磁共振	30.5（18.8/11.7）	RE123	547	91	4.2（液氦）	非绝缘	环氧树脂/匝间分离	非绝缘高温超导线圈损坏	2018	[42]
25T-CSM	日本东北大学	向用户开放	24（10/14）	RE123	221	104	4-8	单饼状	环氧树脂/匝间分离	24T 场强时失超，损坏	2015	[30]

（续）

项目名称	研究团队	用途	磁场强度（T）（高温/低温）	高温超导材料	工作电流密度 J_{ceo}（A/mm²）	内径 ID（mm）	工作温度 T_{ep}（K）	绕制方式	线圈浸渍	项目状态	项目年份	参考文献
25T NI	韩国 SuNam /美国麻省理工学院	演示	26.4	RE123	404	35	4.2（液氦）	非绝缘双饼状	干法浸渍	非绝缘线圈	2016	[43]
25T	中科院电工研究所	演示	25.7（10.7/15）	RE123	100-306	36	4.2（液氦）	非绝缘双饼状	干法浸渍	25.7T 场强时非绝缘线圈失超	2017	[44]
9.4T-CSM	日本东芝	演示	13.5	RE123	375	50	10	单饼状	环氧树脂		2016	[47]
3T-MRI	日本国立材料研究所/住友电工	核磁共振成像	3	Bi2223	114	514（室温孔径）	14	双饼状	环氧树脂	1.5T 场强时获得核磁共振图像，实验中损坏	2013	[46]

表的上半部列出的磁体没有出现过失超等问题，产生了额定磁场；而下半部分列出的磁体出现了失超等问题。用于演示的磁体的电流密度相对较高，而用于实际应用的磁体的电流密度较低。非绝缘线圈也往往采用高电流密度设计，因为它们具有高稳定性和保护特性，即使在线圈中产生电压时也能通电，因此可以进行极限测试。前面提到过，日本东北大学金属研究所的两台 25T 和 20T 无冷媒超导磁体向用户开放，已经获得了许多成绩。接着，NHMFL 的 32T 超导磁体也预计将要开放。关于 25T 和 32T 这两台超导磁体，以下将进行一些详细说明。

25T 无冷媒超导磁体，使用高强度 Nb_3Sn 和 NbTi 卢瑟福电缆制作的金属系低温超导外插线圈，在直径 300mm 的空间内产生了 14T 的磁场。其内部配有高强度 Bi2223 带材（HT-Nx）饼状线圈产生 10.6T 磁场，在 52mm 室温孔径内总共产生了 24.6T 的强磁场[30]。高温超导线圈与低温超导线圈在电气和热学上都是分离的，前者用两台 GM 制冷机，后者用两台 GM-JT 制冷机分别进行冷却。

图 11.17 是 25T 无冷媒超导磁体的外观以及内部线圈的照片。磁体宽 1.3m，长 2.4m，高 1.2m，比较庞大，目前由于对用户开放，所以在木制架台上摆放。线圈放置在椭圆形低温恒温器的一侧，制冷机则放置在另一侧，目的是在制冷机和线圈之间形成一定的距离，减少磁场泄漏对制冷机的影响。磁体部分的热交换器和制冷机的冷床之间，用氦气或液氦进行循环冷却。

图 11.18 展示了 25T 无冷媒超导磁体在 24T 时，典型的消磁励磁过程中的温度曲线。磁场扫描时，由于线材的交流损失而产生热量，线圈温度上升。这与液氦浸渍冷却的结果不同。磁场扫描时，高温超导线圈和低温超导线圈的最高温度分别为 7.5K 和 5K。T_c 较低的

低温超导线圈温度被控制得较低，而温度余量较大的高温超导线圈允许更大的温度上升。而且 GM 制冷机在较高温度时冷却能力也更强，可以利用这一优点。

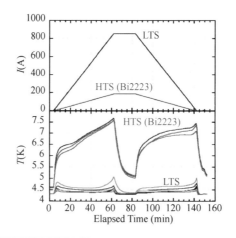

如前文所述，高温超导线圈由于屏蔽电流的作用，存在磁滞现象，所产生的磁场大小会随着扫描过程而偏移。从图 11.15 可以看出，这台磁体存在着最大 0.2T 的偏移。正确掌握磁场的磁滞现象对于使用这台磁体进行工作的用户非常重要，因此在线圈的最内层中心处放置了一个用铜线进行非感应绕制的线圈，通过测量其磁阻来检测实际产生的磁场大小。这种办法被 IGC（Intermagnetics General Corporation）公司的 Nb_3Sn 带材超导磁体所采用，从此一直作为对用户开放的磁体在运行着。

NHMFL 开发的 32T 超导磁体，在外层金属系低温超导磁体中，插入高温超导磁体。其中外层磁体是 Oxford Instruments 制造的，可以在 250mm 空间产生 15T 磁场；内层磁体是 RE123。

设计要在 32mm 的液氦空间产生 32T 的强磁场（图 11.19）[35]。所有的磁体被液氦冷却，在 4.2K 温度下工作。但大多数人不知道的是，在 20T 以上的强磁场中，由于液氦的反磁性所产生的排斥力，在磁场中心附近会形成一个氦气空间。由于这个现象，液氦的冷却能力大大减弱，磁体中心部分的温度上升，可能导致失超。而这台 32T 超导磁体，通过高温超导法兰盘确保了线圈中心部分的冷却，克服了问题。2017 年 12 月，32T 磁场成功产生，成为超导磁体产生磁场的世界第一。

下面再列举一些其他高温超导磁体的例子（参照表 11.1）。古河电工和铁道总研，通过将 RE123 线圈与 RE123 块材组合，制作出磁悬浮轴承，从而开发出了 300kW 的飞轮（Fly-wheel）[38]。这套系统在米仓山太阳光发电所，已经顺利地进行了充放电测试。它的特别之处在于，重达 4000kg 的飞轮在超导磁体和块材上方悬浮，线圈需要承受巨大的压力，远远超过普通的 hoop 应力。这也是高温超导的高稳定性发挥作用的地方。

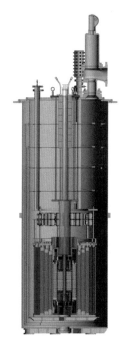

图 11.19　32T 超导磁体的照片（NHMFL）[35]

线材的制造商 Fujikura，利用自行研制的 RE123 线圈，开发出了 5T 无冷媒大口径超导磁体，可实现 200mm 的室温孔径[39]。2021 年，公司内部用这台系统来测试和评估线材和线圈，至今没有发生故障。这台系统是在相对较早的时期开始开发的，目的是将用于稳定保护的铜加厚至 0.3mm，来进行失超防护。

高温超导核磁共振成像仪（MRI）具有高温工作和结构紧凑的优点，目前正在进行产学研合作开发。日本国家物质材料研究机构（NIMS）于 2013 年用 Bi2223 线圈开发出了世界第一台高温超导 MRI，用 1.5T 磁场成功实现猿猴的脑部成像[46]。虽然之后成功励磁到 3T，但是在成像前遭遇了失超故障。

在这之后，三菱电气开始用 RE123 进行 MRI 的研发。上面的表中所示的是原型机，在 320mm 空间产生 3T 的磁场，成功对小鼠胎儿（25mm）进行 MRI 成像[40]。这套装置使用铁垫片进行磁场补偿，成功获得 2ppm/25mm 的均匀空间。

另外，各地都在进行超 20T 强磁场的开发。许多磁体虽然能成功产生磁场，但最后都产生了失超故障。对于非绝缘线圈的轻微故障，电流可以从故障处迂回，不会产生严重的后果。但有报道称，在存在备用磁场的情况下，部分短路电流所产生的巨大电磁力，也会造成破坏。

11.6 总结

目前，高温超导材料比金属系超导材料稳定性更高，而在低温环境中高温超导材料在强磁场中有更高的临界电流密度，可以期待更多新型的超导应用。虽然成本更高，但是高温超导材料也实现了市场化，例如 RE123 已经有近 10 家企业在生产和销售。而且高温超导磁体的研究已经在世界各国开展。世界各国用各自的方法实现了稳定的强磁场，研发高温超导强磁体，例如美国就有三种高温超导线材在使用，根据它们各自不同的特性开发不同的超导磁体。另外，加速器、核聚变等也开始利用高温超导来设计，许多地方正在为此而开发高温超导大电流电缆。

就像最开始所提到的，高温超导现象与传统观念不同，不容易处理。但是随着非绝缘线圈等新技术的出现，今后的发展令人期待。日本科学技术振兴机构（JST）未来社会创造事业部正在进行 1.3GHz（30.5T）-NMR 永久电流高温超导体，以及用于 α 射线放射医学的高温超导加速器等大型工程的研究。与强磁场研究相关的，由东大物性研、坂大极限、东北大金研共同进行的"强磁场合作计划"正在进行中，目前正在进行 30T 无冷媒超导磁体的研发。未来，50T 的超导磁体也不再是幻想了。

参 考 文 献

[1] H. Kamerlingh Onnes，*Comm. Phys. Lab. U. Leiden*，Sup. No. 34b（1913）.

[2] Y. Yantema，*Phys. Rev.* **98**，1197（1955）.

[3] K. Tachikawa and Y. Tanaka，*Jpn. J. Appl. Phys.* **6**，782（1967）.

[4] M. Wilson *et al.*，*J. Phys. D：Appl. Phys.* **11**，1517（1970）.

[5] J. Z. Bednorz and K. A. Muller，*Z. Phys. Condensed Matter* **64**，189（1986）.

[6] Y. Huang，H. Miao，S. Hong，J. A. Parrell，*IEEE Trans. Appl. Supercond.* **24**，6400205（2014）.

[7] 住友電工ホームページ. https：//sei. co. jp/super/hts/type_ht. html

[8] S. Fujita，H. Satoh，M. Daibo，Y. Iijima，M. Itoh，H. Oguro，S. Awaji，K. Watanabe，*IEEE Trans. Appl. Supercond.* **25**，8400304（2015）.

[9] G. Nishijima，H. Kitaguchi，K. Takeda，*IEEE Trans Appl. Sipercond.* **28**，4300405（2018）.

［10］ X. Zhang, H. Oguro, C. Yao, C. Dong, Z. Xu, D. Wang, S. Awaji, K. Watanabe, Y. Ma, *IEEE Trans. Appl. Supercond.* **27**, 7300705（2017）.

［11］ H. Oguro, S. Awaji, K. Watanabe, M. Sugimoto and H. Tsubouchi, *Supercond. Sci. Technol.* **26**, 094002（2013）.

［12］ T. Nakashima, K. Yamazaki, S. Kobayashi, T. Kagiyama, M. Kikuchi, S. Takeda, G. Osabe, J. Fujikami, K. Osamura, *IEEE Trans. Appl. Supercond.* **25**, 6400705（2015）.

［13］ S. Awaji, K. Watanabe, H. Oguro, S. Hanai, H. Miyazaki, M. Takahashi, S. Ioka, M. Sugimoto, H. Tsubouchi, S. Fujita, M. Daibo, Y. Iijima, H. Kumakura, *IEEE Trans. Appl. Supercond.* **24**, 4302005（2014）.

［14］ S. Fujita, S. Muto, W. Hirata, T. Yoshida, K. Kakimoto, Y. Iijima, M. Daibo, T. Kiss, T. Okada, S. Awaji, *IEEE Trans. Appl. Supercond.* **29**, 8001505（2019）.

［15］ H. Miyazaki, S. Iwai, M. Takahashi, T. Tosaka, K. Tasaki, S. Hanai, S. Ioka, K. Watanabe, S. Awaji, and H. Oguro, *IEEE Trans. Appl. Supercond.* **25**, 4603205（2015）.

［16］ M. Wilson, *Superconducting Magnets*, 44, Oxford Sci. Pub.（1982）.

［17］ Y. Iwasa, *Case Studies in Superconducting Magnets*, 2nd edition, 358, Springer（2009）.

［18］ H. W. Weijers, W. D. Markiewicz, A. V. Gavrilin, A. J. Voran, Y. L. Viouchkov, S. R. Gundlach, P. D. Noyes, D. V. Abraimov, H. Bai, S. T. Hannahs, T. P. Murphy, *IEEE Trans. Appl. Supercond.* **26**, 4300807（2016）.

［19］ A. Badel, *IEEE Trans. Appl. Supercond.*

［20］ S. Hahn, D. K. Park, J. Bascuñán, Y. Iwasa, *IEEE Trans. Appl. Supercond.* **21**, 1592（2011）.

［21］ C. Kurihara, S. Fujita, N. Nakamura, M. Igarashi, Y. Iijima, K. Higashikawa, D. Uetsuhara, T. Kiss, M. Iwakuma, *Physica C* **530**, 68（2016）.

［22］ M. Iwakuma, Y. Tsukigi, K. Nabekura, T. Ueno, R. Shindo, F. Kawahara, S. Honda, K. Tamura, K. Yun, S. Sato, K. Yoshida, A. Tomioka, M. Konno, T. Izumi, T. Machi, and A. Ibi, *IEEE Trans. Appl. Supercond.* **26**, 4401505（2016）.

［23］ Y. Yanagisawa, R. Piao, S. Iguchi, H. Nakagome, T. Takao, K. Kominato, M. Hamada, S. Matsumoto, H. Suematsu, X. Jin, M. Takahashi, T. Yamazaki, H. Maeda, *J. Magnetic Resonance* **249**, 38（2014）.

［24］ K. Watanabe, K. Noto, T. Sasaki, and Y. Muto, *Sci. Rep. Res. Inst. Tohoku University（RITU）* **33**, 319（1986）.

［25］ S. Awaji, Y. Imai, K. Takahashi, T. Okada, A. Badel, H. Miyazaki, S. Hanai, S. Ioka, *IEEE Trans. Appl. Supercond.* **29**, 4300305（2019）.

［26］ K. Watanabe and S. Awaji, *J. Low Temp. Phys.* **133**, 17（2003）.

［27］ K. Watanabe, Y. Yamada, J. Sakuraba, F. Hata, S. K. Chong, T. Hasebe, M. Ishihara, *Jpn. J. Appl. Phys.* **32**, L488（1993）.

［28］ G. Nishijima, S. Awaji, S. Hanai and K. Watanabe, *Fusion Eng. Design* **81**, 2425（2006）.

［29］ S. Awaji, H. Oguro, K. Watanabe, S. Hanai, S. Ioka, H. Miyazaki, M. Daibo, Y. Iijima, T. Saito and M. Itoh, *Adv. Cryo. Eng.* **59**, 732（2014）.

［30］ S. Awaji, K. Watanabe, H. Oguro, H. Miyazaki, S. Hanai, T. Tosaka, S. Ioka, *Supercond. Sci. Technol.* **30**, 065001（2017）.

［31］ 東北大金研強磁場センター HP. http：//www. hflsm. imr. tohoku. ac. jp.

［32］ Buruker HP. https：//www. bruker. com/en/products-and-solutions/mr/nmr/ascend-nmr-magnets. html.

［33］ K. Hashi，S. Ohki，S. Matsumoto，G. Nishijima，A. Got，K. Deguchi，K. Yamada，T. Noguchi，S. Sakai，M. Takahashi，Y. Yanagisawa，S. Iguchi，T. Yamazaki，H. Maeda，R. Tanaka，T. Nemoto，H. Suematsu，T. Miki，K. Saito，T. Shimizu，*J. Magnetic Resonance* **256**，30（2015）.

［34］ G. Nishijima，*TEION KOGAKU*（*J. Cryo. Super. Soc. Jpn.*）**51**，329（in Japanese）（2016）.

［35］ W. D. Markiewicz，D. C. Larbalestier，H. W. Weijers，A. J. Voran，K. W. Pickard，W. R. Sheppard，J. Jaroszynski，A. Xu，R. P. Walsh，J. Lu，A. V. Gavrilin，and P. D. Noyes，*IEEE Trans. Appl. Supercond.* **22**，4300704（2012）.

［36］ 32 Tesla All-Superconducting Magnet. https：//nationalmaglab. org/magnet-development/magnet-science-technology/magnet-projects/32-tesla-scm

［37］ S. Hahn，K. Kim，K. Kim，X. Hu，T. Painter，I. Dixon，S. Kim1，K R. Bhattarai，S. Noguchi，J. Jaroszynski. D. C. Larbalestier1，*Nature*，in press（2019）. https：//doi. org/10. 1038/s41586-019-1293-1

［38］ T. Yamashita，M. Ogata，H. Matsue，Y. Miyazaki，M. Sugino，K. Nagashima，*RTRI REPORT* **31**，47（in Japanese）（2017）.

［39］ M. Daibo，S. Fujita，M. Haraguchi，H. Hidaka，Y. Iijima，M. Itoh，T. Saito，*TEION KOGAKU*（*J. Cryo. Super. Soc. Jpn.*）**48**，226（in Japanese）（2013）.

［40］ S. Yokoyama，H. Miura，T. Matsuda，T. Inoue，Y Morita，S. Otake，S. Sato，*TEION KOGAKU*（*J. Cryo. Super. Soc. Jpn.*）**52**，217（in Japanese）（2013）.

［41］ Y. Yanagisawa，K. Kajita，S. Iguchi，Y. Xu，M. Nawa，R. Piao，T. Takao，H. Nakagome，M. Hamada，T. Noguchi，G. Nishijima，S. Matsumoto，H. Suematsu，M. Takahashi，H. Maeda，IEEE/CSC & ESAS SUPERCONDUCTIVITY NEWS FORUM（global edition），July 2016.

［42］ Y. Iwasa，J. Bascuñán，S. Hahn，J. Voccio，Y. Kim，T. Lécrevisse，J. Song，K. Kajikawa，*IEEE Trans.Appl. Supercond.* **25**，4301205（2015）.

［43］ S. Yoon，J. Kim，K. Cheon，H. Lee，S. Hahn，S. H. Moon，*Supercond. Sci. Technol.* **29**，04LT04（2016）.

［44］ J. Liu，Q. Wang，Y. Dai，L. Wang，L. Qin，K. Chang，L. Li，B. Zhao，IEEE/CSC & ESAS SUPERCONDUCTIVITY NEWS FORUM（global edition），July 2016.

［45］ C. Barth，P. Komorowski，P. Vonlanthen，R. Herzog，R. Tediosi，M. Alessandrini，M. Bonura and C. Senatore，*Supercond. Sci. Technol.* **32**，075005（2019）.

［46］ S. Matsumoto，T. Kiyoshi，A. Otsuka，M. Hamada，H. Maeda，Y. Yanagisawa，H. Nakagome，H. Suematsu，*Supercond. Sci. Technol.* **25**，025017（2012）.

［47］ H. Miyazaki，S. Iwai，T. Uto，Y. Otani，M. Takahashi，T. Tosaka，K. Tasaki，S. Nomura，T. Kurusu，H. Ueda，S. Noguchi，A. Ishiyama，S. Urayama，H. Fukuyama，*IEEE Trans. Appl. Supercond.* **27**，4701705（2017）.

微波无源器件

12.1 前言

　　超导微波器件早在低温超导时代就有一些报道，但以实际应用为目标的正式研究还是在发现高温超导之后才开始的。在液氮以及小型制冷机的帮助下就可以实现，而且操作非常简单。但是使用高温超导微波器件的仪器实际上还是不多。虽然它们的性能非常优越，但是价格太高，可靠性差，停电恢复耗时很长，这些问题都是设备普及的障碍。

　　第一个实现商业化的超导微波器件是带通滤波器，它是移动电话基站和射电望远镜中不可或缺的噪声抑制设备。高性能超导微波器件，利用了超导体高频损失极小的优点。因此，了解超导微波损失的本质及其测量方法，是非常重要的。另外，要设计好高性能的微波器件，还需要设计出能发挥其高频特性的信号传输线路。本章将介绍超导微波器件的基础以及应用，首先是基础性的：①高频通信线路基础、②超导体的微波损失及其测量方法；然后是关于应用项目的：③超导滤波器的基础及其实际应用案例、④期待进入实用化的超导滤波器、⑤除滤波器以外其他有希望的超导微波器件。

12.2 高频信号传输线路

　　对于超导微波器件的实用化来说，与器件结合、设计信号传输线路也是很重要的。为此，必须计算传输线路的阻抗并评估损耗。传输线路的阻抗，对于器件与传输线路的匹配来说是非常基本的重要信息，而损耗则是讨论器件效率的重要依据。本节将以微波传输带（Microstrip）和共面传输线（Coplanar）两种传输线为例，讲解它们的阻抗计算方法。关于线路的损失，将讲解由它决定的表面阻抗的定义，及其测量方法。

▶▶12.2.1　微波传输带

在微波器件之间传输信号的线路，多数会采用微波传输带（Microstrip，或称为微带线），其结构示意图如图 12.1 所示。这里我们将介绍线路中阻抗的计算方法，以及用软件简单计算的方法。高频信号源以及检测设备的输出阻抗设计值一般为 50Ω，所以传输线阻抗也必须为 50Ω。根据图 12.1 的微带线的形状，其特征阻抗（Z_0）由下面的式子求得[1]。其中，w 是微带线的宽度，t 是导体的厚度，h 是基板的厚度，ε_r 是基板的相对介电常数。

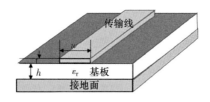

图 12.1　微带线的示意图

$$Z_0 = \frac{120\pi}{2\pi\sqrt{\varepsilon_e}}\ln\left(\frac{8h}{w'}+0.25\frac{w'}{h}\right), \frac{w}{h}\leqslant 1$$

$$= \frac{120\pi}{\sqrt{\varepsilon_e}}\left[\frac{w'}{h}+1.393+0.667\ln\left(\frac{w'}{h}+1.444\right)\right]^{-1}, \frac{w}{h}\geqslant 1$$

$$\frac{w'}{h} = \frac{w}{h}+\frac{1.25}{\pi}\frac{t}{h}\left(1+\ln\frac{4\pi w}{t}\right), \frac{w}{h}\leqslant\frac{1}{2\pi}$$

$$= \frac{w}{h}+\frac{1.25}{\pi}\frac{t}{h}\left(1+\ln\frac{2h}{t}\right), \frac{w}{h}\geqslant\frac{1}{2\pi} \qquad (12.1)$$

$$\varepsilon_e = \frac{\varepsilon_r+1}{2}+\frac{\varepsilon_r-1}{2}F\left(\frac{w}{h}\right)-\frac{\varepsilon_r-1}{4.6}\frac{t/h}{\sqrt{w/h}}$$

$$F\left(\frac{w}{h}\right) = \left(1+12\frac{h}{w}\right)$$

$$= \left(1+12\frac{h}{w}\right)^{-0.5}, \frac{w}{h}\geqslant 1$$

如果微带线的宽度为 $w=0.5\text{mm}$，导体厚度为 $t=0.001\text{mm}$，基板厚度为 $h=0.5\text{mm}$，基板的相对介电常数 $\varepsilon_r=9.8$，当信号频率 $f=10\text{GHz}$ 时，可以求得 $Z_0=50.42\Omega$。有一些免费软件⊖可以帮助我们很快地计算出微带线的特性阻抗值。

但是超导微带线，就不可以用（12.1）式来计算阻抗。因为在超导体中，电流只能在磁场穿透深度（λ）内流动，其他区域几乎没有电流，而且载流子是库伯电子对。此时线路

⊖　关于微带线的特性阻抗计算，可以参考 http://keisan.casio.jp/exec/user/1223892753。

的阻抗，必须根据单位长度线路的电感值 L 和电容值 C 来求得。公式（12.2）演示了超导微带线单位长度 L 和 C 的求法[2]。这里，λ_1 和 λ_2 分别是微带线和接地面上的磁场穿透深度，w' 与公式（12.1）中的 w 意义相同。

$$\frac{w}{h} \leqslant 1$$

$$L = \frac{\mu_0}{2\pi} \ln\left(\frac{8h}{w'} + \frac{0.25w'}{h}\right)\left(1 + \frac{t_1}{h}\coth\frac{t_1}{\lambda_1} + \frac{t_2}{h}\coth\frac{t_2}{\lambda_2}\right),$$

$$C = 2\pi\varepsilon_0\varepsilon_e\left[\ln\left(\frac{8h}{w'} + \frac{0.25w'}{h}\right)\right]^{-1},$$

$$Z_0 = \frac{120\pi}{2\pi\sqrt{\varepsilon_e}}\ln\left(\frac{8h}{w'} + \frac{0.25w'}{h}\right)\left(1 + \frac{t_1}{h}\coth\frac{t_1}{\lambda_1} + \frac{t_2}{h}\coth\frac{t_2}{\lambda_2}\right)^{0.5}$$

$$\quad\quad\quad\quad\quad\quad\quad\quad\quad\quad\quad\quad\quad\quad\quad\quad\quad\quad\quad\quad\quad\quad\quad\quad (12.2)$$

$$\frac{w}{h} \geqslant 1$$

$$L = \mu_0\left[\frac{w'}{h} + 1.393 + 0.667\ln\left(\frac{w'}{h} + 1.444\right)\right]^{-1}\left(1 + \frac{t_1}{h}\coth\frac{t_1}{\lambda_1} + \frac{t_2}{h}\coth\frac{t_2}{\lambda_2}\right),$$

$$C = \varepsilon_0\varepsilon_e\left[\frac{w'}{h} + 1.393 + 0.667\ln\left(\frac{w'}{h} + 1.444\right)\right],$$

$$Z_0 = \frac{120\pi}{\sqrt{\varepsilon_e}}\left[\frac{w'}{h} + 1.393 + 0.667\ln\left(\frac{w'}{h} + 1.444\right)\right]^{-1}\left(1 + \frac{t_1}{h}\coth\frac{t_1}{\lambda_1} + \frac{t_2}{h}\coth\frac{t_2}{\lambda_2}\right)^{0.5}$$

当 $t_1/h \ll 1$、$t_2/h \ll 1$ 时，超导微带线的阻抗就和普通的金属微带线阻抗一样了。

▶▶ 12.2.2 共面传输线

微带线的底面必须接地，而对于低损超导微带线来说，接地面上也必须有超导薄膜。与之相对的，图 12.2 所示的共面传输线，优点是接地面与传输线的材质相同，是单面的超导薄膜。但是在设计共面传输线时，接地面的宽度必须是（$2s+w$）的 5 倍以上。由线路宽度 w，空隙宽度 s、导体厚度 t、基板厚度 h、基板相对介电常数 ε_r，根据公式（12.3）可以求得共面传输线的特性阻抗 Z_0[3]。

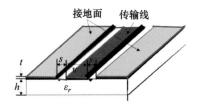

图 12.2 共面传输线的示意图

$$a = w, b = w + 2s, k = \frac{a}{b}, k' = \sqrt{1-k^2}$$

$$Z_0 = \frac{30\pi}{\sqrt{\varepsilon'_{eff}}} \frac{K(k'_t)}{K(k_t)} \cdot \varepsilon'_{eff} = \varepsilon_{eff} - \frac{\varepsilon_r - 1}{\frac{(b-a)/2}{0.7t}} \frac{\varepsilon_{eff} - 1.0}{\frac{K(k)}{K'(k)} + 1.0} \cdot$$

$$\varepsilon_{eff} = 1.0 + \frac{\varepsilon_r - 1.0}{2} \frac{K(k')K(k_1)}{K(k)K(k'_1)} \cdot K'(k) = K(k')$$

$$k_t = \frac{a_t}{b_t}, k'_t = \sqrt{1-k_t^2} \cdot \tag{12.3}$$

$$k_1 = \frac{\sinh\left(\frac{\pi a}{2h}\right)}{\sinh\left(\frac{\pi b}{2h}\right)} \cdot k'_1 = \sqrt{1-k_2^2} \cdot$$

$$a_t = a + \frac{1.25t}{\pi}\left[1 + \ln\left(\frac{4.0\pi a}{t}\right)\right]$$

$$b_t = b - \frac{1.25t}{\pi}\left[1 + \ln\left(\frac{4.0\pi a}{t}\right)\right]$$

$K(k)$：变形贝塞尔函数

导体厚度（t）相比于基板厚度（h）非常小的时候，Z_0可以根据公式（12.4）来求。

$$k = \frac{w}{w+2s}, k' = \sqrt{1-k^2}$$

$$Z_0 = \frac{30\pi}{\sqrt{\varepsilon_{eff}}} \frac{K(k')}{K(k)},$$

$$\varepsilon_{eff} = 1.0 + \frac{\varepsilon_r - 1.0}{2} \frac{K(k')K(k_1)}{K(k)K(k'_1)}, K'(k) = K(k') \tag{12.4}$$

$$k_1 = \frac{\sinh\left(\frac{\pi w}{2h}\right)}{\sinh\left[\frac{\pi(w+2s)}{2h}\right]}, k'_1 = \sqrt{1-k_1^2},$$

共面传输线如果是用超导材料制成，那么与微带线一样，需要计算磁场穿透深度 λ，公式（12.3）和（12.4）都要做少许变形。

▶▶ 12.2.3 传输线损失：表面阻抗的定义与测定方法

传输线路在传输高频信号的时候产生的损失，是与传输低频信号的损失不一样的。这种高频损失被定义为线路的表面阻抗（Surface Resistance，R_s）。R_s 并不只是存在于传输线路中，一般的导体在受到微波辐射的时候也会产生表面阻抗。我们首先推导一下导体受到微波辐射时的表面阻抗 R_s。图 12.3 中是导体受到 TE 模式电磁波照射时，电磁波的穿透模型示意图。沿着 Z 方向传播的电磁波，可以分解为电场分量 E_y 和磁场分量 H_x，在穿透导体时两者正交。表面阻抗的定义是，$Z=0$ 时，E/H 的值。

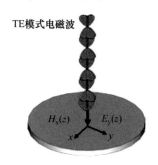

TE模式电磁波

$H_x(z)$ $E_y(z)$

x y

图 12.3　导体受到 TE 模式电磁波辐射时的情况

$$Z_S = \frac{E_y(z)}{H_x(z)} \bigg|_{z=0} \tag{12.5}$$

这里将通过 Maxwell 方程和 London 方程来推导 E_y 和 H_x，计算表面阻抗。

Maxwell 方程组：

$$\nabla \cdot D = \rho,$$
$$\nabla \times E = -\frac{\partial \vec{B}}{\partial t},$$
$$\nabla \cdot B = 0, \tag{12.6}$$
$$\nabla \times H = \vec{j} + \frac{\partial D}{\partial t}$$

London 方程组：

$$\frac{\partial j_s}{\partial t} = \frac{n_s e_s^2}{m_s} E,$$
$$\nabla \times j_s = -\frac{1}{\mu_0 \lambda_L^2} B \tag{12.7}$$

超导体中有超导电子和常导电子，所以采用二流体模型，将公式（12.6）和式（12.7）变形成：

$$\nabla \times \vec{H} = \vec{J}_s + \vec{J}_n + \varepsilon \frac{\partial \vec{E}}{\partial t}$$

$$\frac{\partial \vec{J}_s}{\partial t} = \frac{1}{\mu_0 \lambda_L^2} \vec{E}, \left(\frac{1}{\lambda_L^2} = \frac{\mu_0 n_s e_s^2}{m_s} \right) \tag{12.8}$$

$$\vec{J} = \sigma_n \vec{E}$$

由公式（12.8）求得：

$$\nabla \times \ \nabla \times \vec{H} = \ \nabla \times \vec{J}_s + \ \nabla \times \vec{J}_n + j\omega\varepsilon \ \nabla \times \vec{E}$$

$$= \frac{1}{j\omega\mu_0\lambda_L^2} \nabla \times \vec{E} + \sigma_n \ \nabla \times \vec{E} + j\omega\varepsilon \ \nabla \times \vec{E},$$ （12.9）

$$\nabla^2 H = -\frac{1}{j\omega\mu_0\lambda_L^2} \nabla \times \vec{E} - \sigma_n \ \nabla \times \vec{E} - j\omega\varepsilon \ \nabla \times \vec{E}, (\ \nabla \times \vec{E} = -j\omega\mu_0 \ \vec{H})$$

$$= \frac{1}{\lambda_L^2}H + j\omega\mu_0\sigma_n H - \omega^2\varepsilon_0\mu_0 H$$ （12.10）

$$= \frac{1}{\lambda_L^2}H + j\omega\mu_0\sigma_n H$$

公式（12.10）的解如下：

$$H_x(z) = H_0 e^{-\sqrt{kz}} = H_0 \exp\left[-\left(\frac{1}{\lambda_L^2} + j\omega\mu_0\sigma_n\right)^{0.5} z\right],$$

$$E_y(z) = \frac{j\omega\mu_0 H(z)}{\left(\frac{1}{\lambda_L^2} + j\omega\mu_0\sigma_n\right)^{0.5}}$$ （12.11）

由此得到，表面阻抗可以表示为：

$$Z_s = \frac{j\omega\mu_0}{\left(\frac{1}{\lambda_L^2} + j\omega\mu_0\sigma_n\right)^{0.5}} = R_s + jX_s$$ （12.12）

对于金属导体：

$$R_n = \left[\frac{\omega\mu_0}{2\sigma_n}\right]^{0.5}, X_n = \left[\frac{\omega\mu_0}{2\sigma_n}\right]^{0.5}$$ （12.13）

对于超导体：

$$R_n = \frac{\omega\mu_0\lambda_L}{\sqrt{2}}\left[\frac{\sqrt{\omega\mu_0\sigma_n\lambda_L^2 + 1} - 1}{(\omega\mu_0\sigma_n\lambda_L^2) + 1}\right]^{0.5}, X_n = \frac{\omega\mu_0\lambda_L}{\sqrt{2}}\left[\frac{\sqrt{(\omega\mu_0\sigma_n\lambda_L^2) + 1} + 1}{(\omega\mu_0\sigma_n\lambda_L^2) + 1}\right]^{0.5}$$ （12.14）

对于 100GHz 以下的频带，$\omega\mu_0\sigma_n\lambda_L^2 \ll 1$，$R_s$、$X_s$ 变为：

$$R_s = \frac{\omega^2\mu_0^2\sigma_n\lambda_L^2}{2},$$ （12.15）

$$X_s = \omega\mu_0\lambda_L$$

▶▶ 12.2.4　表面阻抗的测定方法

导体（超导体）的表面阻抗，按照国际标准，应该用介电谐振腔法测量。图 12.4 中，是 TE$_{011}$ 模式和 TE$_{013}$ 模式两个振荡器的振荡模式图。测量这两种振荡模式在无负载时的

Q_{u1}、Q_{u3}值，然后通过公式（12.16）计算出 R_s 值。

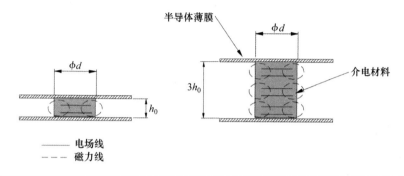

半导体薄膜

介电材料

—— 电场线
--- 磁力线

图 12.4　TE_{011} 和 TE_{013} 模式振荡器的电场线和磁力线

$$R_s = \frac{30\pi^2 \times 3}{(3-1)} \left(\frac{2h_0}{\lambda_0} \right)^3 \frac{\varepsilon' + W}{1+W} \left(\frac{1}{Q_{u1}} - \frac{1}{Q_{u3}} \right),$$

$$W = \frac{J_1^2(u) K_0(v) K_2(v) - K_1^2(v)}{K_1^2(v) J_1^2(u) - J_0(u) J_2(u)}, \tag{12.16}$$

$$\varepsilon' = \left(\frac{\lambda_0}{\pi d} \right)^2 (u^2 + v^2) + 1, v^2 = \left(\frac{\pi d}{\lambda_0} \right)^2 \left[\left(\frac{3\lambda_0}{2h_0} \right)^2 - 1 \right], u = -v \frac{K_0(v)}{K_1(v)}$$

这里，$K_n(v)$ 为 n 阶变形贝塞尔函数。

由于蓝宝石棒的 $\tan\delta$ 通常非常小，因此作为一种简化方法，仅根据 TE_{011} 模式共振的 Q 值确定 R_s 并不困难。这种情况下，R_s 可以通过下式得到。

$$R_s = \frac{1}{B} \frac{A}{Q_{u1}},$$

$$A = 1 + \frac{W}{\varepsilon'}, \tag{12.17}$$

$$B = \left(\frac{\lambda_0}{2h} \right)^3 \frac{1+W}{30\pi^2 \varepsilon'}$$

用这种方法测量得到的 Nb、NbN、YBCO 薄膜的 R_s 的温度特性如图 12.5 所示。横轴是归一化的温度 t（$=T/T_c$），纵轴是表面阻抗。即使在 1GHz 的微波频段，超导体的 R_s 仍然在 $1\mu\Omega$ 以下，还不到铜薄膜 R_s 的千分之一。另外，低温超导体 Nb、NbN 的 R_s 随着温度的降低也单调降低，而高温超导体 YBCO 薄膜的 R_s 在低温情况下几乎保持不变[4]。

有研究者提出将超导微波器件放在磁场中工作。如果是这样的话，那么还必须评估磁场中的 R_s。我们经过测量已经发现，超导体在磁场中的 R_s 和铜薄膜相比依然非常小[5]。也就是说，能在磁场中工作的高性能超导微波器件是有可能实现的。

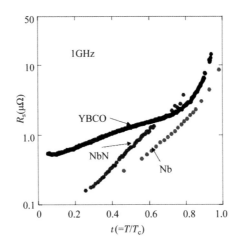

图 12.5　超导薄膜的 R_s 的温度特性

12.3　超导微波器件的实例

在高温氧化物超导体发现之初，人们最期望看到的应用是超导带通滤波器。这是超导滤波器的高性能与社会需求最好的结合点。如前一节所说，超导体的微波损失是极小的。因此，无论串联多少个谐振器来构成带通滤波器，插入损耗也很小，滤波器将表现出理想的频率响应。这种理想的带通滤波器对于通信、射电天文等领域来说都是极其有价值的，也已经实现了实用化。下面将讲述超导滤波器的基础知识，以及几个实用化的案例。

▶▶ 12.3.1　超导带通滤波器的种类和形状

滤波器可以分为四个种类：（a）低通滤波器、（b）高通滤波器、（c）带通滤波器、（d）带阻滤波器。图 12.6 展示了它们各自的频率特性示意图。其中，在实际生活中需求最多的是（c）带通滤波器，下面详细介绍它的特性和形状。

平面型超导带通滤波器的设计大致可以分为分布参数型和集中参数型两类。其结构如图 12.7 所示。对于分布参数型滤波器，当谐振器线路的长度与所要的波长相同时，需要假设线路中的电感 L 和电容 C 在电路上均匀分布，来求解传输方程。在超导滤波器中，谐振器的长度通常设定为半波长，因此通常将谐振器设计为分布参数型。图 12.7（a）中的分布参数型滤波器，形状类似发卡（Hairpin），所以被称为发卡型滤波器。与之相对的，谐振器的 L 和 C 都是集中在某个器件上的，这样的谐振器就是图 12.7（b）的集中参数型滤波器。谐振器的频率（f）由下式决定：

$$f = 2\pi \sqrt{\frac{L}{C}}$$

（12.18）

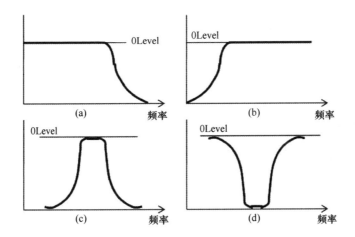

图 12.6　各种滤波器的频率特性：（a）低通滤波器、（b）高通滤波器、
（c）带通滤波器、（d）带阻滤波器

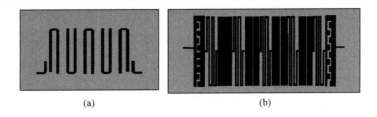

图 12.7　超导滤波器的结构：（a）分布参数型，（b）集中参数型

为了使谐振频率达到微波频段，C 值要取得大一些。图 12.7（b）中就是增大了 C 的情况。这种滤波器的尺寸比所要的波长小，器件可以做得很小，在 100MHz 以下的低频滤波器中比较多见。

带通滤波器的主要参数，如图 12.8 所示，包括插入损失（IL）、带内纹波（L）、中心频率（f_0）、阻带抑制度（A_m）、频带宽度（BW）等。设计滤波器首先根据这些参数来确定规格，然后确定为了实现这些性能，需要什么样的滤波器形状以及阶数。

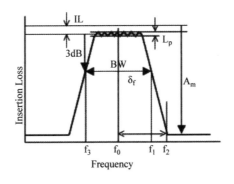

图 12.8　带通滤波器的主要参数

▶▶ 12.3.2　手机基站与超导带通滤波器

　　进入 20 世纪 90 年代以后，移动通信迎来了用户的激增，为了解决随之而来的问题，超导带通滤波器被投入了应用。自 20 世纪 70 年代开始，美国有两家运营商在 800 MHz 频段推出了移动电话服务，到 20 世纪 90 年代随着移动电话的迅速普及，数据流量也快速膨胀。而两家公司的信号之间经常出现互相干扰和屏蔽，这对用户来说实在是非常麻烦。问题的原因在于，如图 12.9 所示，在 25MHz 宽的频带里，A 公司和 B 公司的频段复杂地夹杂在一起，彼此之间的保护频带又非常小。因此，普通的带通滤波器无法将两个公司的信号完全分离，导致了信号干扰。但是高性能超导带通滤波器却可以完美解决这个问题[6,7]。图 12.10 比较了超导带通滤波器与普通滤波器的频率特性。超导滤波器只允许 A 公司的信号通过，而把 B 公司的信号完全屏蔽。

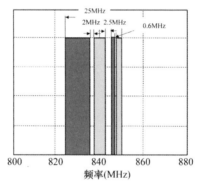

A公司: 824-835, 845-846.5
B公司: 837-842 .5, 847.1-849

图 12.9　A、B 两公司的频率分配

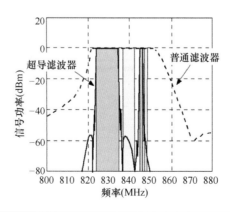

图 12.10　A 公司实用的超导带通滤波器与原来的普通滤波器频率特性比较

这样，超导滤波器首次作为移动通信基站的滤波器在美国获得成功，有 6000 多个基站使用了这个系统，这种情况刺激着全世界各国积极推进超导器件的实用化研究。但实用化的道路充满困难。在世界各国之中，只有中国推进到了现场试验的阶段。中国要解决的问题并不是信号的干扰和屏蔽，而是想要提高基站的接收灵敏度，用更少的基站解决移动通信的所有需求。清华大学的曹教授在大学里建立了基于超导滤波器的迷你基站，验证了有效性，之后在北京市区范围内设置了更多的超导基站，完成了实验验证[8,9]。

图 12.11 是北京市内的超导滤波系统的照片以及它的滤波特性。无线传输系统被划分为三个区域，超导滤波系统被安装在其中一个区域，用来测试通话质量、通话屏蔽、接收信号的灵敏度等性能。现场实验使用了 8 台基站。结果，在超导滤波系统工作的时候，移动电话发送信息的输出功率减少了 4.62dB，证明超导滤波器的确提高了信号基站的接收灵敏度。这些结果也为超导带通滤波器在中国的实用化进程提供了动力，新的现场实验项目又在广州开展了起来，并取得了和北京一样好的结果。但由于成本问题，暂时没有办法在全国的基站全面引入。北京和广州的这些超导基站目前仍在运转，并进行耐久性试验等。

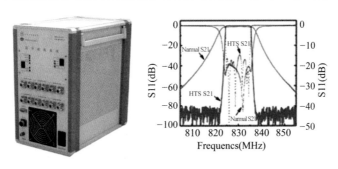

图 12.11 中国超导滤波系统的照片（左）和滤波特性（右）

▶▶ 12.3.3 为射电望远镜除去城市噪声

随着移动电话的普及，城市里很多地方建立起了通信基站。带来的不利影响是，天文台的射电望远镜对电磁波是非常敏感的，如今也受到了移动通信信号的影响，无法正确地观测宇宙中传来的微弱信号了。日本鹿岛市的 34m 口径射电望远镜也是如此，附近通信基站发出的电磁波信号进入望远镜的抛物面天线，导致望远镜无法进行原本的观测。因此他们考虑引入带通滤波器，但是普通的带通滤波器必然导致信号的频带范围变窄（图 12.12）。所以只能选用高性能的超导带通滤波器，插入到抛物面天线的输出回路中，如图 12.13 所示，构成一个无噪声的宽频带接收系统。该系统至今仍在正常运行[10]。

射电望远镜的城市噪声问题不仅是在日本，在欧美和其他亚洲国家也都有发生，中国也利用高温超导带通滤波器来为射电望远镜除去城市噪声。当手机、Wi-Fi 信号噪声与望远镜的接收信号相乘的时候，本来来自宇宙的微弱信号幅度大大增强，但 LNA 饱和，无法再接收到宇宙的信号。图 12. 14 是射电望远镜的抛物面天线的照片，以及叠加了手机、Wi-Fi 信号噪声的输出信号。手机和 Wi-Fi 的信号强度远远强于宇宙信号。为了除去这些噪声，人们开始开发超导带通滤波器。图 12. 15 比较了城市噪声存在时，以及经过超导滤波器降噪之后，射电望远镜的输出信号情况。可见超导滤波系统可以有效地除去移动通信对信号的干扰。

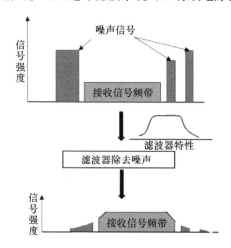

图 12. 12　滤波器滤除射电望远镜中的噪声信号示意图

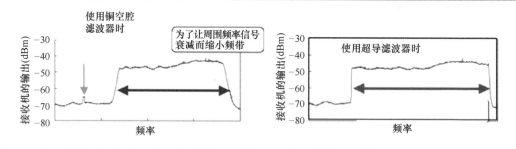

图 12. 13　射电望远镜的输出特性

图 12. 14　（a）射电望远镜的照片，（b）以及输出信号

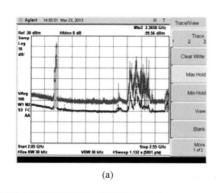
(a)

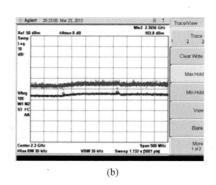
(b)

图 12.15 （a）无超导滤波器和（b）有超导滤波器时，射电望远镜的输出信号

▶▶ 12.3.4 用于气象雷达的超导带通滤波器

近年来，世界各地经常出现特大暴雨等极端天气。为了对这些灾害天气做出提前预防，必须对天气情况进行实时监控，以便预测降雨的准确位置、降雨量、降雨云层的移动路线等。

图 12.16 是气象雷达的示意图。利用电磁波的多普勒效应，从观测点向目标云层发射无线电波，根据反射波的强度、频率变化，来分析云层中的水汽密度、云层移动方向和速度等气象数据。日本国内也部署了多部气象雷达，并为气象雷达划分了专门的通信频带。但是近期，由于 5GHz 频带的一部分频带范围被划分给了无线通信，如图 12.17 所示，气象雷达的频带范围就不得不被压缩。

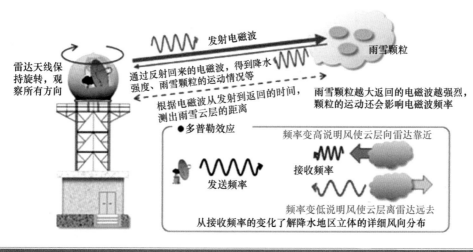

图 12.16 气象雷达的示意图（来自日本气象厅主页）

传统的带通滤波器会减弱相邻频带的信号强度，因此考虑采用具有良好裙边特性的超导带通滤波器，减小保护频带。但是气象雷达的工作功率都是千瓦级以上的，远远超过超导滤波器能承受的功率。因此，要想把超导带通滤波器引入到气象雷达系统，还需要设法解决功

率匹配的问题。

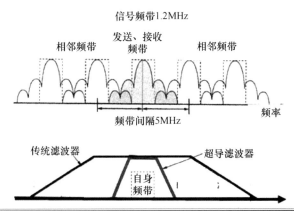

图 12.17 气象雷达频带的示意图，以及滤波器频率特性的示意图（加屋野等人提供）

这里介绍一下加屋野等人提出的系统方案，将超导滤波器成功地集成到了气象雷达中，如图 12.18 所示[11]。大功率发射信号通过 Magic T 波导和移相器等直接发送出去。同频率的反射信号无法通过超导滤波器，但产生了稍许频率偏移的反射信号却可以通过并被接收。通过这样的设计，就可以构成一个高性能的气象雷达系统。

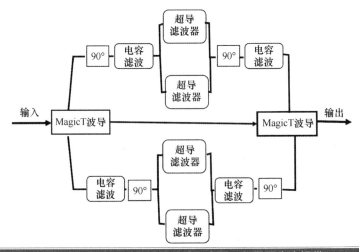

图 12.18 气象雷达的滤波系统示意图（加屋野先生提供）

▶▶ 12.3.5 令人期待的超导带通滤波器的实用化

超导带通滤波器除了上面提到的移动通信基站、射电望远镜，以及气象雷达等方面的应用外，在其他领域市场仍然不大。但是超导滤波器如此理想的滤波特性，令人对它将来的应用市场报有很高的期待。本节就向各位读者介绍一下，超导滤波器在未来值得期待的领域。

1. 超宽带带通滤波器

伴随着信息社会的高速发展，高速无线通信的重要性越来越凸显，为了应对更多的需求，全世界范围内都在研究超高速无线通信的问题。其中一种实现方法（举例来说）就是超宽带 UWB（Ultra Wide Band）通信。UWB 通信利用了很宽的频带范围进行通信，超高速通信还能减少通信中产生的错误。其示意图如图 12.19 所示。

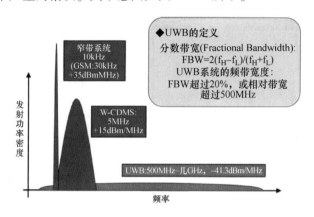

图 12.19　各种通信方式的频带范围以及发射功率密度

　　UWB 通信是一种带宽很宽，但是发射功率极低的通信方式，但必须在限定的密闭空间中进行。随着世界各国无线通信频带资源的日趋紧张，并没有很多可以划分给 UWB 的通信频带范围。如图 12.20 所示，有人提出为 UWB 通信分配 Low Band（3.4~4.8GHz）和 High

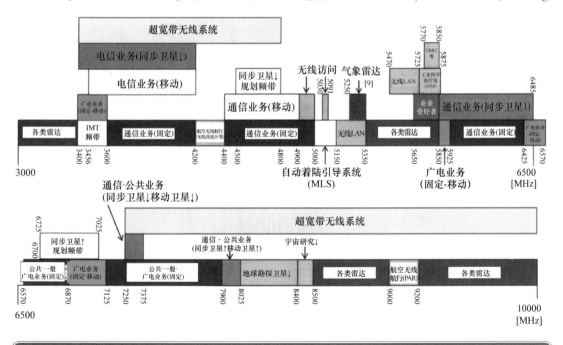

图 12.20　日本 3~30GHz 无线通信使用情况

Band（7.25~10.25GHz）两个频带范围。为此，必须有能够严格控制频带范围的滤波器，超导滤波器再一次引起了人们的期待。

石井等人的报告提出的滤波器，结构如图 12.21（a）所示适用于图 12.21（b）所示的 Low Band UWB 通信[12]。这是利用了超导滤波器所特有的对频率的强选择性，以及低插入损失。

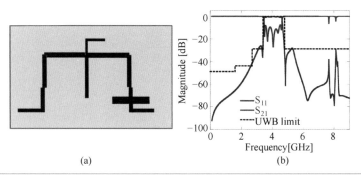

(a)　　(b)

图 12.21　（a）超宽频带范围超导带通滤波器的结构，（b）非常频率特性

另外，中国的 UWB 通信频带与日本略有不同。图 12.22 展示了中国的 UWB 无线通信频带范围。中国的 UWB 频带划分为 3.1~10.6GHz 的单一频带。图 12.23 为曹教授的研究小组得到的超导带通滤波器在 UWB 通信中的特性示意图[13]。频带宽度达到 7GHz，具有非常优秀的带通特性。

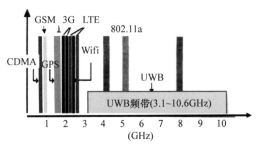

图 12.22　中国的 UWB 无线通信频率范围

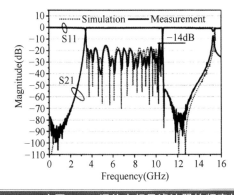

图 12.23　中国 UWB 通信中超导滤波器的频率特性

2. 双通带带通滤波器

软件无线通信和多重通信往往同时需要多个通带，而超导滤波器也能很好地满足这个要求。双通带带通滤波器的设计方法有两种。第一种是将两个不同的带通滤波器直接并联。如图 12.24 所示，竹泽等人报告了双通带带通滤波器的结构以及频率特性[14]。这组滤波器由两个带通滤波器并联而成，其中心频率分别为 5GHz 和 5.1GHz。这时每个滤波器的输入阻抗必须分别计算，而且必须在其前端插入阻抗匹配器，与传输线的 50Ω 阻抗相匹配。在这里，他们插入了 113Ω 的匹配器。当输入阻抗得到很好的匹配时，就得到了图 12.24（b）那样优秀的双通带带通特性曲线。这种双通带超导滤波器的优点在于，允许两个带通滤波器分别独立地改变轴心频率，而不会互相影响。

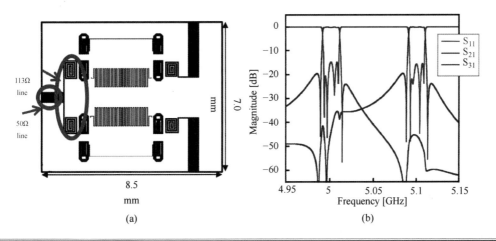

图 12.24　双通带带通滤波器的结构及特性：（a）滤波器的结构，（b）滤波特性

另一种实现双通带带通滤波器的办法，是利用了奇数、偶数两种谐振模式。滤波器需要多端谐振电路共同连接而成，产生奇数、偶数两种谐振模式各自不同的中心频率。巧妙地利用其特性就可以设计出双通带带通滤波器。图 12.25 中展示了这种滤波器的结构以及频率特性[16]。滤波器的特点是，用低阶滤波实现了高性能的双带通滤波器，但是难以随意改变两个中心频率的值。不过最近也有报告称，实现了这种结构滤波器的中心频率的独立变化[17]。

3. 低频超导带通滤波器

集中参数超导带通滤波器，对于低频滤波器设计也是有效的。曹教授等人报告了如图 12.26（a）所示的低频超导带通滤波器结构，以及（b）频率特性，其中心频率为 6.5MHz[17]。这个频率的信号波长约为 4.6m，器件尺寸小于波长的 1/900，所以是非常小型的滤波器。

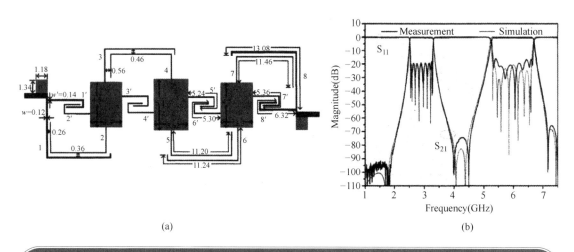

(a)

(b)

图 12.25　利用偶数和奇数两种谐振模式的双通带带通滤波器：
(a) 滤波器的结构，(b) 滤波器的频率特性

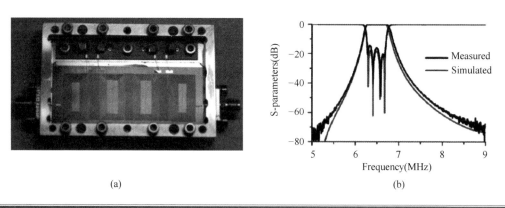

(a)

(b)

图 12.26　(a) 低频超导带通滤波器结构，(b) 频率特性

12.4　除滤波器以外有希望的超导微波器件

　　超导微波器件的损耗极小，除了滤波器以外，还有许多微波器件有望得到实现。其中具有代表性的是 NMR 超导检测探头，以及太赫兹波检测传感器（MKID）。下面就来介绍一下它们的情况。

▶▶ 12.4.1 超导 NMR 检测探头

核磁共振是蛋白质结构分析和新药研发等分析领域不可或缺的分析仪器。如图 12.27 所示，它具有很广阔的应用领域。但是 NMR 也有分析灵敏度低、测量耗时长、样品尺寸大等缺点。

图 12.27 NMR 的应用领域

NMR 的灵敏度计算公式如公式（12.19）。这里，M_0 是样品的自旋量子数，ω_0 为拉莫尔（Larmor）频率，V_s 为样品体积，η 为检测线圈的填充因子，Q_L 是检测线圈的负载 Q，T_{eff} 为样品的等效噪声温度，T_r 为前置放大器（Preamp）的等效噪声温度。提高灵敏度的主要参数是 ω_0、M_0 和 Q_L。要提高 ω_0 和 M_0，需要施加更大的外加磁场，所以强磁场 NMR 的灵敏度更高。提高 Q_L 相当于降低探头的微波阻抗，所以超导探头是一种很好的选择。超导探头在低温下工作，必然会有更小的 T_{eff} 和 T_r。所以，超导探头对于改善 NMR 的信噪比（S/N）是有好处的。

$$\frac{S}{N} = KM_0 \left(\frac{\mu_0 \omega_0 V_s}{8 k_B \delta f} \right)^{0.5} \left(\frac{\eta Q_L}{T_{eff} + T_r} \right)^{0.5} \tag{12.19}$$

美国和日本都在全力研究超导 NMR 检测线圈。Florida 大学的 Brey 等人用 YBCO 薄膜制成了 500MHz 的 NMR 超导探头[18]。这种超导探头的效果还在证实中，但他们的系统使用的是直径 1.5mm 的试管，而无法使用大多数研究者使用的 5mm 试管。日本 JST（日本科学技术振兴机构）的 S-innova 计划也在进行超导 NMR 检测探头的研究。图 12.28 中是他们提出的超导探头的冷却系统。线圈将被制冷机冷冻到 20K 温度左右。与之对应的超导检测线圈是 Oshima 等人报道的，使用 YBCO 薄膜，线圈的 Q 值，以及提高 Q 值的方法等都还研究中[20,21]。用超导检测线圈测量 ¹H 信号的结果如图 12.29 所示。与室温下铜质检测线圈相比，超导线圈的信噪比（S/N）高达 8200 以上。

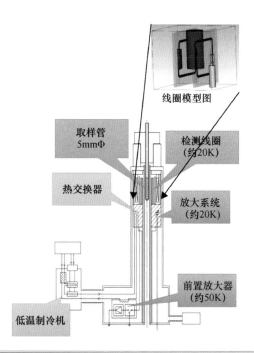

图 12.28　超导 NMR 检测探头的示意图

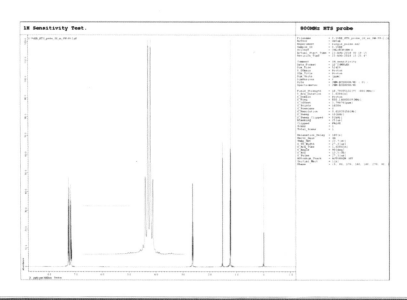

图 12.29　使用超导检测探头的 800MHz NMR，检测出的乙苯中的 ^{1}H 信号，S/N>8200

▶▶ 12.4.2　太赫兹波检测传感器 MKID

MKID（Microwave Kinetic Inductance Device）有望检测出来自宇宙的微弱的太赫兹信号。

其原理如图 12.30 所示。当超导体受到太赫兹波的照射时，库伯电子对被破坏，生成准粒子，使动态电感（Kinetic Inductance）发生变化。用超导线路来制作谐振器，当它被太赫兹波照射时，电感 L 就会变化，谐振频率就会向低频方向偏移。这就是 MKID 器件，直接用微波谐振器检测出太赫兹波，系统结构非常简单。而且 MKID 器件非常容易实现阵列化，可以让 1000 个以上的器件形成阵列。图 12.31 是大谷等人报告的 MKID 器件阵列的照片。他们利用这样的器件，成功观测到来自宇宙的微弱的太赫兹信号[21,22]。

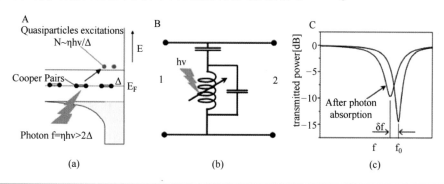

(a) (b) (c)

图 12.30 MKID 的原理：（a）被太赫兹波照射时库伯电子对生成准粒子的示意图，（b）MKID 的等效电路，（c）被太赫兹波照射时，谐振频率的变化情况

图 12.31 MKID 器件阵列的照片（大谷等人提供）

12.5 总结

本章介绍了超导微波器件的基础知识以及实用化的成果。微波器件的设计中，必须做好传输线路和器件之间的阻抗匹配。我们详细描述了微带线以及共面传输线的阻抗计算方法。定义了传输线路流动表面阻抗，介绍了它的含义以及测量的方法。

关于世界范围内实用化的超导带通滤波器，介绍了它们的应用背景以及所使用的超导滤波器的特性。另外还介绍了未来有希望进入实用化的超导滤波器以及其他器件。希望今后超导微波器件的实用化进展能够更加顺利。

参 考 文 献

[1] I. Bahl and P. Bhartia, *Microwave Solid State Circuit Design*, John Wiley and Sons (1988).

［2］ W. H. Chang, The inductance of a superconducting transmission line，*J. Appl. Phys.* 50, 8129 (1979).

［3］ B. C. Wadell, *Transmission Line Design Handbook*, Artech House (1991).

［4］ M. Kusunoki *et al.*, Fabrication of low microwave surface resistance YBa2Cu3Oy films on MgO substrates by self-template method, *Int. Phys. Conf. Ser.* 167, 73 (EUCAS 1999).

［5］ S. Ohshima *et al.*, Surface Resistance of YBCO Thin Films under High DC Magnetic Fields, *J. Phys. Conference Ser.* 43 (2006) (EUCAS 2005).

［6］ R. W. Simon, HTS Technology for Wireless Communications, *Proc. 7th International Superconductive Electronics Conference*, 6-11 (ISEC 1999).

［7］ R. W. Simon *et al.*, Superconducting microwave filter systems for cellular telephone base stations, *Proc. IEEE* 92, 1585-1596 (2004).

［8］ B. Wei *et al.*, HTS subsystem formed by 12-pole filter for GSM1800 mobile communication, *Physica C Superconductivity and Its Applications* 386, 551-554 (2003).

［9］ K. Liu *et al.*, Fabrication and laboratory testing of a high-temperature superconducting subsystem for DSC1800 mobile communications, *Superconductors Science and Technology* 14, 1741-1743 (2002).

［10］ 川合荣治等. 基于新型滤波器的信号的有效处理，*CRL News* No. 336 (2004). http：//www. nict. go. jp/publication/CRL_News/0403/frame/001_flame. html

［11］ 河口民雄等，**5GHz** 频带气象雷达接收滤波器的开发，《电子通信技术研究报告超导电子器件》

［12］ H. Ishii *et al.*, Development of UWB HTS Bandpass Filters With Microstrip Stubs-Loaded Three-Mode Resonator, *IEEE. Trans. Appl. Supercond.* 23, 1500204 (2013).

［13］ L. Xilong *et al.*, Superconducting Ultra- Wideband (UWB) Bandpass Filter Design Based on Quintuple/Quadruple/Triple-Mode Resonator, *IEEE Trans. Microwave Theory Tech.* 63, 1281-1293 (2015).

［14］ Takezawa *et al.*, Design and examination of the high-Tc superconducting multiplexer *Physica C* 426-431, 1628-1632 (2005).

［15］ S. Fei *et al.*, Dual-Band High-Temperature Superconducting Bandpass Filter Using Quint-Mode Stub-Loaded Resonators, *IEEE Tran. Appl. Superconductivity* 25, 1501410 (2015).

［16］ L. Xinxinang *et al.*, High-order dual-band superconducting filter with independently controllable passbands and wide stopband, *Int. J. RF and Microwave Computer Aided Engineering* 28, e21291 (2018).

［17］ X. Zhan *et al.*, A Compact Superconducting Filter at 6. 5 MHz Using Capacitor-Loaded Spiral-in-Spiral-Out Resonators, *IEEE Microwave and Wireless Components Letters* 24, 242-244 (2014).

［18］ W. Brey *et al.*, Design, construction and validation of a 1mm triple-resonance hightemperature-superconducting probe for NMR, *J. Magnetic Resonance* 179, 290-293 (2006).

［19］ Koshita *et al.*, Development of HTS Pickup Coils for 700-MHZ NMR Resonance Frequency Tuning using Sapphire Plates, *IEEE Trans. Applied Superconductivity* (2016).

［20］ T. Yamada *et al.*, Electromagnetic Evaluation of HTS RF Coils for Nuclear Magnetic Resonance, *IEEE Trans. Applied Superconductivity* (2016).

［21］ T. Matsumura *et al.*, LiteBIRD: Mission Overview and Focal Plane Layout, *J. Low Temp. Phys.* 184, 824-831 (2016).

［22］ J. Lee *et al.*, Development of an CPW Microwave Kinetic Inductance Detector (MKID) Array at 0. 35 THx, *J. Low Temp. Phys.* 184, 103-107 (2016).

第13章

▶▶▶▶▶▶

磁传感器（SQUID超导量子干涉器）

13.1 前言

利用超导现象中所谓的磁通量子化现象，可以开发出灵敏度极高的磁传感器。其正式名称为超导量子干涉器（Superconducting Quantum Interference Device），简称 SQUID 传感器。目前人们主要是用金属系超导体（Nb）或氧化物高温超导体（YBa$_2$Cu$_3$O$_{7-x}$）两种超导材料来开发 SQUID。前者需要在液氦温度（T=4.2K）条件下工作，而后者在液氮温度（T=77K）条件下工作。

不同工作需求的磁传感器所需要的器件性能是不一样的。作为传感器，最重要的性能是灵敏度，除此以外重要的还有空间分辨率、频率特性、动态范围和噪声抑制等性能。所以 SQUID 传感器必须根据实际需要，将这些性能调整到合适的状态。我们将在 13.2 节根据 SQUID 的配置需求简述所需要考虑的项目。

SQUID 传感器的应用，使极微弱的磁场测量也成为可能，利用其高灵敏度，对各种先进磁场测量系统进行开发。在医疗生化、地海勘探、材料性能、精密测量等广泛的领域都有 SQUID 系统的开发。13.3 节将对这些领域的开发现状进行介绍。

13.2 SQUID 磁传感器

本节首先对 SQUID 的工作原理做一个简单的说明。然后讲述 SQUID 磁传感器的构造。传感器的灵敏度和空间分辨能力是两种不能兼得的性能，所以我们针对不同的应用需求来展示构成的方法。另外，还将介绍一种用于降低噪声的梯度计。最后将介绍 SQUID 传感器的驱动电路，它决定了传感器的线性度、频率响应和动态范围等性能。

▶▶ 13.2.1 SQUID 的原理

SQUID 有射频（RF）和直流（DC）两种类型。这里我们将介绍直流 SQUID 的原理。图 13.1 中是 DC SQUID 的原理。图 13.1（a）是其等效电路，由两个约瑟夫森结 JJ（临界电流 I_0，阻抗 R_s）构成的超导回路（电感 L_s）构成。对这个超导回路施加磁通量 Φ。这个 SQUID 系统中将流过直流偏置电流 I_B，测量器件两端产生的电压 V。

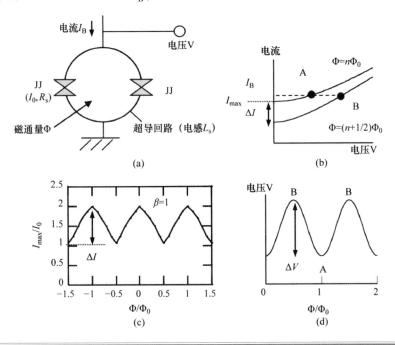

图 13.1 DC SQUID 的原理：（a）等效电路，（b）电流电压特性，（c）最大电流 I_{max} 与外加磁场的关系，（d）磁通量-电压特性

图 13.1（b）是系统的电流电压特性。从图中可以发现，当偏置电流 I_B 不超过 SQUID 系统的临界电流 I_{max} 时，$V=0$；而当 I_B 大于 I_{max} 时，V 开始出现偏压。这里的 I_{max} 值与磁通量（磁链）Φ 有关，如图 13.1（c）所示，以磁通量子 Φ_0 为周期发生周期性变化。也就是说当施加的磁通量 $\Phi=n\Phi_0$ 时，I_{max} 取其最大值 $2I_0$，而当 $\Phi=(n+1/2)\Phi_0$ 时，I_{max} 取其最小值 I_0。于是当 SQUID 中流过的偏置电流 I_B 一定时，如图 13.1（b）所示，系统的工作点在 A 与 B 之间变化，所产生的电压 V 以磁通量子 Φ_0 为周期产生周期性变化，如图 13.1（d）所示，其电压的变化量 ΔV 称为调制电压。这样的变化关系，称为磁通量-电压特性，在 SQUID 磁探测器中很常用。换句话说，SQUID 可以看作一个转换器，将输入的磁通量 Φ 转换为电压值 V，其转换效率为：

$$V_\Phi = \frac{\mathrm{d}V}{\mathrm{d}\Phi} \propto \frac{\Delta V}{\Phi_0} \tag{13.1}$$

所以，调制电压 ΔV 越大的 SQUID 系统，就越适合于高灵敏度磁探测器。

另外，如图 13.1（c）所示，电流的变化量 ΔI 和电压的变化量 ΔV，都随 SQUID 系统的电感 L_s 而大幅变化。为了优化 SQUID 系统的性能，L_s 的取值一般按照以下条件确定。

$$\beta = \frac{2L_s L_0}{\Phi_0} \approx 1 \tag{13.2}$$

而且，为了让调制电压 ΔV 尽量大，可以使约瑟夫森结的阻抗 R_s 尽量大。代表性的一组参数，$I_0 = 10\mu A$，$R_s = 10\Omega$，$L_s = 50pH$，此时 $\Delta V = 50\mu V$。

综上所述，SQUID 可以用来测量与超导回路中磁通量（磁链）的大小，其性能决定了所能测出的最小磁通的大小，通常用 SQUID 系统噪声磁通频谱密度 S_Φ 来表示，其典型的值为 $S_\Phi^{1/2} = 10\mu\Phi_0/Hz^{1/2}$（$\Phi_0$ 为磁通量子）。

▶▶ 13.2.2　磁传感器的构造

磁传感器的构造需要考虑对磁场的灵敏度和空间分辨能力。而磁场灵敏度是指能检测出的最小磁场强度的值，用噪声磁场频谱密度 S_B 的平方根 $S_B^{1/2}$（$T/Hz^{1/2}$）来表示。磁场强度灵敏度为 SQUID 的磁通 S_B 灵敏度 S_Φ 除以传感器的有效面积 A_{eff}，也就是 $S_B^{1/2} = S_\Phi^{1/2}/A_{eff}$。

图 13.2 中是传感器的两种典型构造。图 13.2（a）利用了单个 SQUID，重视传感器的空间分辨能力。代表性的应用有用来测量微小区域磁特性的 SQUID 磁显微镜。传感器的空间分辨能力是由 SQUID 回路的边长 l 决定的，根据用途来决定最终尺寸，边长 l 一般在 50nm~200μm。边长在纳米量级的传感器称为 Nano SQUID，对纳米级的空间分辨力较好。

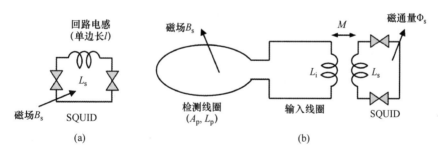

图 13.2　SQUID 磁传感器的构造：(a) 使用单个 SQUID，(b) 磁场检测线圈与 SQUID 组合应用的情况

使用单个 SQUID 的时候，SQUID 回路的磁通量（磁链）Φ_s 与信号磁场强度 B_s 的关系为，$\Phi_s = B_s \cdot l^2$。所以线圈有效面积 $A_{eff} = \Phi_s/B_s = l^2$。SQUID 的磁通灵敏度为 $S_\Phi^{1/2}$ 的话，磁场强度灵敏度就是 $S_B^{1/2} = S_\Phi^{1/2}/l^2$。如果 $S_\Phi^{1/2} = 10\mu\Phi_0/Hz^{1/2}$，$l = 100\mu m$ 的话，$S_B^{1/2} = 2pT/Hz^{1/2}$。也就是说，为了提高空间分辨能力而减小回路尺寸 l 的话，磁场强度灵敏度会根据 $1/l^2$ 规律衰减。

图 13.2（b）是将 SQUID 与磁场检测线圈组合使用的情况。此时线圈（L_p）捕捉到的磁场强度为 B_s，并通过磁通量传输电路传输到输入线圈（L_i）。输入线圈与 SQUID 之间以互

感系数 M 来耦合，以此来检测 SQUID 的磁通量（磁链）Φ_s。传输到 SQUID 回路的磁通量为：

$$\Phi_s = \frac{B_s A_p M}{L_p + L_i} \tag{13.3}$$

这里，A_p 是磁场检测线圈的面积。所以检测线圈所捕捉到的磁场强度 B_s 转换为磁通量 Φ_s 的转换效率为：

$$A_{eff} = \frac{\Phi_s}{B_s} = \frac{A_p M}{L_p + L_i} \tag{13.4}$$

此时的磁场强度灵敏度为 $S_B^{1/2} = S_\Phi^{1/2}/A_{eff}$。举个例子，如果 $S_\Phi^{1/2} = 10\mu\Phi_0/\text{Hz}^{1/2}$，$A_{eff} = 0.1 \sim 1\text{mm}^2$ 的话，$S_B^{1/2} = 200 \sim 20\text{fT}/\text{Hz}^{1/2}$，相比于单个 SQUID 来说大大提高了。另外，要增大有效面积的话，还必须增大输入线圈与 SQUID 之间的互感系数 M。

检测线圈的尺寸必须考虑磁场灵敏度和空间分辨能力而决定。如果需要毫米级的空间分辨能力，图 13.2（b）的检测线圈也应该是毫米级的尺寸。另外，输入线圈通常是由 N（约为 1~40）匝的薄膜线圈构成，通过多层膜工艺层积在 SQUID 回路的上方。这样，两者之间的互感系数 M 就变大了，传感器的磁场灵敏度提高了。另外，薄膜输入线圈与 SQUID 回路构成了薄膜变压器，称为变压器耦合 SQUID。这种方式在低温超导 SQUID 中是常见的。

在图 13.2（b）中不通过输入线圈，直接让磁场检测线圈与 SQUID 电感耦合的情况也是有的，称为直接耦合型 SQUID。这种耦合方法通过单层薄膜工艺，将 SQUID 和检测线圈同时制作出来，主要用于高温超导 SQUID。但是此时的有效面积 $A_{eff} = A_p \cdot L_s/L_p$，比变压器耦合 SQUID 小一个数量级。

如果偏重于磁场强度灵敏度，则图 13.2（b）的检测线圈要用超导线材来制作，这在生物体磁场检测、物理性能检测等低温超导 SQUID 应用中比较常见。这种结构的好处是，利用超导线材，可以根据需要做出各种检测线圈的样子。例如生物体磁场检测，需要 10mm 尺寸的检测线圈。此时的空间分辨能力为几 mm 的水平，但磁场检测灵敏度却有 $10\text{fT}/\text{Hz}^{1/2}$。这种结构的另一个好处是，磁场强度的捕捉（检测线圈）与检测（SQUID）在空间上是分离的。超导回路可以传输从直流到高频的所有磁通量。因此，SQUID 可以安装在超导屏蔽层以内，免受外来磁场（地磁场或激励磁场）的影响，只对信号磁场进行高灵敏度测量。

▶▶ 13.2.3　梯度计

图 13.2 所示的电路结构可以用来测量磁场强度，被称为磁力计（Magnetometer），不仅能测出信号磁场，还能测出外来磁场（地磁场、激励磁场、环境噪声等）。使用 SQUID 传感器测量微弱磁场时，外来磁场将成为大的干扰。梯度计（Gradiometer）可以降低外来磁场，测量微弱磁场，得出磁场的空间梯度。

如图 13.3（a）所示，将两个检测线圈以互相相反的方向连接，就可以得到一个梯度计线圈。这种情况下，这两个检测线圈中的磁链互相抵消。此时，把在空间内均匀分布的外来

磁场 B_n 撤去，也不会影响结果。如图 13.3（a）所示，信号源是在下方检测线圈附近的，信号磁场 B_s 主要在下方线圈中产生磁链，于是这个梯度计线圈就捕捉到了信号磁场。由此可见，SQUID 系统不会测出在空间内均匀分布的背景磁场，但是可以测出待测的信号磁场。

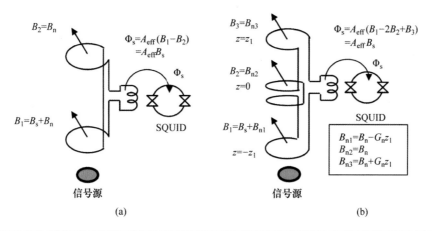

图 13.3 梯度计：（a）一阶微分型，（b）二阶微分型

两个检测线圈之间的间隔称为梯度计的基线（Baseline），数值一般是检测线圈尺寸的数倍。另外，梯度计的性能好坏表现为对均匀磁场的消除能力，为了提高性能，应该尽量使两个检测线圈的参数做到一致。

图 13.3（a）测量的是磁场的一阶导数，称为一阶梯度计。当外来磁场在空间上不均匀的时候，可以使用图 13.3（b）所示的梯度计，此时，除了空间中均匀分布的噪声 B_n 以外，还可滤除 B_n 的一阶梯度 G_n 的成分。这样的梯度计测量的是磁场在空间中的二阶导数，因此称为二阶梯度计。

▶▶ 13.2.4 SQUID 的驱动电路

如图 13.1 所示，SQUID 的磁通量-电压（Φ-V）特性是以磁通量子 Φ_0 为周期发生着周期性变化。所以，简单地测量 SQUID 的电压，并不能确保得到信号磁通量 Φ_s 与输出电压 V_s 之间的线性关系。为了确保传感器的线性度，并且能够测量 Φ_0 以上的大的信号磁通量，人们设计了 Flux Locked Loop（FLL）磁通锁定环电路，作为 SQUID 系统的驱动电路。

FLL 电路由负反馈电路构成，如图 13.4 所示。其工作原理如下。首先，根据 SQUID 的 Φ-V 特性，将待测信号磁通量 Φ_s 转换为电压量 V_s。此时电压值由 $V_s = (dV/d\Phi)\Phi_s$ 确定。为了让转换系数 $V_\Phi = dV/d\Phi$ 最大，需要改变偏置磁通量 Φ_B，使 SQUID 的工作点移动到 Φ-V 特性曲线斜率最大的 A 点。此时的电压输出经前置放大器放大，通过积分电路后，产生反馈磁通量 Φ_f，对 SQUID 进行负反馈。负反馈磁通量 Φ_f 与信号磁通量 Φ_s 互相抵消，保证 $\Phi_s-\Phi_f=0$ 的状态。此时 SQUID 的工作点依然锁定在图 13.4 的 A 点，因此这个电路叫作 FLL 磁通锁定电路。

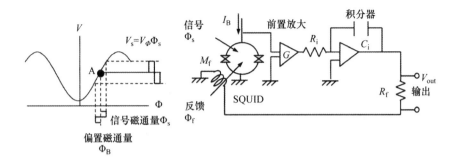

图 13.4　直接型 FLL 电路

当信号磁通量的频率为 f 时，通过负反馈电路产生的负反馈磁通量 Φ_f 与 FLL 电路的输出电压 V_{out} 的关系如下式所示：

$$\frac{\Phi_f}{\Phi_s} = \frac{1}{1 + if/f_c} \tag{13.5}$$

$$V_{out} = \frac{R_f}{M_f} \frac{1}{1 + if/f_c} \Phi_s \tag{13.6}$$

这里 f_c 被称为截止频率。根据图 13.4 电路中的参数，f_c 的值为 $f_c = V_\Phi G (1/C_i R_i) (M_f/R_f)(1/2\pi)$。

当信号频率 f 足够小，满足 $f \ll f_c$ 时，FLL 的输出电压从公式（13.6）变为 $V_{out} = (R_f/M_f)\Phi_s$，与信号磁通量成比例。也就是说，虽然 SQUID 的 Φ-V 特性是非线性的，但是由于 FLL 电路的作用，它也能作为具有线性输入/输出特性的磁传感器。超过磁通量子 Φ_0 的大磁通量信号也可以测量。

当信号频率 f 变大，不再满足 $f \ll f_c$ 的条件时，如公式（13.5）所示，反馈磁通量 Φ_f 随着 f 的增加而减少。此时，信号磁通量无法完全消除，FLL 电路不能正常工作（也就是说在 unlock 状态）。因此，FLL 电路能够跟随的频率上限由截止频率 f_c 确定。要测量频率高的信号，必须设置测量电路的截止频率 f_c 也足够大才可以。

另外，即使信号频率 f 很低，但是如果振幅 Φ 足够大，其对时间的微分（$2\pi f\Phi$）也非常大。此时，FLL 电路能够正常工作，取决于下面这个压摆率（Slew Rate，SR）：

$$SR \approx f_c \Phi_0 [\Phi_0/s] = \frac{f_c \Phi_0}{A_{eff}} \tag{13.7}$$

当信号的时间微分（$2\pi f\Phi$）比压摆率小，FLL 电路就能正常工作。因此，如果想让 SQUID 在外来噪声比较大的环境下工作，必须设法让压摆率足够大。另外，公式（13.7）右侧第一个等式，将压摆率的单位表示为 Φ_0/s。在磁探测器的应用中，SQUID 的磁链 Φ 根据有效面积 A_{eff} 而定，$\Phi = A_{eff}B$。因此，压摆率也可以如公式（13.7）右侧第二个等式的表示，单位为 T/s。有效面积大的 SQUID 磁探测器，磁场灵敏度很高，但是压摆率却很低。

图 13.4 所示的电路称为直接型 FLL 电路。除此以外，还有磁通量可调制的调制型 FLL

电路，应用在不同的场合中。

▶▶ 13.2.5 磁场检测灵敏度

磁传感器的性能由噪声磁通频谱密度 S_B 来表示，单位是 T^2/Hz。但是下面将会说明，为了测量所能测出的最小磁场，除了 S_B 以外，还需要考虑测量的带宽 W。

图 13.5（a）是噪声磁场随时间的变化关系 $B_n(t)$，图 13.5（b）是噪声磁场频谱密度 $S_B^{1/2}$。磁场噪声大小用其平方的平均值表示，而且，根据 Parseval 等式，它们的关系如下：

$$\langle B_n(t)^2 \rangle = \frac{1}{T}\int_0^T B_n(t)^2 \mathrm{d}t = \int_0^W S_B(f)\mathrm{d}f \tag{13.8}$$

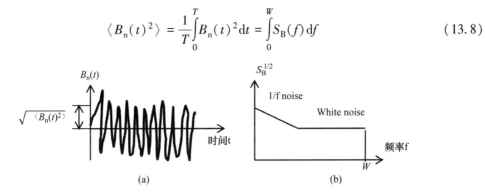

图 13.5 噪声磁场：（a）随时间的变化关系 $B_n(t)$，（b）频率密度 $S_B^{1/2}$

当噪声为白噪声时（S_B 与频率无关，是一定值），公式（13.8）变成如下形式：

$$\sqrt{\langle B_n(t)^2 \rangle} = \sqrt{S_B}\sqrt{W} \tag{13.9}$$

所以，测量到的噪声磁场的大小也是和测量带宽 W 有关系的。

举例来说，考虑在 $W = 100$ Hz 的带宽内实时测量 $B_s = 1$ pT 的信号磁场。此时，为了得到清晰的测量信号，公式（13.9）给定的磁场噪声的大小应该为待测信号的 1/3 左右，也就是 $\sqrt{\langle B_n(t)^2 \rangle} = B_s/3 = 0.3\mathrm{pT}$。由于 $W = 100\mathrm{Hz}$，根据公式（13.9），$S_B^{1/2} = 30\mathrm{fT/Hz}^{1/2}$。如果在实际测量信号时考虑测量的带宽，最小测量磁场将比 $S_B^{1/2}$ 大。另外，如果不是进行实时测量，而是进行 N 次测量并取加法平均值，噪声将反比于 $1/\sqrt{N}$。以上面的例子，取 $N = 100$ 计算，噪声频谱密度 $S_B^{1/2} = 300\mathrm{fT/Hz}^{1/2}$。

如图 13.5（b）所示，磁传感器中存在着 $1/f$ 的噪声，在低频区域，随着频率的下降，噪声变得更大。因此，对于低频信号测量来说，$1/f$ 的噪声问题不可忽视。为了降低 $1/f$ 噪声，SQUID 的驱动方式可以改为 AC 偏置，但 $1/f$ 噪声仍然与 SQUID 的品质有很大的关系，必须选用专门的 $1/f$ 噪声较低的 SQUID 传感器。

13.3 SQUID 应用测量

随着 SQUID 传感器的应用，微弱磁场的测量也变得不再困难。利用其极高的敏感性，许多领域都用 SQUID 传感器开发出了先进的磁场测量系统。表 13.1 是一些代表性的应用领域。表中显示，在医疗生化、地质海洋勘探、材料性能、精密测量等领域，先进磁场测量系统都被开发出来。本章将举几个例子，介绍 SQUID 在应用测量方面的成果。

表 13.1　SQUID 的应用领域

医疗生化	生物磁性测量（脑磁图、心磁图、脊磁图）
	生物传感器（免疫检查、磁性粒子成像）
	超低磁场 MRI
地质海洋勘探	矿产勘探（矿床、油层、地下热水）
	磁性勘探（遗迹勘探、海洋勘探）
材料性能	磁性评价
	磁性显微镜
	非破坏性检测（缺陷、杂质检测）
精密测量	电流计（超导检测电流计、电流比较器）

▶▶ 13.3.1　医疗生化应用

图 13.6 中展示了医疗生化领域内的应用测量系统。众所周知，人体内信息的传达是通过神经电流来进行的。而神经流过电流，就会产生相应的生物磁场，测量这个磁场就可以对身体机能进行诊断和分析了。基于生物磁场开发出的医疗器械，包括脑磁图（MEG）、心磁图（MCG）以及脊磁图（MSG）等。

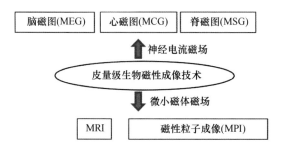

图 13.6　皮量级生物磁性成像技术。通过对皮量级磁场的测量，非接触式地获取生物信息、进行诊断

磁体所带有的磁矩可以产生磁场。氢原子中也有微小的磁体（核磁矩），测量磁体所产生的磁场，就可以检测出人体内的氢原子。核磁共振成像（Magnetic Resonance Imaging，MRI）是一种能测出人体内氢原子分布图像的装置，根据其获得的信息可以进行医学诊断。另外，人工磁纳米颗粒也可以作为检测用的小磁体。比如，将磁纳米颗粒注入病灶部位，根据它们产生的磁信号来进行体内诊断。这种方法称为磁粒子成像（Magnetic Particle Imaging，MPI）。

如图 13.6 所示，根据神经电流或磁矩所产生的磁场，可以开发出用于医疗生化的磁测量仪器[3]。这种情况下测量的信号的磁场强度只有皮特斯拉的微弱量级，所以又称为皮量级磁生物成像技术。

1. 生物体磁性测量

前面说过，根据神经电流所产生的生物磁场，就可以进行生物机能的诊断和分析。测量脑部活动磁场的是脑磁图 （MEG），测量心肌电流磁场的是心磁图 （MCG）。这些作为新型的医疗器械，配备在医疗和研究机构中。另外，将脊髓内神经传导信号可视化的脊磁图 （MSG） 也正在开发中。

这些应用都是用来测量微弱磁场的，所以结构如图 13.2 （b） 所示，都是由检测线圈和 SQUID 组合而成。另外，为了降低环境磁场的噪声，检测线圈还要像图 13.3 那样采用梯度计的形式。检测线圈的典型尺寸是 10mm，磁场敏感度为 $10fT/Hz^{1/2}$。

（1） 脑磁图

脑磁图 （MEG） 是通过约 100 个通道的低温超导 （LTS） SQUID 传感器阵列，对头部的脑磁场进行测量，绘制出脑磁图[4]。图 13.7 （a） 是对左耳播放 1kHz 的声音时，产生的脑磁图。脑磁场的强度通过等高线表示。图中的黑点是传感器的位置。

如图所示，在大脑的左右半球，都有等磁力线密集的区域。信号磁场的强度约 100fT 的量级。详细解读这份脑磁图的话，可以知道脑内信号的来源。图 13.7 （b） 的 MRI 图像，箭头所指的部位，就是大脑对声音产生反应的部位 （听觉皮层）。就是这样，通过对大脑活动部位的推断，来进行诊断和解析。设备必须具有微秒级的时间精度以及微米级的空间精度，才能对活动部位进行解析，这是其他设备所不具备的优势[5]。

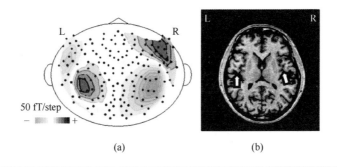

(a)   (b)

图 13.7　脑磁图：（a） 在左耳播放 1kHz 的声音时脑部的磁场分布图，（b） 根据脑磁场分布推断的脑内的活动位置，由 MRI 上的箭头所示

利用这样的脑磁图，就可以高精度地找到各种感觉 （听觉、视觉、运动、知觉、嗅觉等） 所对应的大脑活动区域 （脑功能图）。通过脑功能图，可以对功能障碍进行诊断，也可以在脑外科手术之前，决定要切除的范围。脑磁图还被用于推断需要手术治疗的顽固性癫痫的异常部位，以及解释语言和文字识别、记忆等大脑的高级功能。

（2）心磁图

心磁图（MCG）是用 64 通道的 LST-SQUID 阵列对心脏在人体表面所产生的磁场进行测量，在日本已经实现商品化。图 13.8（a）是 64 通道 SQUID 测量到的心磁波形的叠加显示。信号磁场的强度约为数 pT，可以清楚地看到因心脏活动所产生的所谓 P 波、QRS 波、T 波等。

某个时刻的心脏磁场分布图如图 13.8（b）所示。根据等磁力线，就可以绘制出这个时刻心肌电流的分布情况，图中的箭头所指的就是心肌电流的流向。这些心肌电流的分布图，是随着心脏活动而时刻变化的。心脏患有疾病的话，就会出现特定的心肌电流分布，从而诊断出心脏疾病[6,7]。

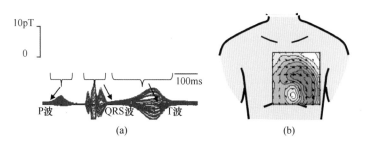

图 13.8　心磁图：（a）心磁波形（将 SQUID 的 64 个通道的信号重叠后得到的波形）；（b）心磁图（等磁力线）以及由此还原出的心肌电流（箭头）的分布情况。（日立制作所神鸟明彦先生提供）

这种装置在日本有两家医疗结构已经引进，用于心脏疾病的检查和诊断等。例如筑波大学附属医院，从 2008 年开始十年间累计检测了一万个病例，可以用于心律失常、心肌缺血等检测，以及胎儿心脏疾病的早期诊断。原来依靠心电图无法诊断的疾病，现在依靠心磁图都成为可能。

（3）脊磁图

脊磁图（MSG）作为一种新型的生物磁场测量应用，正在研究开发中[8]。与手脚相关的感觉和运动神经，都通过脊髓与脑部相连。所以，如果能将脊髓中传递的神经信号进行可视化，就可以诊断出引起手脚麻痹的脊髓病变。脊磁图（MSG）就是用传感器阵列测量脊髓神经电流所产生的磁场。神经信号在传感器附近传递时，就可以得到很大的磁场信号，从而将神经信号的传递进行可视化。利用这些成果，就可以无创伤获取有用信息，诊断脊髓病变部位。目前，脊磁图的研究，正在获取医疗审批的阶段。

2. 基于磁性粒子的生物传感器

（1）磁性免疫检查

在医疗检查中，经常需要对引起疾病的蛋白质、病原体等生物物质进行快速灵敏的检查。这些生物物质统称为抗原，需要用到能与之产生特异性结合的抗体来进行检查。这种利用抗原-抗体的结合反应进行检查的方法称为免疫检查，经常用于血液检查以诊断疾病。

为了检查出抗原-抗体的结合反应，就要对抗体添加标记，该标记能发出信号。目前常用的手段是使用光学标记，用光学手段进行免疫检查。但是用磁性标记取代光学标记，进行磁性免疫检查的方法也正在研究开发中[9]。磁性标记是一些连接在抗体表面的磁性纳米颗粒，其尺寸大约为 60~160nm。根据其磁性，人们开发出了各种方法来检查出这些标记。

图 13.9（a）是磁性免疫检查的一个例子。首先使用直径 3.3μm 的高分子小球（Polymer Beads）将生物物质固定在上面。当磁性标记被加入以后，标记通过抗体与生物物质进行结合。这样产生了结合的标记称为结合标记（Bound Marker）。而溶液中还有一些没有结合的标记，称为自由标记（Free Marker）。

为了将结合标记与自由标记分离，以前的光学方法需要进行费时又费力的洗净工艺。而磁性检查手段却可以根据两者在磁性上的不同，很快加以识别，不再需要洗净工艺。而且不透光的实验材料也可以采用磁性方法来检查。

具体来说，就是利用布朗弛豫时间的差异，将结合标记和自由标记进行磁性分离。如图 13.9（a）所示，结合标记的布朗弛豫时间为 $\tau_B = 13s$，远远长于自由标记的 $\tau_B = 1.6ms$。所以对样品施加 1kHz 的交流磁场时，只有布朗弛豫时间短的自由标记才会产生响应。样品本身所产生的磁信号会随着结合标记的增加而减少，通过测量其减少的量就能知道结合标记的量。

图 13.9（b）是 C-反应蛋白（CRP）的检查结果[10]。图中横轴是 CRP 的浓度 φ，数值在 0.2~200ng/mL 范围内变化。样品中产生的磁信号用 HTS-SQUID 测量，图中的纵轴是其减少的比例 g。测量信号 g 随着 CRP 浓度 φ 的增加而增加，从拟合的曲线来看，两者具有很好的正相关性。这就说明，磁性检查无须洗净工艺，也可以正常测量出 CRP 的变化。

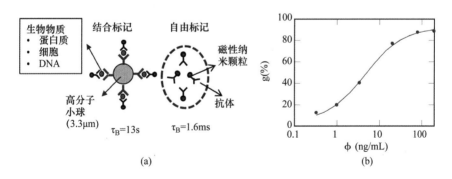

(a)   (b)

图 13.9　磁性免疫检查：（a）利用磁性标记，不再需要洗净工艺，（b）C-反应蛋白（CRP）的检查结果

此外，研究者还进行了 IL8、IgE 等蛋白质的检测实验，结果显示，磁性测量可以测出 10^{-18}mol 量级的极微量的生物物质，实现高灵敏度的检查。与阿尔茨海默病有关的蛋白质（β-amyloid）的检测以及在疾病筛查中的应用，也正在研究中[11]。

（2）磁性粒子成像

此外，利用上述的磁性检测原理，也可以发展出体内诊断的方法。图 13.10（a）是其示意图。这种诊断方法，需要将磁性标记注入人体，聚集在患病部位。在人体表面，测量这些聚集的磁性标记所产生的磁信号，就可以画出磁场分布图，再根据磁场分布图分析出磁性颗粒的三维位置和量，从而推断患病部位以及病变程度，实现体内诊断。

图 13.10（b）是两个磁性粒子样品检测的案例[12]。如图所示，可以确定两个磁性颗粒样品的三维位置，推测的粒子的质量与粒子的实际质量也几乎一致。这种方法称为磁性粒子成像法，正在作为一种磁性体内诊断设备进行研发。例如，用于乳腺癌检查，磁性粒子成像要比传统的 X 射线检查具有更高的安全性、灵敏度、正确性[13]。

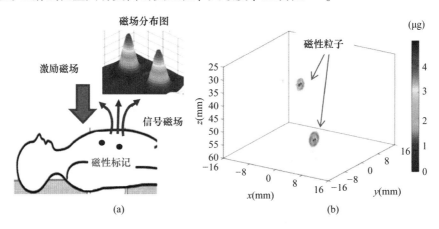

图 13.10　磁性粒子成像：（a）原理图，（b）检测出两个磁性粒子样品的三维位置

3. 超低磁场磁共振成像 MRI

磁共振成像（MRI）是对人体内氢原子分布进行成像的设备，可以帮助进行医疗诊断。目前的 MRI 设备需要用数特斯拉的磁场进行激励，并通过检测线圈测量几十 MHz 的磁信号。MRI 的性能随着激励磁场的增大而不断提高，所以人们普遍都在追求达到更高的磁场。

与之相反，使用 SQUID 传感器作为检测装置的低磁场 MRI 设备（超低磁场 MRI）也正在研究开发中[14]。这里需要的是 $100\mu T$ 的低磁场，信号频率也在 kHz 的量级。这样设备就不会受到周围金属中产生的涡流的影响，可以对金属中的物质进行 MRI 成像。人们还把超低磁场 MRI 与脑磁图（MEG）相结合，开发出了同时测量大脑的形态信息以及神经电活动信息的测量系统[3]。此外，能将脑内神经活动直接成像的功能型 MRI，利用弛豫时间（T1弛豫）的变化来进行癌症检查的设备，也正在研发中。

▶▶ 13.3.2　地质海洋探测

1. 资源探测

利用 SQUID 磁探测器，可以对地下数百米到数千米的资源进行探测研究。探测的方法之一，如图 13.11（a）所示，称为 TEM 法（Transient Electromagnetic Method）。具体来说，就是在地表设置一个 100~200m 的环形线圈（Loop Coil），或者 2~3km 的线源线圈（Line

Source Coil），然后对它们施加正负脉冲电流，产生脉冲磁场（一次磁场）。环形线圈是为了探测矿床，线源线圈是为了探测更深处的石油层以及热水层。

　　由于脉冲磁场的作用，地下的物质根据电阻率的不同将产生涡流。这些涡流又将产生的磁场（二次磁场）反射回地表，被 SQUID 探测器所测量。如图 13.11（b）所示，二次磁场将随时间而衰减，衰减曲线由地层中的阻抗分布比例决定。此时产生的磁场只有皮特斯拉的量级，为了探测深层的地质构造，需要使用从直流到 20kHz 频率范围的敏感度极高的测量装置，所以 SQUID 探测器是最佳选择。另外，为了进行野外探测，在液氮温度工作的 HTS-SQUID 是比较适合的。而且为了进行野外的操作（例如磁场屏蔽等 SQUID 操作），FLL 电路需要高压摆率（SR）。

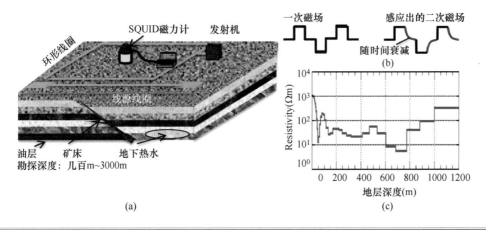

图 13.11　（a）TEM 法，（b）TEM 法的原理，（c）电阻率随着深度的分布推测

　　资源探测所用的 HTS-SQUID 设备，由超导传感技术研究协会（SUSTERA）进行开发[15,16]。SQUID 磁传感器的结构，如图 13.2（b）所示，由检测线圈和 SQUID 组合而成，检测线圈用薄膜工艺制作，并与 SQUID 集成在一起。SQUID 磁传感器的磁场灵敏度，根据 1000 次测量的平均结果，在野外可以测量到 0.8pT 的微小信号。另外 FLL 电路的 SR = 10.5mT/s，可以实现稳定的野外测量。冷却用的低温恒温装置（Cryostat），直径 13cm，高 30cm，可以用 1L 的液氮将 SQUID 保持冷却 17h，一天的测量工作中不再需要补充液氮了。

　　TEM 法中涡流所产生的二次磁场随时间衰减的情况，由地层中的阻抗分布比例决定。所以通过分析它的衰减曲线，就可以知道地层中的阻抗分布情况。图 13.11（c）就是利用本装置测得的阻抗随深度的分布情况，可见地下 600m 到 750m 附近是阻抗较低的地层。在地表的各个位置进行测量，就可以得到地层阻抗分布的三维情况，进而探测金属矿床的分布。使用本装置进行的资源探测现场实验已经开始进行，今后的发展令人期待。

　　本方法通过推测阻抗分布，不仅可以探测金属矿床，还可以探测地下水、石油等资源。日本已经开始利用本方法探测用于地热发电的地下热水资源，在国外也开始了石油层的实地探测和分析。

2. 磁性探测

测量物体残留磁性所产生的磁场，这种方法也被应用到了考古遗迹和海洋勘探领域。由于都需要在地磁场的环境中测量微弱的磁场，所以要设法充分降低地磁场的影响。目前已经开发出用于广域磁场分布测量的 Nb 基 SQUID 系统（梯度计），可以搭载在直升机和汽车上，对遗迹进行勘探[17]。另外，对海底地下资源以及海底未爆炸弹的探测，也正在研究中。

▶▶ 13.3.3 材料性能评价

1. 磁性评价

SQUID 探测器作为一种测量物体磁性的设备，已经在材料领域作为一种标准分析设备确立了下来。施加激励磁场后，就可以测出材料的直流磁化特性，以及低频（Hz~kHz）的交流磁化特性。为了在激励磁场中进行测量，探测系统必须像图 13.3 那样，由梯度计检测线圈和 SQUID 组合构成。SQUID 需要与检测线圈分离，放置在超导屏蔽层内，不受激励磁场的影响，对信号磁场进行高灵敏度测量。

另外，SQUID 岩石磁力计也处在开发阶段，可以应用在泥岩样本的古地磁测量领域，精密测出样本中微弱的剩磁，交流退磁、磁化后的磁化率。

2. SQUID 显微镜

为了测量微小区域的磁性，人们开发出了扫描型 SQUID 磁显微镜。它可以在材料表面进行扫描，同时绘制出磁性分布情况，并且根据待测材料的温度以及测量的空间分辨率、磁场灵敏度等要求，有各种各样的测量类型。

为了室温下的测量，SQUID 必须在接近材料表面具有较高的空间分辨率。为此人们研发出了专用于 SQUID 显微镜的冷却容器。将 Nb 基 SQUID（$200\mu m^2$）固定在蓝宝石棒的顶端，通过热传导的方式使之冷却到液氦温度。另外，SQUID 探测器被直径 3mm，厚度 $40\mu m$ 的蓝宝石窗口隔绝在真空绝热环境中，与外部的室温待测材料之间相距约 $200\mu m$。这样材料的磁场分布空间分辨率大约为 $100\mu m$。测量系统的噪声约为 $1.1pT/Hz^{1/2}@1Hz$[18]。

利用这种 SQUID 显微镜，研究人员开发出了一种测量系统，用于对海底锰结核的剩磁分布进行成像。图 13.12（a）就是锰结核薄片的磁成像结果[19]。这份样品是海洋研究开发机构于 2009 年的航海调查中，在南鸟岛西南方约 150km、水深 2200m 的海底山头上采集到的。图中的 x 轴表示样品的深度方向，与锰的沉积年代相对应。如图所示，磁信号在 x 轴上的分布是正负反转的，这反转可以看作是地球磁极逆转的记录。锰结核的成长速率推测为每百万年 3.4mm，详细分析图 13.12（a）的磁分布图像的话，就可以对海洋环境、气候变化等过去长久历史中的地球环境信息有所了解。

测量室温材料时，对显微镜的空间分辨率要求更高，人们研究出了用高透磁率的磁性探针对磁通量进行导向的方法[20,21]。此时，室温材料所发出的磁场通过磁性探针传导到 HTS-SQUID，进行测量。磁性探针的尖端为 50~150nm 的宽度，保证有 100nm 的空间分辨能力。

这种探针同时也可用于扫描隧道显微镜 STM 的测量，可以同时获得高分辨率的表面形貌以及磁场分布图。用这种方式测量得到的镍磁性薄膜表面磁场分布情况如图 13.12（b）所示。从图中可以看到非常清晰的磁性结构。

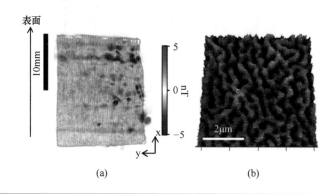

(a)   (b)

> 图 13.12　SQUID 磁显微镜测量的案例：（a）锰结核薄片样品的磁成像（产业技术综合研究所小田啓邦先生提供），（b）HTS-SQUID 显微镜测得的镍磁性薄膜的磁场分布图（大阪大学宫户祐治先生提供）

　　另外，测量低温材料时，材料与 SQUID 是可以很容易地靠近的。此时 SQUID 的尺寸决定了空间分辨率，所以要尽量使用微小的 SQUID。最近，纳米级的 SQUID（也就是 Nano-SQUID）开发成功，也被应用在 SQUID 显微镜中。举个例子，参考文献[22]在水晶探针的尖端制作了 50nm^2 大小的 SQUID，具有了纳米级的空间分辨能力。利用这样的显微镜，可以得到纳米级的磁场成像和温度成像。特别是根据温度成像，可以利用 SQUID 的温度特性测出测量对象所发出的声子，利用这个方法就可以检测出单原子级的缺陷。

3. 非破坏性检测

　　利用 SQUID 对物体中的杂质和缺陷等进行检测的非破坏性检测装置也正在开发中。这在食品异物检测[23]、材料的缺陷和老化[24]、材料特性评价[25]等方面都有应用。举例来说，对高速公路路基中的缺陷进行非破坏性检测，就可以利用 HTS-SQUID 设备来进行[26,27]。这台设备通过对偶极线圈（Dipole Coil）施加 0.6A（$f=20$Hz）的交流电来产生激励磁场。如果路基中存在缺陷，缺陷就会产生信号磁场，被 SQUID 检测出来。由于要在激励磁场中进行测量，所以也要用到梯度计检测线圈。这台设备可以被安装在平板车上，平板车一边开动，一边获得如图 13.13 所示的磁场信号分布图，找出缺陷所在。测试实验中使用6mm 厚的钢板来模拟路基，模拟路基与 SQUID 探测器之间的距离为 65mm。实际的高速公路在路基上还有沥青层，所以这个间距是合理的。

　　模拟实验中有三处人工形成的缺陷，缺陷 A 和 B 分别是长 50mm 和 20mm 的贯通伤，而缺陷 C 是长 50mm，深 4mm 的非贯通伤。由检测结果可见，缺陷 A 和 C 对应的位置都检测出了很大的磁场信号，而缺陷 B 处的磁场信号非常小，几乎隐藏在背景中。今后这个检测系统性能的改善，以及在高速道路检查工作中的应用值得期待。

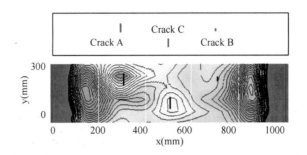

▶▶ 13.3.4 精密测量

基于 SQUID 的高灵敏度电流计正在开发中。其中具有代表性的，如图 13.14（a）所示，称为超导转变边缘探测器（Transition Edge Sensor，TES），用来读出光学和 X 射线探测器的信号电流。TES 利用了超导体在转变温度附近电阻的急剧变化，测量出超导薄膜温度的上升。如图 13.14（a）所示，光、X 射线被吸收体 Bi 吸收，其温度上升信号被传递到超导薄膜。超导薄膜被施加了一定的偏压，当温度上升产生电阻变化的时候，就会产生一定的信号电流。这些电流被 SQUID 电流计测量出来。为满足这些要求，必须开发出电流分辨率达到 $pA/Hz^{1/2}$、响应频率达到几 MHz 的 SQUID 电流计。

另外，TES 检测器和 SQUID 电流计组合起来，可以检测出红外光波段中的单光子，所以又可以作为光子计数器来使用。利用极高的能量分辨率，还可以开发出色散 X 光检测器。

SQUID 电流计在精密测量领域的应用，被称为低温电流比较仪（Cryogenic Current Comparator，CCC）。图 13.14（b）展示了它的测量原理。测量电流 I_1 与参考电流 I_2 在超导圆筒内流动，由于超导屏蔽效应，为了消除这两种电流的影响，超导圆通内感应出屏蔽电流。屏蔽电流流向圆筒外部，从而产生磁场，被 SQUID 磁传感器检测出来。这种情况下，产生的磁场大小与（I_1-I_2）的差值成比例。

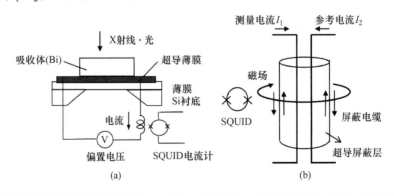

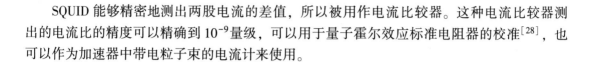

SQUID 能够精密地测出两股电流的差值，所以被用作电流比较器。这种电流比较器测出的电流比的精度可以精确到 10^{-9} 量级，可以用于量子霍尔效应标准电阻器的校准[28]，也可以作为加速器中带电粒子束的电流计来使用。

13.4 总结

SQUID 传感器可用于灵敏测量亚 pT 到 pT 级的弱磁场，这在以前是很难做到的。这种高灵敏度测量系统，已经在医疗生化、地海勘探、材料性能、精密测量等许多领域得到了应用，凸显出其优越性。已经实用化的 SQUID 系统数不胜数，今后的发展也令人期待。

而 SQUID 传感器的重要性能（磁场灵敏度、空间分辨率、耐噪声等）根据不同的应用而异。因此 SQUID 系统的设计，必须根据实际性能需要而确定系统的结构，选择最合理的配置方案。

参 考 文 献

［1］ J. Clarke and A. I. Braginski, *The SQUID Handbook*, Wiley-VCH, Weinheim（2004）.

［2］ 松下照男，長村光造，住吉文夫，圓福敬二，『超伝導応用の基礎』，米田出版（2004）.

［3］ R. Körber, *et al. Supercond. Sci. Technol.* 29, 113001（2016）.

［4］ 小山大介，『電子情報通信学会誌』，99, No. 3, 193-198（2016）.

［5］ 関原謙介，『電子情報通信学会誌』，91, No. 2, 131-136（2008）.

［6］ 神鳥明彦，『応用物理』，74, No. 5, 580（2005）.

［7］ 高木洋，鎌倉史郎，『循環器病研究の進歩』，XXIX, No. 1, 18（2008）.

［8］ Y. Adachi, J. Kawai, Y. Haruta, M. Miyamoto, and S. Kawabata, *Supercond. Sci. Technol.* 30, 063001（2017）.

［9］ K. Enpuku, Y. Tsujita, K. Nakamura, T. Sasayama and T. Yoshida, *Supercond. Sci. Technol.* 30, 053002（2017）.

［10］ K. Enpuku, M. Shibakura, Y. Arao, T. Mizoguchi, A. Kandori, M. Hara and K. Tsukada, *Jpn. J. Appl. Phys.* 57, 090309（2018）.

［11］ S. Y. Yang, J. J. Chieh, C. C. Yang, S. H. Liao, H. H. Chen, H. E. Horng, H. C. Yang, C. Y. Hong, M. J. Chiu, T. F. Chen, K. W. Huang, and C. C. Wu, *IEEE Trans Appl. Supercond.* 23, 1600604（2013）.

［12］ M. Muta, S. Hamanaga, N. Tanaka, T. Sasayama, T. Yoshida and K. Enpuku, *Jpn. J. Appl. Phys.* 57, 023002（2018）.

［13］ L. P. Haroa, *et al.*, *Biomed. Eng. -Biomed. Tech.* 60, 445-455（2015）.

［14］ 小山大介，樋口正法，『電子情報通信学会誌』，98, No. 1, 40-47（2015）.

［15］ 波頭経裕，『応用物理』，85, No. 8, 684（2016）、『電子情報通信学会誌』，99, No. 3, 186-192（2016）.

［16］ 田辺圭一，『応用物理』，85, No. 4, 279（2016）.

［17］ S. Linzen, A. Chwala, V. Schultze, M. Schulz, T. Schüler, R. Stolz, N. Bondarenko, and H. - G. Meyer, *IEEE Trans. Appl. Supercond.* 17, 750-755（2007）.

［18］ J. Kawai，H. Oda，J. Fujihira，M. Miyamoto，I. Miyagi，and M. Sato，*IEEE Trans. Appl. Supercond.* **26**，1600905（2016）.

［19］ A. Noguchi，H. Oda，Y. Yamamoto，A. Usui，M. Sato，J. Kawai，*Geophysical Research Lett.* **44**，5360-5367（2017）.

［20］ 糸﨑秀夫，宮戸祐治，*J. Vac. Soc. Jpn.* **57**，No. 10，377（2014）.

［21］ T. Yokocho，H S. Akaba，and Y. Miyato，*J. Phys.*：Conf. Ser. **871**，012073（2017）.

［22］ D. Vasyukov，*et al.*，*Nature Nanotechnology* 8，639-644（2013）.

［23］ 田中三郎，大谷剛義，成田雄作，鈴木周一，『日本 **AEM** 学会誌』，**22**，No. 4，453（2014）.

［24］ 廿日出好，『低温工学』，**47**，No. 6，345（2012）.

［25］ K. Sakai，M. M. Saari，T. Kiwa，A. Tsukamoto，S. Adachi，K. Tanabe，A. Kandori and K. Tsukada，*Supercond. Sci. Technol.* **25**，045005（2012）.

［26］ A. Tsukamoto，T. Hato，S. Adachi，Y. Oshikubo，K. Tsukada，and K. Tanabe，*IEEE Trans. Appl. Supercond.* **28**，1601505（2018）.

［27］ 塚本晃，波頭経裕，安達成司，押久保靖夫，田辺圭一，塚田啓二，『検査技術』，**23**，No. 11，19（2018）.

［28］ W. Poirier and F. Schopfer，*Eur. Phys. J. Special Topics* **172**，207-245（2009）.

第14章

太赫兹信号接收机

▶▶▶▶▶▶▶

14.1 前言

利用电磁波，不仅可以进行通信、广播等信息传递，还可以感知肉眼看不见的现象，如雷达和大气观测等。例如，大气中的水蒸气、氧气和其他微量物质能发出毫米波、亚毫米波等太赫兹波，观察到这些电磁波，就能知道这些气体的量、温度、风速等，实现环境测量。依靠这些数据，可以对一些突发的灾害天气，例如强降雨，进行预测，也能提高天气模型的准确性。而在太空中，冰冷的尘埃、气体等也会发出太赫兹波，观察这些信号将有望揭示天体物理学、天文学、行星科学等领域一些重要的问题，例如恒星、行星、星系是如何形成的，宇宙中的生命物质又是从何而来。

因此，电磁波观测是一种重要的手段，让人类看到了以前靠肉眼所无法看到的信息，为人类带来了很多的帮助。但是，来自大气和宇宙的太赫兹波都是非常微弱的，想要观测它们，就必须具有非常灵敏的电磁波探测技术。利用超导技术，就可以突破经典的半导体探测器（例如肖特基二极管）的局限，达到光子、量子力学极限的灵敏度。本章将以号称世界上性能最强大的 ALMA 射电望远镜的超导接收机为中心，介绍基于超导技术的太赫兹波探测技术的原理，以及新一代电磁波接收机的开发情况。

14.2 电磁波检测技术

1931 年，美国工程师 K. Jansky 首次捕捉到了来自银河系中心的电磁波，标志着宇宙射电观测的开始。到了 20 世纪 60 年代，随着脉冲星、类星体、宇宙微波背景辐射的发现，以及 20 世纪 70 年代星际间分子云的发现，宇宙射电观测迎来了爆炸式的发展。这背后也伴随着电子技术的进步，真空管被取代，电磁波探测设备性能的提高。20 世纪 80 年代以来，超导电子技术（如超导体-绝缘体-超导体（SIS）结）和超快电子技术（如高电子迁移率晶体管（HEMT））的加入，使毫米波和亚毫米波观测的精确度大幅提高，为了解恒星和行星的形成，以及宇宙的演化带来了重大进展。

这里所说的电磁波的观测大致分为两种方法。由于电磁波的波粒二象性，因此把它们当作光子来观测，也可以当作波来观测。前者可以用直接检测法，后者需要用外差法（Heterodyne）来进行检测。大气和宇宙中的毫米波、亚毫米波，作为光子来看能量非常微弱，所以如下文所述，人们广泛采用超导技术，来进行高灵敏度观测。

▶▶ 14.2.1　直接检测法

基于超导技术的高灵敏度直接检测器，主要包括超导转变边缘探测器（Transition Edge Sensor，TES）、微波动力学电感探测器（Microwave Kinetic Inductance Detector，MKID）和超导隧道结探测器（Superconducting Tunnel Junction Detector，STJD）三种。

TES 将超导体作为一个元件，利用超导体吸收电磁波后温度上升，从超导态转变到常导态的电阻率的变化，来检测电磁波。通常来说，这里的温度上升都在 mK 以内，而电阻率的变化是非常激烈的，因此可以实现极高的灵敏度（如图 14.1 所示）。早在 1941 年 D. H. Andrews 就成功验证了这个原理[1]，但真正的实用化却让人们等待了近半个世纪，直到出现了能和极低阻抗的 TES 检测器相匹配的放大器。基于超导量子干涉器（SQUID）的电流放大器，可以通过时域分割、频域分割等方法，使 TES 检测到的信号变成多重信号。当探测器阵列化时，读取线的数量可以减少，从而使大规模探测器阵列成为可能[2]。详细情况请读者参考第 15 章。

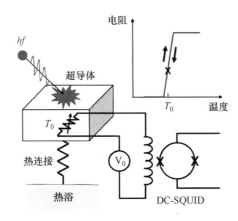

图 14.1　TES 的工作原理

MKID 是十多年前由美国加州理工大学 J. Zmuidzinas 等人发明的，非常年轻的一种电磁波探测器[3]。当光子入射时，如果光子能量比超导体的超导能隙高，超导体中的库伯电子对就会分裂并引起电感的变化，利用这一现象来探测电磁波。将超导谐振回路（微波波段）

与接收毫米波、亚毫米波的接收天线连接，电磁波入射将导致谐振回路的振幅、相位等发生变化，从而实现高灵敏度电磁波检测器（MKID 的工作原理如图 14.2 所示）。还可以设计多个谐振回路，每个回路的频率略有不同，将信号耦合到同一条微波传输线上同步读出。由于不需要直流偏置，可以实现大规模阵列检测器。

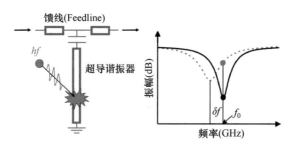

图 14.2　MKID 的工作原理

STJ 是由超导体、绝缘体、超导体三层薄膜构成隧道结来构成检测器。理想的 SIS 结，两侧超导材料的超导能隙为 Δ，在 $T=0K$ 时，能隙电压 $2\Delta/e$ 以下的偏压区域，没有准粒子隧穿电流。此时电磁波入射，库伯电子对分裂产生准粒子，准粒子吸收光子能量发生隧穿，产生隧穿电流。在电流-电压（I-V）特性曲线中，能隙电压两侧 hf/e 间隔范围内，由于准粒子隧穿效应，将出现类似阶梯状的结构。这叫作光子辅助隧穿（Photon-Assisted Tunneling，PAT）阶梯，利用 I-V 特性曲线中这种量子效应可以检测电磁波（图 14.3）。这一现象是1962 年 A. H. Dayem 和 R. J. Martin 首次观测到的[4]，第二年 P. K. Tien 和 J. P. Gordon 从理论上进行了证明[5]。灵敏度方面，在量子极限下每个光子可以使一个电子发生隧穿，从而检测出光子。每个探测器都需要布线，因此要实现大规模阵列是比较困难的。

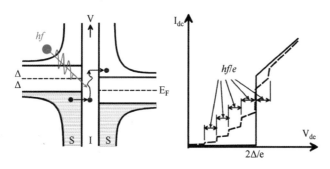

图 14.3　STJ 的工作原理

▶▶ 14.2.2　外差检测法

观察电磁波时，根据其波动性，可以得到信号强度（振幅）、相位等信息。毫米波、亚毫米波等高频信号直接放大是有困难的。将需观测的射频信号（RF）和本振信号（LO）一起送入一个非线性元件,转换成 1~10GHz 的较低频率(图 14.4)。这称为外差(Heterodyne)变换,可以保留信号波的相位信息。但是要同时确定信号的相位和振幅信息,却受到不确定性原理的限制,各自的测量精度都很难提高。由于量子力学中的不确定性原理,理论上存在着灵敏度的上限,叫作量子噪声,数值为 hf/k_B。

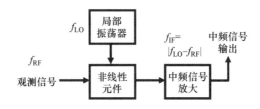

图 14.4　外差检波器的工作模块

外差变换后的信号称为中频频率(Intermediate Frequency, IF)信号,通过普通的微波技术就可以放大。进行外差变换的非线性器件称为混频器,可以用金属半导体形成肖特基势垒二极管实现,也可以用上一节所说的超导 SIS 结,或者超导细丝构成的超导热电子测热辐射计(HEB)来实现。后两种基于超导原理的混频器,比普通的半导体混频器具有更低的工作电压、电流以及噪声,而且 I-V 特性呈现更强的非线性,具有很高的转换效率,因此在射电天文观察等对灵敏度要求很高的领域非常适用。

超导 SIS 混频器,是与 STJ 直接检测探测器一样(如图 14.3 所示)利用准粒子隧道效应能隙电压的强非线性,进行外差混频。Tucker 提出量子力学混频理论,认为 SIS 混频器在一定的条件下可以实现无限大的增益,并且可能接近量子噪声特性,随后他又证明了接近转换增益极限和量子噪声极限的最高灵敏度。从 20 世纪 80 年代首次被用于射电望远镜以来,Nb 超导混频器由于其出色的低噪声性能,已经被广泛应用于毫米波、亚毫米波观测装置中。但是由于它的 I-V 特性曲线是关于原点对称的,对于频率在 $4\Delta/e$ 以上的电磁波,非线性就会消失,也就到了混频的工作极限。

而 HEB 混频器,是由两个金属电极以及其间的超导薄膜带构成,利用超导薄膜在超导转变温度附近电阻值的非线性突变来进行外差混频(图 14.5)。其中的薄膜带部分受到所观

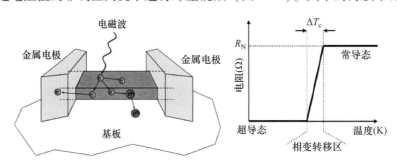

图 14.5　HBE 混频器的工作原理

测的 RF 信号或 LO 信号的照射，电子温度上升激发成热电子，高频阻抗发生变化。通过对热电子进行有效的冷却，就可以将 RF 和 LO 信号的频差 IF 信号提取出来。

热电子的冷却过程包括扩散冷却和晶格冷却。为了充分利用扩散冷却，超导薄膜带长度必须非常短，让热电子能极快地扩散到金属电极中。而晶格冷却需要超导材料本身的电子-晶格弛豫时间 $\tau_{e\text{-ph}}$ 足够短，因此需要使用 T_c 高的超导材料。而且为了让晶格中的能量能有效地扩散到衬底中，超导薄膜带的厚度必须很薄，衬底和薄膜界面的热阻必须非常小。目前基于 NbN 材料的 HEB，利用晶格冷却原理可以得到 3～5GHz 的典型 IF 频带[6,7]，在超过 SIS 混频器的频率上限的太赫兹天文观测中发挥着重要作用。但是与 SIS 混频器相比，HEB 的 IF 频带比较狭窄，如何扩展带宽还需要进一步研究。最近有报道称，利用 T_c 比 NbN 更高的 MgB_2 材料，IF 频带扩大到了 11GHz[8,9]。还有报道提出，可以在 NbN HEB 混频器的金属电极下插入磁性薄膜形成新的器件，从而扩大 IF 的频带[10]，这也非常有意思。

14.3　阿塔卡马大型毫米波/亚毫米波阵列天文干涉仪（ALMA）

上一节所介绍的外差检测法，可以轻易达到用直接检测法难以达到的高频率分辨率。在此基础上，再增加相位信息，就可以对多个天线所接收到的信号进行"干涉"，使它们犹如一个更大的天线进行工作。这项技术被称为孔径合成，由剑桥大学天文学家 M. Ryle 发明，并获得了 1974 年的诺贝尔物理学奖[11]。2013 年，阿塔卡马大型毫米波/亚毫米波阵列天文干涉仪（Atacama Large Millimeter/submillimeter Array，ALMA）诞生，成为人类历史上最大的孔径合成望远镜[12]。

▶▶ 14.3.1　ALMA 概况

ALMA 是由东亚的日本国家天文台（NAOJ）、北美的美国国家射电天文台（NRAO）、欧洲的南方天文台（ESO），在南美洲的智利北部海拔 5000 米的阿塔卡马沙漠联合修建的（图 14.6）。这里气候干燥，电磁波不会受水汽吸收的影响，地势平坦，安装了 66 台抛物面天线（直径 12 米的 54 台，直径 7 米的 12 台），是修建天文台的最佳位置。观测频率从 35GHz（毫米波）到 950GHz（亚毫米波），用外差法进行观测。

图 14.6　南美洲智利，海拔 5000 米的阿塔卡马沙漠中，顺利运行的 ALMA 望远镜

前面提到过，这 66 台天线所接收到的天体信号需要进行干涉，变成一台大的望远镜统一运行，因此被称为天文干涉仪。干涉仪的性能表现为望远镜的"视力"（分辨率），由相距最远的两台天线（水平距离为 D）和观测波长 λ 的比值 λ/D 决定。ALMA 被称为"大型"，是因为它的最大水平距离达到 18.5km（相当于东京山手线环线的直径），而能观测到的电磁波的最小波长约为 300μm，分辨率达到了 0.01 角秒，大约是以高分辨率著称的斯巴鲁望远镜和哈勃望远镜的 10 倍。观测的灵敏度，由天线的合成孔径总面积、接收机的灵敏度、大气透明度决定，比现有的射电望远镜高出一个数量级以上。具有压倒性优势的 ALMA 望远镜，也在为研究者提供着划时代的突破性成果。

▶▶ 14.3.2　ALMA 接收机系统

66 台天线根据 35~950 GHz 的大气窗口划分成 10 个波段（Band1~Band10），每个波段配置一台外差接收机。为了获得受天体磁场影响的偏振信息等，还同时观察两个正交的直线偏振信号。划分成 10 个波段的接收机被放在一个直径 1m 的低温恒温器中，用三级吉福德麦克马洪制冷机（GM）进行冷却，最低可以达到 4K 低温。图 14.7 是 ALMA 低温恒温器中的接收机组的照片，4K 温度平台也可以看得到。每一个接收机上方都安装了冷却到 15~110K 的红外滤光片，以及室温真空窗口（通常都不会取到恒温器外）。表 14.1 列出了每个接收机的噪声温度规格，以及负责开发的国家或地区。每一个接收机都通过 ALMA 中一个通用结构（Catridge），与恒温器底部的可插拔的线路切换单元（LRU）相连接（参考图 14.10）。

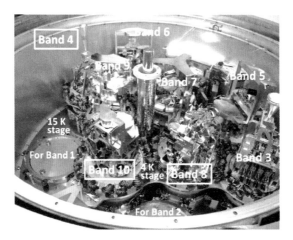

图 14.7　ALMA 低温恒温器中的接收机组

低频信号的 Band1 和 Band2，将使用可直接放大信号的 HEMT 器件，目前还在开发中。HEMT 器件并不需要冷却到 4K 温度，如图 14.7 所示，被安装在低一级的 15K 温度平台上进行冷却。而更高的波段（Band3~Band10），难以按照 ALMA 要求的噪声性能对其进行放大，因此使用 SIS 混频器。

　　ALMA 中的接收机根据接收信号时的方式不同，分为三种：①将 LO 信号的上边带（USB）和下边带（LSB）信号分别独立接收的 2SB 调制法；②只接收任意一边带信号的单边带（SSB）调制法；③将两侧边带信号重叠后接收的双边带（DSB）调制法。使用 2SB 和 SSB 这两种调制方法的分离型接收机，在观测信号时比 DSB 接收机有更多的优点。图 14.8 比较了 DSB 法和 2SB 法的观测结果示例。DSB 接收机不仅接收了需要的信号频带，还接收了被大气吸收后的噪声频带，因此观测效果不佳。而 2SB 法可以避开这种现象，如表 14.1 所示，许多频带都采用这种边带分离的办法，至于缺点，就是电路结构有些复杂。

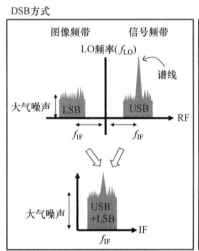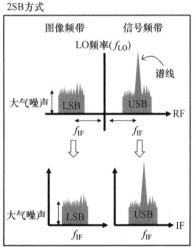

图 14.8　DSB 和 2SB 两种调制方式的信号检测灵敏度

表 14.1　ALMA 接收机的规格和负责开发的国家或地区

Band	频带范围（GHz）	噪声温度（K）	接收方式	开发国家或地区	接收机技术
1	35~50	17	SSB	中国台湾	HEMT
2	67~90	30	SSB	未定	HEMT
3	84~116	37	2SB	加拿大	SIS
4	125~163	51	2SB	日本	SIS
5	163~211	65	2SB	瑞典/荷兰	SIS
6	211~275	83	2SB	美国	SIS
7	275~373	147	2SB	法国	SIS
8	385~500	196	2SB	日本	SIS
9	602~720	175	DSB	荷兰	SIS
10	787~950	230	DSB	日本	SIS

图 14.9 是使用 SIS 混频器的波导管 DSB 和 2SB 接收器的示意图[13]。与简单的 DSB 法相比，2SB 法需要将 RF 信号进行等分，并通过波导耦合器附加 90°的相位差，还需要两个匹配的 SIS 混频器，所以结构复杂。对于高频信号，波导管中的损失变大，所以 Band9 和 Band10 只能采用 DSB 法。但是大气中的水蒸气更容易吸收高频信号导致噪声增加，为了提高观测效率，还是希望能采用 2SB 法。另外，根据 ALMA 的规格，2SB 接收机的 IF 频带要求为 4~8GHz，而 SSB 和 DSB 接收机的频带要求为 4~12GHz。

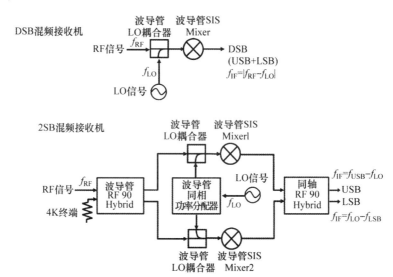

图 14.9　使用 SIS 混频器的波导管 DSB 和 2SB 接收器的示意图

▶▶ 14.3.3　Band10(太赫兹波段)接收机

Band10 是 ALMA 的最高频带，可以说是 ALMA 接收机的开发中最大的技术难关。接收机的开发，必须满足表 14.1 所示的噪声温度，以及入射光特性、偏振特性、振幅和相位稳定性、增益特性等许多电气指标[14]。另外接收机的结构必须具有一定的机械强度，因为接收机在运输和天线安装过程中，需要承受一定的机械负荷。所有指标中最严苛的一项，还是要求在 Band10 频带（占全部频带的 20%）内达到世界顶级的噪声温度指标。下面我们将介绍利用最新技术完成的 Band10 接收机，重点是其中决定噪声性能的 SIS 混频器。

1. 接收机的结构

图 14.10 是天线的光学系统与 Band10 接收机的照片。直径 12m 的抛物面天线，通过副镜将光束通过 20mm 的真空窗口投射进入低温恒温箱，并通过 110K 和 15K 的红外滤光片射入接收机。接收机由英国卢瑟福阿普尔顿研究所（RAL）提供框架，它具有 4K、15K、110K 的冷却板（铜或铝制），室温的真空密封板（不锈钢制），以及支撑这些结构的低热导率玻璃纤维增强塑料（GFRP）制成的圆筒形框架。4K 冷却板上，安装了椭圆镜、线栅偏

振片、波纹喇叭（Corrugated Horn）等光学器件，以及波导管 SIS 混频器、4~12GHz 频带冷却隔离器、4~12GHz 频带冷却低噪声放大器等器件。

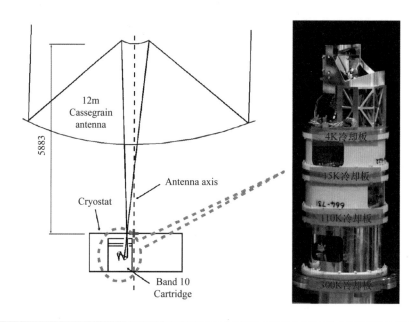

图 14.10   ALMA Band10 天线的光学系统示意图（左），Band10 接收机的照片（右）

椭圆镜的作用是将光束从抛物面天线的副镜聚焦到波纹喇叭上，同时通过两个镜面减少交叉偏振的产生。由两个椭圆镜聚焦的光束，被镀金钨丝网格分离成两个正交偏振波（称为偏振 0 和偏振 1），钨丝直径为 $10\mu m$，网格间距为 $25~\mu m$，每个偏振波都与一个波纹喇叭耦合。波纹喇叭内部，有 100 个以上的波纹，每个波纹宽 $56\mu m$，深度 $86~321\mu m$，这是天文观测中为了使光束得到理想的高斯效率而设计的。这些光学系统都是通过高斯光学和物理光学进行设计和评估的，满足规格要求[15]。每个波纹喇叭都配有一个 SIS 混频器，将接收到的信号经过混频变成 IF 信号。IF 信号经过冷却隔离器，被冷却低噪声放大器所放大，并读取到接收机外。

当观测信号频率范围为 787~950GHz 时，所对应的 LO 信号的频率范围为 799~938GHz，由 110K 冷却板上的 9 倍频发生器产生。这是通过喇叭对喇叭（Horn-to-Horn）的准光学方法，从 4K 的 SIS 混频器模块导入的[16]。也就是说，9 倍频发生器和 SIS 混频器模块都集成在同一个对角喇叭（Diagonal Horn）上，从倍频器一侧的喇叭发出的 LO 信号通过两枚相同的椭圆镜进行光束整形，然后在 SIS 混频器一侧的喇叭进行高效的空间耦合。LO 信号在途中经过的 15K 冷却板上，安装了红外滤光片和准光学衰减器[17]。SIS 混频器模块集成了一个 13 dB 波导定向耦合器，用于将 LO 信号与 RF 信号弱耦合，两个信号同时到达 SIS 混频器芯片[18]。

2. Band10SIS 混频器

图 14.11 是开发出的 SIS 混频器芯片的扫描电镜照片。通过 i 线步进机提高了混频器的制作精度[19]，在两个 Nb/AlO$_x$/Nb 结中集成了 NbTiN/SiO$_2$/Al 微带线（Microstrip）。如前所述，在理想的 SIS 结中，如果两种超导体电极材料的超导能隙都是 Δ，那么在电压为 2Δ/e（能隙电压）时，准粒子隧穿电流会迅速流动，表现出强烈的非线性。输入毫米波、亚毫米波等太赫兹波段信号的话，在能隙电压两侧 hf/e 间隔内，由于 PAT（光子辅助隧穿）效应，产生了准粒子，这种量子效应可以实现接近量子噪声极限的转换增益和灵敏度，这都是经典混频器所无法实现的。这里的频率极限约为 f = 4Δ/h（因为 SIS 结的非线性电压范围在 4Δ/e 以内）[21]，所以具有理想 I-V 特性的 Nb/AlO$_x$/Nb 结混频器的工作频率极限约为 1.4THz，用在 Band10 接收机上是足够的。

另外，SIS 结的绝缘层非常薄（1~2nm）才能引起量子隧穿，所以单位面积的电容将非常大。例如，Nb/AlO$_x$/Nb 结的电容达到了 60~90fF/μm^2 的程度。即使结的面积只有 1μm^2，这么大的电容也会让大部分亚毫米波信号短路，无法进行有效的混频。因此，如图 14.11 所示，调谐电路是由传输线构成，通过电感负载消除结电容。这一思路也用在阻抗匹配电路中。

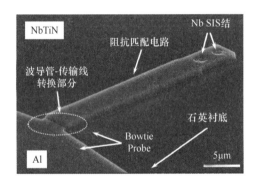

图 14.11　在 Band10 接收机中使用的 SIS 混频器芯片的扫描电镜照片

ALMA 的 Band9（600~720GHz）频带，是可以使用损耗极低的 Nb/SiO$_2$/Nb 微带线来传输信号的。但是在频率高于 Nb 带隙频率以上的 Band10，光子会破坏 Nb 中的库伯电子对，造成极大的损耗。因此 Band10 不能直接使用 Nb 技术制作信号传输线。

为了解决这个问题，我们将目光投向了 T_c 比 Nb 更高的金属化合物超导体 NbTiN，并与长期研究 NbN 超导体的日本情报通信研究所（NICT）合作，研究了如何利用 NbTiN 靶材通过反应直流磁控溅射制备高质量薄膜。针对超导特性中两个非常重要的参数 T_c 和 20K 时的电导率（σ_{20K}），我们在混频器芯片的石英衬底上找到了使两个参数都达到最高的薄膜生长条件，厚度约 300nm 的 NbTiN 薄膜，T_c 约为 15K，而且 σ_{20K} 大约为 $1 \times 106\Omega^{-1}m^{-1}$。

通过对结晶质量和组分的分析，我们发现 NbTiN 薄膜中 N 元素的含量对于超导性能具有非常重要的意义[22]。把这样优化过的 NbTiN 薄膜应用在信号传输线的两个电极上，得到了极低的传输损耗，但是在这个混频器中，NbTiN 薄膜和 Nb 直接接触时，由于能隙差异过大，中间形成了势阱，将隧穿的准粒子限制在其中[23]。这种非平衡状态等同于提高了结的温度，妨碍了低噪声运行，但是将传输线路的一段改为低损耗的常导金属 Al 却可以回避这个问题。

另一个问题是设计出调谐电路，来确保 Band10 波段混频器的可靠运行。对于提高量产型设备的运行裕度，电路的优化至关重要，为此就需要准确把握传输线路的特性阻抗和相速度等参数。传输线路的参数与 NbTiN 薄膜表面阻抗有很大的关系。在目前的设计中，带隙频率是通过薄膜的 T_c 进行经验假定的，并根据 Mattis-Bardeen（M-B）理论算出脏极限（Dirty Limit）的复合电导率[24]，但是在我们的设计中，为了提高设计精度，通过太赫兹时域光谱（THz-TDS）对 NbTiN 薄膜的复合电导率进行了实验测量。准备的样品是在 1mm 厚的石英衬底上制备的厚度 45nm 的 NbTiN 薄膜。薄膜的 T_c 和 20K 时的电导率（σ_{20K}）分别为 12.1K 和 117μΩcm。将此样品放在透射式 THz-TDS 光谱仪中，用氦气间接冷却至 5K 温度。

图 14.12 的插图是温度在 5K（超导态）和 14K（常导态）下的时域波形图。以常导态为参考，超导态的复合电导率为 $\sigma(\omega)= \sigma_1(\omega)-j\sigma_2(\omega)$[25]。在实部 $\sigma_1(\omega)$ 中，在 1Thz 处观察到明显的超导带隙（2Δ），我们的 NbTiN 薄膜的超导能隙与转移温度的关系为 $2\Delta/k_B T_c \approx 4.0$。这个值比目前已知的外延法生长的 NbN 薄膜（≈4.2）小[26]，但是又比 BSC 理论计算的值 3.52 大。

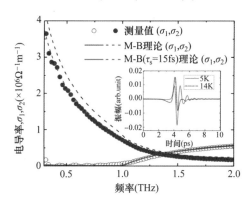

图 14.12 透射式 THz-TDS 光谱仪测得的 NbTiN 薄膜的复合电导率。插图中是常导态和超导态的时域波形

而在虚部 $\sigma_2(\omega)$ 中，如图 14.12 所示，发现了与根据 M-B 理论计算的结果不一致的地方。我们引入了电子的有限扩散时间 τ_s，通过扩展的 M-B 理论[27]拟合出了上述差异。结果显示，当 τ_s = 15fs 时结果最佳。在设计中，根据混频器中所用的厚度 300nm 薄膜的 $\Delta(=4k_B T_c/2)$、ρ_{20K}、τ_s 来求出复合电导率。此外，在电磁场模拟中还考虑了由复合电导率推导出的表面阻抗，电路设计中还考虑了调谐电路部分两个 SIS 结之间高频电流分布所产生

的剩余电感[28]。设计中假设 Nb/AlO$_x$/Nb 结的临界电流密度为 $10\mathrm{kA/cm^2}$，这是根据日本国家天文台标准制备工艺理想 I-V 特性所得到的上限值。

3. 接收机性能

已经生产出来的 73 台接收机，都进行了性能评价实验，详细情况可以参考文献[14]。这里我们讨论一下其中最难达到的噪声温度性能。图 14.13 是接收机噪声性能评价实验系统的示意图。接收机由 3 级 GM 制冷机进行冷却，这与在 ALMA 恒温箱中一样。各种温度平台，可以通过加热器来控制。RF 信号源使用的是室温或浸泡在液氮中的太赫兹波段电磁波吸收器[29]。它的信号穿过涂了特氟龙防反射膜的石英窗口进入真空室，接着穿过三层红外滤光片（110K 屏蔽层的厚度 0.13mm 的 Mupor 和厚度 0.56mm 的 Gore-Tex 滤光片，以及 15K 屏蔽层的厚度 0.25mm 的 Mupor 滤光片），进入接收机中。LO 信号源是可以产生 14.8～17.4GHz 信号的 YIG 激光器，它的输出经过倍频器变成 6 倍频，然后用 100GHz 频带放大器放大，获得 100mW 功率的 88.8～104.2GHz 信号。这个部分由美国 NRAO（美国国家射电天文台）开发，称为室温 Cartridge Assembly（WCA）。WCA 的输出信号从接收机真空波导的法兰输入，在接收机内部通过绝热镀金薄壁不锈钢波导，安装在 110K 屏蔽层的 9 倍倍频器中。在这里，转换为 20~30μW、799~938GHz 的 LO 信号，向 SIS 混频器进行准光学输入。

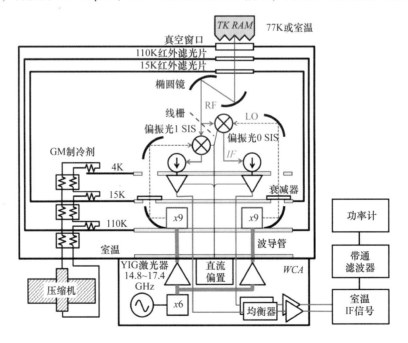

图 14.13 接收机噪声性能评价实验系统示意图

图 14.14 是工作温度在 4K 时，Band10 接收机的外差响应特性。当不输入 810GHz 的 LO 信号时，I-V 特性曲线出现了 Nb 结所特有的 2.65mV 的带隙电压。作为衡量结的品质的指

标，带隙电压以下的电阻值（R_{SG}）和以上的电阻值（R_N）的比值 R_{SG}/R_N 在 20 以上，可见在 NbTiN 薄膜上也可以形成理想的 Nb/AlO$_x$/Nb 结。临界电流密度约为 11kA/cm^2，与设计值非常接近。LO 信号输入后，观测到了明显的由 PAT 效应引起的电流台阶。810GHz 信号对应于台阶的电压宽度为 3.3mV，受到负能隙电压一侧电流台阶的叠加影响，最后台阶宽度约为 0.65mV。295K 和 77K 电磁波吸收器产生的黑体辐射在输入到接收机时，算出 IF 输出比（标准的 Y 因子法），来评价接收机的噪声性能。将接收机的真空窗口等所有输入光学系统的损失全部计算入内的话，接收机的噪声温度达到了 125K，相当于量子噪声的 3 倍。

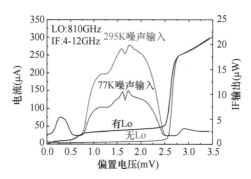

图 14.14　Band10 接收机的外差响应特性。约瑟夫森电流受到了外加磁场的抑制

　　采用同样的方法，也测定了所有 73 台接收机噪声温度的频率特性。每台接收机都连接了两个 SIS 混频器，所以测定了 146 个混频器的参数。结果显示，我们所开发的所有接收机都符合 ALMA 的规格要求，解决了困难。图 14.15 中总结了目前位置报道过的 SIS 接收机的噪声温度[30-33]，以及 ALMA 所要求的 Band3 到 Band10 的噪声温度的指标（DSB 法计算），

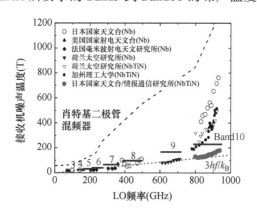

图 14.15　目前报道过的具有代表性的 SIS 接收机的噪声温度，以及 ALMA 中各个波段（Band）
SIS 接收机对应的噪声温度标准。图中还显示了典型的半导体肖特基二极管的性能。下方的
虚线代表量子噪声的 3 倍大小。各研究机构名称后的括号内，是布线的主要材料

根据 Band10 的 73 个接收机的测量结果，绘制出每个测量频率的最小噪声温度。我们所开发的接收机与其他低频段的 Nb 接收机一样，能达到量子噪声的 3 倍，可以说是世界上性能最好的接收机了。这个结果表明，传输线中的 NbTiN 在 Nb 带隙频率以上的太赫兹频段具有极低的损耗，而且 Nb/AlO$_x$/Nb 结能在接近量子噪声极限的理想情况下工作。

但是 800GHz 附近的低频范围，接收机的噪声有增加的趋势，究其原因，发现是 WCA 的毫米波波段合成器造成了过多的噪声。图 14.16 是 100GHz 频带，使用 WCA 合成器和 Gunn 振荡器时的对比图。在低频范围，使用 WCA 合成器时，会出现点状的噪声温度过高的区域（图 14.16 左图中圈出的位置），而使用 Gunn 振荡器时就不会出现。解决这个太赫兹带中 LO 系统的老问题，主要靠的是平衡混频器（Balanced Mixer）。它可以抑制来自 LO 源的过量噪声，同时与单端混频器相比还有优势，所需的 LO 的功率低一个数量级。但是要制造出两个性能完全一致的 SIS 混频器就会有一些困难。利用 Band10 中的技术对平衡混频器进行实验验证，发现性能改善的确是可行的[34,35]。另外这种混频器还可以缩小尺寸，以解决 1THz 以上 LO 功率不足的难题。

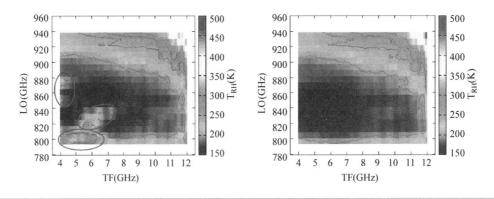

图 14.16 接收机的噪声温度与 IF/LO 频率的关系。(左：使用 WCA 时的情况；右：使用 Gunn 时的情况)。左图圈出的过量噪声问题，在使用 Gunn 振荡器时不会出现

14.4 接收机性能提升及多功能化

采用了最新技术的 ALMA 望远镜，可以高精度、高灵敏度地观测来自宇宙电磁信号的偏振、强度、频率、相位等信息，前所未有地为人类带来了关于宇宙的知识。在此基础上，诞生了许许多多新的科学成果。另外，关于未来的新一代望远镜，人们需要做哪些基础研究，以及 ALMA 观测功能如何进行强化，研究人员已经提出了 ALMA 发展路线图[30]。其中，最优先的开发项目就是接收机 IF 频带的扩展。

电磁波连续谱的观测灵敏度与频带宽度的平方根成正比例，因此 IF 频带的拓宽对于提高观测灵敏度至关重要。而对于线状谱来说，由于可以同时观察到各种分子发射的电磁波，

从而减少了接收机频率的调整，大大提高了观测效率。不仅是 IF 信号，RF 频带的拓宽也是不可缺少的。这将使被分为 10 个波段的 ALMA 望远镜的接收机的数目减少，对接收机的运行和维护都大有益处。为了实现 IF/RF 波段的频带拓展，就需要具有高临界电流密度的 SIS 超导器件。

中长期目标主要是拓展望远镜的视野，解决目前望远镜视野狭窄的问题，为此人们提出了让望远镜实现多波束（Multibeam）观测，观测频率超过 Band10 等各种方案。日本国家天文台已经展开基础研究，希望进一步提高 ALMA 接收机的性能，并增加新的功能。本节将介绍其中的部分内容。

▶▶ 14. 4. 1　宽频带（IF/RF）SIS 接收机

提高 IF 的频带宽度，基本问题就是要将低噪声放大器的带宽提高，从而把来自 SIS 混频器的 IF 信号进行放大。近年来，半导体放大器的频带飞跃式地提高，带宽已经逐渐接近 20GHz 了。一般来说，SIS 混频器和 IF 放大器之间都需要插入隔离器。这是因为 SIS 混频器在 IF 频带的输出阻抗随 LO 频率而变化，而隔离器可以吸收两者的阻抗失配。相应的，隔离器的频带也必须很宽，国外已经有频带宽度超过 4~12GHz 的隔离器商品上市了[37]。

但是日本国家天文台的方案，并不是使用这种隔离器来摆脱带宽限制，而是将 IF 放大器集成在 SIS 混频器模块中，通过直接连接来实现频带拓宽[38]。另外，通过使用临界电流较大的 SIS 结，就可以在 LO 的整个频率范围内，将 SIS 混频器在 IF 波段输出阻抗设置在 50Ω 附近，从而与放大器的输入阻抗匹配。

日本国家天文台目前已经用 AlN 作为绝缘层，制备了临界电流密度达到 $50kA/cm^2$ 的 $Nb/AlN_x/Nb$ 结，为高质量 SIS 结的制造提供了可能[39]。在 ALMA 的 Band8 频带（385~500GHz）混频器设计中，采用的就是直径 $0.8\mu m$，临界电流 $40kA/cm^2$ 的 SIS 结。图 14.17 就是集成了放大器的 SIS 混频器的照片。SIS 混频器芯片与 IF 放大器通过导线键合（Bonding Wire）进行直接连接。SIS 混频器所需的直流偏置由放大器内的 T 形偏置器（Bias-Tee）提供。

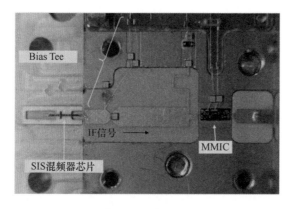

图 14.17　SIS 混频器-IF 前置放大器模块内部的照片

图 14.18 是在 LO 频率 440GHz 时接收机的典型的噪声温度。其中 3~18GHz 的 IF 带宽中，噪声温度在 70~100K 范围内平坦分布。这意味着可以在维持 ALMA 的 Band8 接收机低噪声性能的同时，将 IF 带宽拓宽到原有的 4 倍。进一步拓宽带宽的研究正在进行中。

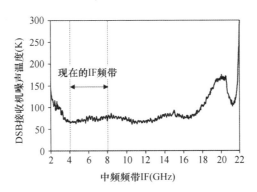

对于 RF 频带拓宽来说，高临界电流密度的 SIS 结也是必需的。这样可以将截止频率（由 SIS 结的常导阻抗 R_N 和结电容 C_j 的乘积所决定）提高，并且可以提高带有电感负载的调谐电路的频带宽度。日本国家天文台通过已有的高质量 SIS 结（临界电流密度达到 25kA/cm^2 以上），用单个 SIS 混频器就成功实现了在 ALMA 的 Band7 和 Band8 两个频带内（275~500GHz）超低噪声工作[40]。图 14.19 是噪声温度的频率特性，这个结果达到了这个频率带内的世界最高水平，是量子噪声的 2~3 倍。

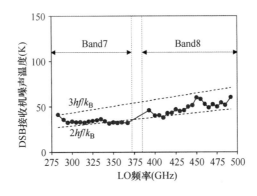

以前使用 AlO 作为绝缘层的高质量 Nb/AlO$_x$/Nb 结，临界电流密度的极限在 10kA/cm^2，这导致 RF 频带的拓展和低噪声性能无法兼顾。值得注意的是，开发这种宽频带接收器不仅需要相应的 SIS 混频器，还需要开发宽带波导电路和喇叭天线，这就需要使用最新的电磁场模拟技术来进行高频电路设计。

▶▶ 14.4.2 多波段接收机及其他

目前的接收机能够同步观测的带宽受到 IF 频带的限制。但是来自宇宙的信号是跨越很宽的频带范围的，而目前的技术只允许我们观察其中的一部分。如果能实现所有频带同步观测，观测效率一定会飞跃性地提升。为了提高接收机同步观测的频带宽度，我们通过滤波器组（Filter Bank）将观测的频率范围等分成几份变成多波段，通过同步观察这些波段来达到实现一种划时代的高速观测技术[41]。图 14.20 是多波段接收机的原理图，每个频段的信号都通过对应的基频混频器进行高效的频率变换，转换到较低的 IF 频带。

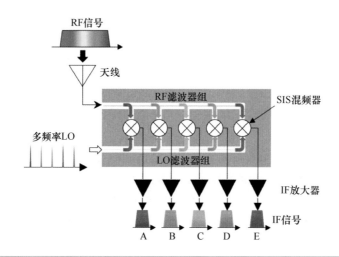

图 14.20 多波段接收机的原理图

其中的关键因素之一是滤波器组的实现，目前正通过波导电路进行研究。作为多波段接收机的输入电路，滤波器组必须达到反射损失和透过损失都很低，尽可能减少通道之间频率间隙造成的信号损失等要求。而且滤波器组的输出部分，无论负载有多大，频道之间都不能互相影响，必须有很高的独立性。为此，我们使用 90°混合耦合器（Hybrid Coupler）和带通滤波器各两个，开发了一个混合耦合滤波器组。为了验证原理，我们设计制作了能将 405～480GHz 频带划分为 3 个 25GHz 频带（也就是 CH1：455～480GHz，CH2：430～455GHz，CH3：405～430GHz）的滤波器组原型机。

图 14.21 展示了制成的滤波器组的带通特性测试结果。结果显示，所有频带都划分成了 25GHz 的宽度，与设计要求一致，而透过损失的值与设计值的误差在 2GHz 以内，至少在 0～−40dB 电平范围内，与模拟计算的值相当一致。所以，这个滤波器带大致能够按照设计要求工作，对于多波段接收机的 RF 滤波器部分是有作用的。另外，用这个滤波器组与 SIS 混频器组成的多波段接收机的原理验证结果，与 RF 滤波器输出特性一致，因此原理上来看是可以大幅提高观测信号的频带的[42]。

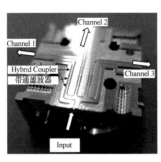 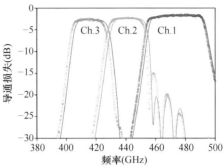

图 14.21　左图：多路复用器（Multiplexer）的 SEM 照片。右图：S 参数的设计值（实线）与测量值（虚线）的比较。S 参数的测定采用的是 WR2.2 矢量网络分析仪

其他方面还包括用于广视野观测的多波束（Multibeam）接收机的开发。目前为止的多波束接收机，还是采用将单一波束元件并行工作的方法，这会导致接收机的尺寸非常大，对系统整体规模的扩大是不利的。日本国家天文台采用硅半导体集成电路技术，正在研发平面型多波束超导接收机[43]。以前依靠波导电路实现的正交偏振分离器和 90° 混合耦合器，现在可以在同一基板上用平面电路来实现了，混频器的尺寸大大缩小，有利于系统规模的扩大。而且在大规模多波束接收机中，每个波束需要的 IF 放大器的功率消耗有望降低，因此有人提出采用新型 SIS 结实现低噪声放大器，并成功实现了原理验证[44,45]。

14.5　总结

本章介绍了毫米波/亚毫米波等太赫兹波段超导接收机的新技术。从 ALMA 望远镜的例子可以看到，利用超导技术，人类可以获得太赫兹波段的超高灵敏度的"眼睛"。这极大地得益于高频技术的发展，以及无线电和光通信技术的发展。通信技术，特别是无线通信技术的研究与开发正朝着更大容量、更高速度和更高频率的方向发展，最近无线互联网和智能手机的迅速普及也促进了这一趋势。这反映了人们对更高效、更大规模的信息传输的需求。这一方向恰好和本章所说的天文观测仪器的发展方向完全一致，天文观测也需要以更高的速度从天体中获得更大量的信息。认识到这两个研究领域存在的共同点之后，我们期待新的跨学科研究合作能够推进，从而研发出全新的天文观测装置，以及无线通信设备。

参 考 文 献

［1］ D. H. Andrews, W. F. Brucksch, W. T. Ziegler, and E. R. Blanchard, *Rev. Sci. Instrum.* **13**, 281（1942）.

［2］ K. D. Irwin and G. C. Hilton, in Cryogenic Particle Detectors, *Topics in Appl. Physics* **99**, Editor：Christian Enns, Springer Verlag（2005）.

［3］ P. K. Day, H. G. LeDuc, B. A. Mazin, A. Vayonakis, and J. Zmuidzinas, *Nature* **425**, 817 (2003).

［4］ A. Dayem and R. J. Martin, *Phys. Rev. Lett.* **8**, 246 (1962).

［5］ P. K. Tien and J. P. Gordon, *Phys. Rev.* **129**, 647 (1963).

［6］ K. M. Zhou, W. Miao, S. C. Shi, R. Lefevre, Y. Delorme, *URSI AP-RASC.*, 2010 (2016).

［7］ D. Meledin, C. E. Tong, R. Blundell, N. Kaurova, K. Smirnov, B. Voronov, G. Goltsman, *IEEE Trans. on Appl. Supercond.* **13**, 164 (2003).

［8］ E. Novoselov and S. Cherednichenko, *Appl. Phys. Lett.* **110**, 032601 (2017).

［9］ E. Novoselov and S. Cherednichenko, *IEEE Trans. on Appl. Supercond.* **27**, 2300504 (2017).

［10］ A. Kawakami, Y. Irimajiri, T. Yamashita, S. Ochiai, and Y. Uzawa, *IEEE Trans. THz Sci. Technol.* **8**, 647 (2018).

［11］ M. Ryle, *Science* **188**, 1071 (1975).

［12］ アルマ望遠鏡とは. https：//alma-telescope. jp/about

［13］ S. Claude, C. Cunningham, A. R. Kerr, and S. -K. Pan, *ALMA Memo* **316** (2000).

［14］ Y. Fujii, A. Gonzalez, M. Kroug, K. Kaneko, A. Miyachi, T. Yokoshima, K. Kuroiwa, H. Ogawa, K. Makise, Z. Wang, and Y. Uzawa, *IEEE Trans. THz Sci. Technol.* **3**, 39 (2013).

［15］ A. Gonzalez, Y. Uzawa, Y. Fujii, K. Kaneko, *Infrared Phys. And Technol.* **54**, 488 (2011).

［16］ A. Gonzalez, Y. Uzawa, Y. Fujii, K. Kaneko, and K. Kuroiwa, *IEEE Trans. THz Sci. Technol.* **1**, 416 (2011).

［17］ A. Gonzalez, Y. Fujii, K. Kaneko, and Y. Uzawa, *Proceedings of the Asia-Pacific Microwave Conference* 2011, 1977 (2011).

［18］ T. Kojima, K. Kuroiwa, Y. Uzawa, M. Kroug, M. Takeda, Y. Fujii, K. Kaneko, A. Miyach, Z. Wang and H. Ogawa, *J. Infrared Milli. THz Waves* **31**, 1321 (2010).

［19］ M. Kroug, A. Endo, T. Tamura, T. Noguchi, T. Kojima, Y. Uzawa, M. Takeda, Z. Wang, and W. -L. Shan, *IEEE Trans. Appl. Supercond.* **19**, 171 (2009).

［20］ J. R. Tucker：*IEEE J. Quantum Electron.* **15**, 1234 (1979).

［21］ M. J. Feldman：*Int. J. IR&MM Waves* **8**, 1239 (1987).

［22］ K. Makise, H. Terai, M. Takeda, Y. Uzawa, and Z. Wang, *IEEE Trans. Applied Supercond.* **21**, 139 (2011).

［23］ B. Leonea, B. D. Jackson, J. R. Gao, and T. M. Klapwijk, *Appl. Phys. Lett.* **76**, 780 (2000).

［24］ D. C. Mattis and J. Bardeen, *Phys. Rev.* **111**, 412 (1958).

［25］ Y. Uzawa, Y. Fujii, A. Gonzalez, K. Kaneko, M. Kroug, T. Kojima, K. Kuroiwa, A. Miyachi, S. Saito, and K. Makise, *Physica C* **494**, 189 (2013).

［26］ Z. Wang, A. Kawakami, and Y. Uzawa, *J. Appl. Phys.* **79**, 7837 (1996).

［27］ D. Karecki, *Phys. Rev. B* **25**, 1565 (1982).

［28］ W. -L. Shan, S. -C. Shi, T. Matsunaga, M. Takizawa, A. Endo, T. Noguchi, and Y. Uzawa, *IEEE Trans. Appl. Supercond.* **17**, 363 (2007).

［29］ Thomas Keating Ltd, http：//www. terahertz. co. uk/

［30］ L. Olssen, S. Rudner, E. Kollberg, and C. O. Lindstrom：*Int. J. IR & MM Waves* **4**, 847 (1983).

［31］ A. R. Kerr, S. -K. Pan and J. Webber, *SIS Mixers*, MMA Project Book (1999).

［32］ W. -L. Shan, S. Asayama, M. Kamikura, T. Noguchi, S. -C. Shi and Y. Sekimoto, *IEICE Trans. Electron.* E89-C,

170（2006）.

［33］ C. F. Lodewijk, E. vanZeijl, T. Zijstra, D. N. Loudkov, F. P. Mena, A. M. Baryshev, and T. M. Klapwijk, *Proc.* 19*th ISSTT*, 86（2008）.

［34］ 小嶋崇文，藤井泰範，鵜澤佳徳，『低温工学』**49**, 343（2014）.

［35］ Y. Fujii, T. Kojima, A. Gonzalez, S. Asayama, M. Kroug, K. Kaneko, H. Ogawa, and Y. Uzawa, *Supercond. Sci. Technol.* **30**, 024001（2017）.

［36］ J. Carpenter, D. Iono, L. Testi, N. Whyborn, A. Wootten, and N. Evans, THE ALMA DEVELOPMENT ROADMAP, ALMA observatory. https：//www. almaobservatory. org/en/publications/the-alma-development-road-map/（2018）.

［37］ L. Zeng, C. E. Tong, R. Blundell, P. K. Grimes and S. N. Paine, *IEEE Trans. Microwave Theory Tech.* **66**, 2154（2018）.

［38］ T. Kojima, A. Gonzalez, S. Asayama, and Y. Uzawa, *IEEE Trans. THz Sci. Technol.* **7**, 10（2017）.

［39］ M. Kroug, S. Ezaki, T. Kojima, and T. Noguchi, *Appl. Supercond. Conf.* 2016, Denver, Colorado（2016）.

［40］ T. Kojima, M. Kroug, A. Gonzalez, K. Uemizu, K. Kaneko, A. Miyachi, Y. Kozuki, and S. Asayama, *IEEE Trans. THz Sci. Technol.* **8**, 638（2018）.

［41］ T. Kojima, A. Gonzalez, S. Asayama, and Y. Uzawa, *IEEE Tran. THz Sci. Technol.* **7**, 10（2017）.

［42］ 小嶋崇文，『信学技報』**118**, No. 403, MW2018-141, 31（2019）.

［43］ W. Shan, S. Ezaki, J. Liu, S. Asayama, and T. Noguchi, *IEEE Trans. THz Sci. Technol.* **8**, 694（2018）.

［44］ Y. Uzawa, T. Kojima, W. Shan, A. Gonzalez, and M. Kroug, J. Low Temp. *Phys.* **193**, 512（2018）.

［45］ T. Kojima, Y. Uzawa, and W. Shan, *AIP Advances* **8**, 025206（2018）.

第15章

▶▶▶▶▶▶

光子探测器

　　γ射线[1]、X射线[2]、可见光到近红外波长的光子探测[3]，以及蛋白质质谱[4]等，都可以运用基于超导现象的高精度探测和分析设备来进行，目前这些设备都在研发过程中。尤其是以光子为对象的光子探测器，在具有高灵敏度的同时，根据其探测原理，可以辨别出入射光子的能量和数量，也就是具有超高速的信号相应特性，达到了以往的技术所不能达到的性能[6,7]。研究人员基于各种超导现象设计出了超导光子探测器，例如对光子能量进行热探测[8]，利用超导特性的局域破坏[9]，利用准粒子密度上升带来的电感变化[10]等。

　　利用超导现象实现光子探测的例子包括：在X射线、γ射线等高能光子探测中，扫描电子显微镜中电子激发的X射线荧光光谱分析[11]，利用轫致辐射现象观察X射线吸收光谱[12]以及共振非弹性X射线散射[13]，对核燃料发出的γ射线谱进行核素鉴定[2]等。另外还有应用在人造卫星上的高能量分辨率X射线光谱仪等，在X射线天文学等学术领域发挥作用[14]。

　　在可见光、近红外光以及光通信波段等低能光子领域，各种应用都围绕着尽量发挥光的量子特性来进行开发。例如，能保证无条件安全性的量子加密通信（量子密钥分发QKD，Quantum Key Distribution）[15]，能在光子数极少的情况下实现低于标准量子极限误码率的量子最优接收机[16]，利用多光子量子纠缠的可扩展线性光量子计算（LOQC，Linear Optical Quantum Computation）[17]，以及利用细胞荧光激发实现的生物成像[18]等。

　　超导光子探测器必须在极低温度环境中工作。但是，随着脉冲管制冷机、无冷媒稀释制冷机、无冷媒绝热消磁制冷机、^{3}He吸附泵制冷机等设备投入商业应用，超导光子探测器的应用领域也在不断拓宽。本章将在众多的超导探测器中，以光通信波段光子探测器为焦点，详细讲述其技术要点，以及国内外探测器开发的现状。

15.2 什么是光子探测器

一般来说，我们认为光是由光子这种基本粒子构成的，光子频率为 ν，具有 $E=h\nu$ 的能量。众所周知，光子具有粒子性（表现在康普顿散射、光电效应、反聚束效应等）、波动性（单光子干涉以及双光子干涉，HOM 干涉），以及多个光子之间的量子性（量子纠缠），具有非常独特的性质。光子探测器就是一种量子探测设备，可以探测出具有上述特性的光子。光电倍增管（PMT）和雪崩二极管（APD）被广泛应用于商业领域，前者对光电变换薄膜产生的光电子进行放大和检测，后者对半导体电子-空穴对中的电子进行雪崩放大和检测。表 15.1 中，列举了这些商用光子探测器以及超导光子探测器的性能。

表 15.1　单光子检测器的性能比较

探测器种类	探测效率	暗计数率	时间抖动	最大计数率	性能指数	光子数分辨能力
PMT（可视）[19]	40 %@ 550 nm	1×10^4 cps	80 ps	> 10 Mcps	5.0×10^5	无
PMT（光通信波长带）[20]	2 %@ 1300 nm	2.5×10^4 cps	1.5ns	> 10 Mcps	5.3×10^2	无
Si-APD[21]	70 %@ 650 nm	<25 cps	350 ps	37 Mcps	8.0×10^7	无
InGaAs-APD[22]	25 %@ 1550 nm	<25 cps	100 ps	10 kcps	1.0×10^8	无
TES（NIST）[8]	95 %@ 1550 nm	<1cps	4 ns	100 kcps	2.4×10^8	有
TES（AIST）[23]	93 %@ 1550 nm	<1 cps	10 ns	3 Mcps	9.3×10^8	有
SSPD[24]	93 %@ 1550 nm	~1cps	150 ps	—	6.2×10^9	无
SSPD（NICT）[25,26]	80 %@1550 nm 74 %@ 1550 mn	<1 kcps 100 cps	— 68 ps	40 Mcps —	— 1.0×10^8	无
STJ[27]	75 %@ 580 nm	0.09 cps	—	—	—	有
KID[28]	10 %@ 1550 nm	—	—	—	—	有

光子探测器的重要性能包括探测效率、暗计数率、时间抖动、最大计数率、光子数分辨能力（能量分辨率）等。探测效率 η 是指，单一光子进入探测器后，被识别为有效信号的概率，η 值越大说明探测器性能越好。对于光子计数器来说，η 是极为重要的参数，比如测量光子数恒定光源的具有量子化性质的光子数分布时，η 值必须非常高$^\ominus$。暗计数率 D 是指，光子没有入射到探测器，探测器却误认为是有效信号，单位时间内发生这种计数的次数，希望这个值越小越好。暗计数率 D，在光通信中与噪声光子导致的误码率（BER）直接

$\ominus$　例如在 LOQC 中，光子探测效率（包括所有光学损失）必须超过 67%。

相关，在生物成像中与光源发射出的光子的检测下限有关。时间抖动 Δt 是指，光子到达探测器时，需要一定的时间来检测，而这个时间是在一定范围内变化的，希望它越小越好。Δt 相当于探测器的时间分辨率，两个光子只要以 Δt 的时间间隔进入探测器，就可以作为两个独立事件分别检测出来。最大计数率 C_{max} 是指探测器在单位时间内能够检测出的最大光子数。C_{max} 的值，与探测器在探测单一光子时的响应时间常数 τ、时间抖动 Δt 以及读取端的电路有关。光子数分辨率（能量分辨率）是指探测器对入射光子的能量以及数量的响应能力。

　　一般来说，单光子探测器只会有二元响应[⊖]，也就是是或否探测到光子。在这种情况下，没有响应信号的时候可以判定为零个光子，一旦有响应信号产生，就不能判断到底是单一光子还是两个或更多光子了。而能量分辨型探测器，可以根据入射光子的能量（波长）、光子数产生不同大小的响应信号。应用这种探测器，就可以直接测量单一光子光源或光子数恒定光源的具有量子化性质的光子数分布。

　　以上介绍了光子探测器的各种性能，但是通常判断光子探测器性能的优劣，是根据探测效率、暗计数率、时间抖动三个参数算出一个性能指标 H[7]：

$$H = \frac{\eta}{D\Delta t} \tag{15.1}$$

　　表 15.1 中也列出了典型的光子探测器的 H 值。PMT 探测器具有比较高的信号响应速度，以及大口径光子入射面，在工业界有广泛的应用。Si 和 InGaAs 半导体 APD 探测器具有比较低的暗计数率，其在量子光学领域、LIDAR（光检测和测距）测量、荧光寿命测量等工业测量领域得到广泛应用。而近年来，随着超导技术的应用，各种各样的光子探测器逐渐出现。超导光子探测器具有高检测效率和低暗计数率的特点，而且某些类型的探测器还具有现有光子探测器所不具备的优点，如能量分辨率（光子数辨别）和极快的信号响应速度。下一节将介绍超导带状线光子探测器（SSPD）、超导转变边缘探测器（TES）等巧妙应用了超导现象的光子探测器。

15.3　超导带状光子探测器

▶▶ 15.3.1　结构

　　超导带状线光子探测器（SSPD，Superconducting Strip Photon Detector）[⊖]，是一种厚度 d 约几个 nm，宽度 w 为几十～几百 nm 的带状结构超导体单一光子探测器。参考文献[29]对基

⊖　称为开关型探测器。

⊖　该器件以前也称为 SSPD（Superconducting Single Photon Detector）或 SNSPD（Superconducting Nanowire Single Photon Detector），但是在 IEC61788-22-1：2017 中，最终确定为 SSPD（Superconducting Strip Photon Detector）。IEC61788-22-1 还计划在将来进行 JIS 化（日本工业标准化），因此该器件在日语中的正式名称为"超伝導ストリップ光子検出器"。本书也遵照这一约定进行命名。

于 SSSP 的光子探测器的原理和构造进行了论述，文中也介绍了典型的 SSPD 探测器的结构图，如图 15.1 所示。在研究开始的时候，人们将很小的超导体放在器件中心位置构成纳米探测器（或者称为蝴蝶结 Bow-Tie 型），或者单根带状线的桥型（Bridge）探测器，但实际上，为了扩大探测面积，将单根带状线进行反复弯折得到的蜿蜒型（Meander）探测器是现在应用最广的一种类型。

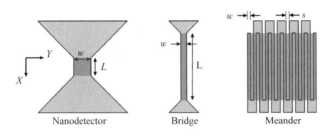

Nanodetector　　　　Bridge　　　　Meander

图 15.1　SSPD 探测器的结构图[29]。w 和 L 分别是带状线的宽度和长度，s 是带与带之间的间隔。图中央颜色加重的部分表示探测器的有效探测区域

探测器中的超导带状线可以使用 NbN 或 NbTiN 等 Nb 基金属超导体，或者 WSi 和 MoSi 等硅化物超导金属。这些金属的超导转变温度 T_c 在几 K 到几十 K 之间，尤其是 Nb 基金属，可以用 GM 制冷机等简单的设备进行制冷，从而实现功能。通常情况下，构成 SSPD 的超导带状线被嵌入一个介电薄膜或类似材料制成的光吸收结构中，这样超导体表面的菲涅尔反射可以尽量被抑制，从而改善探测器的光吸收特性。为了提高光子的吸收率，也有一些等离子天线（Plasmon Antenna）会用金（Au）材料来制成。由此构成的 SSPD 器件与光纤耦合，放在制冷机里，而光子从外部通过光纤照射到内部的 SSPD 上。

图 15.2 展示的是 SSPD 工作所需的偏置电路。为了让 SSPD 探测出光子，首先要让超导带状线具有比临界电流密度略小的一定量的偏置电流 $I_{bias} \approx J_c \times A$。这里，$A = wd$，是带状线

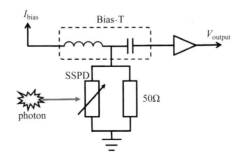

图 15.2　SSPD 正常工作所需的偏置电路。I_{bias} 是偏置电流，在稳定的超导状态下，偏置电流通过 T 型偏置器（Bias-T）后全部流经 SSPD。但当光子入射后，SSPD 转为常导态，偏置电流改为从 50Ω 支路通过。此时所产生的电压信号，经过放大器变成输出信号 V_{output}，进行测量

的横截面积。这样，当光子入射到带状线后，光子的能量导致局部超导态的破坏，并引起整个超导带状线全部转变为常导态。此时，将产生的电阻以电压信号的形式读取出来，就探测到了光子。T_c 约为 12K 的 NbN 材料，从光子入射到超导体中，直到发生局域常导态转变，需要几十 ps 的弛豫时间[30,31]。因此，SSPD 理论上是高速响应的，但实际上会有 70~150ps 的小幅度时间抖动。而产生的局域常导态，在经过一定的时间常数（由其自身的电感和电阻值决定，约为几 ns~几十 ns）后，再次回到超导态[32]。

在过去的 20 年里，SSPD 的光子探测经过各种实验数据（例如探测器的响应与波长、计数率、磁场等的关系），以及蜿蜒型（Meander）带状线的电流分布等理论分析，原理上获得了较大的进展[29,33]。最开始，研究者认为入射光子会在超导带状线中形成的热点（Hot Spot）是信号的来源，但是后来有人指出这个模型的理论与实验结果不符。最近，有人提出了新的模型，认为超导带状线中的磁通量子（Magnetic Quantum）是形成信号的主要原因。这个信号产生的模型不仅大大地影响了 SSPD 内部量子效率（Internal Detection Efficiency）与偏置电流的依赖关系，而且还与单光子探测器的暗计数率的产生机制有关。本节将对这些模型进行概述，并讨论光子探测的原理。

▶▶ 15.3.2　SSPD 光子检测模型

1. 常导态中心热点模型

常导态中心热点模型（Normal-core Hotspot）是 2000 年初，许多与 SSPD 相关的论文的主题[34]。其示意图如图 15.3 所示。假设超导体的超导能隙为 Δ，在吸收了能量为 E_{exc} 的光子之后，在其周围会产生电子云，其中含有 $n_{qp} \approx E_{exc}/\Delta$ 个准粒子⊖。如果常导态热点的半径 $r_{nc} > \xi_{GL}/2$，则热点附近的超导电流密度 j_s 会重新分布，j_s 会尽量避开常导态的热点而流动。超导带状线中由于施加了一定的偏置电流，因此电流密度的再分配会导致 j_s 增大，如果 j_s 超过了临界电流密度 J_c 的话，就会导致超导电流的消失，带状线整体都变为常导态。本模型认为，正是常导态的电阻产生了输出信号。

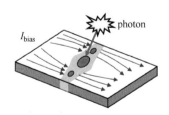

图 15.3　常导态中心热点模型

在这个模型中，当 $r_{nc} > \xi_{GL}/2$ 时，只有流过一定量的偏置电流 I_b，才会导致 $j_s > J_c$。也就

⊖　对于 NbN 材料，吸收了 $E_{exc} = 1eV$ 的光子后，电子云的直径相当于 GL 方程中的相干长度 ξ_{GL}。

是说 I_b 是有一个阈值 I_{th} 存在的。SSPD 的线宽 $d \ll \xi_{GL}$，属于二维电子，热点的半径 $r_{nc} \propto E_{exc}^{1/2}$，$I_{th}$ 由下式决定：

$$I_{th} = I_c(1 - \gamma' \sqrt{E_{exc}}) \qquad (15.2)$$

这里 γ' 是一个与超导金属材料有关的比例系数。但是通过之后的许多研究，找出了各种 E_{exc} 与光子探测所需的偏置电流之间的关系[33]。

$$I_{th} = I_c(1 - \gamma E_{exc}) \qquad (15.3)$$

其关系如图 15.4 所示，因此本模型的预测被指出与实验结果不符。

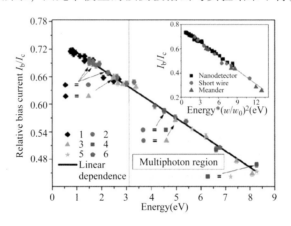

图 15.4 各种光子能量，与所对应的偏置电流的线性关系[33]。插图中是在
不同构造的 SSPD 上同样测量这组对应关系的结果

2. 改进后的热点模型

改进后的热点模型（Refined Hotspot Model）或扩散热点模型（Diffusion-based Hotspot Model）[35]提出于 2005 年，用来弥补早期热点模型与 SSPD 光谱响应依赖性实验值之间的差距。在这个模型中，考虑到了光吸收后产生的准粒子的非平衡状态。其示意图如图 15.5 所示。

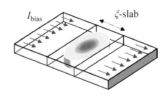

图 15.5 改进后的热点模型

对于偏置电流 I_{bias}，超导电流密度 n_s，以及电子的速度 v_s，在完全超导态的区域内，电流在带状线横截面上各处都一致，电流密度 $j = en_s v_s$。而在吸收光子的区域（称为 ξ-slab）内

超导电流密度为 n_s'，在 ξ-slab 范围内由于吸收了光子能量，产生了大量的准粒子，局部区域必定导致 $n_s' < n_s$。此时，如果热点半径 r_{nc} 较小，而且 ξ-slab 宽度等于或小于 ξ_{GL}，那么 n_s 将会作为隧道电流无损地穿过 ξ-slab，而不会受到 ξ-slab 的阻挡。但是由于电流的连续性，ξ-slab 范围内电流速度 v_s' 为：

$$v_s' = \frac{n_s}{n_s'} v_s \tag{15.4}$$

比 v_s 速度更快。如果这个速度超过了临界电流密度 $Jc = e n_s v_{sc}$ 中的电子速度 v_{sc}，也就是 $v_s' > v_{sc}$ 的话，ξ-slab 范围内就都转换为常导态。

根据这个模型，阻抗的产生条件为 $v_s' > v_{sc}$，而不再需要以常导态区域作为热点的中心。根据更详细的分析，与入射光子能量 E_{exc} 相对应的阈值电流 I_{th} 的值，由下式确定[35]。

$$I_{th} = I_c \left(1 - \frac{E_{exc}}{E_0}\right) \tag{15.5}$$

这里，E_0 是归一化的能量。

$$E_0 = \gamma'^{-1} = \left(\frac{N(0)\Delta^2 wd}{\zeta}\right)\sqrt{\pi D \tau_{th}} \tag{15.6}$$

在这里，ζ 是被超导体吸收的光子能量在超导能隙上方弛豫成准粒子时的能量转换效率。而 $N(0)$、D、τ_{th} 都是超导物质本身的参数，分别是电子状态密度、准粒子扩散系数、电子热弛豫时间。

对于阈值电流与光子能量的依存关系，公式（15.5）与实验推断公式（15.3）得出的结果具有良好的一致性。而公式（15.6）由于含有物质本身的参数，因此也许能适用于各种超导体材料，而且在 $T/T_c \leqslant 0.5$ 的范围内，其温度依存性也表现出与实验结果的定量的一致性。另外，本模型中为了探测到光子，偏置电流 I_{bias} 必须大于阈值电流 I_{th}，但是实际的 SSPD 器件中，当 $I_{bias} < I_{th}$ 时，光子也并不是完全无法检测到，计数率会随着 I_{bias} 的增加而缓慢减小，或呈指数下降。但是对于 $T/T_c > 0.5$ 温度范围的计数率的依存性，光子吸收位置的计数依存性等，这个模型还不足以说明问题。

3. 光子激发量子涡旋穿透模型

针对热点模型的不足，从 2000 年末到 2010 年初，人们提出了一些新理论，认为量子涡旋（Quantum Vortex）在 SSPD 的信号产生中起着至关重要的作用。光子激发量子涡旋穿透模型（Photon-Triggered Vortex-Entry Model）是其中的一种理论[36]，其示意图如图 15.6 所示。

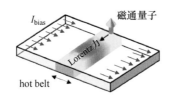

图 15.6　光子激发单一涡旋穿透模型

超导带状线由于磁场边界条件的要求，在带状线的端部存在着势垒，能以一定的概率防止自磁场或外部磁场的磁通量子穿透到 SSPD 内部。但是随着光子的入射，其周围的序参量 $|\psi|^2$ 减小，导致势垒降低，磁通量子穿透带状线的概率就大大增加了。一旦磁通量子进入带状线，就会受到垂直于偏置电流的洛伦兹力的作用，沿着带状线的宽度方向移动到另一端。磁通量子的这种横向运动将激发出准粒子，沿着运动路径形成准粒子密度较高的区域，这个区域被称为热带（Hot Belt）。磁通量子运动产生的能量 Q，由磁通量子 Φ_0、带状线的电流 I、光速 c 共同决定，$Q \approx \Phi_0 I / c$，足够消耗掉热带中的序参量 $|\psi|^2$。这种能量传递导致了常导态的形成，并产生了电压信号。

SSPD 中，在一定的偏置电流以上，探测效率都是保持一定的[37]，实验表明，探测效率和暗计数率对外部磁场都呈双曲余弦函数关系，而光子激发量子涡旋穿透模型可以很好地解释这些数据[38]。但是也有一些与实验结果不符的地方，例如模型与光子的入射位置无关，而且能探测出的最小光子能量 $E_{\min}$ 与带状线的宽度 w 的平方成正比（实验结果中是与 w 成正比）。

4. 常导态中心量子涡旋模型

常导态中心量子涡旋模型（Normal-core Vortex Model），认为以常导态区域为中心形成了一对涡旋-反涡旋量子对（Vortex-antivortex Pairs），它们对 SSPD 信号的产生具有重要的作用[39]。其示意图如图 15.7 所示。

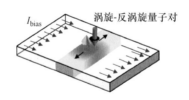

涡旋-反涡旋量子对

图 15.7　常导态中心量子涡旋模型

与常导态中心热点模型一样，带状线吸收光子后，吸收位置周围准粒子密度上升，序参量 $|\psi|^2$ 下降。此时，只要带状线内含有一定的电流，就会以热点为对称中心，产生一对涡旋和反涡旋量子对，这得到了含时 GL 方程的数值计算结果的确认。在二维的第二类超导体中这样的现象已经多次被报道。产生的量子对在洛伦兹力的作用下，向着相反的方向在带状线中横向移动，并消失在带状线的末端。与光子激发量子涡旋穿透模型相同的是，量子涡旋的运动导致热带（Hot Belt）的产生，或者说是常导态区域的周围发生了超导电流密度的重新分布，从而产生了电压信号。

本模型与实验结果相比，可以很好地解释光子计数率或暗计数率与偏置电流的依赖关系，以及图 15.8 所示的能够探测的光子最小能量与阈值电流的关系[40]。关于光子的入射位置所产生的影响，定性地看模型和实验数据的趋势是一致的，但模型中阈值电流 I_{th} 从带状线中央向边缘减小的趋势非常缓慢，因此与实验数据相比，在边缘处的数据比实验数据大。

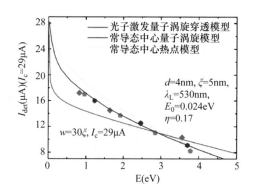

图 15.8　常导态中心量子涡旋模型中，光子能量与探测所需最小电流的关系，以及与其他模型的比较（引自参考文献[40,41]，图例根据本文需要而做了改变）

▶▶ 15.3.3　SSPD 的应用

SSPD 具有量子效率高和时间抖动小的优点，可以探测出近红外波段的单一光子，在基于量子密钥分发（QKD，Quantum Key Distribution）的量子加密通信和生命科学领域，产生了包括单光子成像在内的各种应用。

QKD 利用了光子的量子性，是一种能够保证高度保密性的通信方案。根据光子的传输方式，以及接收端探测光子的量子操作方式，有着各种各样的通信协议，例如 BB84 和 BBM92。关于量子加密的详细内容，参考文献[43]是非常好的参考资料，推荐给大家。2007年，利用 SSPD 的低时间抖动和低暗计数率特性，在 42dB 以上的光损失下，QKD 得到了实验验证[15]。这些光损失，相当于 200km 长的光纤中的损失。2010 年，利用光纤连接城市节点，QKD 得到了实地验证（如图 15.9 所示）。这套通信网络称为东京 QKD 网络，连接了以东京市大手町为中心 50km 范围内的节点，一共验证了 6 种不同的 QKD 系统。SSPD 单光子探测器在 QKD 系统中起到了核心作用[44]。

生命科学领域里也有 SSPD 的应用。例如，单线态氧荧光剂量测定（SOLD，Singlet Oxygen Luminescence Doisometry），可以精密测量出细胞内单线态氧的含量。作为一种活性氧，单线态氧 $^1O_2$ 能发出 1270nm 波长的荧光，从表 15.1 可知普通的光子探测器在这个波长范围内难以同时做到高探测效率和低暗计数。而参考文献[45]却利用了 SSPD 宽广的波长范围，尝试对单线态氧分子的荧光现象进行观察。在使用光敏剂（Rose Bengal）后进行激光照射，测得 $^1O_2$ 荧光的计数率为 0.6cps。

另外，利用 SSPD 不会产生后脉冲的优势，SSPD 在荧光相关光谱（FCS，Fluorescence Correlation Spectroscopy）中的应用也得到了报道[46]。FCS 是一种根据激光照射在分子或荧光分子上而产生的反射光或荧光，来测定分子的大小或浓度的方法。通过单光子探测器来测定对象分子的荧光强度随时间的变化，从而确定其自相关函数，获得分子的信息。但是半导体雪崩二极管（APD）存在后脉冲现象，所以在 1μs 以下的时间宽度内，就无法正确地求出自相关函数。参考文献[46]报道了，用 SSPD 测量 Rhodamine 分子的单光子荧光并获得了自相关函数，时间宽度达到 0.1μs 的量级都没有受到后脉冲的影响（如图 15.10 所示）。这一结果说明，FCS 也可以观察快速扩散的分子。

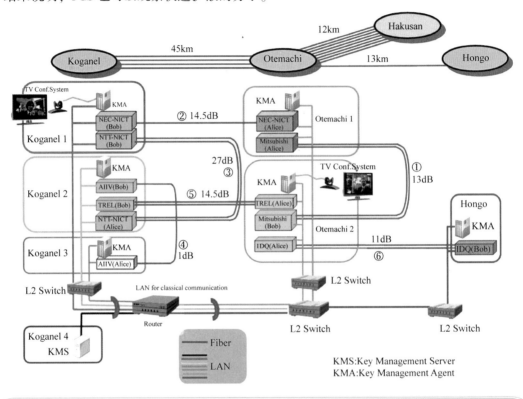

图 15.9 东京 QKD 网络示意图[44]。在连接小金井和大手町的二号连接②中，SSPD 单光子探测器是系统的核心

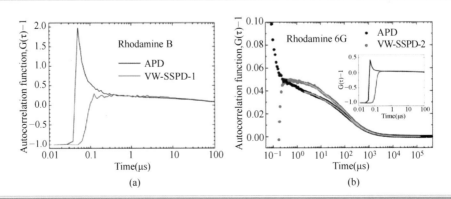

(a)

(b)

图 15.10 利用 SSPD 测量 Rhodamine 分子的单光子荧光并获得了自相关函数，（a）Rhodamine B 和（b）Rhodamine 6G 的测量结果

另外，利用 SSPD 的低时间抖动性，也就是高时间分辨率，还可以用飞行时间法（ToF，Time of Flight）进行单光子成像。ToF 法，就是对测量对象发射激光，根据反射光返回的时间测量物体表面的形状，在 LIDAR（Light Detection and Ranging）和遥感等领域中广泛使用。参考文献[47]和[48]报道了，利用通信波段的激光光源以及具有高时间分辨率的 SSPD 探测器，仅仅需要几个光子，就可以构建出深度方向分辨率在 mm~km 的清晰图像。通信波段激光对人眼是安全的，能够在这个波段进行测量也是 SSPD 的一个优点。

15.4　超导转变边缘探测器

▶▶ 15.4.1　构造及原理

超导转变边缘探测器（TES，Transition Edge Sensor）不仅能探测到光子的到来，还能检测出它的能量[49]。图 15.11（a）是 TES 探测光子的原理。光子被 TES 吸收后，根据其能量（$E = h\nu$），TES 温度相应地上升，于是在超导转变边缘范围内，TES 的电阻升高，这就是它的基本原理。超导体的转变温度范围通常只有几 mK，极小的温度变化可以产生极大的电阻变化，从而被检测出来。由于利用了光子的热效应，所以 TES 也被认为是一种热量计。这套设备最初是为了精密检测 α 射线、X 射线等高能粒子而设计开发的，而对于超导转变边缘这么狭窄的温度范围，一开始是很难控制的。但是这个困难被电热反馈（ETF，Electro Thermal Feedback），从那以后 TES 的开发就变得突飞猛进起来[50]。图 15.11（b）中，是能够产生 ETF 的偏置电路。

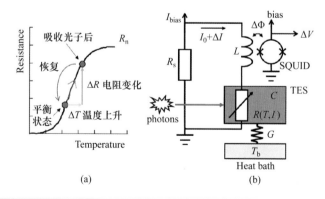

(a)　　　　　　(b)

图 15.11　（a）利用光子入射时的电阻变化来探测光子的原理图。（b）使 TES 正常工作的偏置电路

下面解释 ETF 的原理。TES 的超导转变温度为 T_c，将 TES 浸泡在温度为 T_b（远低于 T_c）的热浴（Heat Bath）中，施加恒定的偏置电压 $V_{bias} \approx I_{bias} \times R_s$ 后，I_{bias} 如果超过 TES 的临界电流 I_c，就会产生电阻 R，并在电阻上产生焦耳热 $P_J = V^2/R$。这里 I_{bias} 是偏置电流，R_s 是分流电阻，可以选择远小于 R 的电阻 R_s。

由于焦耳热 P_J 的作用，TES 的温度将远超过 T_b，P_J 的大小经过适当的调节可以使 T 处于 TES 的超导转移温度范围内（T_c 附近几 mK），这样就完成了设定。这个状态下，TES 产生的焦耳热 P_J 与在热浴中耗散的热量 P_b 达到了热平衡。这里的 P_b 与热传递的参数 n 有关，$P_b = K(T^m - T_b^n)$。K 与热导率 $G \equiv \mathrm{d}P_b/\mathrm{d}T$ 有关，$K = G/(nT^{m-1})$。

在这个状态下，如果 TES 受到某种扰动而温度升高 ΔT，并且还在超导转移温度范围内的话，TES 的电阻值 R 将迅速增大，导致 P_J 急剧减少。但当 TES 温度在 T_c 附近时，TES 从热浴中耗散的热量 P_b 几乎是一定的。也就是说，在某一段时间内存在 $P_J < P_b$ 的情况，TES 的温度会冷却到上升之前的值。也就是说，在偏置电压的作用下，TES 受到热扰动而升温时，P_J 会反向变化从而抵消这种温度变化，通过这种反馈来确保系统温度的稳定。这种反馈就被称为 ETF。

ETF 在工作时，TES 上的电压是一定的，所以当光子入射导致的温度变化使电阻上升 ΔR 时，TES 的电流将出现 ΔI 的变化量。要读出 ΔI 就需要能在低温下工作且阻抗很低的电流放大器，也就是 SQUID 传感器。20 世纪 90 年代以来，高性能 SQUID 的出现，使 ETF-TES 也能够得到有效的应用。

美国和欧洲的研究机构把 TES 用来探测 X 射线和 γ 射线，并进行了大量的研究。这里介绍一下日本产业技术综合研究所（AIST）开发的光 TES[23]。光 TES 是以光通信波段的光子为测量对象的能量分辨型单光子探测器。本文称其为光 TES，是为了与用于 X 射线探测的 TES 加以区别。

光 TES 通常自身作为光吸收体，钨基和钛基薄膜作为 TES 中的超导材料。作为能识别光子数目的仪器，探测效率是极为重要的性能指标，因此通过金镜和介电多层薄膜来提高光吸收效率，这是光 TES 中的一项基本技术。AIST 正在开发一种光 TES，里面使用了 Ti-Au 双金属超导层。图 15.12 中，展示了光 TES 在光通信波段（1550nm）测量的弱相干脉冲激光

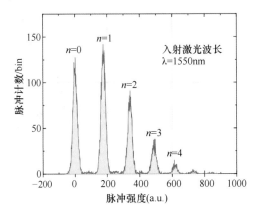

图 15.12　AIST 开发的 Ti-Au 光 TES，在光通信波段测量的弱相干脉冲激光的光子数分布结果。每一个峰代表了探测出 n 个光子的事件，因此可以推测出脉冲激光中光子的数目。其中 $n=1$ 的峰对应的能量分辨率为 $\Delta E_{FWHM} = 0.15eV$

的光子数分布结果，测量使用的 TES 尺寸为 $5\mu m$，$T_c = 294mK$。

图 15.12 中，横轴是光 TES 响应信号的强度（也就是与 ΔI 相当），纵轴是具有该强度的信号的出现次数。观察到了一系列的峰，它们区别在于吸收的光子的数目 n 的不同。也就是说，光 TES 可以检测激光脉冲所含有的光子的个数。这是 TES 的独有功能，也是开关型单光子探测器所不具备的。每个峰的半高宽 ΔE_{FWHM} 被称为能量分辨率，是衡量光子测量精度的指标。图 15.12 中，对于 $\Delta E_{FWHM} = 0.15eV @ E = 0.8eV$ 的峰，相当于对波长 $\lambda = 500nm$（$E = 2.5eV$）的光子具有 $\Delta\lambda_{FWHM} = 30nm$ 的波长分辨率。另外，这台光 TES 的响应时间 $\tau_{etf} = 202ns$。用于 X 射线测量的 TES，τ_{etf} 约为几十 $\mu s \sim$ 几百 μs，相比之下光 TES 的响应速度是非常快的，光子的最大计数率可以达到 Mcps 量级以上[31]。

▶▶ 15.4.2　TES 的光子探测模型

1. TES 的信号响应

TES 的信号探测过程中，其温度在超导转变边缘范围内变化，产生的信号的强度与入射光子的能量成正比。这里我们对 TES 的信号响应做一个详细的考察。根据热传递和电路的基本原理，可以得到以下两个方程，作为 TES 的控制方程：

$$(I_{bias} - I)R_s = IR(T, I) + L\frac{dI}{dt} \qquad (15.7)$$

$$C\frac{dT}{dt} = I^2 R(T, I) - K(T^n - T_b^n) + P_{in} \qquad (15.8)$$

这里，R_s 是偏置电路中的分流电阻，T 和 I 分别是 TES 的温度和电流，$R(T, I)$ 是 TES 的电阻 R 关于 T 和 I 的函数，I_{bias} 是偏置电流，T_b 是热浴温度，L 是 SQUID 的输入电感（包含偏置电路的寄生电感），K 和 n 都是与 TES 的热传递相关的参数，热导率 $G = dP_b/dT = nKT^{n-1}$。P_{in} 是 TES 的入射功率，C 是 TES 的热容量。

从上面可以看出，TES 的电阻 $R(T, I)$ 与温度 T 和自身的电流 I 有关。因此，为了求解上面的方程，必须了解 T 和 I 两个参数与函数 $R(T, I)$ 有着怎样的关系。通常来说，可以将电阻值 R 在 TES 的直流偏置点附近求一阶近似，使 $R(T, I)$ 变成线性函数[51]。假设在 TES 直流偏置点附近，电阻、温度、电流分别为 R_0、T_0、I_0，那么可以如此展开：

$$R(T, I) \approx R_0 + \alpha_I \frac{R_0}{T_0}\Delta T + \beta_I \frac{R_0}{I_0}\Delta I \qquad (15.9)$$

这里，$\Delta T = T - T_0$，$\Delta I = I - I_0$。而 α_I 和 β_I 分别是直流偏置点附近温度和电流的斜率（敏感度），是无量纲量：

$$\alpha_I = \frac{T}{R}\frac{\partial R}{\partial T} = \frac{\partial \log R}{\partial \log T}\bigg|_I \qquad (15.10)$$

$$\beta_I = \frac{I}{R}\frac{\partial R}{\partial I} = \frac{\partial \log R}{\partial \log I}\bigg|_T \qquad (15.11)$$

另外，关于方程（15.18），也可以对 TES 的焦耳热和热浴耗散的热量在直流偏置点附近做一阶近似，变成线性函数，最终就可以得到 ΔT 和 ΔI 的微分方程组。这些方程的求解在参考文献[52]中都详细讲解了，感兴趣的读者可以自行参考。

对这些线性微分方程求解，就可以得到与 TES 输入功率 P_{in} 相对应的输出 ΔI 的解析解。这里我们假定 P_{in} 是噪声源，可以考虑一下 TES 理论上能达到的能量分辨率 ΔE_{FWHM}。假设 TES 中的两个主要噪声源是来自电阻 R 的热噪声，以及来自热浴和 TES 之间能量扰动的声子噪声[50]。热噪声为 $V_n^2 = 4kTR_0$，声子噪声为 $P_n^2 = 2kGT_0^2$，将这些计入 P_{in}，算出 ΔI，并求得 ΔE_{FWHM}，如下[53]：

$$\Delta E_{FWHM} = 2.355 \left(\frac{4kCT_c^2}{\alpha_I} \sqrt{(1+2\beta_I)(1+M^2)} \right)^{1/2} \tag{15.12}$$

这里，M 是一个大于 0 的数，代表过剩噪声（Excess Noise）的贡献。过剩噪声与热噪声具有类似的频率成分，但是原因尚不明确，针对它有很多研究正在开展[53]。由公式（15.12）可见，ΔE_{FWHM} 与 TES 的超导特性 α_I、β_I、T_c，以及结构特性 C 有关。值得注意的是，如果超导特性选择得当，TES 的能量分辨率有可能超过热力学极限[54]所决定的 $\Delta E \approx (4kCT_c^2)^{1/2}$。也就是说，只要 α_I 尽量大，而 β_I 尽量小，就可以实现具有良好能量分辨率 ΔE_{FWHM} 的 TES 光子探测器。为此，必须充分理解 α_I 和 β_I 的物理模型。参考文献[51]中总计了有关 TES 信号生成的各种模型。下面介绍一下其中的物理模型。

2. RSJ 模型

关于超导薄膜的 α_I 和 β_I，近年来理论研究方面有很大的进展。Sadlier 等人用 Mo-Au 双金属层制成了各种尺寸的 TES 并测量了临界电流与温度的关系，指出了存在着三种超导体之间的弱连接（Weak Link），形成类似 SS′S 或 SN′S 的结[55]。图 15.13 是这些由 TES 产生的弱连接的示意图。

TES（S′或 N′）被夹在两个超导电极（S）的中间，电极是超导转移温度比 TES 更高的 Nb 或 Al 超导材料。而且 S 的超导能隙比 TES 大，两者靠近后，超导的序参量（ψ）穿透到 TES 的内部。穿透深度与超导体的相干长度 ξ 相当，根据 GL 理论，相干长度与温度的关系可以用以下函数表示：

$$\xi(T) = \frac{\xi_i}{|T/T_{ci} - 1|^{1/2}} \tag{15.13}$$

这里，ξ_i 是 TES 的特征相干长度，T_{ci} 是没有加电极时 TES 的超导转移温度。电极之间 TES 的长度为 L 的话，临界电流 $I_c(T,L)$ 的表达式如下：

$$I_c(T,L) = \frac{F}{\xi(T)} \exp\left(-\frac{L}{\xi(T)} \right) \tag{15.14}$$

这里，F 是与磁场穿透深度和电极长度相关的参数，但是当温度比临界温度低得多时，F 是一个定值。从公式（15.14）可知，如果 TES 的尺寸 L 较小，$L < \xi$ 的话，$|\psi|^2$ 将完全穿

透 TES，取非零值，因此即使 $T>T_c$，超导电流也将通过弱连接而流动。而 $L\gg\xi$ 时，TES 内部的 $|\psi|^2$ 将分布均匀，临界电流将不依赖于 TES 的长度。这样，弱连接效应就可以很好地解释小尺寸 TES 在 $T\gg T_c$ 时临界电流的异常行为，以及临界电流与 TES 尺寸的关系。另外，SS'S 也应当具有约瑟夫森结的性质，实验表明，在外部磁场的作用下，其临界电流呈现出受磁场调控的夫琅禾费分布[55]。

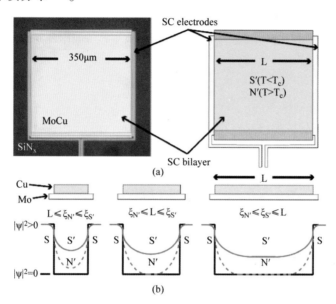

图 15.13 （a） Mo-Cu 双金属层制成的 TES（S'）与 Mo 制成的超导电极（S）形成的结的示意图。（b）弱连接（weak link）效果导致的电极间距 L 与 TES 内部序参量 $|\psi|^2$ 的变化情况。当 $T<T_{ci}$ 时是 SS'S 超导结构，而 $T>T_{ci}$ 时则 TES 变为常导态，形成 SN'S 结构。实线和虚线分别是以上两种情况对应的 $|\psi|^2$ 的模拟情况，无论哪一种情况，$|\psi|^2$ 都穿透到 TES 内部，是非零的值。（（a）、（b）两图都引自参考文献[64]）

基于以上对 TES 和超导电极间弱连接行为的实验验证，Kozorezof 提出了电阻分流结模型（RSJ，Resistively Shunted Junction model）[56]。RSJ 模型[57]由约瑟夫森结、电阻、电容、电流噪声源并联构成，非常适用于推导 SQUID 和电压标准器件的电流电压特性。在这个 RSJ 模型中，约瑟夫森结相位差相关的方程，与粒子在锯齿形势垒中受到热扰动影响的布朗运动方程等价。在这个模型中考虑弱连接效果，TES 的电阻值可以表达如下[56]。

$$R(T,I)=R_n\left(1+\frac{1}{x}\Im\left[\frac{I_{1+i\gamma x}(\gamma)}{I_{i\gamma x}(\gamma)}\right]\right) \tag{15.15}$$

这里，R_n 是 TES 的常导态电阻，$x=I/(I_c(T))$ 是相对于 $I_c(T)$ 的归一化电流，$\gamma=\hbar I_c(T)/(2ekT)$ 是约瑟夫森结合能与热能的比值，$I\nu(z)$ 是阶数为 ν 的第一类贝塞尔函数。光

TES（$I_c = 10\mu A$，$T = 300mK$）的典型 $\gamma \approx 800$，而测量 X 射线的 TES（$I_c = 1mA$，$T = 100mK$）对应 $\gamma \approx 10^5$。

公式（15.15）是 RSJ 模型中 TES 电阻的一般求法，代入公式（15.10）和公式（15.11）就可以分别求出 TES 的温度和电流对应的 α_I 和 β_I 的理论值。参考文献[56]已经对这种方法求出的 α_I 和 β_I 的理论值进行了详细的讨论，这里我们想要寻求 RSJ 模型中 $R(T, I)$ 的更简单的形式。

对于 TES 这样 γ 值较大的情况，RSJ 模型中约瑟夫森结的电压可以简洁地表达[58]。当 $I > I_c(T)$ 时，电压值如下：

$$V(T,I) = R_n(I^2 - I_c(T)^2)^{1/2} \tag{15.16}$$

TES 的电阻值直接可以求得，为：

$$R(T,I) = R_n\left(1 - \left(\frac{I_c(T)}{I}\right)^2\right)^{1/2} \tag{15.17}$$

进一步，代入公式（15.10）和（15.11），就可以得到 α_I 和 β_I 的表达式：

$$\alpha_I(T,I) = -\frac{R_n^2}{R^2}\frac{I_c(T)^2}{I^2}\frac{\partial \ln I_c(T)}{\partial \ln T} \tag{15.18}$$

$$\beta_I(T,I) = \left(\frac{R_n}{R}\right)^2 - 1 \tag{15.19}$$

公式（15.16）相比于公式（15.15）求解 α_I 和 β_I 的方法更加简洁，从数值上看，公式（15.18）和（15.19）是公式（15.15）求得的 α_I 和 β_I 的上限。

要使用公式（15.18），就必须知道等式右边的临界电流 $I_c(T)$，这就必须采用 Usadel 方程来求解[59]，因为是 TES 与电极接近时的效果。参考文献[56, 59]用这种方法求得约瑟夫森电流与温度关系的数值解，并从这里推导出了 α_I 和 β_I。这里讨论一下更加容易求得 $I_c(T)$ 的方法。

根据参考文献[60]，在 TES 长度非常长，且 $T \geqslant T_{ci}$ 的时候，基于 Usadal 理论的临界电流通过有效衰减长度（Effective Decay Length）ξ^* 可以近似表达为以下式子：

$$I_c(T,I) = I_{c0}V^*\frac{L}{\xi^*}\exp\left(-\frac{L}{\xi^*}\right) \tag{15.20}$$

这里，I_{c0} 是绝对温度下的临界电流。V^* 和 ξ^*，在 $T_{ci} = 0$ 的极限情况下为[60]：

$$\xi^* = \xi_N\sqrt{\frac{T_{CL}}{T}} \tag{15.21}$$

$$V^* = \frac{32T\Delta^2}{T_{CL}[\pi kT + \Delta^* + \sqrt{2\Delta^*(\pi kT + \Delta^*)}]^2} \tag{15.22}$$

这里，ξ_N 是构成弱连接的超导体 N' 的特征相干长度，T_{CL} 是电极（S）的超导转移温度，$\Delta^* = ((\pi kT)^2 + \Delta^2)^{1/2}$，而 $\Delta(T)$ 是超导能隙。如公式（15.21）所示，长度足够的 SNS 结，

ξ^* 也将超过 ξ_N。而对于任意的 T_ci，ξ^* 表达式为：

$$\xi^* = \xi_\text{N} \sqrt{\frac{T_\text{CL}}{T}\left[1+\frac{\pi^2}{4}\ln^{-1}\left(\frac{T}{T_\text{ci}}\right)\right]} \tag{15.23}$$

这给出了很好的近似值[62]。

综上所述，根据公式（15.17）、（15.20）、（15.22）、（15.23）算得的 $R(T,I)$ 的结果如图 15.14（a）所示。计算采用的参数都来自光 TES，详细数值将在后续详述。RSJ 模型中，施加大电流时，电阻转移曲线的形状变化不大，只有 T_c 在保持着陡峭变化趋势的同时数值有下降的趋势。因此，α_I 的值将比下一节介绍的二流体模型中更大。

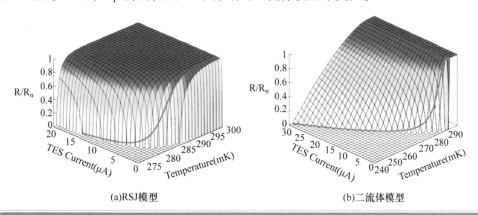

(a)RSJ模型   (b)二流体模型

图 15.14　TES 超导转移模型算得的 $R(T,I)$ 变化曲面的计算结果。（a）是基于 RSJ 模型的公式（15.16），（b）是基于二流体模型的公式（15.25）绘制而成。电阻值根据 R_n 进行了归一化。实线来自公式（15.29），TES 的工作点在实线以上

3. 二流体模型

下面根据二流体模型来研究温度敏感度 α_I 和电流敏感度 β_I。二流体模型，是 Skocpol-Beasley-Tinkham 所提出的相位滑移中心（PSC，Phase Slip Center）模型的简化，假定了 TES 中的电流包括库伯电子对形成的超导电流，以及准粒子形成的常导电流两种成分[49,63]。

$$I = c_I I_\text{C}(T) + V/(c_R R_\text{n}) \tag{15.24}$$

这里，c_I 和 c_R 是二流体模型中的参数，$0 \leqslant c_I \leqslant 1$，$0 \leqslant c_R \leqslant 1$。根据公式（15.24）得到 $R(T,I)$：

$$R(T,I) = c_R R_\text{n}\left(1 - c_I \frac{I_\text{C}(T)}{I}\right) \tag{15.25}$$

然后将公式（15.25）代入到公式（15.10）和（15.11），得到：

$$\left\{ \alpha_I(T,I) = -c_I c_R \frac{R_\text{n}}{R} \frac{I_\text{C}(T)}{I} \frac{\partial \ln I_\text{C}(T)}{\partial \ln T} \right. \tag{15.26}$$

$$\beta_I(T,I) = c_R \frac{R_\text{n}}{R} - 1 \tag{15.27}$$

这里假定 c_I 与温度无关，c_R 与温度以及电流无关。将公式（15.18）、（15.19）和二流体模型的公式（15.26）、（15.27）相比可以发现，当 $c_I = c_R = 1$ 的时候，两组公式形式就非常类似了，由同样的参数构成，但是幂次不同。另外，关于公式（15.26）所包含的临界电流对温度的依赖关系，在二流体模型中只有 T_c 附近的温度才是重要的，所以从 GL 方程得到的下面这个公式是适用的：

$$I_c(T) = I_{c0}\left(1 - \frac{T}{T_c}\right)^{3/2} \tag{15.28}$$

这里 I_{c0} 是绝对温度时的 I_c。

根据以上这些公式计算出二流体模型中 TES 的电阻值相对温度和电流的依赖关系，如图 15.14（b）所示。二流体模型中，TES 电阻温度曲线与自身流过的电流有很大的关系，电流值增大的时候，电阻的变化幅度有增大的趋势。

4. 温度敏感与电流敏感模型的比较

下面从二流体模型得出的 $R(T, I)$ 出发，研究一下 TES 的工作点所对应的 α_I 和 β_I[51,64]。为此，我们计算出 TES 在有限的偏置电压 V 的作用下，得到热平衡状态时的温度和电流的解[63]。

$$\frac{V^2}{R(T, I)} = K(T^n - T_b^n) \tag{15.29}$$

这里以日本产综研（AIST）开发的 Ti-Au 双金属层光 TES（大小 $5\mu m \times 5\mu m$，厚 30nm）为例，计算 α_I 和 β_I 的值。公式（15.29）中各参数的取值为 $T_c = 289.6mK$，$T_b = 85mK$，$K = 2.613nW/K^n$，$n = 5.07$，$R_n = 2.61\Omega$[23]。公式（15.28）中的 I_{c0} 取 0.5mA，公式（15.25）中的 c_R 和 c_I 分别取 1 和 0.9，这是为了最好地复原光 TES 临界电流的温度依赖关系，以及电流-电压特性的实验值。在 RSJ 模型中，$T \gg T_{ci}$，为此，我们取 $T_{ci} = 271mK$，并且为了复原电流-电压特性的实验值，取 $\xi_N = 20nm$。电极的超导转移温度 $T_{cL} = 9K$，$I_{c0} = 0.5mA$，这都与二流体模型取的是相同的值。

图 15.14 中所示的 $R(T, I)$ 就是根据以上参数计算出来的，而图中的实线是公式（15.29）的解。也就是说，随着 TES 上所施加的偏置电压 V 的变化，TES 的温度和电流的关系将沿着 $R(T, I)$ 曲面上实线的轨迹而移动。

图 15.15（a）和（b）比较了二流体和 RSJ 两种模型的实验所测得的 TES 的电流-电压以及加热功率-电压特性。定性地看，两种模型的实验结果的趋势是一致的，但在一些细节上有差异。这个器件在 $V = 3.5\mu V$ 附近刚好是常导态向超导态转移的过渡区，在这个电压附近，两种模型的数据差异是比较大的。尤其是二流体模型在 $V = 3.5\mu V$ 位置电流和加入功率的变化是不连续的，而 RSJ 模型在这里是连续变化的。而在 $V < 2.1\mu V$ 区域，RSJ 模型的数值能够更好地和实验测得的数据相吻合。

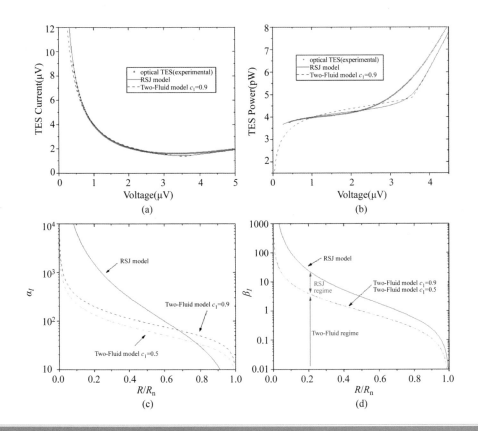

图 15.15 TES 电阻模型的比较。(a) TES 的电流-电压特性，(b) 加热功率与 TES 电压的关系。(c) 和 (d) 分别是根据电阻模型求得的温度敏感度 α_I 和电流敏感度 β_I 与偏置电压的依赖关系

图 15.15（c）是 TES 在各个偏置信号下 R/R_n 的值与 α_I 的关系。每个模型所用的 $I_c(T)$ 的表达式是不一样的，所以 α_I 的区别也是比较复杂的。一般来说，R/R_n 的值较小的区域，RSJ 模型的 α_I 较大，而 R/R_n 的值较大的区域，二流体模型的 α_I 较大。二流体模型中取 $c_I=0.5$ 时与 $c_I=0.9$ 时相比，α_I 的值较小。

图 15.15（d）是各个 R/R_n 的值与 β_I 的关系。β_I 中不包含 $I_c(T)$ 的因素，所以其结果比 α_I 简单许多。当 $R/R_n=1$ 时，两种模型的 β_I 的值都极小，当 R/R_n 变小时，β_I 都取正值且是发散的。RSJ 模型发散的程度更明显。在前面说过，公式（15.19）给出了 RSJ 模型的上限，而经过数据的计算，可以确认 RSJ 模型的下限可以由下式给出：

$$\beta_I = \frac{R}{R_n} - 1 \tag{15.30}$$

这个式子等价于二流体模型中公式（15.27）取 $c_R=1$ 的情况。因此，RSJ 模型的 β_I 在图中的 RSJ regime 范围内取值。二流体模型的 β_I 的上限由公式（15.30）给出，其取值范围是图中的 Two-Fluid regime 范围。

以上就是 RSJ 模型与二流体模型 α_I 和 β_I 理论值相关的介绍。将这些理论值与实际的 TES 器件 α_I 和 β_I 的实测值相比，就可以得到 TES 在超导相变转移区域内的工作原理的解释。因此对于 TES 器件来说，α_I 和 β_I 的测量是必需的，研究人员提出了各种办法来得到它们，包括复杂的阻抗测量以及温度模型等。感兴趣的读者，可以查看参考文献[52]等。

▶▶ 15.4.3   TES 的应用

TES 是目前光子探测器中探测效率最高的一种，并且具有光子数识别（能量分辨）的功能。利用这些性质，可以在量子光学、量子通信、单光子光谱成像等领域展开实际应用[5,31,51,65]。

在量子通信领域，TES 可以用于量子加密通信、线性光量子计算等，在这里我们将介绍一下量子最优接收机的应用情况。量子最优接收机是相干光通信的一种，通过光脉冲中光子的有无，或光脉冲的相位调制，来传输 1 或 0 的信号。光脉冲中光子数越多，信息传输就越不会出错，但是在长距离空间光通信中，虽然光子数减少，但产生的误码率（BER，Bit Error Rate）却是有限的。这个限度就是标准量子极限（SQL，Standard Quantum Limit），一般认为误码率是不可能低于 SQL 的。但是如果积极利用光的量子性，是可以低于 SQL 极限的，这已经得到了实验验证。

参考文献[66]中，以二进制相移键控（BPSK，Binary Phase-Shift Keying）调制为例，验证了使用相位操纵和高效率 TES 光子探测器的量子接收机。图 15.16 是误码率测试结果，对于处于理想同步极限（Homodyne Limit）的量子效率 100% 的 SQL 来说，相位操纵的平均光子数为 0.6 个，BER 的结果低于 SQL。能够获得低于 SQL 的误码率的量子最优接收机，可以在无法使用中继放大器的长距离光通信和深空光通信等领域，光子数必然减少的情况下保持工作，是一项非常重要的技术。

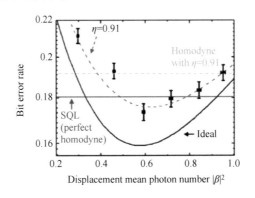

图 15.16 利用相位操纵和高效 TES 制造的量子最优接收机，在 BPSK 中的误码率测试结果。成功将误码率降到了标准量子极限（SQL）以下[66]

再举一个利用 TES 的光子数识别功能的应用，就是在光量子态的非高斯操作方面的应用。非高斯操作，是指通过三次以上的非线性光学过程，来控制光子的量子状态的技术。详细内容在参考文献[67]中有介绍，这项技术一经应用，就远远超过了以往经典的高斯操作[⊖]的信息处理能力，表现出的信息处理能力几乎接近量子力学所允许的极限。但是，对光子数很少的微弱光进行非高斯操作，很难实现非线性光学过程。

这个问题的解决方法之一：有文献报道了通过压缩光（Squeezed Light）和光子数识别器的组合来增强非线性光学过程，获得了非高斯状态，并得到了验证。在光通信波段产生的压缩光，经过光束分束器分割，其中一路被 TES 光子数识别器测量并投射到光子基态，另一路则变换为非高斯状态。此时测得的结果如图 15.17 所示[68]。观察到了高斯状态下不可能观察到的两个特征峰（称为"薛定谔的猫"），说明成功得到了非高斯状态。

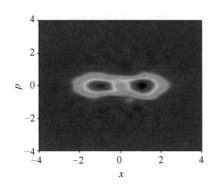

图 15.17　从压缩光中提取两个光子后，量子状态的 Wigner 函数强度分布。观察到了非高斯状态特有的两个特征峰[68]

这项技术对于纠缠蒸馏（Entanglement Distillation）和通用量子计算机等未来技术，可能具有基础意义。另外，有文献报道了，对于量子力学中争论了 50 年的局域实在性的存在与否的问题，已经出现了历史性的结果：局域实在性只在一定的概率下发生。这篇文献使用了具有高探测效率的 TES 探测器[69]和 SSPD[70]，证实了，在量子力学中贝尔不等式不成立。

举一个利用 TES 的能量分辨率的例子，TES 被应用在微弱光和荧光单光子光谱成像方面。在生命科学领域，对生物细胞用荧光分子染色并观察，在细胞核和线粒体等部位识别的同时，对其进行动态图像采集，以探索其生物功能。由于荧光波长代表了染色部位或单一分子，尤其是在大量染色的复杂情况下，就必须具有覆盖整个荧光范围的广域光谱，以及足够的波长分辨率。

参考文献[71]用安装了 TES 的共焦显微镜进行了单光子光谱成像。样品上微弱的反射光经过光纤导入到 TES 中，不经过分光元件，直接用 TES 观测光子的能量，可以得到反射光谱，而且用几十个光子就可以采集到彩色图像。图 15.18 是通过单光子光谱成像，用

⊖　需要光束分束器、波长板，以及同步（Homodyne）检波等过程。

1μW 以下的激光激励强度观察到的牛肺动脉内壁细胞的荧光染色图像。线粒体用红色来表示，细胞骨架用绿色来表示，让人们清晰地辨认出各个部位。

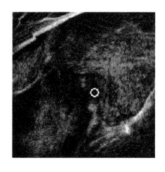

　　根据共焦点光学显微镜的光学条件，可以得到光的折射极限以下的空间分辨率，这种情况下光子的收集效率是极低的。但使用了 TES 这种高效率、低暗计数率且具有能量分辨能力的光子探测器后，这种条件下依然可以得到信噪比高、空间分辨率好的光谱图像。

　　举一个 TES 的单光子光谱测量的应用例子，NASA 提出利用 TES 对太阳系外行星的生物学痕迹进行探测[72]。如果太阳系外存在着与地球相似的行星，并且其大气层中含有氧气和水，或者二氧化碳和甲烷的话，那么这颗行星的光谱中就会出现这些物质特有的吸收峰。但这些光谱的观测是相当困难的，即使使用直径 12m 的望远镜，预计也需要 6 分钟才能接收到一个达到焦平面的光子。因此 TES 极低的暗计数率就受到了期待。与现有的单光子探测器比较起来，TES 在可见光范围内的暗计数率几乎为零。这种特性被称为量子极限（Quantum-Limited），在观测对象的光子数极少的情况下，信号也不会被噪声淹没，这是非常理想的性能。

15.5　运用其他超导现象的单光子探测器

　　除了 SSPD 和 TES 以外，人们也提出了很多基于其他超导现象的光子探测器。这里介绍两种利用超导体内准粒子的非平衡状态进行工作的光子探测器。

　　第一种是超导隧道结（STJ，Superconducting Tunnel Junction）探测器，是对光子入射产生的准粒子（Quasi-Particle）进行探测的能量分辨型探测器[5,73]。图 15.19 是其构造示意图。STJ 探测器和约瑟夫森结一样，是两个超导体夹住一个绝缘体的结构。在对探测器施加磁场、抑制约瑟夫森电流的同时，对结施加低于超导能隙的电压。这样的状态下，无论光子入射到哪一边的超导体，都会激励出现准粒子，作为隧道电流流经绝缘体，并被检测出来。STJ 与测量 X 射线用的 TES 相比，具有较快的响应速度（约为数 μs），所以从 20 世纪 90 年代后期开始，以欧洲国家为中心，进行了研究开发。在日本，不仅是可见光领域，在软 X

射线、粒子探测及其阵列化方面，都取得了蓬勃的发展。

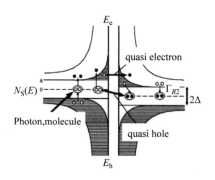

图 15.19　超导隧道结型探测器的构造和检测原理[5]。采用两个超导体夹住
一个绝缘体的结构。由入射光子引起的准粒子以隧道电流的形式被检测出来

　　第二个例子是动态电感探测器（KID，Kinetic Inductance Detector）[10]。其基本结构如图 15.20 所示。KID 由带有超导体的 LC 振荡器，和引入 GHz 波段微波的馈线构成。由于读出信号是通过微波的方式，所以又称为 MKID。KID 的工作原理，是当光子入射时，准粒子的密度上升，并使动态电感发生变化。动态电感的变化是由超导振荡器的谐振频率偏移而引起的，将馈线所提供的微波以及通过超导振荡器以后的微波进行同步检波，从而确定是否有光子的入射。响应信号与入射光子的能量有关，因此 KID 也是具有能量分辨功能的探测器。另外，KID 上可以将不同振荡频率的超导谐振器并联在馈线上，每个振荡器相当于一个独立的频道，可以分别读出信号。因此可以用 KID 组成大规模阵列，以增大探测有效面积等，具有非常多的好处。举个例子，NIST（美国国家技术与标准研究院）等机构报道，TiN 基超导体在通信波段用 KID 实现了光子数识别[28]。另外，日本也正在研发亚毫米波、声子等各种 KID 探测器。

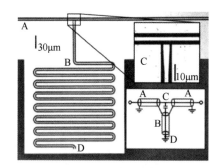

图 15.20　动态电感探测器的基本构造[10]。其中，A 是馈线，
C 是耦合电容，BD 是超导振荡器

15.6 总结

本章介绍了许多巧妙地利用超导现象来探测光子的器件。介绍了微弱光光子探测领域对光子探测器的性能要求和当前光子探测器的现状，并在基于超导原理的单光子探测器中列举了 SSPD 和 TES 等各种探测技术的基本原理和实际应用。

SSPD 具有高速响应的特性，并且能在比较高的温度中工作，所以在量子加密通信等领域具有很好的应用。探测效率已经达到了非常高的水平，能够满足实际应用的需求，所以已经有几家制造商对这个产品实现了商业化。对于它的光子探测原理等方面，人们进行了深入而有趣的物理理论研究，但仍然有许多没有完全搞明白的地方。如果这方面的理解能够继续推进，相信一定可以通过降低暗计数率等方式进一步提高 SSPD 的性能。

TES 是能量分辨型超导光子探测器，特点是不仅能探测出光子，还可以测定光子的能量，具有从近红外、可见光、直到 X 射线波段宽广的能量范围的光谱探测能力。生物细胞可以通过化学反应发光，也可以在激光的激励下产生荧光，人们通过非线性现象将其转化为光子，这些光子的能量与物质的原子、分子中的电子状态具有密切的关系，然后借助 TES 强大的高精度光谱测量功能，就可以方便地观察和了解物质的化学状态、生物体内的反应过程等，对处于高阶非线性状态的光量子信息的测量具有重要的作用。在光子探测过程中，TES 在温度和电流的影响下，在超导相变转移温度范围内进行工作，通过理论研究发现，超导临界电流和相干长度对于器件的性能有重大的影响。今后随着理论研究的进一步推进，有望继续提高 TES 的能量分辨率和响应速度等性能。

在撰写本文的过程中，得到了日本产业技术综合研究所物理计量标准研究部门量子测量基础研究课题组的许多宝贵意见。该研究所的大久保雅隆博士也提供了 IEC 标准方面的重要信息。本文作者的部分研究，得到了 JST-CREST（JPMJCR17N4）、文部科学省 Q-LEAP（JPMXS0118067581）、产综研 CRAVITY、产综研 NPF、NIMS 微加工平台、东京大学微结构分析平台的支持。

参 考 文 献

[1] K. D. Irwin, G. C. Hilton, D. A. Wollman, and J. M. Martinis, *Appl. Phys. Lett.* **69**, 1945 (1996).

[2] D. A. Bennett and et al., *Rev. Sci. Instrum.* **83**, 093113 (2012).

[3] B. Cabrera, R. M. Clarke, P. Cooling, A. J. Miller, S. Nam, and R. W. Romani, *Appl. Phys. Lett.* **73**, 735-737 (1998).

[4] M. Ohkubo, *Physica C* **468**, 1987-1991 (2008).

[5] 大久保雅隆，『低温工学』**46**, No. 2, 47-52 (2011).

[6] M. D. Eisaman, J. Fan, A. Migdall, and S. V. Polyakov, *Rev. Sci. Instrum.* **82**, 071101 (2011).

[7] R. H. Hadfield, *Nature Photon.* **3**, 696-705 (2009).

［8］ A. E. Lita, A. J. Miller, and S. W. Nam, *Opt. Express* **16**, 3032（2008）.

［9］ G. N. Gol'tman, O. Okunev, G. Chulkova, A. Lipatov, A. Semenov, K. Simirnov, B. Voronov, A. Dzardanov, C. Wiliams, and R. Sobolewski, *Appl. Phys. Lett.* **79**, 705-707（2001）.

［10］ P. K. Day, G. G. LeDuc, B. A. Mazin, A. Vayonakis, and J. Zmuidzinas, *Nature* **425**, 817-821（2003）.

［11］ D. A. Wollman, K. D. Irwin, G. C. Hilton, L. L. Dulcie, D. E. Newbury, and J. M. Martinis, *J. Microsc.* **188**, 196（1997）.

［12］ W. B. Doriese and 333333333333333333333., Rev. Sci. Instrum. **88**, 053108（2017）.

［13］ *C. H. Titus and* et al., J. Chem. Phys. **147**, 214201（2017）.

［14］ *K. Mitsuda and* et al., Proc. SPIE **7732**, 773211（2010）.

［15］ *H. Takesue, S. W. Nam, Q. Zhang, R. H. Hadfield, T. Honjo, K. Tamaki, and Y. Yamanoto*, Nature Photon. **1**, 343-348（2007）.

［16］ *K. Tsujino, D. Fukuda, G. Fujii, S. Inoue, M. Fujiwara, M. Takeoka, and M. Sasaki*, Opt. Express **18**, 8170-8114（2010）.

［17］ *E. Knill, R. Laflamme, and G. J. Milburn*, Nature **409**, 46-52（2001）.

［18］ *K. Niwa, T. Numata, K. Hattori, and D. Fukuda*, Sci. rep. **7**, 45660（2017）.

［19］ *See https://www.hamamatsu.com/resources/pdf/etd/R3809U-61-63-64_TPMH1295E.pdf*

［20］ *See https://www.hamamatsu.com/resources/pdf/etd/R5509-43_-73_TPMH1360J01.pdf*

［21］ *See http://www.excelitas.com/Downloads/DTS_SPCM-AQRH.pdf*

［22］ *See https://marketing.idquantique.com/acton/attachment/11868/f-0234/1/-/-/-/-/ID230_Brochure.pdf*

［23］ *D. Fukuda, G. Fujii, T. Numata, K. Amemiya, A. Yoshizawa, H. Tsuchida, H. Fujino, H. Ishii, T. Itatani, S. Inoue, and T. Zama*, Opt. Express **19**, 870（2011）.

［24］ *F. Marsili, V. B. Verma, J. A. Stern, S. Harrington, A. E. Lita, T. Gerrits, I. Vayshenker, B. Baek, M. D. Shaw, and S. W. Nam*, Nature Photon. **7**, 210-214（2013）.

［25］ *T. Yamashita, S. Miki, H. Terai, and Z. Wang*, Opt. Express **21**, 27177（2013）.

［26］ *S. Miki, T. Yamashita, H. Terai, and Z. Wang*, Opt. Express **21**, 10208（2013）.

［27］ *G. W. Fraser, J. S. Heslop-Harrison, T. Schwarzacher, P. Verhoeve, and A. Peacock*, Rev. Sci. Instrum. **74**, 4140-4144（2003）.

［28］ *W. Guo, X. Liu, Y. Wang, Q. Wei, L. F. Wei, J. Hubmayr, J. Fowler, J. Ullom, L. Vale, M. R. Vissers, and J. Gao*, Appl. Phys. Lett. **110**, 212601（2017）.

［29］ *A. Engel, J. J. Renema, K. Il'in, and A. Semenov*, Supercond. Sci. Technol. **28**, 114003（2015）.

［30］ *T. Guruswamy, D. J. Goldie, and S. Withington*, Supercond. Sci. Technol. **28**, 054002（2015）.

［31］ 福田大治，『分光研究』 **67**, No. 6, 241-255（2018）.

［32］ A. J. Kerman, E. A. Dauler, W. E. Keicher, J. K. W. Yang, K. K. Berggren, G. Gol'tsman, and B. Voronov, *Appl. Phys. Lett.* **88**, 111116（2006）.

［33］ J. J. Renema, R. Gaudio., Q. Wang, Z. Zhou, A. Gaggero, F. Mattioli, R. Loni, D. Sahin, M. J. A. de Dood, A. Fiore, and M. P. van Exter, *Phys. Rev. Lett.* **112**, 117604（2014）.

［34］ A. D. Semenov, G. N. Gol'tman, A. A. Korneev, *Physica C* **351**, 349-356（2001）.

［35］ A. Semenov, A. Engel, H. -W. Hübers, K. Il'in, and M. Siegel, *Eur. Phys. J. B* **47**, 495-501（2005）.

［36］M. Hofherr, D. Rall, K. Ilin, M. Siegel, A. Semenov, H. -W. Hübers, and N. A. Gippius, *J. Appl. Phys.* **108**, 014507 (2010).

［37］L. N. Bulaevskii, M. J. Graf, and C. D. Batista, *Phys. Rev. B* **83**, 144526 (2011).

［38］L. N. Bulaevskii, M. J. Graf, and V. G. Kogan, *Phys. Rev. B* **85**, 014505 (2012).

［39］A. N. Zotova, and D. Y. Vodolazov, *Phys. Rev. B* **85**, 024509 (2012).

［40］D. Y. Vodolazov, *Phys. Rev. B* **90**, 054515 (2014).

［41］J. J. Renema, G. Frucci, Z. Zhou, F. Mattioli, A. Gaggero, R. Leoni, M. J. A. de Dood, A. Fiore, and M. P. van Exter, *Phys. Rev. B* **87**, 174526 (2013).

［42］T. Yamashita, S. Miki, and H. Terai, *IEICE TRANS. ELECTRON.* **E100-C**, 274-282 (2017).

［43］D. Bouwmeester, A. Ekert, A. Zeilinger eds., *The Physics of Quantum Information*, Springer Verlag (2000).

［44］M. Sasaki *et al.*, *Opt. Express* **19**, 10387 (2011).

［45］N. R. Gemmell, A. McCarthy, B. Liu, M. G. Tanner, S. D. Dorenbos, V. Zwiller, M. S. Patterson, G. S. Buller, B. C. Wilson, and R. H. Hadfield, *Opt. Express* **21**, 5005-5013 (2013).

［46］T. Yamashita, D. Liu, S. Miki, J. Yamamoto, T. Haraguch, M. Kinjyo, Y. Hiraoka, Z. Wang, and H. Terai, *Opt. Express* **22**, 28783-28789 (2014).

［47］A. Mccarthy, N. J. Krichel, N. R. Gemmell, X. Ren, M. G. Tanner, S. N. Dorenbos, V. Zwiller, R. H. Hadfield, and G. S. Buller, *Opt. Express* **21**, 8904-8915 (2013).

［48］H. Zhou, Y. He, L. You, S. Chen, W. Zhang, J. Wu, Z. Wang, and X. Xie, *Opt. Express* **23**, 14603-14611 (2015).

［49］K. D. Irwin, G. C. Hilton, D. A. Wollman, and J. M. Martinis, *J. Appl. Phys.* **83**, 3978-3985 (1998).

［50］K. D. Irwin, *Appl. Phys. Lett.* **66**, 1998-2000 (1995).

［51］J. N. Ullom, and D. A. Bennett, *Supercond. Sci. Technol.* **28**, 084003 (2015).

［52］E. Figueroa-Feliciano, *J. Appl. Phys.* **99**, 114513 (2006).

［53］K. M. Morgan, C. G. Papas, D. A. Bennett, J. D. Gard, J. P. Hay-Wehle, G. C. Hilton, C. D. Reintsema, D. R. SchmidT, J. N. Ullom, and D. S. Swetz, *Appl. Phys. Lett.* **110**, 212602 (2017).

［54］S. H. Moseley, J. C. Mather, and D. McCammon, *J. Appl. Phys.* **56**, 1257 (1984).

［55］J. E. Sadleir, S. J. Smith, S. R. Bandler, J. A. Chervenak, and J. R. Clem, *Phys. Rev. Lett.* **104**, 047003 (2010).

［56］A. Kozorezov, A. A. Golubov, D. D. E. Martin, P. A. J. de Korte, M. A. Lindeman, R. A. Hijmering, J. van der Kuur, H. F. C. Hoevers, L. Gottardi, M. Yu. Kupriyanov, and J. K. Wigmore, *Appl. Phys. Lett.* **99**, 063503 (2011).

［57］W. T. Coffey, J. L. Déjardin, and Yu. P. Kalmykov, *Phys. Rev. B* **62**, 3480-3487 (2000).

［58］V. Ambegaokar, and B. I. Halperin, *Phys. Rev. Lett.* **22**, 1364-1366 (1969).

［59］A. G. Kozorezov, A. A. Golubov, D. D. E. Martin, P. A. J. de Korte, M. A. Lindeman, R. A. Hijmering, and J. K. Wigmore, *IEEE Appl. Supercond.* **21**, 250-253 (2011).

［60］K. K. Likharev, *Rev. Mod. Phys.* **51**, 101-159 (1979).

［61］A. A. Golubov, M. Yu. Kupriyanov, and E. Il'ichev, *Rev. Mod. Phys.* **76**, 411-469 (2004).

［62］M. Yu. Kupriyanov, K. K. Likharev, and V. F. Lukichev, *Sov. Phys. JETP* **56**, 235-240 (1982).

［63］D. A. Bennett, D. S. Swetz, R. D. Horansky, D. R. Schmidt, and J. N. Ullom, *J. Low Temp. Phys.* **167**, 102-107 (2012).

[64] D. A. Bennett, D. S. Setz, D. R. Schmidt, and J. N. Ullom, *Phys. Rev. B* **87**, 020508 (R) (2013).

[65] D. Fukuda, *IEICE TRANS. ELECTRON.* **E102-C**, 230-234 (2019).

[66] K. Tsujino, D. Fukuda, G. Fujii, S. Inoue, M. Fujiwara, M. Takeoka, and M. Sasaki, *Phys. Rev. Lett.* **106**, 250503 (2013).

[67] 和久井健太郎,『光学』**37**, No. 12, 712-715 (2008).

[68] N. Namekata, Y. Takahashi, G. Fujii, D. Fukuda, S. Kurimura, and S. Inoue, *Nature photon.* **4**, 655 (2010).

[69] M. Giustia and *et al.*, *Phys. Rev. Lett.* **115**, 250401 (2015).

[70] L. K. Shalm and *et al.*, *Phys. Rev. Lett.* **115**, 250401 (2015).

[71] D. Fukuda, K. Niwa, K. Hattori, S. Inoue, R. Kobayashi, T. Numata, *J. Low Temp. Phys.* **193**, 1228-1235 (2018).

[72] P. C. Nagler, M. A. Greenhouse, S. H. Moseley, B. J. Rauscher, and J. E. Sadleir, *Proc. of SPIE* **10709**, 1070931 (2018).

[73] T. Peacock, P. Verhoeve, N. Rando, C. Erd, M. Bavdaz, B. G. Taylor, and D. Perez, *Astron. Astrophys. Suppl. Ser.* **127**, 497-504 (1998).

第16章

数字集成电路

随着人工智能、大数据等技术的快速发展和云技术的普及，信息技术已经渗透到了社会生活的各个方面，引起了各种社会变革。这场变革被称为数字化转型，顾名思义，就是一场由数字信号处理和数字通信技术支持的技术革命。

在开始数字电路这个话题之前，我们先回顾一下它与模拟电路的不同之处。如今的时代，模拟电路适用的舞台已经越来越少，但是在特定的场合下，模拟电路还是具有结构紧凑、功耗更低的优点。比如测量电压或电流的模拟电表都是无源的，锗管收音机也是无源的。传感器多数都是靠模拟电路来工作的，要转换为数字信号就需要模数转换器（AD转换器），这就会在原本的噪声上又引入量子噪声。相比起来，数字电路不仅在功率消耗和处理速度上比不过模拟电路，在噪声方面也是不利的。那么为什么现在反而是数字电路技术这样大行其道呢？答案就是数字电路极大的灵活性。

我们掌握着数学这种强大的工具。依靠它，可以轻松处理复数、n维空间等在现实世界并不存在的问题。例如图像压缩、数字纠错技术等，只要有合适的数字模型就可以实现，但要用模拟电路的话就难以实现了。此外，将存储器（Memory）连接到输入和输出端，就可以随时随地地进行操作，而且操作的内容也可以通过编程（Programme）灵活地改变。AD变换虽然会引入噪声，但在数字信号的处理过程中很少产生新的噪声，即使有，它对最后结果的影响也是可预测的。

数字电路的灵活性得益于逻辑门，通过逻辑门来进行算术运算，还可以通过控制电路来决定所要进行的操作，以及用存储器来记忆控制的顺序。而控制电路也是由逻辑门组成的，可以认为数字电路就是由逻辑门和存储器构成的电路。

本章将介绍如何用超导技术实现数字集成电路。但实际上数字电路是以数学模型为基础进行工作的，具体是用半导体器件还是用超导器件，在功能上并没有什么区别。两种器件的差别，体现在获得答案所需的时间（Latency），每秒处理数据的量（吞吐量、带宽），以及功耗、能效等性能参数上。让我们从这些方面着眼，来认识超导数字集成电路吧。

16.2 半导体集成电路与超导集成电路

▶▶ 16.2.1 半导体集成电路的研究课题

根据前面所说的数字电路的特征，要充分提高灵活性的话，大规模运算电路和大容量存储器都是必要条件。如图 16.1（a）所示，现代的半导体电路中常常需要用到两种不同类型的场效应晶体管（FET，Field Effect Transistor），也就是 P 型 MOSFET 和 N 型 MOSFET，从正电源电压 V_{DD} 开始，将它们串联最后接地。输入端 A 向两个 MOSFET 同时输入相同的电压信号，如图 16.1（b）所示，它们就构成了信号互补（On 和 Off）、上下串联的两个开关。例如，输入端 A 输入 0V 信号的时候，上路的开关就接通，而下路就断开，于是电源 V_{DD} 通过导线输出电流，对负载电容 C_L 充电。这种构造就称为 CMOS（Complementary Metal Oxide Semiconductor），现在几乎所有半导体集成电路中都有它的身影。而这里的 C_L，一般是作为后级电路 CMOS 的输入，它的电容大小就应该等于后级 CMOS 器件的栅极电容。

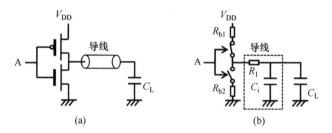

(a)　　　　　　　　　(b)

图 16.1　（a）CMOS 电路的基本结构。上下两个场效应晶体管分别是 P 型 MOSFET 和 N 型 MOSFET。（b）、（a）两个电路是等效的。导线本身也有一定的电阻 R_i 和电容 C_i。另外，为了对电源 V_{DD} 的输出电流进行限制，还要加上限流电阻 R_{b1} 和 R_{b2}，场效应管本身的电阻也被计算在内了

场效应晶体管实现功能，依靠的是一个平面型的沟道（Channel）。如果沟道的尺寸缩小为原来的 $1/k$，那么理论上来说 CMOS 的有效面积就减小到 $1/k^2$，开关所需的时间也减少到 $1/k$。这个特性对于器件的微型化（集成化）和高速化都产生了巨大的贡献，称为缩放定律（Scaling Law）或等比例缩小定律。现在的半导体加工技术正是以它为标准，向着高度精细化的方向不断推进。

缩放定律乍看之下很容易让人感到乐观。20 世纪 90 年代，半导体产业在缩放定律的指引下向着微型化、集成化的方向迅速发展，用了两年的计算机与最新的计算机相比工作速度

简直慢到无法忍受。但是到了 2000 年之后，这种增长势头就开始出现阴影。尤其是工作频率，以处理器（Micro Processor）为例，在 2000 年代初期就达到了 GHz 的水平，而现在 20 多年过去了，工作频率并没有提高。这到底是为什么呢？只有搞明白这个问题，才能理解现在的超导数字集成电路优势到底在哪里。让我们稍微仔细地说明一下。

随着器件的微型化，栅极电容 C_L 如今已经降低到 10^{-16}F 的程度。如果 V_{DD} 是 2V 的话，那么电容中存储的能量就是 $2×10^{-16}$J。这些能量在一次充放电的过程中，也就是一次开关过程中被 R_{b1} 和 R_{b2} 等消耗转变为热量。CMOS 器件的尺寸大约为 1μm 大小（包含电极），图 16.1 中的 CMOS 电路在 1GHz 的工作频率下，发热功率密度将达到 20W/cm^2。这就已经超过家用电热炉的发热水平了，如果是计算机的处理器，光靠风扇是无法进行冷却的。目前的微处理器可以根据温度精确调节电源电压和工作频率，在风扇的冷却下，发热功率密度一般也不超过 10W/cm^2。

另外一个困难在于长导线的充放电时间问题。前面说过，数字电路为了让功能更加灵活，都配有控制电路和存储器。这些器件都远离进行运算的处理器，不可避免地需要较长的导线来连接这些模块。导线具有等效电阻 R_i 和等效电容 C_i，如图 16.1（b）所示。C_i 与 C_L 程度相当或高于 C_L，而随着微型化，R_i 会逐渐增大，因此导线中的延迟时间常数不得不增大。为了减小延迟，会在长导线上加入中继电路（Repeater）来放大信号，但这也加剧了电路的发热。

由此看来，发热功率与冷却限制的矛盾，以及不断增大的线路延迟，是半导体集成电路所面临的两个问题。另外，化合物半导体目前还无法实现电子和空穴迁移率相同的 nMOS 和 pMOS 器件。性能无法超过 Si 材料 CMOS 器件的话，更大规模的集成电路也就无法实现。

▶▶ 16.2.2 超导体集成电路的发展目标

半导体集成电路所面临的这些课题，本质问题在哪里？首先是功率消耗，每一次的开关过程，都需要通过电阻对 C_i 和 C_L 充电和放电，能量就在这里损失掉了。尤其是近年来导线电容充电所需的能量有所增加。而且前面已经提到导线的充电时间常数上升，这也阻碍了器件工作频率的提高。

要想从根本上解决这些问题，就要消除逻辑电路中的充放电现象。从物理上讲，充放电现象其实是阶跃脉冲的多重反射。这意味着我们必须重新思考传统逻辑电路的编码（Coding）原理，避免大量的电荷在其间移动和存储。同时，在布线方面，要求实现无反射的电磁波信号传输。

图 16.2 是典型的二进制信号 0 和 1 与物理信号（电压）相对应的表示方法，纵轴表示电压。同步信号不是必需的，但是这里为了方便理解超导电路的编码方式，所以还是和同步信号画在一起做对比。图 16.2（a）中，当电压大于某个阈值时，信号被看作逻辑 "1"，而低于某个阈值就被看作逻辑 "0"。在这种工作方式下，举个例子，如果输入的是 "1，1" 的两个连续信号，在这段时间内，数据信号（Data 信号）将维持 1 的数据不变，减少了一次开关次数。但是这个信号到底应该读作 "1" 还是 "1，1"，需要以同步信号为参考、测

量数据信号的电压大小来判断。数据信号的这种编码方式被称为不归零码（NRZ），在开关次数与功耗成正比的 CMOS 电路中常常使用。

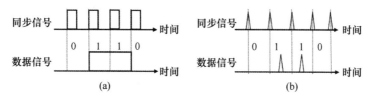

图 16.2　二进制信号的编码（Coding）方式：（a）大多数半导体逻辑电路中使用的电平逻辑（NRZ，Non-Return-to Zero），（b）脉冲逻辑（RZ，Return-to-Zero）

与之相对的，数据信号仍以电压形式出现，但在同步信号的一个周期内，数据信号出现1 之后还会回到 0，这种编码方式称为归零码（RZ），如图 16.2（b）所示。在这样的编码中，输入的到底是"1，0，1"还是"1，1"，这也需要和同步信号比较之后才能判断。后面将会说到，超导单磁通量子电路（SFQ，Single Flux Quantum）中，使用的就是脉宽在10ps 以下的归零脉冲信号。在这种情况下，同步信号与数据信号的电压比较也并不容易，需要根据同步信号的脉冲之间是否存在数据信号，来判断 0 和 1。这种通过窄幅脉冲归零信号来进行判断的方法，称为脉冲逻辑。

脉冲逻辑的物理极限是以单个量子为信息载体的电路。SFQ 电路就是一个典型的例子，它用一个磁通量子作为信息载体。显然，量子之间不存在充放电现象。而且后面将会说到，SFQ 电路利用了超导体极低的损耗，使接近理想电路的超导波导电路能够在集成电路中自由形成。脉冲信号可以以电磁波的形式在波导电路中传输。SFQ 电路的这些特点，可以克服半导体集成电路所面临的那些难题，突破发热功率密度和线路延迟所带来的限制。考虑到工作频率和集成密度，我们在图 16.3 中可以为超导集成电路找到一个专属的目标领域，也就是

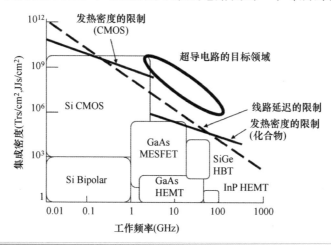

图 16.3　各种半导体器件理想的工作频率和集成密度（参照参考文献[1]而绘制）

从器件密度 1 亿/cm^2、频率 10GHz，到器件密度 100 万/cm^2、频率几百 GHz 这个范围。虽然应用领域相同，但这是超导集成电路超越半导体集成电路所要达到的目标。

发热功率密度和长线路导致的延迟，给各种器件的集成密度和工作频率带来了限制。但是超导集成电路由于不存在充放电现象，再加上脉冲逻辑和电磁波布线技术的引入，可以突破上面所说的这些限制。图中，MESFET 是金属-半导体场效应管的简称，HEMT 是高电子迁移率晶体管的简称，HBT 是异质结双极型晶体管的简称。

▶▶ 16.2.3　超导体集成电路的应用领域

超导技术有其独特的业务领域，但是否能够在社会生活中实际应用，或者说是否具有商品价值，就是另外一回事了。对于超导技术的应用来说，一个不得不考虑的问题，就是冷却的成本。并不是简单计算液氦、制冷机等的价格，而是要从系统的角度仔细斟酌所有的方面。例如，在常温环境中工作的超导系统，如何与外部进行连接，连接带来的热量侵入，以及由此带来的对其性能的制约，还有日常运行的成本和维护成本，这些必须考虑在内。另外，装液氦的容器需要多大，液氦如何补充，制冷机的大小和重量等，都要从应用的角度具体分析。

这些困难虽然还没有找到解决的办法，但是否有解决的可能性？以及在实际应用中是否必须接受它存在一定的障碍？这些方面都必须仔细地研究和认识。

1. 面向数据中心、科学计算的高性能计算机系统[2]

超导电路最显著的优点就是高速、低功耗。为了构成庞大的系统，如今以半导体技术为基础的计算机系统需要为冷却耗费大量的电力，冷却设备也需要很大的占地面积，而超导电路的冷却却没有这么多问题。在使用制冷机时，压缩机和制冷机是可以分离安装的，从而缩短了每台计算机之间的通信距离。这样通信的延迟时间也缩短了，可以带来整个计算机系统性能的提升。

用于数据中心的计算机系统中，存储器的访问，尤其是存储器的读取频率应当是相当高的。而且读出的数据还需要进行低功耗、大批量的处理。要实现这些功能，超导数字集成电路就必须具备极高的能效，以及大容量的存储器。而用于科学计算的高性能计算机系统，最重要的方面是自身的数据吞吐量（Throughput）。对此，最有效的办法只有提高工作频率，需要达到几十 GHz，而这是半导体集成电路无法做到的。

无论面对这两种应用中的哪一种，要实现高性能计算机，都必须提高芯片上约瑟夫森结的集成密度。目前的集成密度仍停留在 10 万个/cm^2 的水平，因此需要通过微型化和密集化，将密度提高一到两个数量级。另外，存储器可以说是数字电路的心脏，确保着电路的灵活性。数据中心需要的是低功耗大容量存储器，科学计算需要高速存储器。存储器是目前超导集成电路开发最缓慢的方面，期待能在这里有所突破。

2. 软件无线电通信设备

软件无线电通信设备具有两方面的功能。首先是接收信号，接收天线接收无线电信号，然后直接进行 AD 转换，转换为数字信号，并进行解调；与此同时，在用发送天线发出信号前，必须先将数字信号通过 DA 转换为模拟信号，并进行调制，最后用无线电发送。这里的调制和解调都是在数字方式下进行的。

其工作电路的核心，是一个 12 比特高精度数字 AD 转换器[3,4]，工作频率达到几 GHz。这里的高精度是通过高精度负反馈电路实现的。基于 SFQ 电路的 AD 转换器以单磁通量子为基础实现负反馈，可以在几十 GHz 的高工作频率下进行数字信号处理，因此有望达到半导体电路所不具备的高精度和高带宽性能。几 GHz 的无线电信号中包含的数字信号只有约 50 Mbit/秒，因此室温设备之间所需的带宽也比其他应用要小。这样就降低了 SFQ 电路中放大器的功率等，使系统更加容易构建。同时系统更容易抵御环境热量的侵入。

目前正在开发的 SFQ 电路中的 AD 转换器，是基于一阶 Δ 调制器或一阶 Σ-Δ 调制器的。虽然一阶调制器已经足够处理较宽的频带，但实际使用的无线电带宽是非常窄的，需要二阶或更高阶的调制器以及稀疏滤波器，才能将模拟信号转换为所需的数字信号。稀疏滤波器所需的技术水平已经达到了，但二阶及以上的调制需要模拟放大器，这是目前面临的一个障碍。但是随着 Nanocrytron[5] 等新器件的出现，让这些应用有了新的希望。

3. 单光子探测器的后处理电路

自从超导薄膜细丝化使单光子探测成为可能后，超导纳米细丝单光子探测器的研究就活跃起来[6]。研究方向主要是量子通信方面的应用，但是在单光子成像方面也令人期待。超导纳米细丝单光子探测器的难题之一，就是探测面积太小。为了解决这个问题并得到成像元件，需要将多个探测器并联起来，并且可以将"光子进入了哪一个探测器"以及"光子是什么时候进入探测器的"这些信息存储起来。这个系统需要由基于 SFQ 电路的时间数字转换器，以及编码器构成。系统可以实现高信噪比的信号处理，在室温下发送的信号是经过数字化处理的，带宽较窄，所以和软件无线电通信设备一样，可能具有减轻放大器负担并减少热侵入等优点。另外，由于超导探测器本身是在低温下工作的，所以冷却损失并不对系统构建造成额外的负担。

对于 SFQ 电路本身来说，技术难题在于低功耗和低发热功率。在寻求更高能量效率的同时，也希望能够扩大超导纳米细丝探测器的数量规模，并将探测器和 SFQ 的后处理电路集成到同一块基板上。

4. 量子计算机控制电路

量子计算机备受瞩目，是因为人们期待它能解决目前的电子计算机所不能解决的问题。在实现量子计算机所必需的量子比特中，超导量子比特被认为是最有希望的方向。但是对于超导量子比特系统性的研究还不充分，人们的讨论不多，在纠错和控制方面还需要经典计算机系统的帮助。低温损失在这里不会产生影响，SFQ 电路可以在这里应用[8]。尤其是如果能够实现在量子比特温度下工作的纠错电路，将是量子计算机规模化课题上的一大进步。

量子计算机的工作温度预计在 10mK，在这个温度下制冷机的制冷效率极低，所以要求在这个温度下运行的 SFQ 电路也必须具有极低的功耗。而且量子比特的控制通常是通过模拟电路来实现的，所以数字电路和模拟电路的开发都是非常重要的。

5. 其他

以上就是目前超导集成电路最活跃的四个研究领域。除此以外，也有一些特殊用途的信号处理电路颇受期待。例如，在 X 射线、CT 等医学成像系统中需要离散傅里叶变换来实现高速信号处理，这里可以利用 SFQ 电路的高数据吞吐量（Throughput）。另外，在射电天文领域，需要对来自宇宙的电磁波信号进行自相关处理。为了对这些速度极快、持续时间极长的序列信号进行自相关处理，就需要快速 AD 转换器，以及后续的自相关器。要满足这些要求，关键在于电路的高度集成化。

16.3 超导数字集成电路的基础

▶▶ 16.3.1 各种约瑟夫森结的模型化

约瑟夫森结是超导数字集成电路中使用最多的有源器件。约瑟夫森结中出现了新型的器件，并且也都可以在集成电路中进行应用。所以这里先从 SFQ 电路应用的角度对约瑟夫森结做一个说明。

表 16.1 总结了各种不同构造的约瑟夫森结的特征。其中最常见的是隧道型约瑟夫森结，采用超导体（S）-隧道势垒层（I）-超导体（S）结构。表中也写出了各种情况下约瑟夫森结电流 I_j 与超导电极间宏观波函数相位差 θ 的关系。结中有准粒子隧道电流。从电流-电压特性曲线中可以测量出常导态的电导 G，或者其倒数，即常导态的电阻 R。

表 16.1 各种不同构造的约瑟夫森结的特征

	隧 道 结	π 磁性结	π 磁性隧道结
结构	I ⊢ S/S	F ⊢ S/S	I/F ⊢ S/S
结电流 I_j	$I_c \sin\theta$	$I_c \sin(\theta - \pi) = -I_c \sin\theta$	$I_c \sin(\theta - \pi) = -I_c \sin\theta$
常导态电阻 $R = 1/G$	隧道电阻	磁体电阻	隧道电阻
结电容	C_0（基准）	≈ 0	$\approx C_0$
功能	开关器件	π 相移	π 相移+开关器件

但是必须注意的是，出现常导电阻并不意味着约瑟夫森结已经进入常导态，所以即使出现了电压，也还是属于超导现象。隧道电阻随温度的变化非常小，无论是常温还是超导态的情况，电阻值基本相同。隧道结能够反映出与超导能隙相关的状态密度，在能隙电压（对

于 Nb 来说是 2.9mV）以下，也就是子能隙（Sub Gap）区域，电阻将是常导态电阻的 10～20 倍。而在绝缘层的两边是金属层，因此具有结电容 C。

如图 16.4（a）所示，约瑟夫森结可以等效为电流源 I_j、常导电导 G、电容 C 的并联结构，这个模型称为 RCSJ（Resistively and Capacitively Shunted Junction），在各种约瑟夫森电路的分析中应用广泛。另外常导态电阻 R 被模拟为电压的函数，在子能隙区域电阻值会变大。

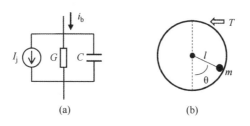

图 16.4 （a）约瑟夫森结的 RCSJ 模型，（b）单摆机械模型

图 16.4（b）将 RCSJ 模型和单摆机械模型做了比较。单摆模型中，质量为 m 的小球受到重力的力矩，这可以等价为约瑟夫森结中电流和相位差的关系。常导态电阻相当于单摆受到的空气阻力，结电容相当于单摆的惯性。而单摆的角度随时间的变化，也和约瑟夫森结中相位差与时间的关系相对应。单摆的角频率与约瑟夫森结产生的电压相对应。约瑟夫森结中施加的直流偏置电流 i_b，相当于单摆系统受到的外力矩 T。将约瑟夫森结的行为与单摆模型做对比，可以很好地帮助我们进行理解。读者可以继续思考。

在铜氧化物高温超导体被发现后，人们注意到它的序参量对称性类似于 d 波。如果真的是这样，那么两个约瑟夫森结正交放置的话，它们的 I_j 和 θ 的关系应该刚好都相差 π。实验验证也支持这个结论[9]，于是相位差为 π 的约瑟夫森结又被称为 π 型约瑟夫森结。

表 16.1 中，还有超导（S）-强磁体（F）-超导（S）结构的 π 型磁性结，以及 SFIS 结构的 π 型磁性隧道结，也得到了实验验证[10,11]。它们都是因为强磁体之间的相互作用产生了 π 的相移。π 型磁性结临界电流密度非常高，作为超导环的磁通量子化条件，一个磁通量子对应 2π 的相位差，而一个 π 型磁性结就提供一个 π 的相位差。π 型磁性隧道结主要被用作开关器件。π 型结的机械模型可以看作是单摆受到向上的重力，也就是反重力单摆。另外，与 π 型结对比，普通的隧道结可以被称为 0 型结。

▶▶ 16.3.2 磁通量子化与状态反转

用超导材料制成一个圆环，施加一个垂直圆环向外的磁场。由于超导体的完全抗磁性，外加磁场是无法穿透到超导圆环内部的。而为了防止外部磁场的穿透，超导体内会感应出屏蔽电流。在讨论外加磁场中的超导环时，环中的磁链（内部磁通量）一般都是量子化的。量子化磁通量的最小单位就叫作磁通量子。

SFQ 电路中，回路中是否有磁通量子，分别是用二进制的 1 和 0 来表示的。超导环中磁通量子的有无必须有一定的办法来控制，也就是用约瑟夫森结来控制。举一个最简单的例子，就是图 16.5 所示的 RF SQUID。这里的 SQUID 是指射频超导量子干涉仪，一般可以用作磁通量计。RF 表示这个磁通量计是用射频信号来驱动工作的。

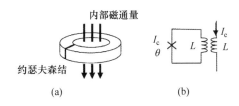

图 16.5　（a）RF SQUID 的结构示意图，（b）RF SQUID 的等效电路

图 16.5（a）是 RF SQUID 的结构示意图，有一个约瑟夫森结在超导圆环的纵剖面内。图 16.5（b）是它的等效电路。外部磁通激励电流为 I_e，并且这是以约瑟夫森结临界电流 I_c 为单位归一化的值。超导环的自感系数为 L，外部磁场通过这个电感对圆环产生作用。耦合系数设为 1。

图 16.6 是当 $LI_c \approx \Phi_0$ 时，外部磁通激励电流 I_e 与约瑟夫森结的相位差 θ 之间的关系。显然，当外部磁通为零时，约瑟夫森结中也没有电流流过，相位差也是 0。此时，如果增大 I_e 的话，就会产生反方向的屏蔽电流，相位差随之增大。继续增大 I_e，屏蔽电流的大小最终会达到临界电流值，此时一个磁通量子就会通过约瑟夫森结穿透到超导环内部。这个磁通量子伴随的电流环流为顺时针方向，与屏蔽电流的方向相反，于是约瑟夫森结中的电流减小，再次回到稳定状态。也就是说，吸收一个磁通量子后，超导环进入稳定状态。

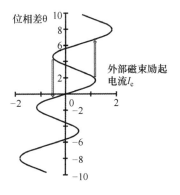

图 16.6

磁通量子进入超导环的瞬间，相位差会发生跃迁，跃迁的时间大约和约瑟夫森结相位差变化 2π 所需的时间相等。约瑟夫森结表现出非线性电感，其值为 $L_J = \Phi_0/2\pi I_c$，由此算出的周期 $2\pi (L_J C)^{-1/2}$ 就是相位差跃迁的时间。对于一般的约瑟夫森结，这个时间约为几 ps。

另外，在磁通量子保持不变的情况下，I_e 下降将使屏蔽电流也变小，直到磁通量子无法再保持，再一次发生相位差的跃迁。

根据约瑟夫森结的电压方程，相位差的时间变化率正比于约瑟夫森结的电压。所以在磁通量子进出超导环的过程中，会出现半高宽为几 ps 的电压脉冲。这种脉冲一般被称为 SFQ 脉冲，对时间做积分后，可以得到磁通量子 Φ_0。SFQ 脉冲的幅值约为 1mV，就反映出了这一点。

但是当 LI_c 的乘积变小后，图 16.6 中所表现出来的滞后现象就消失了，虽然非线性特性仍然存在，但相位差已经是外部磁通激励电流 I_e 的单值函数。这时就不会再发生相位差的跃迁了，可以通过 I_e 来控制相位差的变化。后面要介绍的绝热磁通量子参变器（Adiabatic Quantum Flux Parametron）就是基于这个原理工作的。LI_c 的乘积降低到多小才会让滞后现象消失，请读者自己推导。

再举一个例子，就是与 SFQ 电路更加接近的 DC SQUID。DC 是指磁通量计采用直流电来驱动。图 16.7（a）是 DC SQUID 的等效电路，将两个具有同样临界电流值的约瑟夫森结插入到超导环中。整个环的电感大小为 L，并在电路中施加直流偏置电流 i_b，以及磁场的等效电流 i_m。

图 16.7（b）是 DC SQUID 的临界电流调制模式图，描述了在 i_m 的控制下临界电流的变化方式。在磁场为零，即 $i_m = 0$ 时，最大临界电流值为 $2I_c$。考虑向 DC SQUID 施加少量的偏置电流 i_b。两侧的约瑟夫森结流过的偏置电流相同，工作点在图 16.7（b）的 P 点。从这里开始缓慢增加 i_m，就会出现反向流动的屏蔽电流，于是左侧约瑟夫森结中的电流会首先达到临界电流的大小，这对应了图中的 Q 点。从 Q 点继续增大 i_m 的话，磁通量子从左侧的约瑟夫森结穿透并保持在超导环内部，系统状态是稳定的。磁通量子伴随的电流环流是顺时针方向，与在 RF SQUID 中相同。

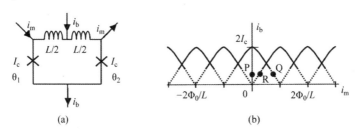

图 16.7　（a）DC SQUID 的等效电路。（b）临界电流的调制模式与各个工作点。Q 点是左侧约瑟夫森结在开关过程中，能将磁通量子保持在超导环内的工作点。R 点是磁通量子从右侧约瑟夫森结离开，超导环内不再有磁通量子的工作点

从这里开始使 i_m 下降，屏蔽电流也开始下降，右侧约瑟夫森结的电流达到临界电流，对应图中的 R 点。于是超导环内的磁通量子从右侧的约瑟夫森结退出。在磁通量子的进入

或退出的瞬间，出现 SFQ 脉冲。但是在实际的临界电流调制过程中，单磁通量子引起的变化其实无法被明显观察到，这是因为 SFQ 脉冲的持续时间太短，普通的示波器等无法捕获到信号，在图 16.7（b）中只能以虚线来表示。另外，如果将偏置电流稍微提高，整个 DC SQUID 就会进入电压输出状态，这是由图 16.4 所示的电容 C 引起的，相当于单摆模型中惯性引起的效果。

在 SFQ 电路中，为了抑制因电容 C 的影响可能产生的随机故障，以及确保相位差的跃迁能达到 2π 左右，所以在约瑟夫森结上并联了分流电阻。这相当于在单摆模型中增强了空气阻力，使系统达到了临界阻尼状态。

▶▶ 16.3.3　高速单磁通量子电路

SFQ 是所有使用磁通量子的电路的总称。最早的概念是日本东北大学中岛等人提出的相位模式电路[12]。而莫斯科国立大学的研究组也独立地提出了高速单磁通量子电路（Rapid Single Flux Quantum）的概念[13]，将各种逻辑门分类整理，进行了系统化[14]。RSFQ 电路如今也是所有 SFQ 电路的基础。

图 16.8 展示了 RFSQ 电路的基本结构。每一种都是等效电路，只是省略了分流电阻。（a）称为约瑟夫森传输线（JTL，Josephson Trasmission Line）。它相当于一系列 DC SQUID 的连接。与 16.3.2 小节中讲解的内容类似，磁通量从结 J_1 穿透进超导体。DC SQUID 中保存了一个磁通量子，磁通量子伴随的环流电流与电阻 R_2 上流过的直流偏置电流之和超过结 J_2 的临界电流时，磁通量子会通过结 J_2 向右移动。同样的道理，之后也可以通过结 J_3 继续向右。

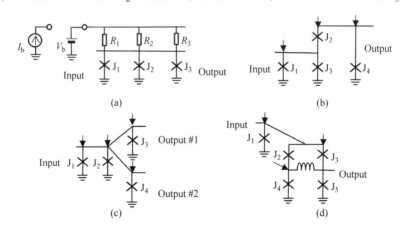

图 16.8　RSFQ 电路的基本结构。（a）约瑟夫森传输线，（b）定向传输电路，
（c）分离器电路，（d）TFF 触发器电路

约瑟夫森结中流过电流的时候，会产生脉冲电压，因此也会产生焦耳热的损失。其大小约为 $I_c\Phi_0$，也就是和约瑟夫森结的能量相等。代入参数计算的话，能量损失约为 10^{-19} J，通

过加入偏置电流来补偿这些损失。磁通量子的移动速度，是由偏置电流的大小以及能量损失之间的功率平衡决定，通过优化可以使其接近 $10^8\,\text{m/s}$。值得注意的是，这比金属和半导体中电子的费米速度还要快 1~2 个数量级。在同样的电路配置下，传输的延迟时间也就少 1~2 个数量级。

约瑟夫森结一般是电流源驱动。还是类比到单摆的例子，这是因为单摆的高速运动需要提供恒定的扭矩（Torque）。但是在图 16.8（a）中，结 J_1 会发生状态反转，而结 J_2 和 J_3 不会。从结 J_1 向电流源看去，电阻 R_2 和 R_3 与电流源并联。而在实际的有多个偏置电阻的 RSFQ 电路中，电源的情况与用电压源提供 V_b 直流电压相同。所以，RSFQ 电路的电源也有采用电压源的。

图 16.8（b）是定向传输电路，它体现出了 RSFQ 电路优秀的设计思想。在图 16.8（a）的 JTL 电路中，其实也允许反向的磁通量子（也就是反磁通量子）沿反向传播。但是在电路设计中，必须阻止反磁通量子的出现，因为它们可能会导致意想不到的故障。而在图 16.8（b）中，结 J_2 的临界电流比结 J_3 小 30%。这从左侧进入的磁通量子沿着结 J_1、J_3、J_4 的顺序移动，而从右侧进入的磁通量子则从结 J_4 进入结 J_2，然后离开电路。结 J_2 被称为逃逸结（Escape Junction）。

图 16.8（c）被称为分离器（Splitter）电路，是一种放大电路，从输入端进入的磁通量子被分成两路输出。图 16.8（d）是 RSFQ 电路实验中经常用到的 TFF 触发器（Toggle Flip-Flop）电路。磁通量子从结 J_1 进入后，结 J_3 和 J_4 发生状态反转，上下两个超导环各存储一个磁通量子，并且两个磁通量子互为逆向。而当又有一个磁通量子从 J_1 进入后，结 J_2 和 J_5 发生状态反转，上下两个环各自回到初始状态。基于这样的原理，电路每输入两个磁通量子，作为输出端的结 J_5 才发生一次状态反转。从这样的行为可以看出，TFF 触发器电路是二进制计数器的一个构成要素。连续到来的磁通量子的平均电压的测量值为 $\Phi_0 f$，f 是输入磁通量子这一操作的频率。可以通过检查结 J_1 的平均电压的一半是否是结 J_5 的一半，来检验 TFF 触发器的工作情况。有报道称，RSFQ 电路的最高工作频率为 750GHz，就是用这样的方法测得的[15]。

图 16.9 中是更为复杂的异或门电路的例子。其结构示意图为图 16.9（a）。结 J_3、J_6、

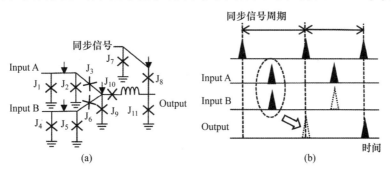

图 16.9　（a）XOR 异或门的结构。（b）异或门输入输出信号与 SFQ 电路的时序关系

J_8 分别是 Input B、Input A、同步信号的逃逸结。结 J_9 对于 Input A 和 Input B 来说都相当于分离器的功能。在两个连续的同步信号之间，如果 Input A 和 Input B 同时输入磁通量子的话，如图 16.9（b）所示，就会在结 J_2 和 J_3 中分别产生脉冲电压。此时，两个磁通量子的电流流经结 J_{10}，磁通量子从这里离开超导环。最后，在同步信号到来时，结 J_{11} 中只有偏置电流的流动，而不会输出电压值。如果只有 Input A 中输入磁通量子的话，磁通量子会保留在结 J_9-J_{10}-J_{11} 的环中，然后当同步信号到来的时候，J_{11} 发生状态反转，输出信号。从这个例子也可以看出，SFQ 逻辑门电路的输出是与同步信号的输入时间同步的。

RSFQ 电路中，逻辑门与逻辑门之间是通过波导连接的。波导自身不需要电源供电，也不会发生时间抖动。前面已经提到过，超导电路的损耗非常低，即使在超过 1cm 的长度上也能实现无差错的信号传输，这是 SFQ 电路运行速度快、功耗低的原因之一。图 16.10 是利用无源传输线（PTL，Passive Trasmission Line）也就是波导传输信号时，发送和接收电路的等效电路。结 J_t 产生的 SFQ 脉冲被发送到特征阻抗 Z_0、长度为 L 的波导上。脉冲以电磁波的形式被传输，经过结 J_r 的整流，向后续的电路传输。由于约瑟夫森结的非线性特性，阻抗匹配不可能完美，两端的反射不可避免。为了避免反射的影响，加入了电阻 R[16,17]。

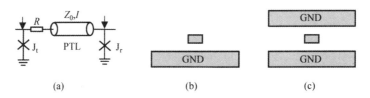

图 16.10 （a）波导（无源传输线）的等效电路。（b）具有微波传输带结构的波导。（c）具有带状线结构的波导

图 16.10（b）和（c）是集成电路中使用的波导的结构示意图。（b）是下表面接地的微带线（Microstrip）结构。（c）是上下表面都接地的 Strip 结构。

▶▶ 16.3.4 RSFQ 集成电路的开发案例

要实现 RSFQ 集成电路，显然需要建立相对应的生产工艺。目前在这方面，以日本为首，美国和中国都在开发大规模的制造工艺，但其中的基础工艺都是以日本产业技术综合研究所（产综研）提供的 Advanced Process 2（ADP2）为基础，与日本的产业界、学术界和政府一起开发的。

图 16.11 是集成电路芯片的剖面图。M1~M10 所有的层中都使用了 Nb 材料。层数编号越小越靠近底部的硅衬底。M1~M7 层之间的绝缘层是用化学气相沉积形成的 SiO_2 薄膜，表面都用化学和物理方法进行过抛光。M8~M10 层构成了 RSFQ 逻辑电路，而 M7 层则作为了它的接地面。偏置电流是从 M1 层通过 Bias Pillar 提供给逻辑电路层，这样逻辑电路与电流源实现物理隔绝，避免了自磁场的影响。约瑟夫森结是 Nb/AlO$_x$/Nb 构造的隧道结，临界电

流密度为 $10kA/cm^2$。

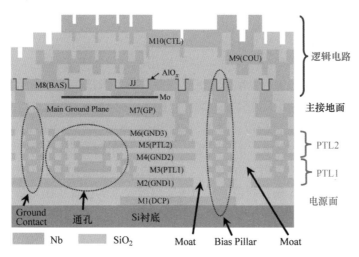

图 16.11   根据日本产综研提供的 ADP2 工艺制造的芯片剖面图

M2~M4 和 M4~M6 各自用三层构成了 Strip 结构波导，形成了两条无源传输线（PTL）。下层的 PTL 与 X 方向相连，上层的 PTL 与 Y 方向相连，两者又由通孔（Via）相连。通过这种 PTL 专用层的设置，芯片布局布线变得更加简单，尤其是对大规模电路很有利。另外，为了避免磁陷阱（Trap），在 Bias Pillar 旁边设置了 Moat 结构。

到目前为止，基于 ADP2 工艺的集成电路芯片已经有许多通过了验证，这里举一个例子来说明。图 16.12 是名古屋大学·九州大学设计的 4 位并行处理器的显微镜照片。它采用了九州大学提出的逻辑门级流水线结构，可以实现高频的并行计算。最高工作频率 32GHz，功率 6.5mW。能量效率达到 2.5T 次/（瓦秒），即使考虑到冷却方面的问题，对于微处理器来说也是非常出色的。

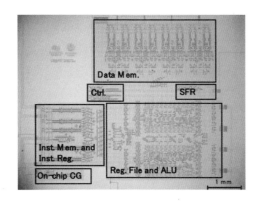

图 16.12   逻辑门级流水线结构的 4 位并行处理器的显微镜照片。工作频率 32GHz

16.4 电路的低耗能化

16.2.3 小节中介绍了超导数字集成电路的应用领域以及开发课题。为了让电路实现更低的能耗、更少的发热、更高的效率，全世界许多研究机构都提出了新的方案。

在 RSFQ 电路中虽然采用了约瑟夫森结，但是在它的偏置电阻上消耗的功率却是约瑟夫森结的 10 倍，如图 16.8（a）所示。要做到低能耗，就必须减少电阻的能耗。最直接的办法就是降低约瑟夫森结的临界电流值。目前，由于加工精度的问题，约瑟夫森结的临界电流值设定在 $50 \sim 100 \mu A$。考虑到热噪声的存在，$10 \mu A$ 的临界电流也是可以工作的，但是需要用微加工技术实现 $0.2 \sim 0.3 \mu m$ 见方的精度，即使采用最先进的技术，困难依然存在。

名古屋大学的研究团队根据 0 型结和 π 型结构成的 SQUID（0-π SQUID）临界电流大幅减少的特性，提出了半磁通量子（HFQ）电路[18]。图 16.13（a）中是 0-π SQUID 在外磁场为 0 时的两种状态，环内有顺时针或逆时针的环流。这两个状态，也可以认为是存储了负的半磁通量子或正的半磁通量子。因此，当像图 16.7（a）那样观察 DC SQUID 的临界电流调制现象的时候，0-π SQUID 就会产生相应大小的左移和右移。图 16.13（b）是名古屋大学实际测量的数据。虽然约瑟夫森结电流最大达到了 $80 \mu A$，但是在 0 磁场状态下可以降到 $8 \mu A$。

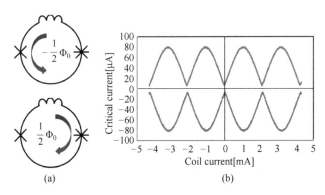

(a)   (b)

图 16.13 （a）外磁场为 0 时，0-π SQUID 的两种不同内部状态，相当于存储了负的半磁通量子或正的半磁通量子。（b）0-π SQUID 临界电流随外部磁场调制的情况，原点位置临界电流大幅降低

图 16.14 是 0-π SQUID 所对应的机械模型的例子。它相当于用弹簧等弹性体连接的两个单摆。π 型结受到反重力，这里用浮力的形式来表现。单独看一个单摆，在一次旋转中存在两个稳定状态。看整个模型，每个 π 型结都会达到稳定状态。利用这个特性，用 0-π SQUID 替换 RSFQ 电路中的约瑟夫森结，就可以实现用半磁通量子（π）而不是磁通量子（2π）来工作的 HFQ 电路了。一次状态变化所消耗的能量近似为 $I_{nominal}\Phi_0/2$，其中 $I_{nominal}$ 是减小了的临界电流。仔细计算的话，电阻消耗的能量大约是它的 $5 \sim 10$ 倍，但是也可以控制在

10^{-19} J 以下。消耗功率的大小，就是将这个值乘以工作频率。对于 50GHz 的频率，每一次状态变化消耗功率为 nW 量级，比 RSFQ 电路低 2 个量级。

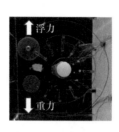

图 16.14　0-π SQUID 的机械模型。两个单摆通过弹性体（弹簧）连接。
π 型结受到的重力在这里用浮力来体现

如果要进一步降低功耗，可以采用绝热磁通量子参变器（AQFP，Adiabatic Quantum Flux Parametron）[19]。图 16.15（a）是 AQFP 的等效电路，由两个 RF SQUID 互相连接而成。如 16.3.2 小节中所述，适当地选择电感 L_1、L_2、L_q，可以让相位差变成激励电流 I_x 所控制的单值函数。约瑟夫森结所产生的电压是与相位差随时间的变化量成正比例的，如果 I_x 的上升时间或下降时间变得足够慢，那就不会产生电压了，也就不会产生能量消耗了。图 16.15（b）是由 AQFP 构成的加法器的显微镜照片。有报道称，当 I_x 大小相当于使周期达到 5GHz 的时候，每个 AQFP 电路消耗的能量为 10^{-20} J[20]。

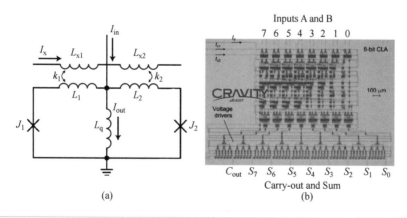

图 16.15　（a）AQFP 的等效电路，（b）加法器的显微镜照片

其工作原理如下。两个输入信号的和或差用 I_{in} 来表示。如图 16.15（a）所示的等效电路，I_{in} 的电流方向向下时，加入电流 I_x，磁通量子就会从结 J_1 进入超导环。再次说明，这里不会发生相位跃迁。这个磁通量子伴随的环流流向负载电感 I_q，作为输出电流 I_{out} 与后级 AQFP 逻辑门的输入端形成磁耦合。当 I_{in} 变为反向的时候，结 J_2 状态反转，I_{out} 也发生反向。

AQFP 逻辑门，是以 3 输入多数表决器作为基本结构。因为也可以采用固定输入，所以理论上所有的逻辑运算都可以通过多数表决器来实现。全部用这样的表决器来构成电路看起来非常烦琐，但在制造工艺和设计方面需要调制的参数非常少，成品率也会比较高。

16.5 存储器的开发动向

到这里为止，我们已经以逻辑电路为中心，介绍了超导数字集成电路的原理。最后想稍微简单介绍一下存储器相关的进展。总的来说，与 RSFQ 和 HFQ 电路的高速性能相匹配的高速存储器，以及与 AQFP 的高效率相匹配的大容量存储器都还在开发阶段，这是超导数字电路实际应用所面临的最大课题。

其原因在于，每个记录磁通量子有无的存储单元都需要一个超导环。超导环是有一定尺寸的，与半导体器件相比，它的集成度难以提升。而且无论存储容量是多少，矩阵型存储器的物理尺寸，都决定了它的功耗和访问速度。因此，存储单元的大小是一个影响因素。

解决这个问题有两种方案。第一种是用 CMOS 芯片来作为存储单元[21]。这样存储器的容量就可以做到和半导体存储器相同。另外，可以将解码器部分用 SFQ 电路来代替，减少大量的功耗。调整电路的各种参数，利用低温的有利条件，可以抵消低温损失。

另一种方案是将 0-π SQUID 作为存储单元。0-π SQUID 可以通过光速运动的 SFQ 脉冲，使存储单元的内部状态发生反转。存储单元的位线和字线中的充放电现象也可以消除，使功耗继续降低，访问时间也进一步缩短。另外存储单元本身是用来保持半磁通量子的，所以体积减小也是有可能的。但是因为仍然需要使用超导环，预计只能作为高速中规模存储器来使用。

16.6 总结

就像一开始所说的，数字电路是数字模型的具体体现，所以超导电路的唯一优势就是基于物理的性能指标，例如吞吐量、延迟、功耗、能量效率等。但是随着基于全新原理的新的器件的出现，如今超导数字电路的发展实在让人惊叹。超导大规模数字电路的验证也在推进，其他领域的研究和开发人员越来越认识到，这也许是唯一可能取代硅的集成电路技术。另外，本文没有提到的，超导集成电路的安装和供电技术也在稳步提高。

超导量子比特被认为是量子计算机最有希望的实现途径，这对于经典超导数字电路而言也是有利的。希望能够通过共同的努力，将存储器方面的遗留问题解决，为超导数字电路研究人员们实现 50 年来的梦想——超导计算机。

参 考 文 献

[1] 中村徹，三島友義，『超高速エレクトロニクス』，電子情報通信学会編，コロナ社（2003）.

［2］ D. S. Holmes, A. L. Ripple, M. A. Manheimer, *IEEE Trans. Appl. Supercond.* **23**, 13366886 (2013).

［3］ A. Fujimaki, M. Katayama, H. Hayakawa, and Y. Ogawa, *Supercond. Sci. Technol.* **12**, 708 (1999).

［4］ E. B. Wikborg, V. K. Semenov, and K. K. Likharev, *IEEE Trans. Appl. Supercond.* **9**, 3615 (1999).

［5］ A. N. McCaughan and K. K. Berggren, *Nano Lett.* **14**, 5740 (2014).

［6］ G. N. Gol'tsman, O. Okunev, G. Chulkova, A. Semenov, K. Smirnov, B. Voronov, A. Dzardanov, C. Williams, and R. Sobolewski, *Appl. Phys. Lett.* **69**, 705-707 (2001).

［7］ S. Miyajima, M. Yabuno, S. Miki, T. Yamashita, and H. Terai, *Opt. Exp.* **26**, 29045 (2018).

［8］ C. Howington, A. Opremcak, R. McDermott, A. Kirichenko, O. A. Mukhanov, and B. L. T. Plourde, *IEEE Trans. Appl. Supercond.* **29**, 2908884 (2019).

［9］ C. C. Tsuei, J. R. Kirtley, C. C. Chi, Lock See Yu-Jahnes, A. Gupta, T. Shaw, J. Z. Sun, and M. B. Ketchen, *Phys. Rev. Lett.* **73**, 593 (1994).

［10］ M. Eschrig, *Physics Today.* **64**, 43 (2011).

［11］ J. Linder and J. W. A. Robinson, *Nat. Phys.* **11**, 307 (2015).

［12］ K. Nakajima, Y. Onodera, and Y. Ogawa, *J. Appl. Phys.* **47**, 1620 (1976).

［13］ K. K. Likharev, O. A. Mukhanov, and V. K. Semenov, in SQUID'85, Berlin, Germany (1985).

［14］ K. K. Likharev and V. K. Semenov, *IEEE Trans. Appl. Supercond.* **1**, 3 (1991).

［15］ W. Chen, A. V. Rylyakov, Vijay Patel, J. E. Lukens, and K. K. Likharev, *Appl. Phys. Lett.* **73**, 2817 (1998).

［16］ Y. Hashimoto, S. Yorozu, T. Satoh, and T. Miyazaki, *Appl. Phys. Lett.* **87**, 022502 (2005).

［17］ T. Yamada and A. Fujimaki, *Jpn. J. Appl. Phys.* **45**, L262 (2006).

［18］ T. Kamiya, M. Tanaka, K. Sano, and A. Fujimaki, *IEICE Trans. Electron.* **E101c**, 385 (2018).

［19］ N. Takeuchi, D. Ozawa, Y. Yamanashi, and N. Yoshikawa, *Supercpnd. Sci. Technol.* **26**, 035010 (2013).

［20］ N. Takeuchi, Y. Yamanashi, and N. Yoshikawa, *Appl. Phys. Lett.* **102**, 052602 (2013).

［21］ T. VanDuzer, Y. Feng, X. Meng, S. R. Whiteley, and N Yoshikawa, *Supercpnd. Sci. Technol.* **15**, 1669 (2002).

第17章

量子计算机

17.1 前言

自从 1999 年首次观测到超导量子比特相干振动以来，超导量子计算机的研发不断进步，一些研究团队设计出了自己的原型机并进行了性能测试（截止到 2019 年 5 月，本章书稿完成之时），在某些特定方面的性能甚至够超过超级计算机。IBM 公司从 2016 年开始提供云服务，允许用户在网络上测试超导量子计算。原来只有专业研究人员才能接触到的超导量子计算机，从此成了生活中的普通人也可以接触的东西。本章将以超导量子比特这个内容为核心进行讨论，希望能让读者理解量子计算机的内部原理，这都是云服务中无法直接接触到的。另外，对 2019 年 5 月本章内容完成之时，超导量子计算机的研究动向做一个介绍。

17.2 超导量子计算机入门

▶▶ 17.2.1 超导量子计算机概述

超导量子计算机的基本结构示意图如图 17.1 所示。超导电路的核心芯片被搭载在采样器（Sample Package）上（图 17.1 右下），超导电路中含有量子比特（图 17.1 右上的电子显微镜照片）。采样器被稀释制冷机冷却到 0.1K 以下，接近绝对零度。当然，用电子计算机（PC）进行的运算、读取、控制和输出等部分，也属于超导计算机的一部分。本节只针对超导电路部分内容进行介绍。

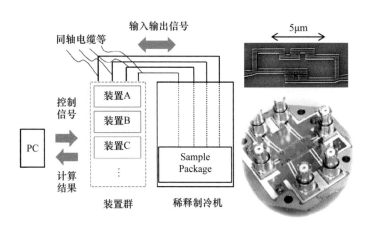

图 17.1　超导量子计算机的基本结构示意图。右下角是采样器的照片，中间搭载了超导电路芯片（3.5×10mm²）。右上角是超导量子比特（磁通量子比特）的电子显微镜照片

▶▶ 17.2.2　超导量子计算机的特征

超导量子计算机的核心是超导电路，由超导谐振电路、超导、传输电路和超导量子比特等构成。要让超导量子计算机工作，必须用制冷机提供极低温的工作条件。从应用的角度来看，这显然是一个不利条件，也是进入这个领域的技术门槛。但超导量子计算机还具有以下的优点，足以弥补这个缺点。

超导量子比特的尺寸约为几至几百 μm，是目前所有量子比特中最大的。因此，它们具有巨大的电偶极矩或磁偶极矩。这样，超导量子之间或超导量子与其他器件之间的耦合能力就很强大，意味着能够进行高速的运算。另外，虽然具有巨大的偶极矩，但它的相干时间却又很长。

能够用微波进行控制，也是超导量子计算机的一大优势。微波技术在移动通信等领域广泛应用，已经是相当成熟的了，部件和设备的成本也相对便宜。而且超导电路也是可以实现集成的，设计的自由度几乎是无限的。因此，超导量子计算机无论从哪个方面来讲，都很有发展空间。超导量子计算机相关领域的深度和广度，极大地激发着研究人员——包括本文两位作者在内——对知识的渴望。

下面我们就一起来探索量子超导计算机如此神奇的奥秘。

▶▶ 17.2.3　超导体中的状态凝聚

当我们把超导体冷却到超导转移温度以下时，其中的电子就会形成库伯电子对。库伯电子对同时具有粒子性和波动性，可以凝聚到最低能量状态。凝聚态的库伯电子对相位是一样的，无论超导体中含有多少库伯电子对，整体都表现为单一的宏观量子状态，用一个波函数（复数）就可以对其进行定义。

►► 17.2.4 约瑟夫森结

约瑟夫森结中，超导体波函数的相位起到非常重要的作用。用于超导量子比特的典型的约瑟夫森结，采用的是两层超导电极夹一层绝缘体薄膜的结构。两侧的超导体电极在绝缘层中发生隧道效应，波函数互相干涉，约瑟夫森结中就产生了超导电流 $I_s = I_c \sin\psi$，其中 I_c 是约瑟夫森结的临界电流，ψ 是两侧超导电极波函数的相位差。这是直流约瑟夫森结的情况。约瑟夫森结具有两个特征能量，分别是约瑟夫森结能量 $E_J = \Phi_0 I_c / 2\pi$，充电能量 $E_c = 2e^2/C$。其中，$\Phi_0 = h/2e$ 是磁通量子，C 是结电容，h 是普朗克常数，e 是一个电子的电量。如果 E_J 很大，随着库伯电子对在结上的反复移动，库伯电子对的数量也随之波动，两侧超导电极间的相位差 ψ 就是固定的。而如果 E_c 很大的话，受到充电状态的影响，库伯电子对的移动受限，导致两侧超导电极间的相位差 ψ 发生波动。库伯电子对数量的波动和相位差 ψ 的波动，统称为量子波动。

►► 17.2.5 宏观量子相干性

正如薛定谔的猫悖论所反映的，叠加原理能够成立的微观世界，与经典物理研究的宏观世界，存在着本质的区别。因此自从量子力学建立以来，就常常有人提出疑问：量子力学在宏观世界里难道就不能成立了吗？2003 年诺贝尔物理学奖获得者之一利盖特提出了宏观量子相干性的概念，描述量子力学在宏观物理系统中的体现。而带有约瑟夫森结的超导环（图 17.2），就是一种可以观测到宏观量子相干性的物理系统[1]。

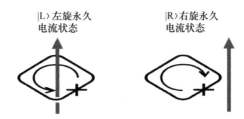

|L⟩左旋永久
电流状态 |R⟩右旋永久
电流状态

图 17.2 带有约瑟夫森结的超导环。灰色向上的箭头表示磁通量子

不考虑量子波动的话，单个磁通量子在超导环内或环外，分别会在环中产生逆时针和顺时针流动的永久电流，而且两种都是稳定状态。但考虑到量子波动的话，这两种状态间就会发生量子隧穿效应，变成两者的叠加态（束缚态和散射态），而这才是量子力学中认为的稳定的特征状态。宏观量子相干性可观测的另一个物理系统的例子，就是夹在约瑟夫森结和电容器之间的库伯电子对箱（图 17.3）。库伯电子对箱中含有的库伯电子对数量可能是 N 个，也可能是 $N+1$ 个（N 是非常大的整数），这两种状态的叠加态是量子力学中的特征状态。为了观察到宏观量子现象，就必须让量子波动充分表现出来，因此还需要最大限度地抑制噪声的干扰。

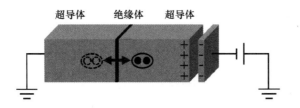

超导体　　　　绝缘体　　超导体

▶▶ 17.2.6　超导量子比特的诞生

1999 年 NEC 基础研究所的中村泰信和蔡兆申等人，通过彻底抑制测量系统中的噪声，首次在时域上控制了库伯电子对箱的量子状态（相干控制）[2]。这就是超导量子比特诞生的时刻。

库伯电子对箱又称为电荷量子比特。受他们成果的启发，各种各样的超导量子比特被研究了出来。2002 年美国国家标准技术研究院（NIST）的 Martins（之后转到 UCSB）等人提出了相位量子比特[3]；同年，法国萨克雷研究所的 Esteve、Urbina、Devoret 等人提出了 Quantronium 量子比特[4]；2003 年荷兰代尔夫特理工大学的 Mooij 等人提出了磁通量子比特[5]。

磁通量子比特，是含有 3 个及以上约瑟夫森结的超导环。NEC 基础研究所的中村泰信当时在代尔夫特理工大学担任客座研究员期间，利用他在电荷比特开发中得到的技术，对磁通量子比特的实现做出了大量的贡献。日本 NTT 物性科学基础研究所的仙场当时也是代尔夫特的客座研究员，亲眼见证了磁通量子比特的诞生。中村和仙场归国后，分别在 NEC 和 NTT 的研究团队继续研究磁通量子比特，现在也依然是日本在超导量子比特方面的核心力量。本文的作者之一吉原，曾在蔡兆申和中村的领导下参与磁通量子比特的研究，现在又在仙场（已调往 NICT 日本情报通信研究机构）的带领下，继续研究量子比特。

▶▶ 17.2.7　超导量子比特的设计

超导电路具有很高的设计自由度。为了让初始的步骤更加简便，超导量子比特基态和激发态的能量差 ω_q，必须大大高于热能 $k_B T$（T 是超导量子比特的温度）。这里，$\hbar = h/2\pi$，k_B 是玻尔兹曼常数。超导量子比特的门控，采用的是与转换频率 ω_q 相对应的交流偏置。一般来说，频率越高，技术难度越大，元件和设备的成本越高。而能够持续获得低温的设备只有稀释制冷机，最低温度可达 10mK。频率 1GHz 的光子的能量，相当于 48mK 温度对应的热能，所以超导量子比特的转换频率一般设定为 5~10GHz，这个频带是普通的商用微波设备的可用范围。

含有超导量子比特的超导量子计算机，其超导电路都是在硅或蓝宝石衬底上根据特定的图形来成膜。由线圈、电容和约瑟夫森结构成的超导电路的行为遵循量子力学规律。我们以一种常见的 Al（超导体）/Al 氧化物（绝缘体）/Al（超导体）结构的约瑟夫森结为例，估算一下它的 E_J 和 E_c。如果把约瑟夫森结看作平板电容的话，电容值为 $C = \varepsilon_r \varepsilon_0 S/d$，其中 $\varepsilon_0 = 8.854 \times 10^{-12} \text{F/m}$ 是真空介电常数。如果把 Al 氧化物的相对介电常数 ε_r 算作 10，绝缘层厚度为 1nm，约瑟夫森结的面积 S 为 10000nm^2 的话，算出 $C = 0.89 \text{fF}$，$E_c/h = 21.7 \text{GHz}$。而约瑟夫森结的临界电流密度约为 $5 \mu\text{A/}\mu\text{m}^2$。将 $S = 10000 \text{nm}^2$ 代入，可得 $I_c = 0.05 \mu\text{A}$，$E_J/h = 24.9 \text{GHz}$，E_c 和 E_J 量级相同。由于 E_c 与 S 成反比，而 E_J 与 S 成正比，所以 E_J/E_c 比值与 S^2 成正比。一般这个比值设为 50，这就要求约瑟夫森结比较小，边长只有几百 nm。

▶▶ 17.2.8　超导量子比特的制备

制备 Al/Al 氧化物/Al 结构的小型约瑟夫森结，可以采用倾斜角沉积法（图 17.4）。首先以某个角度沉积一层 Al 薄膜，然后向腔内通入氧气，将 Al 的表面进行一定程度的氧化。调整氧气的分压和氧化时间，可以作为调节临界电流密度的手段。然后，选择新的角度沉积另一层 Al，这样在两层 Al 的重叠部分，就形成了微小的约瑟夫森结。通过掩膜版和电子束光刻在薄膜上进行图形化工艺。倾斜角沉积法是一种非常简单的工艺，但是可以获得高质量的微小约瑟夫森结，因此从超导量子比特诞生之前直到现在都在广泛使用。可以认为，正是由于工艺简单，所以最大限度地减少了影响质量的因素。

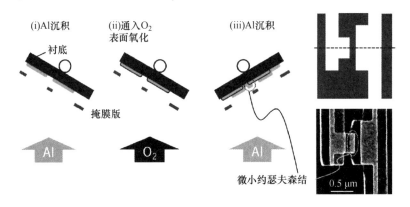

图 17.4　用倾斜角沉积法制作 Al/Al 氧化物/Al 微小约瑟夫森结的过程。左图中的虚线表示掩膜版的位置，右上图是掩膜版上的图形，右下图是得到的约瑟夫森结的电子显微镜照片

▶▶ 17.2.9　超导量子比特的测定

通过稀释制冷机，可以将超导电路冷却到 10mK 的极低温度。稀释制冷机不需要液氦等冷媒，目前正在快速普及。只需按下开关，就可以从室温冷却到极低的温度，再也不用为补充液氦而烦恼，实验者的劳动和经济压力都大大减轻。

超导量子比特的门控和状态测量，都是通过与转换频率相对应的微波的输入输出来实现的。微波源在室温（300K）状态下发出微波，达到发热量仅有其 1/10000 的极低温（比如 0.03K）的超导电路，为了让室温状态下的微波探测器测到响应信号，就必须设法降低室温下的热噪声，保证超导电路发出的微弱信号不被室温热噪声掩盖。为此，微波源就要发出比正常大 10000 倍的微波信号，与热噪声共同衰减，保证在微波到达超导电路时具有足够的信噪比（SN 比）。同时，在极低温、4K 和室温各个温度阶段设计放大器，放大来自超导电路的微弱信号，从而在短时间内获得可测量的信噪比。由此看来，量子比特实验对微波技术的要求是非常高的。

17.3 从超导量子比特到超导量子计算机

▶▶ 17.3.1 DiVincenzo 准则

美国的理论物理学家 DiVincenzo 提出了五条准则作为实现量子计算机的必要条件[6]，称为 DiVincenzo 准则：①可以用二能级体系标准量子状态；②量子状态能够很容易地初始化到初态；③相干时间足够长；④具有一套通用的量子门操作；⑤具有特定量子比特的测量能力。这些条件其实也是实现超导量子计算机的超导量子比特所必须满足的条件，在超导量子比特产生的瞬间，至少已经满足了条件①。而用稀释制冷机进行制冷，将转移频率设定在 5~10GHz 后，条件②也就不那么难实现了。本节将针对条件③~⑤的实现条件，来讨论量子比特在数学和物理方面的问题。

▶▶ 17.3.2 布洛赫球

量子比特的任何叠加态都可以写成 $|\psi\rangle = \alpha |g\rangle + \beta |e\rangle$（$|\alpha|^2 + |\beta|^2 = 1$）。其中，$|g\rangle$ 和 $|e\rangle$ 是量子比特的基态（Ground State）和激发态（Excited State），系数 α 和 β 是复数。通过布洛赫球（图 17.5），可以直观地理解量子比特的状态。布洛赫球表面上的任意一个点，

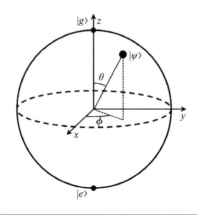

图 17.5 布洛赫球。表面上的一个点，对应量子比特的一个状态

都对应量子比特的一个状态。北极处于$|g\rangle$状态，南极处于$|e\rangle$状态，与北极的夹角θ越小，基态概率幅$|\alpha|$就越大，与x轴形成的角度ϕ为量子态与$|g\rangle$态和$|e\rangle$态之间的相位差。系数α和β分别是$\alpha=\cos(\theta/2)$、$\beta=e^{i\phi}\sin(\theta/2)$，其中$0<\theta<\pi$、$0<\phi<2\pi$。由于激发态的$|e\rangle$态的能量高出$\hbar\omega_q$，所以$|e\rangle$态的相位随时间以角速度$-\omega_q$变化。于是，量子比特的状态以角速度$\omega_q$变化，从北极向下看，就是沿$z$轴顺时针旋转。但在以$\omega_q$的角速度绕$z$轴旋转的旋转坐标系中，量子比特的状态可以看作是静止的。后面的讨论，都是在旋转坐标系中进行的。

▶▶ 17.3.3　量子比特的操作

量子比特的操作，在布洛赫球上就对应着点的移动。对量子比特进行任意一种门操作，其实就是布洛赫球上的点绕x轴、y轴、z轴的三种旋转中任意两种旋转的组合。以转移频率ω_q来驱动量子比特，就能实现绕x轴的旋转。这样的操作称为拉比振荡（Rabi Oscillation）。拉比振荡的频率与驱动的幅度成比例。另外，通过改变量子比特的转移频率ω_q，可以实现绕z轴的旋转。

▶▶ 17.3.4　量子比特的退相干

量子比特的退相干是指量子比特不再保持叠加态。退相干包括两种弛豫现象：纯相弛豫和能量弛豫。纯相位弛豫是指量子状态与$|g\rangle$态和$|e\rangle$态之间的相位差变得不确定，最终变成了$|g\rangle$态和$|e\rangle$态的经典集合平均（Ensemble Average），称为混合态。而能量弛豫，是指量子比特与外界发生能量交换，达到了热平衡状态。正如在17.2.7小节所说的，外界温度的能量k_BT的设计值，比量子比特的能量要小许多，以便让量子比特在热平衡状态下弛豫到$|g\rangle$状态。

1. 纯相位弛豫

纯相位弛豫是由于转移频率ω_q随着时间发生扰动而引起的。ω_q如果发生扰动，那么相位随时间的变化就变得不规律，相位信息就丢失了。这里以电荷量子比特为例来说明。图17.6是ω_q和电荷偏置之间的关系。ω_q取决于电荷偏置，电荷一旦发生扰动，那么ω_q也

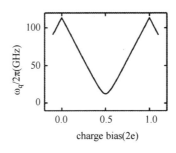

图17.6　电荷量子比特中转移频率ω_q与电荷偏置的关系。引用了参考文献[2]中的数据，$E_J/h=12.5\text{GHz}$，$E_c/h=28.2\text{GHz}$

发生扰动。当电荷偏置为 0.5×(2e) 的情况下，ω_q 对电荷偏置的变化率为零，就不受电荷扰动的影响。这个电荷偏置点是最佳工作点，在电荷扰动时产生的纯相位弛豫是最小的。但是电荷扰动幅度较大的话，二阶以上的微分系数不为零，也就不能完全抑制纯相位弛豫。

为了进一步降低 ω_q 的扰动，就要使 ω_q 随电荷偏置的变化更小。图 17.7 是 E_J/E_c 分别为 4、9、25 时，ω_q 与电荷偏置的变化关系。这里 E_J 和 E_c 的乘积与图 17.6 中是相同的。随着 E_J/E_c 比值的增大，ω_q 随电荷偏置产生的变化量变得更小。而让 E_c 变小最简单的办法就是让电荷量子比特的约瑟夫森结被电容器短路。这种改进后的电荷量子比特被称为 Transmon 量子比特[7]，虽然结构非常简单，只有一个约瑟夫森结和两个构成电容器的超导电极，但是它的相干时间长，是目前应用最广泛的一种电荷量子比特。实际上，作为最早出现的超导量子比特，电荷量子比特最初的相干时间只有不到 1ns，但是 Transmon 量子比特的相干时间却延长到了 100μs[8]（截止到 2019 年 5 月，本章书稿完成之时）。因此，增大 E_J/E_c 的比值，降低 ω_q 随电荷偏置产生的变化量，这与相干时间的改善有直接的关系。

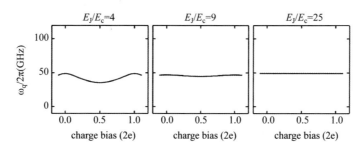

图 17.7 电荷量子比特的转移频率 ω_q 与偏置电荷的关系。E_J 和 E_c 的乘积与图 17.6 中是相同的

2. 能量弛豫

能量弛豫率 Γ_1 由下式（费米黄金定律）给出：

$$\Gamma_1 = \frac{2\pi}{h^2} \sum_\lambda S_\lambda(\omega_q) \left| \left\langle 1 \left| \frac{\partial H}{\partial \lambda} \right| 0 \right\rangle \right|^2 \tag{17.1}$$

这里

$$S_\lambda(\omega) = \frac{1}{2\pi} \int_{-\infty}^{\infty} d\tau \langle \delta\lambda(t)\delta\lambda(t+\tau) \rangle \exp(-i\omega\tau) \tag{17.2}$$

是波动参数 $\delta\lambda$（例如电荷或磁通量）的功率谱密度，H 是量子比特的哈密顿量。所以，量子比特的能量弛豫率 Γ_1 与转移频率 ω_q 中的电荷或磁通量功率谱密度成正比。

GHz 频带中一种重要的波动参数，是电路的能量耗散。电路的阻抗为 $Z(\omega)$。这种耗散可以用一个与阻抗串联的电压噪声源 $v_Z(t)$，或与阻抗并联的电流噪声源 $i_Z(t)$ 来表示。超导电极通过了电容与电压噪声源耦合，就会产生电荷波动。同样超导回路与电流噪声源发生有限的互感，会导致磁通量的波动。

电压波动或电流波动的功率谱密度由下面两式给出[9]：

$$S_{vZ}(\omega) = \frac{\hbar\omega}{2\pi}\left[\coth\left(\frac{\hbar\omega}{2k_BT}+1\right)\mathrm{Re}\left(Z(\omega)\right)\right] \qquad (17.3)$$

$$S_{iZ}(\omega) = \frac{\hbar\omega}{2\pi}\left[\coth\left(\frac{\hbar\omega}{2k_BT}\right)+1\right]\mathrm{Re}\left(1/Z(\omega)\right) \qquad (17.4)$$

在低频和高频的极限情况下，公式（17.3）和（17.4）可以化简为表 17.1 的表达式。超导电路中虽然不需要考虑能量耗散，但是微波输入输出所用的波导必须具有 50Ω 的阻抗，才能与同轴电缆的阻抗进行匹配。所以微波输入输出电路的设计中，也必须考虑电流和电压的波动。此外，导致耗散的微小噪声源所构成的电磁环境，也可以用阻抗来表示。

表 17.1　功率密度谱 $S_{vZ}(\omega)$、$S_{iZ}(\omega)$ 的低频极限，以及正负高频极限

ω range	$S_{vZ}(\omega)$	$S_{iZ}(\omega)$
$\lvert\hbar\omega\rvert\ll k_BT$	$k_BT\mathrm{Re}\left[Z(\omega)\right]/\pi$	$k_BT\mathrm{Re}\left[1/Z(\omega)\right]/\pi$
$\hbar\omega\gg k_BT$	$\hbar\omega\mathrm{Re}\left[Z(\omega)\right]/\pi$	$\hbar\omega\mathrm{Re}\left[1/Z(\omega)\right]/\pi$
$\hbar\omega\ll -k_BT$	0	0

▶▶ 17.3.5　量子比特的门操作

为了实现通用的量子运算，必须具备对任意单量子比特以及任意双量子比特进行门操作的能力。单量子比特的操作，就像 17.3.3 小节举的例子，使量子状态绕 x 轴或 z 轴旋转。而双量子比特的操作，在表 17.2 做了举例。超导量子计算机必须在相干时间内，尽量多次、低错误率地实现这些门操作。

表 17.2　双量子比特的门操作

输　　入	输　　出			
	受控非门	受控相位门	iSWAP	Bell-Rabi
$\lvert gg\rangle$	$\lvert gg\rangle$	$\lvert gg\rangle$	$\lvert gg\rangle$	$i\lvert ee\rangle$
$\lvert ge\rangle$	$\lvert ge\rangle$	$\lvert ge\rangle$	$i\lvert eg\rangle$	$\lvert ge\rangle$
$\lvert eg\rangle$	$\lvert ee\rangle$	$e^{i\varphi}\lvert eg\rangle$	$-i\lvert ge\rangle$	$\lvert eg\rangle$
$\lvert ee\rangle$	$\lvert eg\rangle$	$e^{i\varphi}\lvert ee\rangle$	$\lvert ee\rangle$	$-i\lvert gg\rangle$

在量子态 $\lvert ij\rangle$（i,j=g,e）中，左边是控制比特的状态，右边是目标比特的状态。这里列出的是四种具有代表性的双量子比特门：受控非门、受控相位门、iSWAP、Bell-Rabi，不同的输入状态下对应的输出状态。受控非门和受控相位门，当输入状态的控制比特为基态 $\lvert g\rangle$时，输出状态的目标比特不变；但是当输入状态的控制比特为激发态 $\lvert e\rangle$ 时，受控非门输出状态的目标比特发生反转，受控相位门输出状态的目标比特被赋予相位 φ。iSWAP 门和 Bell-Rabi 门分别实现 $\lvert eg\rangle\leftrightarrow\lvert ge\rangle$ 和 $\lvert gg\rangle\leftrightarrow\lvert ee\rangle$ 的操作，并赋予相应的相位。

一般来说，在同一个物理系统中，要求单量子比特操作和双量子比特操作错误率都很低是很困难的。单量子比特操作时要求切断量子比特间的耦合，而双量子比特操作时，需要量子比特之间具有有限的耦合。目前，单量子操作的错误率能够做到 0.1% 以下，而双量子操作的错误率要高一个数量级。降低双量子操作的错误率是量子计算机研究中的一大课题。

▶▶ 17.3.6　电路量子电动力学

Haroche 教授（2012 年诺贝尔物理学奖获得者）和他的研究团队，利用具有极大电偶极矩的 Rydberg 原子，与光子损耗率极低的超导空腔谐振器，研究单光子水平的原子和光子相互作用，开创了腔体量子电动力学的研究领域（例如参考文献[10]）。美国耶鲁大学的 Schoelkopf 等人，利用可以看作人工原子的单电荷量子比特，以及超导谐振电路中的微波单光子，成功地完成了同样的实验[11]。这就是电路量子电动力学（circuit-QED）的开端。

量子比特和谐振电路通过偶极子耦合而成的系统的哈密顿量可以写作下面的形式[12]。

$$H_{\text{total}}/\hbar = H_q/\hbar + H_0/\hbar + H_c/\hbar = \frac{1}{2}\omega_q\,\hat{\sigma}_z^{\dagger}\,\omega\,\hat{a}+\hat{a}+g\,\hat{\sigma}_x(\hat{a}+\hat{a}^{\dagger}) \tag{17.5}$$

其中，H_q 是量子比特的哈密顿量，H_0 是谐振电路的哈密顿量，H_c 是耦合的哈密顿量，$\hat{\sigma}_x$ 和 $\hat{\sigma}_z$ 是泡利自旋算符，$\hat{a}$ 和 $\hat{a}^{\dagger}$ 是谐振电路中光子的湮灭和生成算符，ω_q 是量子比特的转移频率，ω 是谐振电路的谐振频率，g 是耦合强度。耦合的哈密顿量可以写成以下形式。

$$H_c/\hbar = g(\hat{\sigma}_+ + \hat{\sigma}_-)(\hat{a}+\hat{a}^{\dagger}) = g(\hat{\sigma}_+\hat{a}+\hat{\sigma}_-\hat{a}+\hat{\sigma}_+\hat{a}^{\dagger}+\hat{\sigma}_-\hat{a}^{\dagger}) \tag{17.6}$$

这里，$\hat{\sigma}_+\hat{a}$ 是量子比特被激发而光子数减少一个的过程，$\hat{\sigma}_-\hat{a}$ 是量子比特弛豫而光子数减少一个的过程，$\hat{\sigma}_+\hat{a}^{\dagger}$ 是量子比特被激发光子数增加一个的过程，$\hat{\sigma}_-\hat{a}^{\dagger}$ 是量子比特弛豫而光子数增加一个的过程。从 H_{total} 中减掉公式（17.6）的第 2、3 两项，得到：

$$H_{\text{JC}}/\hbar = -\frac{1}{2}\omega_q\,\hat{\sigma}_z + \omega\,\hat{a}^{\dagger}\hat{a} + g(\hat{\sigma}_+\hat{a}+\hat{\sigma}_-\hat{a}^{\dagger}) \tag{17.7}$$

称为 Jaynes-Cummings 的哈密顿量。与 H_{total} 相比，H_{JC} 的数学处理非常简单，对于 $\omega_q \simeq \omega$ 且 $g \ll \omega_q$、ω 的情况，它给出了很好的近似值。

当 $\omega_q \simeq \omega \gg g$ 时，量子比特与谐振电路之间发生能量交换。此时，$|gn\rangle$ 状态（量子比特处于基态而光子数为 n）与 $|en-1\rangle$ 状态（量子比特处于激发态而光子数为 $n-1$）之间观察到相干振荡。相干振荡的频率与谐振电路中光子数 n 的平方成正比，所以分析频谱就可以得到光子数的分布情况[10,13]。量子比特谐振电路耦合系统的能级如图 17.8 所示，其中，g 和 e 是量子比特的状态，0、1、2……是光子的数量。$|gn\rangle$ 状态和 $|en-1\rangle$ 状态的简并解除，产生了与光子数量有关的能级差 $2\sqrt{n}\,g$。

而对于 $|\omega - \omega_q| \gg g$ 的情况，不会发生能量交换，但可以看到能级的移动（图 17.8）。此时公式（17.7）通过酉变换：

$$U = \exp\left[\frac{g}{\omega_q - \omega}(\hat{\sigma}_+ \hat{a} + \hat{\sigma}_- \hat{a}^\dagger)\right]$$

变成以下形式：

$$U H_{JC} U^\dagger / \hbar \backsimeq \frac{1}{2}\left[\omega_q + \frac{g^2}{\omega_q - \omega}\right]\hat{\sigma}_z + \left[\omega + \frac{g^2}{\omega_q - \omega}\hat{\sigma}_z\right]\hat{a}^\dagger \hat{a}, \tag{17.8}$$

$$= \frac{1}{2}\left[\omega_q + \frac{g^2(1 + 2\hat{a}^\dagger \hat{a})}{\omega_q - \omega}\right]\hat{\sigma}_z + \omega \hat{a}^\dagger \hat{a} \tag{17.9}$$

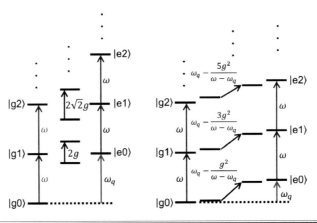

图 17.8　量子比特谐振电路耦合系统的能级

公式（17.8）表明，谐振电路的谐振频率会随量子比特状态的改变而产生 $\pm g^2 / (\omega_q - \omega)$ 的偏移（色散偏移）。利用这种色散偏移，可以对量子比特进行非破坏性（Quantum Nondemolition，QND）测量。这种测量完成后并不会破坏量子比特的状态，不仅可以用来获取量子运算的最终结果，在量子纠错方面也是不可或缺的。目前几乎所有的量子比特测量都是采用这种方式。

另外，公式（17.8）可以变形为公式（17.9）的形式。公式（17.9）表明量子比特的转移频率产生的偏移（光偏移）与谐振电路中的光子数成比例。利用光偏移，可以对谐振电路中的光子数态进行非破坏测量[14]，也能对使用量子比特的谐振电路的光子状态进行控制[15]。光子状态控制这一点，对于下一节要说的薛定谔的猫的状态产生是必不可少的。

17.4　超导量子计算机的研究开发动向

本节将对目前（截至 2019 年 5 月）超导量子计算机的研究进展做一个概括。如今可以说是第二次量子计算机热潮⊖，其契机可以追溯到 2011 年 D-Wave Systems 公司首次推出商

⊖　第一次量子计算机热潮始于 1994 年，美国电话电报公司（AT&A）的 Peter Shor 发现了一种素因数分解的快速量子算法。

业化的量子退火计算机[16]，以及 2014 年 UCSB 的 Martinis 等实现 Xmon 量子比特[17]。

▶▶ 17.4.1　量子退火计算机的商业化

量子退火（Quantum Annealing）[18]，是一种通过控制量子扰动（通过横向磁场等）对组合优化问题求出最优解或近似最优解的方法，理论是 1989 年由 Apolloni 等人提出的[19]。D-Wave Systems 公司从 2011 年开始发售超导量子退火计算机 D-Wave One。这台计算机的设计制造，采用了 Nb 磁通量子比特，超导单磁通量子（RSFQ）电路，超导量子干涉仪（SQUID）和磁通量子参变器（QFP）等技术，集合了超导量子电路和经典超导电子技术的精髓[20]。之后在 2013 年，谷歌公司、洛克希德马丁公司和美国国家航空航天局（NASA）宣布购买 D-Wave Two（512 个量子比特)⊖。这一系列新闻引发了人们对量子退火的浓厚兴趣。

▶▶ 17.4.2　Xmon 量子比特的登场

在超导量子退火计算机备受瞩目的同时，2014 年，UCSB 的 John Martinis 等人用 Xmon 量子比特（Transmon 量子比特的一个分支）设计出了具有 5 个量子比特的超导量子计算机处理器[17]。通过验证，他们发现单量子比特逻辑门的保真度在 99.92%，双量子比特逻辑门的保真度在 99.4%。这个结果已经超过了用表面代码进行量子纠错所需的 90% 的保真度阈值。

UCSB 的这个突破性成果，是否能够使高容错率量子计算机成为可能？许多研究人员对此充满希望。所以谷歌公司于 2014 年收购了 Martinis 教授的整个研究团队，着手开发自己的超导量子硬件。以此为契机，许多企业和研究机构都开始参与到高容错率量子计算机的硬件、软件和外围技术的研发中。此外，量子优越性[21]、NISQ（Noisy Intermediate Scale Quantum device，中等规模量子器件噪声优化)[22]等新方向的研究和开发也都在进行之中。第二次量子计算机热潮已经来临[23]。

▶▶ 17.4.3　理论量子比特的构建

最近的热点话题是有关最新的量子纠错研究。有一种与表面代码完全不同的纠错方式，利用的是超导谐振器中光子的状态，称为薛定谔猫代码[24,25]。作为量子存储器的光子处于相干叠加状态，所以被称为薛定谔的猫状态。超导谐振器是品质因数 Q 极高的空腔谐振器（三维空腔），薛定谔的猫状态中主要的误差事件是光子损失，可以通过奇偶校验检测出来，也可以通过添加光子进行纠正，所以误差纠正可以高效地进行。

Schoelkopf 的研究团队在安装薛定谔猫代码后，成功地将量子状态的保持时间提高到了 $320\mu s$[26]，超过了 Transmon 量子比特的相干时间 $17\mu s$，以及超导谐振器的弛豫时间 $287\mu s$。薛定谔猫代码的优点在于，只需要一个超导谐振器和一个量子比特，就可以构成一个逻辑量

⊖　到 2019 年 5 月，D-Wave Systems 公司已经推出了具有 2048 个量子比特的 D-Wave 2000Q 退火计算机。

子比特（纠错后的量子比特）。但是双量子比特逻辑门的错误率超过了 20%，这是继续改进的问题。

▶▶ 17.4.4 超导量子计算机硬件

现在，除了谷歌、英特尔、IBM 等 IT 巨头，像 Rigetti Computing 一类的创业公司也在开发量子计算机的硬件。表 17.3 中介绍了超导量子计算机主要的研发单位，以及截至 2019 年 5 月的开发进度。目前，能够成功运行的超导量子计算机中，IBM 公司[31] 和中国科技大学[32] 以 20 个量子比特的成绩排在首位。

表 17.3　超导量子计算机处理器的开发情况（截止到 2019 年 5 月）。统计了芯片上能制作的最大量子比特数，以及能成功运行（包括量子算法操作和生成量子纠缠）的最大量子比特数。最后是是否采用三维封装技术

开发机构	量子比特（制作）	量子比特（运行）	三 维 封 装
Google	72	9	○
IBM	50	20	○
Intel	49	—	○
中国科技大学[32]	20	20	
Rigetti Computing	20	19	○
Microsoft[33]	6	2	—

1. 谷歌公司

2014 年谷歌公司收购了 Martinis 教授在 UCSB 的研究团队，在圣巴巴拉成立了谷歌量子 AI 硬件研究所。他们在这个研究所中，还同时进行超导量子计算机和退火计算机的研发工作。目前，谷歌公司已经成功制造出了具有 72 个量子比特的超导量子计算机处理器 Bristlecone[34]。但是截至 2019 年 5 月，他们只评估了单量子比特和双量子比特的保真度，量子计算机还没有成功运行。目前，他们用小规模超导量子计算机，成功实现了 Haldane 模型的拓扑量子相变模拟（2 量子比特）[35]、量子纠错代码（9 量子比特）[36]、Bose-Hubbard 模型量子模拟（4 量子比特）[37]、Leggette-Garg 不等式破缺（2 量子数）[38]、孤立量子系统的热化（3 量子比特）[39]、氢分子量子化学技术（3 量子比特）[40]、Bose-Hubbard 模型量子模拟（9 量子比特）[41] 等模型的验证。

谷歌公司以超导量子计算机芯片的大规模集成为目标，在超导 TSV（ThroughSilicon Via，硅通孔技术）、倒装芯片（Flip Chip）等三维封装技术方面进行开发[42]。公司还面向 NISQ（中规模量子计算机）的开发，公布了开源量子计算框架 Cirq[43]，利用这一框架，可以实现特定的 NISQ 处理器中量子电路的生成、编辑和运行。谷歌公司还和其他公司和大学一起，公布了量子化学计算专用的开源代码库 Open Fermion[44]。

2. IBM 公司

IBM 公司在 2017 年用 Transmon 量子比特成功制造了 50 量子比特超导量子计算机[45]。但目前通过验证的成功运行的量子比特数目为 20 个（IBM Q 20 Tokyo 和 IBM Q 20 Austin）。IBM 公司成功实现了小规模分子量子化学计算[46]和量子机器学习[47,48]的实际验证。

该公司还构建了世界上第一个量子计算机云 IBM Q Systems，从 2016 年开始提供 IBM Q Experience 服务[31]，让用户免费使用 5 量子比特（IBM Q 5 Tenerife 和 IBM Q 5 Yorktown）和 16 量子比特（IBM Q 16 Rüschlikon）超导量子计算机。设立了 IBM Q Network，利用 IBM Q 进行国际产学合作。加入这个合作组织的机构，将获得 20 量子比特处理器（IBM Q 20 Tokyo和 IBM Q 20 Austin）的使用权限。在日本，庆应义塾大学作为 IBM Q Network 在亚洲的总部，开展产学合作。IBM 免费提供了基于 Python 的软件开发工具包 Qiskit[50]、量子汇编语言 Open QASM[51]、用于微波脉冲控制的编程语言 Open Pulse[52]，还公开了量子化学计算和组合优化问题等各种用途的程序库。

2019 年 1 月，IBM 公司在拉斯维加斯举行的 CES2019 家电展览会上，推出了世界上第一台商用量子计算机 IBM Q System One（20 量子比特）[53]的原型机。2019 年 3 月的美国物理学会上，IBM 公司报告称 IBM Q System One 的量子体积（Quantum Volume，是考虑了集成度和错误率的综合性能指标[54]）是 16，是当时 IBM Q 的两倍[55]。但是 IBM Q System One 的发售时间还没有确定。

3. 英特尔公司

2015 年，英特尔公司与荷兰代尔夫特理工大学开始联合开发硅和超导量子计算机。这个名为 Qu Teck 的项目[56]投资额高达 200 亿日元，将由英特尔公司与荷兰政府和微软公司一起在 10 年内完成。他们希望利用英特尔先进的硅集成电路制造技术，实现大规模量子计算机。2018 年英特尔公司成功推出了 49 量子比特的超导量子计算机 Tangle Lake[57]。但是到目前，还没有关于量子计算机用这块芯片成功运行的报道。另外，他们还与代尔夫特理工大学合作，为超导量子计算机开发三维封装技术。

4. Rigetti Computing 公司

总部位于美国伯克利的初创公司 Rigetti Computing[58]，是一家从 IBM 公司分离出来的创业公司，致力于研发超导量子计算机硬件及其应用开发工具。该公司从 2013 年创立以来，已经获得了超过 1.2 亿美元的风险投资。他们建立了超导量子计算机的专用工厂 Fab-1，开发自己的量子计算机处理器。他们也在超导 TSV 和倒装芯片等三维封装技术方面进行开发[59,60]。

Rigetti Computing 在 2018 年开发了 19 量子比特超导量子计算机处理器，成功验证了无监督量子机器学习[61]。2018 年他们还推出了量子计算机云服务 QCS（Quantum Computing Service)[62]，提供了 Rigetti 19Q Acorn、Rigetti 8Q Agave 和 Rigetti 16Q Aspen-1 的使用权限[63]。此外，还为软件开发者免费提供了工具包 Forest[64]和 Python 程序库 Pyquil[65]。

▶▶ 17.4.5 中规模量子计算机（NISQ）

量子计算机研究者的最终目标，是大规模通用量子计算机。例如，针对固氮菌（在室温条件下能将氮转换为氨）所携带的固氮酶（Nitrogenase）进行量子化学计算，在通用性量子计算机方面，需要的量子比特数可能是几百万个（错误率 10^{-3}）到几亿个（错误率 10^{-6}）[66]。但是目前我们能使用的处理器的集成度也只有几十个量子比特。而且，这类计算机没有量子纠错功能，能够工作的逻辑门的数量（电路深度）是有限的。预计未来一些年内能够实现的量子计算机，量子比特数在 50~10000 个，不具有量子纠错能力，噪声也比较大。2018 年，MIT 的 Preskill 教授给这类量子计算机起名 NISQ（Noisy Intermedia-Scale Quantum device）。

现在 NISQ 备受瞩目。例如，一般认为只要实现 50 量子比特级的 NISQ，就可以完成世界上最强大的经典计算机所无法模拟的任务（但是这些任务都是对量子计算机非常有利的特殊任务，实际上并无用处）。这被称为 Quantum Supremacy[21]（量子优越性），是 2019 年这个阶段量子计算机研发方面最重要的一个目标。在实现量子优越性之后的下一个目标，是在 NISQ 上解决实际有用的问题，从而验证量子加速是否存在。前面说过，NISQ 的功能是有限的，量子-经典混合算法是目前 NISQ 的主流算法，它能借助经典计算机进行变分优化处理。表 17.4 列举了代表性的混合算法。

表 17.4 面向 NISQ 的量子-经典混合算法

算　　法	用　　途
QAOA（Quantum Approximate Optimization Algorithm）[67]	最优化问题
QCOA（Quantum Continuaous Optimization Algorithm[68]	连续最优化问题
VQE（Variational Quantum Eigensolver）[69]	量子化学（基态）
VQD（Variational Quantum Deflation）[70]	量子化学（激发态）
SSVQE（Subspace-Search VQE）[71]	量子化学（激发态）
VanQver（Variational and Adiabatically Navigated Quantum Eigensolver）[72]	量子化学（激发态）
MCVQE（Multistate Contracted VQE）[73]	量子化学（振子强度）
VQS（Variatonal Quantum Simulator）[74]	量子系统时间演化计算
VQF（Variational Quantum Factoring）[75]	质因数分解
QAE（Quantum AutoEncoder）[76]	机器学习
QNN（Quantum Neural Networks）[77]	机器学习.
QCL（Quantum Circuit Learning）[78]	机器学习
QuGAN（Quantum Generative Adversarial Networks）[79]	机器学习
VQU（Variational Quantum Unsampling）[80]	机器学习
UVQC（Universal Variational Quantum Computation）[81]	通用量子计算

但值得注意的是，这些混合算法相比于经典算法是否真的更快，这个问题理论上还没有搞清楚。因此，未来通过使用超导 NISQ 量子计算机对各种算法（表 17.4 中）进行实际验证，以及与经典计算机进行比对，将解释量子加速的存在与否。

NISQ 的一个重要目标就是量子化学计算[82,83]。量子化学是一种通过对蛋白质、酶等分子的能量、波函数进行薛定谔方程求解，来明确其分子构造和反应过程的学术体系，将成为药物研发和新材料开发方面一种重要的基础技术。最近，中规模超导量子计算机（NISQ）上完成了量子化学计算的实例。2016 年，谷歌公司在 3 量子比特 Xmon 量子处理器上用 VQE 算法[69]进行 H_2 分子的量子化学计算，证实了其严格解与实验测量结果高度的一致性[40]。2017 年，IBM 公司利用 6 量子比特超导量子处理器，对 H_2 分子以外更大的分子（LiH 和 BeH_2 分子）进行了量子化学计算[46]。但这一次量子比特的保真度较低，导致精确解与实验测量结果不太一致。后来，该研究小组在 2019 年采用 Error Mitigation 算法[74,84]，获得了 H_2 分子和 LiH 分子基态能量的高精度解，并通过了验证[85]。还有 Rigetti Computing 公司，在 2019 年用 19 量子比特超导量子处理器 Rigetti 19Q-Acorn，完成了 H_2 分子和 H_2O 的量子化学计算验证[86]。

17.5 尾声：课题与今后的展望

尽管超导量子计算机所涉及的话题非常广泛，但本章只能集中介绍超导量子计算机的结构、原理和最新的研发动向。如前面所说，超导量子计算的研究开发，已经迈入了量子纠错和量子优越性的验证，以及将 NISQ 向实用推进的新阶段。但是要实现百万级乃至亿级量子比特通用量子计算机，还需要相当长的时间，解决各种各样难以想象的技术难题。

例如，在大规模集成中提高量子比特的保真度，量子比特芯片的高频信号垂直布线技术，串音（Crosstalk）的抑制，三维封装工艺中的散热以及改善高频信号衰减问题，都是开发过程中必须克服的难题。另外，要从根本上抑制从大量的高频信号布线流入制冷机的巨大热量[87]，还必须开发低温电子技术（低温 CMOS 集成电路，低温微波信号产生和控制模拟电路、RSFQ 电路等），将目前处于常温环境的各种数字、模拟外围电路安装到低温环境中。

量子比特的数量达到一亿个的话，超导量子处理器的大小可能会达到体育馆那么大，为了对这样的庞然大物进行冷却，就必须开发超大型的制冷机。此外，还需要生产尺寸大、成品率高、性能稳定的超导量子电路的工艺技术，以及在极低温条件下对大量的量子比特和外围电子集成电路进行检查、校准的技术。而且，像大规模集成电路一样，要实现超导量子计算机的高效自动化设计，也少不了 SPICE 电路模拟器、超导工艺和 TCAD 模拟器等开发工具。

现在公开的量子计算机编程语言还是对量子电路编程的低级程序语言[94,95]。所以还需开发出高级程序语言以及编译工具，让不具备量子力学知识的用户也能使用超导量子计算机。因此以后需要的不仅仅是物理学家，材料科学、设备工程、集成电路工程、软件工程、计算机工程、高频工程、制冷工程、控制工程和制造工程的各层次技术人员和企业也必须参与进来。

如今主流的量子比特是 Transmon 量子比特。但是从保真度、规模、可控性等角度来看，未来出现的新的量子比特很可能会取代 Transmon。那时候可能就要从根本上重新考虑，提出与 Transmon 完全不同的架构了。

也有可能量子计算机的未来在于将超导量子比特与其他类型的量子比特（例如硅、金刚石、光、离子阱、冷却原子等）结合设计出混合量子比特计算机，或者通过光网络将中小规模超导量子计算机连接成分布式量子计算机网络等。虽然具有 NISQ 硬件开发能力的研究团队在全世界也屈指可数，但是元件、外围技术的开发方面，小型团队也是可以做到的。为超导量子计算机提供外围技术的创业公司已经逐渐发展起来了。而理论研究方面的专家，也可能提出量子比特、纠错技术、高精度数据读取等方面的全新理论和专利。在这场席卷全球的超导量子计算机开发竞赛中，不同技术层面的参与者都有获得 MVP 的可能。所以在长期的基础研究之外，支持产学合作、构建知识产权战略、支持风险投资、建立国际标准、培养年轻力量，这些在未来都将变得越来越重要。

参 考 文 献

［1］A. J. leggett, Coherent control of macroscopic quantum states in a single-Cooper-pair box, *Progress of Theoretical Physics Supplements* **69**, 80（1980）.

［2］Y. Nakamura, Yu. A. Pashkin, and J. S. Tsai, Coherent control of macroscopic quantum states in a single-Cooper-pair box, *Nature* **398**, 786（1999）.

［3］J. M. Martinis, S Nam, J Aumentado, and C Urbina, Rabi Oscillations in a Large Josephson-Junction Qubit, *Physical Review Letters* **89**, No. 11, 117901（2002）.

［4］D. Vion, A. Aassime, A. Cottet, P. Joyez, H. Pothier, C. Urbina, D. Esteve, and M. H. Devoret, Manipulating the Quantum State of an Electrical Circuit, *Science* **296**, 886（2002）.

［5］I. Chiorescu, Y. Nakamura, C. J. P. M. Harmans, and J. E. Mooij, Coherent Quantum Dynamics of a Superconducting Flux Qubit, *Science* **299**, 1869（2003）.

［6］D. P. DiVincenzo, The Physical Implementation of Quantum Computation, arXiv：quant-ph/0002077（2000）.

［7］J. Koch, T. M. Yu, J. Gambetta, A. A. Houck, D. I. Schuster, J. Majer, A. Blais, M. H. Devoret, S. M. Girvin, and R. J. Schoelkopf, Charge-insensitive qubit design derived from the Cooper pair box, *Physical Review A* **76**, 042319（2007）.

［8］J. M. Gambetta, J. M. Chow, and M. Steffen, Building logicalqubits in a superconducting quantum computing system, *npj Quantum Information* **3**, No. 1, 2（2017）.

［9］A. Cottet, Implementation of a quantum bit in a superconducting circuit, PhD Thesis, Université Paris 6（2002）.

［10］M. Brune, F. S. Kaler, A. Maali, J. Dreyer, E. Hagley, J. M. Raimond, and S. Haroche, Quantum Rabi Oscillation：A Direct Test of Field Quantization in a Cavity, *Physical Review Letters* **76**, 1800-1803（1996）.

[11] A. Wallraff, D. I. Schuster, A. Blais, L. Frunzio, R. -S. Huang, J. Majer, S. Kumar, S. M. Girvin, and R. J. Schoelkopf, Strong coupling of a single photon to a superconducting qubit using circuit quantum electrodynamics, *Nature*（*London*）**431**, 162（2004）.

[12] A. Blais, R. S. Huang, A. Wallraff, S. M. Girvin, and R. J. Schoelkopf, Cavity quantum electrodynamics for superconducting electrical circuits: An architecture for quantum computation, *Physical Review A* **69**, 062320（2004）.

[13] M. Hofheinz, E. M. Weig, M. Ansmann, R. C. Bialczak, E. Lucero, M. Neeley, A. D. O'Connell, H. Wang, J. M. Martinis, A. N. Cleland, Generation of Fock states in a superconducting quantum circuit, *Nature* **454**, No. 7202, 310（2008）.

[14] D. I. Schuster, A. A. Houck, J. A. Schreier, A. Wallraff, J. M. Gambetta, A. Blais, L. Frunzio, J. Majer, B. Johnson, M. H. Devoret, *et al.*, Resolving photon number states in a superconducting circuit, *Nature*（*London*）**445**, No. 7127, 515-519（2007）.

[15] M. Hofheinz, H. Wang, M. Ansmann, R. C. Bialczak, E. Lucero, M. Neeley, A. D. O'Connell, D. Sank, J. Wenner, J. M. Martinis, *et al.*, Synthesizing arbitrary quantum states in a superconducting resonator, *Nature* **459**, No. 7246, 546（2009）.

[16] D-Wave Systems Inc. https://www.dwavesys.com

[17] R. Barends, J. Kelly, A. Megrant, A. Veitia, D. Sank, E. Jeffrey, T. C. White, J. Mutus, A. G. Fowler, B. Campbell, *et al.*, Superconducting quantum circuits at the surface code threshold for fault tolerance, *Nature* **508**, No. 7497, 500（2014）.

[18] 西森秀稔，大関真之，『量子アニーリングの基礎』，共立出版（2018）.

[19] B. Apolloni, C. Carvalho, D. de Falco, Quantum stochastic optimization, *Stochastic Processes and their Applications* **33**, 233（1989）.

[20] 川畑史郎，量子アニーリングのためのハードウェア技術—超伝導エレクトロニクスと超伝導量子回路—，『オペレーションズ・リサーチ』**63**, No. 6, 335（2018）.

[21] J. Preskill, Quantum computing and the entanglement frontier. arXiv: 1203.5813（2012）.

[22] J. Preskill. Quantum computing in the NISQ era and beyond, *Quantum* **2**, 79（2018）.

[23] 川畑史郎，量子コンピュータと量子アニーリングマシンの最新研究開発動向—**Quantum 2.0** 時代の幕開け—，『低温工学』**53**, No. 5, 271（2018）.

[24] Z. Leghtas, G. Kirchmair, B. Vlastakis, R. J. Schoelkopf, M. H. Devoret, and M. Mirrahimi, Hardware-efficient autonomous quantum memory protection, *Phys. Rev. Lett.* **111**, 120501（2013）.

[25] M. Mirrahimi, Z. Leghtas, V. V. Albert, S. Touzard, R. J. Schoelkopf, L. Jiang, and M. H. Devoret, Dynamically protected cat-qubits: a new paradigm for universal quantum computation, *New Journal of Physics* **16**, No. 4, 045014（2014）.

[26] N. Ofek, A. Petrenko, R. Heeres, P. Reinhold, Z. Leghtas, B. Vlastakis, Y. Liu, L. Frunzio, S. M. Girvin, L. Jiang, M. Mirrahimi, M. H. Devoret, and R. R. Schoelkopf, Extending the lifetime of a quantum bit with error correction in superconducting circuits, *Nature*（*London*）**536**, 441（2016）.

[27] K. S. Chou, J. Z. Blumoff, C. S. Wang, P. C. Reinhold, C. J. Axline, Y. Y. Gao, L. F., M. H. Devoret, L. Jiang and R. J. Schoelkopf, Deterministic teleportation of a quantum gate between two logical qubits, *Nature* **561**,

368（2018）.

［28］ D. Gottesman, A. Kitaev, and J. Preskill, Encoding a qubit in an oscillator, *Phys. Rev. A* **64**, 012310 （2001）.

［29］ M. H. Michael, M. Silveri, R. T. Brierley, V. V. Albert, J. Salmilehto, L. Jiang, and S. M. Girvin, New class of quantum error-correcting codes for a bosonic mode, *Phys. Rev. X* **6**, 031006 （2016）.

［30］ E. Kapit, Hardware-efficient and fully autonomous quantum error correction in superconducting circuits, *Phys. Rev. Lett.* **116**, 150501 （2016）.

［31］ IBM Q Experience. https：//quantumexperience. ng. bluemix. net

［32］ C. Song, K. Xu, H. Li, Y. Zhang, X. Zhang, W. Liu, Q. Guo, Z. Wang, W. Ren, J. Hao, H. Feng, H. Fan, D. Zheng, D. Wang, H. Wang, and S. Zhu, Observation of multi-component atomic Schrödinger cat states of up to 20 qubits, arXiv：1905. 00320 （2019）.

［33］ L. Casparis, M. R. Connolly, M. Kjaergaard, N. J. Pearson, A. Kringhøj, T. W. Larsen, F. Kuemmeth, T. Wang, C. Thomas, S. Gronin, *et al.*, Superconducting gatemon qubit based on a proximitized two-dimensional electron gas, *Nature Nanotechnology* **13**, 915 （2017）.

［34］ Google AI blog：A Preview of Bristlecone, Google's New Quantum Processor （2018）. https：//ai. google-blog. com/2018/03/a-preview-of-bristlecone-googles-new. html

［35］ P. Roushan, C. Neill, Y. Chen, M. Kolodrubetz, C. Quintana, N. Leung, M. Fang, R. Barends, B. Campbell, Z. Chen, *et al.*, Observation of topological transitions in interacting quantum circuits, *Nature* **515**, No. 7526, 241 （2014）.

［36］ J. Kelly, R. Barends, A. G. Fowler, A. Megrant, E. Jeffrey, T. C. White, D. Sank, J. Y. Mutus, B. Campbell, Y. Chen, *et al.*, State preservation by repetitive error detection in a superconducting quantum circuit, *Nature* **519**, No. 7541, 66 （2015）.

［37］ R. Barends, L. Lamata, J. Kelly, L. García-Álvarez, A. G. Fowler, A. Megrant, E. Jeffrey, T. C. White, D. Sank, J. Y. Mutus, *et al.*, Digital quantum simulation of fermionic models with a superconducting circuit, *Nature communications* **6**, 7654 （2015）.

［38］ T. C. White, J. Y. Mutus, J. Dressel, J. Kelly, R. Barends, E. Jeffrey, D. Sank, A. Megrant, B. Campbell, Y. Chen, *et al.*, Preserving entanglement during weak measurement demonstrated with a violation of the Bell-Leggett-Garg inequality, *npj Quantum Information* **2**, 15022 （2016）.

［39］ C. Neill, P. Roushan, M. Fang, Y. Chen, M. Kolodrubetz, Z. Chen, A. Megrant, R. Barends, B. Campbell, B. Chiaro, *et al.*, Ergodic dynamics and thermalization in an isolated quantum system, *Nature Physics* **12**, No. 11, 1037 （2016）.

［40］ P. J. J. O'Malley, R. Babbush, I. D. Kivlichan, J. Romero, J. R. McClean, R. Barends, J. Kelly, P. Roushan, A. Tranter, N. Ding *el at.*, Scalable quantum simulation of molecular energies, *Physical Review X* **6**, No. 3, 031007 （2016）.

［41］ P. Roushan, C. Neill, J. Tangpanitanon, V. M. Bastidas, A. Megrant, R. Barends, Y. Chen, Z. Chen, B. Chiaro, A. Dunsworth, *et al.*, Spectroscopic signatures of localization with interacting photons in superconducting qubits, *Science* **358**, No. 6367, 1175-1179 （2017）.

［42］ B. Foxen, J. Y. Mutus, E. Lucero, R. Graff, A. Megrant, Y. Chen, C. Quintana, B. Burkett, J. Kelly, E. Jeffrey, Y. Yang, A. Yu, K. Arya, R. Barends, Z. Chen, B. Chiaro, A. Dunsworth, A. Fowler, C. Gidney, M. Giustina,

T. Huang, P. Klimov, M. Neeley, C. Neill, P. Roushan, D. Sank, A. Vainsencher, J. Wenner, T. C. White, and J. M. Martinis, Qubit compatible superconducting interconnects, *Quantum Science and Technology* **3**, No. 1, 014005 (2017).

[43] Cirq: A python framework for creating, editing, and invoking Noisy Intermediate Scale Quantum (NISQ) circuits. https://github.com/quantumlib/Cirq

[44] Open Fermion: The electronic structure package for quantum computers. https://github.com/quantumlib/Open-Fermion

[45] MIT Technology Review: IBM Raises the Bar with a 50-Qubit Quantum Computer (2017). https://www.technologyreview.com/s/609451/ibm-raises-the-bar-with-a-50-qubit-quantum-computer/

[46] A. Kandala, A. Mezzacapo, K. Temme, M. Takita, M. Brink, J. M. Chow, and J. M. Gambetta, Hardware-efficient variational quantum eigen-solver for small molecules and quantum magnets, *Nature* **549**, No. 7671, 242 (2017).

[47] D. Ristè, M. P. da Silva, C. A. Ryan, A. W. Cross, A. D. Córcoles, J. A. Smolin, J. M. Gambetta, J. M. Chow, and B. R. Johnson, Demonstration of quantum advantage in machine learning, *npj Quantum Information* **3**, No. 1, 16 (2017).

[48] V. Havlíček, A. D. Córcoles, K. Temme, A. W. Harrow, A. Kandala, J. M. Chow, and J. M. Gambetta, Supervised learning with quantum-enhanced feature spaces, *Nature* **567**, No. 7747, 209 (2019).

[49] IBM Q Network. https://www.research.ibm.com/ibm-q/network/

[50] Qiskit. https://www.qiskit.org

[51] OpenQASM. https://github.com/Qiskit/openqasm

[52] D. C. McKay, T. Alexander, L. Bello, M. J. Biercuk, L. Bishop, J. Chen, J. M. Chow, A. D. Corcoles, D. Egger, S. Filipp, *et al.*, Qiskit backend specifications for openqasm and openpulse experiments, arXiv: 1809.03452 (2018).

[53] IBM Q System One. https://www.research.ibm.com/ibm-q/system-one/

[54] A. W. Cross, L. S. Bishop, S. Sheldon, P. D. Nation, and J. M. Gambetta, Validating quantum computers using randomized model circuits, arXiv: 1811.12926 (2018).

[55] IBM News Room: IBM Achieves Highest Quantum Volume to Date, Establishes Roadmap for Reaching Quantum Advantage (2019). https://newsroom.ibm.com/2019-03-04-IBM-Achieves-Highest-QuantumVolume-to-Date-Establishes-Roadmap-for-Reaching -Quantum-Advantage

[56] QuTech. https://qutech.nl

[57] **Intel：量子コンピューティング：量子コンピューティングがデータ処理の世界を一新** . https://www.intel.co.jp/content/www/jp/ja/research/quantum-computing.html

[58] Rigetti Computing Inc. https://www.rigetti.com

[59] M. Vahidpour, W. O'Brien, J. T. Whyland, J. Angeles, J. Marshall, D. Scarabelli, G. Crossman, K. Yadav, Y. Mohan, C. Bui, *et al.*, Superconducting through-silicon vias for quantum integrated circuits, arXiv: 1708.02226 (2017).

[60] W. O. Brien, M. Vahidpour, J. T. Whyland, J. Angeles, J. Marshall, D. Scarabelli, G. Crossman, K. Yadav, Y. Mohan, C. Bui, *et al.*, Superconducting caps for quantum integrated circuits, arXiv: 1708.02219 (2017).

[61] J. S. Otterbach, R. Manenti, N. Alidoust, A. Bestwick, M. Block, B. Bloom, S. Caldwell, N. Didier, E. S. Fried, S. Hong, *et al.*, Unsupervised machine learning on a hybrid quantum computer. arXiv: 1712. 05771 (2017).

[62] Rigetti QCS. https://qcs. rigetti. com

[63] Rigetti QPU. https://qcs. rigetti. com/qpus/

[64] Forest SDK. https://qcs. rigetti. com/sdk-downloads

[65] Pyquil. https://github. com/rigetti/pyquil

[66] M. Reiher, N. Wiebe, K. M. Svore, D. Wecker, and M. Troyer, Elucidating reaction mechanisms on quantum computers, *Proceedings of the National Academy of Sciences* **114**, No. 29, 7555-7560 (2017).

[67] E. Farhi, J. Goldstone, and S. Gutmann, A quantum approximate optimization algorithm, arXiv: 1411. 4028 (2014).

[68] G. Verdon, J. M. Arrazola, K. Brádler, and N. Killoran, A quantum approximate optimization algorithm for continuous problems, arXiv: 1902. 00409 (2019).

[69] J. R. McClean, J. Romero, R. Babbush, and A. Aspuru-Guzik, The theory of variational hybrid quantum-classical algorithms, *New Journal of Physics* **18**, No. 2, 023023 (2016).

[70] O. Higgott, D. Wang, and S. Brierley, Variational quantum computation of excited states, arXiv: 1805. 08138 (2018).

[71] K. M. Nakanishi, K. Mitarai, and K. Fujii, Subspace-search variational quantum eigensolver for excited states, arXiv: 1810. 09434 (2018).

[72] S. Matsuura, T. Yamazaki, V. Senicourt, and A. Zaribafiyan, Vanqver: The variational and adiabatically navigated quantum eigensolver, arXiv: 1810. 11511 (2018).

[73] R. M. Parrish, E. G. Hohenstein, P. L. McMahon, and T. J. Martinez, Quantum computation of electronic transitions using a variational quantum eigensolver, arXiv: 1901. 01234 (2019).

[74] Y. Li and S. C. Benjamin, Efficient variational quantum simulator incorporating active error minimization, *Physical Review X* 7, No. 2, 021050 (2017).

[75] E. Anschuetz, J. Olson, A. Aspuru-Guzik, and Y. Cao, Variational quantum factoring, In *International Workshop on Quantum Technology and Optimization Problems*, 74-85, Springer (2019).

[76] J. Romero, J. P. Olson, and A. Aspuru-Guzik, Quantum autoencoders for efficient compression of quantum data, *Quantum Science and Technology* 2, No. 4, 045001 (2017).

[77] E. Farhi and H. Neven, Classification with quantum neural networks on near term processors, arXiv: 1802. 06002 (2018).

[78] K. Mitarai, M. Negoro, M. Kitagawa, and K. Fujii, Quantum circuit learning, *Physical Review A* **98**, No. 3, 032309 (2018).

[79] P. L. Dallaire-Demers and N. Killoran, Quantum generative adversarial networks, *Physical Review A* **98**, No. 1, 012324 (2018).

[80] J. Carolan, M. Mosheni, J. P. Olson, M. Prabhu, C. Chen, D. Bunandar, N. C. Harris, F. N. C. Wong, M. Hochberg, S. Lloyd, *et al.*, Variational quantum unsampling on a quantum photonic processor, arXiv: 1904. 10463 (2019).

[81] J. Biamonte, Universal variational quantum computation, arXiv: 1903. 04500 (2019).

[82] S. McArdle, S. Endo, A. Aspuru-Guzik, S. Benjamin, and X. Yuan, Quantum computational chemistry, arXiv: 1808. 10402 (2018).

[83] Y. Cao, J. Romero, J. P. Olson, M. Degroote, P. D. Johnson, M. Kieferová, I. D. Kivlichan, T. Menke, B. Peropadre, N. P. D. Sawaya, et al., Quantum chemistry in the age of quantum computing, arXiv: 1812. 09976 (2018).

[84] K. Temme, S. Bravyi, and J. M. Gambetta, Error mitigation for short-depth quantum circuits, *Physical Review Letters* **119**, No. 18, 180509 (2017).

[85] A. Kandala, K. Temme, A. D. Corcoles, A. Mezzacapo, J. M. Chow, and J. M. Gambetta, Error mitigation extends the computational reach of a noisy quantum processor, *Nature* **567**, No. 7749, 491 (2019).

[86] I. G. Ryabinkin, S. N. Genin, and A. F. Izmaylov, Constrained variational quantum eigensolver: Quantum computer search engine in the fock space, *Journal of chemical theory and computation* **15**, No. 1, 249-255 (2018).

[87] S. Krinner, S. Storz, P. Kurpiers, P. Magnard, J. Hein-soo, R. Keller, J. Luetolf, C. Eichler, and A. Wallraff, Engineering cryogenic setups for 100-qubit scale superconducting circuit systems, arXiv: 1806. 07862 (2018).

[88] E. Charbon, F. Sebastiano, A. Vladimirescu, H. Homulle, S. Visser, L. Song, and R. M. Incandela, CryoCMOS for quantum computing, In 2016 *IEEE International Electron Devices Meeting* (*IEDM*), 343-346 (2016).

[89] A. Beckers, F. Jazaeri, A. Ruffino, C. Bruschini, A. Baschirotto, and C. Enz, Cryogenic characterization of 28 nm bulk cmos technology for quantum computing, In 2017 47*th European Solid-State Device Research Conference* (*ESSDERC*), 62-65. (2017).

[90] B. Patra, R. M. Incandela, J. P. G. Van Dijk, H. A. R. Homulle, L. Song, M. Shahmohammadi, R. B. Staszewski, A. Vladimirescu, M. Babaie, F. Sebastiano, et al., Cryo-cmos circuits and systems for quantum computing applications, *IEEE Journal of Solid-State Circuits* **53**, No. 1, 309-321 (2018).

[91] J. C. Bardin, E. Jeffrey, E. Lucero, T. Huang, O. Naaman, R. Barends, T. White, M. Giustina, D. Sank, P. Roushan, et al., A 28nm Bulk-CMOS 4-to-8GHz < 2mW Cryogenic Pulse Modulator for Scalable Quantum Computing, In 2019 *IEEE International Solid-State Circuits Conference-* (*ISSCC*), 456-458. IEEE (2019).

[92] J. P. G. VanDijk, E. Charbon, and F. Sebastiano, The electronic interface for quantum processors, *Microprocessors and Microsystems* **66**, 90-101 (2019).

[93] R. McDermott, M. G. Vavilov, B. L. T. Plourde, F. K. Wilhelm, P. J. Liebermann, O. A. Mukhanov, and T. A. Ohki, Quantum-classical interface based on single flux quantum digital logic, *Quantum science and technology* **3**, No. 2, 024004 (2018).

[94] M. Fingerhuth, T. Babej, and P. Wittek, Open source software in quantum computing, *PloS one* **13**, No. 12, e0208561 (2018).

[95] R. LaRose, Overview and comparison of gate level quantum software platforms, *Quantum* **3**, 130 (2019).

[96] X. Fu, M. A. Rol, C. C. Bultink, J. van Someren, N. Khammassi, I. Ashraf, R. F. L. Vermeulen, J. C. de Sterke, W. J. Vlothuizen, R. N. Schouten, et al., A microarchitecture for a superconducting quantum processor, *IEEE Micro* **38**, No. 3, 40-47 (2018).

作者一览

第 1 章　下山淳一（青山学院大学）·荻野拓（产业技术综合研究所）
第 2 章　内藤方夫（东京农工大学名誉教授）·饭田和昌（名古屋大学）
第 3 章　内藤方夫（东京农工大学名誉教授）
第 4 章　日高睦夫（产业技术综合研究所）·寺井弘高（情报通信研究所）
第 5 章　小林慎一（住友电气工业（株式会社））
第 6 章　饭岛康裕（藤仓株式会社）
第 7 章　熊仓浩明（物质·材料研究所）
第 8 章　安达成司（超导技术研究公司（原超导传感技术研究组））
第 9 章　入江晃亘（宇都宫大学）
第 10 章　筑本知子（中部大学）
第 11 章　淡路智（日本东北大学）
第 12 章　大岛重利（山形大学）
第 13 章　圆福敬二（九州大学）
第 14 章　鹈泽佳徳（日本国立天文台）
第 15 章　福田大治（产业技术综合研究所）
第 16 章　藤卷朗（名古屋大学）
第 17 章　吉原文树（情报通信研究所）·川畑史郎（产业技术综合研究所）